# 白酒勾兑技术

## 第二版

王瑞明　来安贵　信春晖　等编著

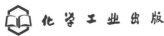

化学工业出版社

·北京·

本书介绍了白酒的骨干成分、微量成分及香味成分的构成，主要介绍了白酒勾兑原料的选用和勾兑及后修饰方法。本书还对计算机勾兑的原理及方法做了介绍。

本书适合从事白酒生产相关技术人员、生产人员阅读参考，也可为白酒行业的研发人员提供参考和帮助。

**图书在版编目（CIP）数据**

白酒勾兑技术/王瑞明等编著. —2 版. —北京：化学工业
出版社，2014.5（2023.4 重印）
ISBN 978-7-122-20171-3

Ⅰ.①白…　Ⅱ.①王…　Ⅲ.①白酒勾兑　Ⅳ.①TS262.3

中国版本图书馆 CIP 数据核字（2014）第 057506 号

责任编辑：张　彦　　　　　　　　文字编辑：焦欣渝
责任校对：徐贞珍　　　　　　　　装帧设计：关　飞

出版发行：化学工业出版社（北京市东城区青年湖南街 13 号　邮政编码 100011）
印　　刷：北京云浩印刷有限责任公司
装　　订：三河市振勇印装有限公司
710mm×1000mm　1/16　印张 21½　字数 442 千字　　2023 年 4 月北京第 2 版第 12 次印刷

购书咨询：010-64518888　　　　　　售后服务：010-64518899
网　　址：http://www.cip.com.cn
凡购买本书，如有缺损质量问题，本社销售中心负责调换。

定　　价：**89.00 元**　　　　　　　　　　　　　　版权所有　违者必究

# 前　　言

中国白酒是世界著名的六大蒸馏酒之一，也是全世界产量最大的蒸馏酒。它的独特工艺是千百年来我国劳动人民生产经验的总结和智慧的结晶。各类白酒因具有各自的色、香、味而深受人们的喜爱。

我国白酒酿造历史悠长，分布广泛，由于技术的发展、原料的不同、生产工艺的差异以及不同地区人们对不同白酒的喜爱，形成了我国白酒的种类繁多、风格多样的特点，这是世界酒类生产中不多见的局面，为人们提供了充分的选择。

白酒勾兑技术是白酒生产技术的重要组成部分，近几十年来，随着科学技术的发展，尤其是气相色谱技术、高效液相色谱技术、色质联用技术、毛细管电泳技术等现代检测技术在白酒生产研究中的应用，进一步揭示了白酒的香味成分和呈味原理，为白酒勾兑技术的发展提供了科学的理论依据。

计算机勾兑技术是近几年发展的白酒勾兑新技术，计算机模拟勾兑系统采用了白酒行业最具创新性的计算机模拟勾兑理论与人工神经智能技术和高性能计算机相结合，以数学模型的建立为基础，实现计算机模拟勾兑。

本书在总结前人白酒勾兑技术的基础上，介绍了白酒勾兑技术的理论和近几年生产实践成就，力求实现科学性、通俗性和实用性的统一。

本书根据近几年我国白酒发展的新技术、新工艺，在第一版的基础上，对相关内容进行了调整、修改，对白酒的分类、调味酒的生产、新型白酒勾兑技术等做了较多的补充。

本书第一章、第二章、第三章由王瑞明编写，第四章、第五章、第六章由信春晖、张锋国编写，第七章由来安贵编写，第八章由王光臣编写，第九章第十章由王腾飞编写，宋文霞、李春磊、丁振、吕磊等参加了部分内容的编写工作。

本书在编写过程中得到了天津科技大学邹海晏教授、肖冬光教授的指导，也得到了化学工业出版社、山东景芝酒业股份有限公司等单位的大力支持，在此深表感谢！

由于作者水平有限，书中难免有不足之处，且恐未能将白酒勾兑技术中的最新发展、新工艺、新材料全面地编入本书，诚恳希望读者批评指正。

齐鲁工业大学　王瑞明

2014 年 10 月

# 第一版前言

中国的白酒是世界著名的蒸馏酒之一，也是世界产量最大的蒸馏酒。它的独特生产工艺是千百年来我国劳动人民生产经验的总结和智慧的结晶。各类白酒因具有各自的色、香、味而深受人们的喜爱。

我国白酒历史悠长，分布广泛，由于技术的发展、原料的改变、生产工艺的差异以及不同地区人们对不同白酒的喜爱，形成了我国白酒种类繁多、风格多样的特点，这是世界酒类生产不多见的局面，为人们提供了充分的选择。

白酒勾兑技术是白酒生产技术的重要组成部分，近几十年来，随着科学技术的发展，尤其是气相色谱技术、高效液相色谱技术、色质联用技术及毛细管电泳技术等现代检测技术在白酒生产研究中的应用，进一步揭示了白酒的香味成分和呈味原理，为白酒勾兑技术的发展提供了科学的理论依据。

计算机勾兑技术是近几年发展的白酒勾兑新技术，计算机模拟勾兑系统采用了白酒行业最具创新性的计算机模拟勾兑理论与人工神经智能技术和高性能计算机相结合，以数学模型的建立为基础，实现计算机模拟勾兑。

本书作者在总结前人白酒勾兑技术的基础上，介绍了白酒勾兑技术的理论和近几年生产实践成就，力求实现科学性、通俗性和实用性的统一。

本书第一章、第二章、第三章由王瑞明编写，第四章、第五章、第六章由信春晖、张峰国编写，第七章由来安贵编写，第八章由王光臣编写，第九章、第十章由王腾飞编写，宋文霞、李春磊、丁振等参加了编写工作。全书由王瑞明统稿。

在本书的编写过程中，得到了天津科技大学邹海晏教授、肖冬光教授的支持和帮助，在此深表感谢。由于作者水平有限，白酒勾兑技术中最新发展的新技术、新工艺、新材料可能未全面的编入本书，且书中难免存在不足之处，诚恳希望读者批评指正。

王瑞明

2007 年 2 月

# 目　　录

第一章　绪论 …………………………………………………………………… 1

　第一节　我国白酒的发展概况 ……………………………………………… 1

　　一、白酒的起源 ………………………………………………………… 1

　　二、白酒的发展 ………………………………………………………… 1

　第二节　我国白酒的分类 …………………………………………………… 3

　　一、按使用原料分类 …………………………………………………… 3

　　二、按发酵和蒸馏方法分类 …………………………………………… 3

　　三、按使用的糖化剂和发酵剂分类 …………………………………… 4

　　四、按白酒的香型分类 ………………………………………………… 4

　第三节　新型白酒发展 ……………………………………………………… 8

　第四节　白酒勾兑技术的发展 ……………………………………………… 9

第二章　白酒的骨干成分、微量成分 ……………………………………… 10

　第一节　浓香型白酒 ………………………………………………………… 10

　　一、酯类成分 …………………………………………………………… 11

　　二、醇类成分 …………………………………………………………… 12

　　三、酸类成分 …………………………………………………………… 13

　　四、羰基化合物 ………………………………………………………… 15

　　五、骨干成分的含量与质量的关系 …………………………………… 16

　第二节　清香型白酒 ………………………………………………………… 22

　　一、酯类成分 …………………………………………………………… 23

　　二、醇类成分 …………………………………………………………… 24

　　三、酸类成分 …………………………………………………………… 24

　　四、羰基化合物 ………………………………………………………… 25

　　五、骨干成分的含量与质量的关系 …………………………………… 25

　第三节　酱香型白酒 ………………………………………………………… 27

　　一、酱香型白酒的主要成分 …………………………………………… 28

　　二、酱香气味的特征性化合物来源 …………………………………… 29

　　三、骨干成分的含量与质量的关系 …………………………………… 31

　第四节　兼香型白酒 ………………………………………………………… 32

　第五节　微量成分与质量的关系 …………………………………………… 34

　　一、白酒微量成分种类 ………………………………………………… 35

　　二、微量成分的来源 …………………………………………………… 37

　　三、微量成分与白酒呈味 ……………………………………………… 46

　　四、羰基化合物 ………………………………………………………… 56

　　五、吡嗪类 ······························································································ 59

　　六、其他香味物质 ················································································ 59

　　七、呈味物质的相互作用 ····································································· 60

## 第三章　白酒香味成分的构成 ······························································ 63

第一节　白酒成分的基本组成 ······························································ 63

第二节　白酒中香气成分的来源 ·························································· 63

　　一、来自于粮食的香味成分 ······························································ 63

　　二、来自于酒曲的曲香味成分 ·························································· 64

　　三、糟香成分 ······················································································ 64

　　四、窖香成分 ······················································································ 65

　　五、浓香型曲酒的"陈味" ································································ 66

第三节　白酒中的呈味成分与白酒质量 ·············································· 66

　　一、酸类 ······························································································ 67

　　二、酯类 ······························································································ 70

　　三、醇类 ······························································································ 73

## 第四章　白酒的勾兑 ·············································································· 75

第一节　概述 ························································································· 75

　　一、勾兑的定义 ··················································································· 75

　　二、勾兑的原理 ··················································································· 76

　　三、原酒的分级 ··················································································· 76

　　四、合格酒分类 ··················································································· 76

　　五、确定基础酒的质量特点 ······························································ 77

第二节　勾兑的方法 ············································································· 77

　　一、勾兑的前提 ··················································································· 77

　　二、勾兑原则 ······················································································ 77

　　三、勾兑步骤 ······················································································ 78

　　四、勾兑过程中应注意的问题 ·························································· 82

第三节　白酒勾兑过程计算 ·································································· 82

　　一、酒度的粗略计算 ··········································································· 82

　　二、不同酒度白酒的勾兑 ··································································· 84

　　三、白酒的勾兑计算 ··········································································· 85

　　四、利用色谱分析勾兑白酒的计算方法 ··········································· 85

第四节　白酒勾兑常用设备 ·································································· 88

　　一、仪器分析设备 ··············································································· 88

　　二、成品酒储存设备 ··········································································· 92

第五节　白酒的后修饰 ········································································· 95

　　一、调味的意义和作用 ······································································· 95

　　二、调味的原理 ··················································································· 96

三、调味酒的功能 ······ 97

四、调味时应注意的几个问题 ······ 99

五、白酒后修饰的方法 ······ 100

第六节 芝麻香白酒的勾兑与调味 ······ 104

一、酒体设计 ······ 104

二、复粮芝麻香型单样基酒的特点 ······ 104

三、基础酒的组合 ······ 105

四、基础酒的调味 ······ 105

第七节 勾兑与调味的创新 ······ 106

一、用传统的酒勾兑出不同香型酒 ······ 106

二、传统白酒向新型白酒及营养复制白酒转化 ······ 106

三、风味的变化 ······ 106

第八节 优质白酒成分剖析 ······ 107

一、浓香型白酒香味组分特点和风味特征 ······ 107

二、清香型白酒的香味组分特点及风味特征 ······ 109

三、米香型白酒的香味组分特点及风味特征 ······ 111

四、酱香型酒香味成分特点及风味特征 ······ 112

五、凤香型白酒的香味成分特点及风味特征 ······ 114

六、特香型白酒的香味组分特点及风味特征 ······ 116

七、芝麻香型白酒的香味成分特点及风味特征 ······ 118

八、豉香型白酒的香味成分特点及风味特征 ······ 121

九、兼香型白酒的香味成分特点及风味特征 ······ 121

十、药香型白酒的香味成分特点及风味特征 ······ 122

第五章 白酒勾兑材料 ······ 123

第一节 白酒勾兑用水处理技术 ······ 123

一、酒勾兑用水的要求 ······ 123

二、白酒勾兑用水处理技术 ······ 123

第二节 基酒及基础酒的质量评价 ······ 132

一、基酒及基础酒的来源 ······ 132

二、酒的质量选择 ······ 132

三、基础酒的选择 ······ 134

四、组合的类型 ······ 134

五、严格选择基础酒、调香酒及调味酒 ······ 137

第三节 酒精 ······ 138

一、酒精的质量与分类 ······ 138

二、酒精质量对酒质的影响 ······ 140

三、提高酒精质量的措施 ······ 142

四、用于生产新型白酒的食用酒精的质量控制 ······ 145

  第四节　常用白酒勾兑添加剂 ································································· 159

    一、食用添加剂的要求 ································································ 160

    二、添加剂的风味特征及阈值 ······················································ 160

第六章　调味酒的生产 ······································································· 166

  第一节　窖香味酒 ········································································ 166

    一、制曲 ············································································ 166

    二、酿酒 ············································································ 175

  第二节　酯香味酒 ········································································ 187

    一、制曲 ············································································ 187

    二、酿酒 ············································································ 188

  第三节　曲香味酒 ········································································ 190

    一、制曲 ············································································ 190

    二、酿酒 ············································································ 194

  第四节　酱香味酒 ········································································ 196

    一、制曲 ············································································ 196

    二、酿酒 ············································································ 199

  第五节　芝麻香型白酒 ··································································· 204

    一、芝麻香型白酒的风格特点 ······················································ 204

    二、芝麻香型白酒酿造的原料选择 ·················································· 205

    三、芝麻香型白酒酿造的菌系选择 ·················································· 206

    四、芝麻香型白酒酿造的工艺选择 ·················································· 208

  第六节　陈香味酒 ········································································ 210

    一、酒贮存中各类物质的变化 ······················································ 210

    二、白酒老熟的原理 ································································ 211

    三、白酒人工老熟的方法 ···························································· 212

第七章　计算机模拟勾兑技术 ································································ 214

  第一节　计算机模拟勾兑 ································································· 214

    一、计算机模拟勾兑基本原理 ······················································ 215

    二、计算机模拟勾兑的功能特点 ···················································· 215

    三、计算机模拟勾兑的基本流程 ···················································· 216

  第二节　数学模型的建立 ································································· 217

    一、白酒综合评价分级模型 ························································ 217

    二、勾兑数学模型 ·································································· 218

    三、计算机模拟勾兑系统数学模型 ·················································· 219

    四、微机白酒勾兑调味辅助系统分析与设计 ········································· 221

  第三节　各香型白酒的数学模型建立 ···················································· 228

    一、浓香型白酒 ···································································· 228

    二、清香型白酒 ···································································· 231

三、酱香型白酒 ···················································· 232

四、芝麻香型白酒 ·················································· 233

第四节　参数选择与过程控制 ········································ 234

一、技术原理 ······················································ 234

二、计算机模拟勾兑系统的主要技术要求 ······························ 235

第五节　计算机模拟勾兑程序及应用实例 ································ 236

一、计算机勾兑程序 ················································ 236

二、生产应用 ······················································ 249

## 第八章　白酒的质量分析 ············································ 257

第一节　白酒的感官质量分析 ········································ 257

一、评酒员的条件 ·················································· 257

二、评酒的标准方法 ················································ 257

三、各类香型白酒的风格描述及特征性成分 ···························· 258

四、白酒中各香味物质的感官特征 ···································· 260

五、通过品评指导生产 ·············································· 261

六、评酒技巧 ······················································ 262

第二节　理化卫生指标分析 ·········································· 263

第三节　白酒的微量成分剖析 ········································ 263

一、DNP混合柱直接进行分析 ········································ 264

二、PEG 20M柱直接进样分析 ······································ 264

三、FFAP毛细柱直接分析酸、醇、酯等 ······························ 264

## 第九章　微量成分与酒质的关系 ······································ 266

第一节　不同香型白酒香味成分比较 ·································· 266

第二节　香味成分的阈值 ············································ 267

第三节　香味成分在白酒中的作用 ···································· 268

一、微量成分对酒质的影响 ·········································· 268

二、各种香型酯、酸、醇、醛酮的含量关系 ···························· 269

三、微量成分与酒质的关系 ·········································· 270

## 第十章　白酒品评 ·················································· 273

第一节　品评的意义和作用 ·········································· 273

第二节　品评训练 ·················································· 274

一、建立一支评酒队伍 ·············································· 274

二、评酒员的训练 ·················································· 277

三、品评的生物学基础 ·············································· 280

第三节　白酒品评方法与技巧 ········································ 301

一、评酒前的准备 ·················································· 301

二、评酒方法 ······················································ 302

三、评酒顺序与效应 ················································ 303

　　四、评酒操作 ·················································································· 304
　第四节　白酒品评人员生理与环境条件的要求 ········································ 306
　　一、评酒员的基本条件 ····································································· 306
　　二、环境条件的要求 ······································································· 307

**附录一　食品安全国家标准　蒸馏酒及其配制酒** ·································· 310

**附录二　白酒分析方法** ············································································ 312

**参考文献** ····································································································· 331

# 第一章 绪 论

## 第一节 我国白酒的发展概况

中国白酒与白兰地、威士忌、伏特加、金酒、朗姆酒并称为世界六大蒸馏酒。我国白酒的独特工艺是千百年来我国劳动人民的生产经验总结和智慧结晶。各类白酒因具有各自的色、香、味，深受人们的喜爱。

### 一、白酒的起源

关于白酒起源的说法有以下几种：白酒起源于汉朝之说，是因现存于上海博物馆与白酒相关的汉朝青铜蒸馏器而认为白酒起源于汉朝；白酒起源于唐朝之说，是由唐诗"荔枝新熟鸡冠色，烧酒初闻琥珀香""自到成都烧酒熟，不思身更入长安"而来；而据《宋史食货志》有关内容记载，表明北宋初期已有烧酒；支持白酒起源于南宋之说的，是1975年河北省青龙县出土的、经专家考证确认为用于白酒蒸馏的南宋铜制烧酒锅；白酒起源于元朝一说，是根据明朝名医李时珍在《本草纲目》中所说"烧酒非古法也，自元时创始，其法用浓酒和糟入甑，蒸令汽上，用器承取滴露。凡酸败之酒皆可蒸烧。近时惟以糯米或粳米，或黍或秫，或大麦，蒸熟，和曲酿瓮中七日，以甑蒸取，其清如水，味极浓烈，盖酒露也"，但经考证，李时珍的记载与事实有较大出入。以上诸多白酒起源的说法，即使按南宋开始计算，距今也有约1000年的历史。

### 二、白酒的发展

新中国成立以来，我国的白酒行业发展迅速，特别是随着科学技术的不断进步，白酒行业出现了数以千计的新成果、新技术。以生产技术为例，20世纪50年代，生产出的原度酒不进行后期的加工处理，仅加浆调度后就装瓶上市销售。到20世纪50年代后期，人们提出了对香和味的要求。1956年，国家为提高白酒出酒率，在山东省烟台市组织了以提高出酒率为重点、以改进工艺操作为突破口的试点，取得了显著的成果，出版了中国白酒业第一部白酒工艺用书——《烟台操作法》。20世纪60年代初，以四川省食品发酵工业研究设计院为主，在四川省永川地区组织了试点，并正式出版了《四川糯高粱小曲酒操作法》；1957年又在四川省泸州市进行了试点，在泸州老窖曲酒厂总结了泸州老窖传统工艺；1964年该所又接受国家轻工业部的任务，进行了人工改窖、新窖老熟的研究工作。通过实践，人们认识到，浓香型大曲酒质量的优势主要取决于发酵池的新老（即窖龄）。一般来说，发酵池中的窖泥使用时间越长，其富集的窖酒功能微生物越多，所产酒的质量就越好。近30年来，酒类科研单位、大专院校和酒厂科技人员都开展了强化老窖泥、培养老窖泥、培养酒类微生物等一系列的研究与实践工作，工艺操作上也进行了一系列卓有成效的革新。1998年山东轻工业学院（现齐鲁工业大学）研发的脱水活性窖泥功能菌等产品，为白酒厂的窖泥改造提供了方便，使浓香型大曲酒的品质得以提高，也为提高经济效益起到了重要作用。同时，浓香型白酒科研与技术的发展，对其他香型白酒的发展也起到了一定的推动和促进作用。

随着我国白酒工业的发展（特别是浓香型白酒在国内市场覆盖面占85％左右，产量占全国白酒总量的60％～70％），人们对白酒的认识也得以不断深化，分析手段和水平都有了较大提高，对白酒中各种微量成分与质量的关系也有了进一步的了解，同时产生了酒的勾兑技术，即同香型之间的勾兑调味。20世纪60年代中期，国内部分科研单位，特别是四川省食品发酵工业研究设计院，利用气相色谱技术剖析了浓香型酒的主要香味成分，定性定量分析出己酸乙酯，并确定为浓香型酒的主体香。同时对其他芳香成分也进行了剖析，开展了"泸州大曲酒芳香成分的剖析与风味成分的探讨"的研究课题，对泸州老窖酒厂、五粮液酒厂的基础酒、调味酒、异杂味酒、成品酒等进行了大量的研究工作，定性136种，定量108种。在此基础上，该研究院又开展了液态法白酒的研究工作，利用食用酒精、少量的固态发酵酒为基础，加入香精、香料调酒。五粮液酒厂对勾兑出来的五粮型酒（多粮浓香）、泸型酒（单粮浓香）给予了肯定，也对其以后的勾兑工作起到了较重要的启发作用。此项研究成果获轻工业部科技成果奖，也初步确定了液态法白酒的生产工艺和配方，并在四川省资中县重龙酒厂进行了生产应用，使该厂销售量在国内夺得连续八年冠的称号。为了进一步提高液态法生产白酒的质量，20世纪80年代初，四川省科委专列攻关项目，对液态酒发展进行专题研究，并在四川有关酒厂进行推广应用，该项目获四川省科委重大科技成果奖。同时，受中国食品协会委托，于80年代末开始举办全国性"白酒勾兑技术""人工培窖技术"等各种类型的培训班，为全国各地酒厂培养了大批生产技术骨干，对我国酿酒工业的发展起到了推动作用，同时，对酒类香料的研究、生产提供了可靠的科学依据。

我国白酒行业发展的迅速，也可以说是一种观念上的革命。就传统经验强调的几个因素（即水、粮、曲、窖）来看：水，是酒的"血"，即没有好的水源，就酿不出好酒、名酒；粮，是酒的"肉"，在传统酿酒技术中，粮食的质量与酒的质量和产率密切相关，但是对于新工艺制酒而言，粮食对酒质的影响相对来说已经很小了，大量的基（础）酒是用食用酒精和少量的优质固态白酒配制而成；曲，是酒之"骨"，曲是酿酒中的糖化发酵剂，酒的产香前体物和微生物酶系也多由曲中而来，因此，曲的质量也直接影响到酒的产率和质量，曲的质量与制曲原料及其品种、培养条件、当地自然条件、地理环境等有密切关系，所以也形成名优酒主产区的酒厂生产销售商品酒；浓香型大曲的生产技术中，窖的质量是很重要的，好窖才能产好酒，传统观念认为，老窖里才可能有好窖，随着科研单位对窖池（窖泥）的微生物区系的研究，于20世纪80年代开始了人工培养老窖泥，打破了一定要老窖才能产好酒的说法。特别是80年代以来，因酿酒科学技术的迅速发展，人们的消费观念等也逐渐发生变化，国家名酒从50年代的8个发展到至今的17个；中高档白酒的产量也上升到60%左右。白酒科技的发展为我国酒业的振兴和发展起到了巨大的推动作用。

# 第二节　我国白酒的分类

我国白酒历史悠长，分布广泛，由于技术的发展、原料的改变、生产工艺的不同以及不同地区人们对不同品种白酒的喜爱，形成了我国白酒种类繁多、风格多样的特点，这是世界酒类生产中不多见的局面。这种风格特点为人们提供了充分的选择，白酒的分类也出现了多种体系。

## 一、按使用原料分类

白酒酿造所使用的原料多为高粱、玉米、地瓜干（薯干）、大米、粉渣等含淀粉或含糖的物质。用高粱、大米、玉米等原料酿成的白酒习惯上称粮食酒，其他原料酿成的白酒名称与原料结合，如瓜干酒（即薯干酒）、粉渣酒等。

## 二、按发酵和蒸馏方法分类

按发酵和蒸馏方法的不同，将白酒分为固态发酵白酒、液态发酵白酒、固液勾兑白酒三类。

### （一）固态发酵白酒

凡是在原料、发酵、蒸粮、蒸酒工序中以固体状态进行生产的白酒，称为固态白酒。固态白酒的特点是配料时加水量多控制在50%～60%，使全部酿酒过程始终在固体状态下进行。其发酵容器主要采用地缸、窖池等设备。蒸馏多采用甑桶。固态法白酒的酒质一般都比较好，国内名优白酒均采用固态法生成。

### （二）液态发酵白酒

液态发酵白酒，是先采用酒精生产的方法生产出符合食用标准的酒精，然后再经勾兑或串香而得到的白酒产品。

### （三）固液勾兑白酒

液态白酒虽然有很多优点，但产品缺少固态白酒的风味，也不符合人们的饮酒习惯。为了弥补这一不足，近年来，科研人员利用优质酒精作酒基与固态白酒组合后，加入适量的酒头、酒尾再调香，也可以得到各种香型的白酒。1989年，国家技术监督局颁布了食用酒精的国家标准，为固液勾兑白酒所用优质酒基提供了法定标准。国内一些酿酒专家认为，这是符合我国国情的，对满足广大消费者的需要、节约粮食、提高企业经济效益和社会效益都有积极的作用，是中国白酒发展的方向。1990年，全国固液勾兑的白酒产量已突破百万吨大关。这是白酒工业的一大战略成就，也是白酒工业曲折发展中取得的一大进步。

## 三、按使用的糖化剂和发酵剂分类

### （一）大曲酒

大曲酒，是利用小麦、大麦、豌豆等原料为培养基，富集自然界中的微生物，在制成的曲坯上生长代谢，制成糖化发酵剂，酿制成的白酒。大曲酒酒质浓厚，醇甜适口，质量较高，17种国家名（白）酒中有16种都是大曲酒。但大曲酒在生产过程中存在着劳动强度大、机械化程度低、出酒率较低、用曲量大、成本偏高等问题。

### （二）小曲酒

小曲酒，是利用纯种或自然界中的根霉、毛霉等微生物在大米（麸皮）培养基上制成块状小曲，再采用固态或液态发酵和蒸馏的方法制成的白酒。小曲酒生产用曲量小，不用或很少使用辅料，因而具有酒质较纯净、口感较为怡畅的特点。小曲酒在我国云南、贵州、四川等省生产较多，而广东、广西、福建等省则多采用半固态发酵法生产，二者各具特点。

### （三）麸曲白酒

麸曲白酒是以纯种曲霉作为糖化剂、纯种酵母为发酵剂生产的白酒。由于糖化剂生产是采用麸皮作培养基，用曲霉菌（现在已不仅限于曲霉菌）作生产菌种，所以，生产出来的白酒称为麸曲白酒。

麸曲白酒生产中使用的菌种都是经过反复纯化、诱变筛选出来的性能优良的菌种，所以糖化发酵能力很强，用曲量小，出酒率高，但一般不如大曲酒的质量好。多数麸曲白酒为低档白酒，但也有相当一部分麸曲白酒经过特殊工艺酿造而达到国家优质白酒的水平。

## 四、按白酒的香型分类

白酒的香型目前主要分为以下十二类：

### （一）酱香型白酒

酱香型白酒以贵州茅台酒、四川郎酒为典型代表，也称为茅香型酒。酱香型白酒的生产工艺是用高粱为酿酒原料，采用高温制曲，两次投料，多次发酵，经过堆积，以酒养糟，长期陈酿，精心勾兑而成。酱香型白酒的特点是微黄透明，具特殊芳香，酱香突出，优雅细腻，酒体醇厚，回味悠长，素以低而不淡、香而不艳著称，如将酒放置杯内过夜，酒味变化较小，而且空杯留香持久。

茅香型酒的特殊风味，是由酱香、醇甜和窖底香三种酒混合而成的，故香味成分较复杂。已剖析出其所含微量成分有百余种，但是主体香味成分需要进一步探讨。

### （二）浓香型白酒

浓香型白酒以四川泸州老窖、五粮液为典型代表，也称泸香型酒。浓香型白酒的生产工艺采用泥土老窖为发酵窖，以高粱为主要原料，发酵采用混蒸续渣工艺，配制酒醅量大，有"千年窖、万年糟"之称，因窖泥微生物参与发酵、生香，因此发酵酒醅与窖泥接触是酿好浓香型酒的技术关键。该型白酒的酒质具有无色透明，芳香浓郁，清洌甘爽，饮后余香，回味悠长的独特风格。

浓香型酒适合于国内大部分消费者的口味，在中国白酒中属产量较大的一种酒。浓香型酒以己酸乙酯及适量的丁酸乙酯为主体香，另外还含丙三醇，使酒绵甜甘洌。酒中的有机酸起到协调口味的作用。有机酸以乙酸为主，其次是乳酸和己酸，己酸的含量比其他香型白酒要高出几倍。白酒中还有羰基化合物和高级醇。在羰基化合物中，乙缩醛较高，是协调白酒香气的主要成分。

### （三）清香型白酒

清香型白酒以山西汾酒为典型代表，故也称汾香型白酒。在全国名白酒中，汾酒是优质高产低耗粮的典型代表。清香型白酒用大麦和豌豆制曲，以高粱为原料酿酒，生产工艺采用清蒸、清烧、地缸发酵、低温发酵（最高温度不超过 32℃）。发酵过程中生成的乙酸乙酯与乳酸乙酯搭配谐调，琥珀酸的含量也很高。酒质具有无色透明，清香醇正，入口绵，落口甜，香味谐调，尾净余香的特点。

### （四）米香型白酒

米香型白酒，亦称蜜香型酒。传统的米香型白酒以桂林三花为代表，属小曲酒类。米香型白酒采用大米作原料，利用小曲发酵，先固态培菌糖化，再加水进行半液态发酵。米香型白酒因酿酒原料和生产工艺的不同，故产品风格独特。产品以乙酸乙酯、乳酸乙酯、$\beta$-苯乙醇为主体香。米香型白酒具有晶莹剔透，丽质清雅，米香醇正，闻之浓而不骤，香而不艳，头甘尾净，圆润爽怡的特点。

### （五）芝麻香型白酒

芝麻香型白酒的典型代表是山东的景芝白干和一品景芝系列，是新中国成立后两大创新香型之一。芝麻香型白酒是以芝麻香为主体，兼有浓、清、酱三种香型之所长。它以高粱作为主要原料，麦曲为糖化发酵剂，混蒸混烧，老五甑操作，砖窖发酵。工艺中采用高淀粉、高温曲混合中温曲、低水分、高温堆积、高温发酵，可提高芝麻香的典型性。芝麻香型白酒酒体无色、透明，香气淡雅，入口后焦煳香味突出，有类似芝麻香气，有轻微的酱香。芝麻香型白酒的感官指标为"清澈透明，香气清洌，具芝麻香，醇厚回甜，尾净余香"。

### （六）兼香型白酒

兼香型白酒的香气和口感兼具泸香型酒和茅香型酒的特点，故称为兼香型白酒，常又称为复合香型。兼香型白酒采用高温大曲以及堆积发酵等操作技术，采用老窖和续糟发酵等工艺，酒质芳香优雅，酒体丰满，口味绵甜。

不同品种的兼香型白酒之间风格相差较大，有的甚至截然不同，这种酒的闻香、口香和回味香各有不同香气，具有一酒多香的风格。

**1. 酱中带浓**

代表酒是湖北的"白云边酒"。采用高温大曲作为发酵剂，砖窖，固态多轮次发酵，所产白酒清澈透明（微黄）、芳香、幽雅、舒适、细腻丰满、酱浓谐调、余味爽净、悠长。

**2. 浓中带酱**

代表酒有中国"玉泉酒"。采用大曲作为发酵糖化剂，砖窖、泥窖并用，采用酱香、浓香分型发酵产酒，分型贮存，勾调（按比例）而成兼香型白酒，故产品有明显酱味和窖香。酒质清亮透明（微黄），浓香带酱香，诸味谐调，口味细腻，余味爽净。

### （七）凤香型白酒

西凤酒是典型的凤香型白酒，产于陕西省，其传统工艺是以粳高粱为原料，大麦、豌豆制曲，采用中高温制曲、固态续糟发酵，发酵期短，混蒸混烧而制得新酒，再经酒海贮存三年，精心勾兑、调味而成。

西凤酒的风格是具有多类型的香气，含有多层次的风味。所谓"具有多类型的香气"，即清而不淡，浓而不酽，集清香、浓香之特长，按不同配比融为一体；所谓"含有多层次的风味"，即酸、甜、苦、辣、香五味俱全，均不出头。

西凤酒的特点是醇香优雅，甘润挺爽，诸味谐调，尾净悠长。

### （八）药香型白酒

董酒产于贵州省遵义市，略带药香（故称药香型）。因其酸味适中，香味谐调，尾净味长而独树一帜。其酿酒工艺以高粱作原料，采用小曲和大曲两种操作方法，制曲中添加中草药。董酒的蒸馏方式与众不同，以前蒸馏采用"串蒸法"，即将麦曲发酵生产的香醅甑后，底锅内装小曲高粱酒，蒸出的馏液即为董酒。后来改为"双醅法"，即在同一甑桶内先装小曲高粱酒，再续装香醅，一次蒸出馏液，即为董酒，对酒质并无多大影响。"董酒"是大、小曲并用的典型，而且加入十几种中药材。故董酒既有大曲酒的浓郁芳香、醇厚味长，又有小曲酒的柔绵、醇和味甜的特点，且带有舒适的药香、窖香及爽口的酸味。该酒酒质具有"清澈透明、浓香带药香、香气典雅、酸味适中、香味谐调、尾净味长"的特点。

### （九）豉香型白酒

以广东佛山"玉冰烧酒"为代表。广东珠江三角洲盛产玉冰烧，为地区性传统产品，酿造历史悠久，工艺特殊，风味独树一帜。玉冰烧以大米为原料，经蒸煮后加入适量的水及 20% 的大酒饼为糖化发酵剂，在 28～32℃ 发酵 15～20 天，发酵醪经蒸馏得到的原酒俗称斋酒，加入肥猪肉浸泡三个月后，取出酒自然沉淀 20 天以上，过滤后勾兑，即为成品。

玉冰烧酒香味特征是曲斋酒和由曲斋酒浸泡肥猪肉后形成的特殊"香"共同组成，二者香气相辅相成，融为一体。豉香型白酒的风味特征：清亮透明，晶莹悦目，香气有以乙酸乙酯和 $\beta$-苯乙醇为主体的清雅香气，并带有明显的脂肪氧化的陈肉香气（所谓豉香），口味绵软、柔和，回味较长，落口稍有苦味，但不留口，后味较清爽。该酒的感官评语是"玉洁冰清，豉香独特，醇厚甘润，余味爽净"。

### （十）特香型白酒

以江西"四特酒"为代表。以大米为原料，采用大曲（制曲用面粉麸皮及酒糟），红褚条石窖，老五甑混蒸混烧，固态发酵 45 天。酒质特点是酒色清亮，酒香芬芳，酒味醇正，酒体柔和，诸味谐调，香味悠长。在它的香气中，主要是突出酯类的香气特征，有别于浓香型白酒的酯类香气特征。另外，在特香型酒的酿酒原料中使用了整粒大米，混蒸混烧发酵工艺。在特香型白酒中，还能感觉到轻微的大米煮熟的香气。

特香型白酒的风味特征：无色，清亮透明，闻香以酯类的复合香气为主，酯类香气突出乙酸乙酯和己酸乙酯为主体的香气特征，入口放香有较明显的庚酸乙酯的酯类香气，闻香还有轻微的焦煳香气，口味柔和持久，甜味明显。

### （十一）老白干香型白酒

以河北衡水老白干酒为代表。发酵糖化剂采用纯小麦中温曲，以优质高粱为原料，其中原料不用润料，不添加母曲，曲坯成型时水分含量低（30%～32%），以架子曲生产为主，辅以少量地面曲；地缸发酵；采用混蒸混烧、续糟、老五甑工艺，短期、固态发酵。

香气是以乳酸乙酯和乙酸乙酯为主体的复合香气，谐调、清雅、微带粮香；入口醇厚，不尖、不暴，口感丰富，微有乙酸乙酯香气，有回甜。老白干香型白酒感官评语：无色或微黄透明，醇香清雅，酒体谐调，醇厚挺拔，回味悠长。

### （十二）馥郁香型白酒

以湖南酒鬼酒为代表。以酒鬼酒为代表的馥郁香型白酒，采用独特工艺，以根霉曲单独对粮食进行糖化，再将糖化好的粮食进行配糟，加大曲，入泥窖续糟发酵。以糯高粱和香糯米为原料，以陈年大曲、特种药曲为糖化剂，陈酿三年以上精心酿制而成。

馥郁香型白酒巧妙地融合了酱、浓、清香的风味，香味馥郁，酒体净爽，具馥郁香型优质白酒的典型风格。其特点是芳香秀雅，绵柔甘洌，醇厚细腻，后味怡畅，香味馥郁，酒体净爽。

# 第三节  新型白酒发展

所谓蒸馏酒，是指含有一定量的呈香呈味物质的乙醇水溶液。中外所产的蒸馏酒都含有一定量的呈香呈味物质，但其含量和种类受各自原料、酿酒功能微生物和工艺的影响而不同。不过这些呈香呈味物质在乙醇溶液中的浓度一般不能低于某一界限值。如果它们的浓度很低，低到不再对乙醇水溶液的风味有影响，即可认为这些呈香呈味物质属于微量杂质的范畴，这种乙醇水溶液就是前苏联及其他国家生产的伏特加酒。"伏特加"是酒的一种特存在形式，它不仅是一个专用术语或专用名词，它还说明了人们始终在追求单一物质的高纯度，并由此获得真正的乙醇风味享受。酒精（乙醇）的原汁原味在伏特加酒中得到了充分的体现，这也是包括中国白酒在内的世界其他 5 种蒸馏酒与伏特加酒的区别所在。

近年来，据有关资料报道，浓香型白酒中已检出 170 种以上的物质，包括色谱骨架成分（即以浓香型白酒为例，气相色谱所能定量检测出的含量不低于 $20\sim30mg/L$ 的酒中成分）、协调成分（即浓香型白酒中的己酸、乙酸、乳酸、丁酸、乙醛、乙缩醛）、复杂成分（种类不少于 150 种，含量不大于 $20\sim30mg/L$）。

由此看来，白酒是一个复杂体系，成分十分复杂。把白酒中各个成分之间的相互作用，各个成分在环境条件下的表现行为，以及对味觉和嗅觉的作用情况说清楚是很难办到的，只能对某些条件加以限定，用近似的方法找到一些共同点。在目前生产的众多白酒中，"伏特加"的成分最简单，其水和乙醇占总重量的 99.9% 以上。它并非不含其他成分，而是其他成分的含量极少，已到了不把它们看成酒的微量成分的程度。

新型白酒的研制，是我国酒类科技进步的结果。早在 20 世纪 70 年代，我国广大科技工作者就开展了大量的研究工作，四川省在 70 年代后期开展了生产应用，称为配制酒（或称调香酒）、串香酒。工艺较先进或酒质较好的是串调结合、固液勾兑或固液勾兑再调香生产的酒。串香法、串调结合法对提高酒的质量效果较显著，但必须有较好的固态香醅。调香法是 20 世纪 70 年代初在逐步了解了白酒香味成分后，发展起来的一项新工艺。这种调香法液态酒的配制工艺优点是操作简单，易于掌握，可在不同地区以不同的香型生产新品种，其缺点是酒质缺乏固态酒的糟香，如在串香酒基中调香，或适当添加固态酒的酒头和酒尾，则酒质就完美一些。

新型白酒生产工艺发展很快，与固态法相比，其不仅产量大，而且原料出酒率可提高 20% 左右，劳动生产率提高 1 倍多，机械化程度高，工人的劳动强度与生产条件大大改善，这是我国白酒工业发展的方向之一。中国白酒协会近年来倡导白酒行业发展应走固液结合、低度化、综合利用的道路。

目前，新型白酒还局限在中低档的水平，其能否进入高档酒的行列，是酒类科技工作者面临的一大难题。就我国酒类行业的发展而言，仍然要坚持 1987 年 4 月国家经委、轻工业部、商业部、农牧渔业部在贵州省贵阳市联合召开的全国酿酒工作会议精神，坚持优质、低度、多品种的发展方向，逐步实现"四个转变"，即：高度酒向低度酒转变，蒸馏酒向酿造酒转变，粮食酒向果类酒转变，普通酒向优质酒转变。"四个转变"是国家对酿酒工业的产业导向，在目前乃至以后相当长的时间内都具有指导意义。酿酒行业要根据当地市场需求和节约粮食的精神安排调节好产品，做到适应市场，引导消费。

# 第四节　白酒勾兑技术的发展

"勾兑"一词是白酒行业的专业技术术语，它的真正含义是指："在同一香型白酒中，把不同质量、不同特点的酒按不同的比例搭配掺和在一起，使白酒的'色、香、味、格'等达到某种程度上的协调与平衡。"酿酒行业把这一工作过程称为"勾兑"。其工艺过程可分为：调香和调味酒的选择、基础酒的选择、不同比例搭配后加浆降度等步骤，是现代白酒酿造过程中不可缺少的工艺环节。

白酒的"勾兑"工艺，自白酒开始酿造之日起就已存在，只不过那时的"勾兑"，方式少，意识与现在不同。起初的"勾兑"，可以说是酿酒人一种无目的、无意识的行为。古代的酿酒师只是简单地把先后酿出的白酒掺和在一个容器里。经过一个漫长的阶段后，人们终于发现了把各种不同时间产的、不同质量的白酒互相掺和到一起，会使酒的"香、味、格"发生变化，获得意想不到的特殊质量效果。于是酿酒师们便对"勾兑"技术进行了不断的探索，在经历了不断实践、不断完善的发展过程之后，才逐渐形成了现在的较为系统的一整套勾兑方法和工艺理论。由于这一技术性工艺的确立，白酒的产品质量便发生了一个历史性的质的飞跃。

"勾兑"从开始的无意识到以后的有意识，由起初的无系统地进行到现在的有系统有次序地运作并形成理论体系，中间经历了漫长的不断发展和不断完善的实践过程，是祖先们一点一滴的酿酒智慧的结晶，是中国酒文化篇章中光辉的一页。

酒精比重计尚未发明以前，白酒酒度是靠酿酒师口感尝评来掌握的，所以那时的"勾兑"工艺尽管是白酒酿造过程中不可缺少的环节，但却是不完善、不标准的。随着酒精比重计的出现并用于酿酒后，白酒的"勾兑"工艺便得到了初步的完善，但工艺理论尚缺少足够的证据来证明自身的科学性。气相色谱仪用于白酒微量成分的定量分析后，白酒的"勾兑"工艺才终于实现了理论体系的形成。利用气相色谱技术不仅可以把白酒中所含的多种微量成分检测出来，而且也揭开了"勾兑"工艺的神秘面纱，让现代的酿酒人真正地了解了"勾兑"工艺原理的科学性。

# 第二章　白酒的骨干成分、微量成分

白酒香味复杂是众所周知的，香味成分种类繁多、含量微少，而且各种微量香味成分之间通过相互复合、平衡和缓冲作用，构成了不同香型白酒的典型风格。这些典型风格取决于香味成分及其量比关系。在白酒香味成分中，起主导作用的称为主体香味成分。关于白酒的主体香味成分，1964 年已首次确认己酸乙酯为浓香型白酒的主体香味成分，乙酸乙酯为清香型白酒的主体香味成分。此后，白酒界及科研单位、大专院校都曾试图通过白酒香味成分的剖析研究，寻找各种香型白酒的主体香味成分。特别要指出的是，1991～1994 年，原轻工业部食品发酵科学研究所先后与湖北白云边酒厂、山东景芝酒厂及江西省四特酒厂合作，进行科技攻关，开展了"其他香型名白酒特征香味组分的剖析研究"和"四特酒特征香味组分的研究"，取得了引人瞩目的研究成果。这些研究成果表明，所剖析出的特征性成分都与不同香型白酒的风格特征有相关性和特异性，为区分香型和确立新香型提供了科学的依据。同时认为，决定白酒风格的是诸多香味成分的综合反映。

新中国成立初期，白酒质量良莠不齐，十分混乱。为了适应质量管理与品评对比，第三届评酒会上开始划分香型。划分香型对于提高白酒质量起到催化剂的作用。

白酒的主要成分是乙醇和水，约占总量的 98％以上。但决定白酒香型风味质量的却是许多的呈香呈味的有机化合物，微量香气成分约占总量的 2％左右。通过色谱-质谱联用、色谱-红外光谱联用等先进分析方法，根据各有关科学研究单位报道的研究结果，在各种香型白酒中至今已发现的香气成分总数为 322 种。近 20 余年来的分析研究结果表明，不论何种白酒，其微量成分的总数应该不少于 100 种，有人认为总数在 150 种以上。

我国白酒香型的划分起始于 1979 年全国第 3 届评酒会，这是白酒生产技术进步的体现。目前中国白酒分为十二大香型，它们均含有近 200 种微量成分，只要在组合上不一致，就会产生各种香型的风格，其中某一部分或小部分微量成分为它的主体香型。

## 第一节　浓香型白酒

浓香型白酒以泸州老窖特曲、五粮液、洋河大曲等酒为代表，以浓香甘爽为特点，采用以高粱为主的多种原料、陈年老窖（也有人工培养的老窖）、混蒸续渣工艺。它是我国白酒中产量最大、覆盖面最广的一类白酒。

浓香型白酒中所含的各类酯、酸、醇、醛等微量成分间的量比关系对酒质影响极大。所含微量成分总量（以酒精含量60％计）约为9g/L，其中总酯含量最高，约5.5g/L，占微量成分的60％左右，种类也多，是众多微量芳香成分中含量最高、数量最多、影响最大的一类，是形成酒体浓郁香气的主要成分。其中己酸乙酯占绝对优势，为总酯含量的40％左右，其典型香气被专家们定为具有浓郁的以己酸乙酯为主体的复合香气。此外，总酸含量约为1.5g/L，约占16％；总醇1.0g/L左右，约占11％；总醛1.2g/L左右，约占13％。微量成分含量高，酒质好，微量成分含量每下降1g/L，酒的品质就下降一个等级。质量差的酒，微量成分的总量也低。

## 一、酯类成分

酯类是中国白酒中呈现香味的主要物质，酯类含量高，酒的香味好；酯类含量低，香味差。浓香型白酒的香味成分，以酯类成分占绝对优势。酯类成分约占香味成分总量的60％，其中己酸乙酯是其主体香气成分，在所有的微量成分中它的含量最高。

在质量好的浓香型白酒中，各种酯的排列依次为：己酸乙酯＞乳酸乙酯＞乙酸乙酯＞丁酸乙酯。在质量差的浓香型白酒中，各种酯的排列依次为：乳酸乙酯＞己酸乙酯＞乙酸乙酯＞丁酸乙酯；或乙酸乙酯＞乳酸乙酯＞己酸乙酯＞丁酸乙酯。把己酸乙酯排列到第2位、第3位均不会是好的浓香型白酒。但乳酸乙酯和乙酸乙酯这两种成分的位置可以交换，不会影响酒质，甚至在某一方面会更好一些。如剑南春，它的四大酯的排列顺序就是：己酸乙酯＞乙酸乙酯＞乳酸乙酯＞丁酸乙酯。有时五粮液也是这种排列，而且它们的乳酸乙酯和乙酸乙酯都比其他浓香型白酒的含量要少得多。一般认为，乳酸乙酯和乙酸乙酯均不能超过己酸乙酯，乳酸乙酯＋乙酸乙酯之和等于或大于己酸乙酯则是好酒。

甲酸乙酯、丙酸乙酯、戊酸乙酯在酒中的作用是很显著的，可以增强香气，使口感谐调，应在酒中保持一定的含量，不可忽视。棕榈酸乙酯、亚油酸乙酯和油酸乙酯则适当减少，它们没有香气，呈味也不如酸类，同时又是酒产生浑浊的主要原因；实践证明，适当减少这些酯类，而增补适量酸类，酒质没有发生变化，反觉得酒味更加清洌、爽快。辛酸乙酯和庚酸乙酯也可减少，它们使酒产生新酒味和辛辣味，并有压香味的感觉，所以量不能多只能少。

在增加单体酯的同时，应增加相对应的酸含量，以避免酯高、酸低，造成酯的水解，使酒发生多味的变化（香味不谐调），尤其是在酒精含量低时更应注意。加入少量的奇碳酯和相应的酸，可增加酒的优雅感。

总酯含量高，酒质好。酯含量每下降0.8g/L，酒的品质就下降一个等级。微量成分总量与总酯含量的关系是：质量好的酒总酯约占60％，每下降5％，酒的品质就降低一个等级，质量差的酒总酯含量较低。

表 2-1　　浓香型酒中的酯及其含量　　　　　　　　　　　　单位：mg/L

| 名称 | 含量 | 名称 | 含量 |
| --- | --- | --- | --- |
| 甲酸乙酯 | 14.3 | 月桂酸乙酯 | 0.4 |
| 乙酸乙酯 | 1714.6 | 肉豆蔻酸乙酯 | 0.7 |
| 丙酸乙酯 | 22.5 | 棕榈酸乙酯 | 39.8 |
| 丁酸乙酯 | 147.9 | 亚油酸乙酯 | 19.5 |
| 乳酸乙酯 | 1410.4 | 丁二酸二乙酯 | 11.8 |
| 戊酸乙酯 | 152.7 | 辛酸乙酯 | 2.2 |
| 己酸乙酯 | 1849.9 | 苯乙酸乙酯 | 1.3 |
| 庚酸乙酯 | 44.2 | 癸酸乙酯 | 1.3 |
| 乙酸异戊酯 | 7.5 | 油酸乙酯 | 24.5 |
| 己酸丁酯 | 7.2 | 硬脂酸乙酯 | 0.6 |
| 壬酸乙酯 | 1.2 | | |

从表 2-1 中可以看出，己酸乙酯含量最高，是除乙醇和水之外含量最高的成分。它不仅绝对含量高，而且阈值较低，香气阈限为 0.76mg/L，它还带甜味，使酒爽口。因此，己酸乙酯的高含量、低阈值，决定了这类香型白酒的主要风味特征。在一定比例浓度下，己酸乙酯含量的高低，标志着这类香型白酒品质的优劣。除己酸乙酯外，在浓香型白酒酯类组分中含量较高的还有乳酸乙酯、乙酸乙酯、丁酸乙酯，共 4 种酯，称浓香型酒的"四大酯类"。它们的浓度大约在 10～200mg/100mL 数量级。其中己酸乙酯与乳酸乙酯浓度的比值为 1∶(0.6～0.8) 左右；己酸乙酯与丁酸乙酯的比例在 10∶1 左右；己酸乙酯与乙酸乙酯的比例在 1∶(0.5～0.6) 左右。另一类含量较适中的酯，其浓度一般在 50mg/L 左右，包括戊酸乙酯、乙酸戊酯、棕榈酸乙酯、亚油酸乙酯、油酸乙酯、辛酸乙酯、庚酸乙酯、甲酸乙酯等。还有一类酯是含量较少的，其浓度约 10mg/L 左右，包括丙酸乙酯、乙酸异戊酯、丁酸戊酯、己酸异戊酯、乙酸丙酯等。最后一类是含量极微的酯，含量在 $10^{-6}$ 浓度级或更低，如：壬酸乙酯、月桂酸乙酯、肉豆蔻酸乙酯等，共 19 种。值得注意的是，浓香型白酒的香气是以酯类香气为主的，尤其突出己酸乙酯的气味特征。因此，酒体中其他酯类与己酸乙酯的比例关系将会影响这类香型白酒的典型香气风格，特别是与乳酸乙酯、乙酸乙酯、丁酸乙酯的比例，从某种意义上讲，将决定其香气的品质。

## 二、醇类成分

醇类对人体有一定的不良影响，比较而言，乙醇对人体的影响是最小的，其他都大于乙醇，尤其是甲醇，超标就会造成人体中毒。所以要严格控制卫生指标，在不影响酒质的前提下，尽量设法降低醇类物质的含量。在新型白酒的生产中，甲醇含量已经比国家规定标准数下降了近 30 倍，有的酒几乎测不出甲醇。

无论质量好的酒还是质量差的酒，其非乙醇总醇含量均在 1.0g/L 以上（表 2-2）。微量成分总量与总醇含量的关系是：总醇约在 12% 以内的，酒的质量好，在 15％以上的酒质量较差。与总酸比，总醇为其 20％左右，酒质好，在 25％以上的酒质差。

表 2-2　浓香型酒中的醇及其含量　　　　单位：mg/L

| 名称 | 含量 | 名称 | 含量 |
|---|---|---|---|
| 正丙醇 | 173.0 | 正己醇 | 61.9 |
| 2,3-丁二醇 | 17.9 | 仲丁醇 | 100.3 |
| 异丁醇 | 130.2 | 正戊醇 | 7.1 |
| 正丁醇 | 67.8 | $\beta$-苯乙醇 | 2.1 |
| 异戊醇 | 370.5 | | |

　　醇类化合物是浓香型白酒中的一大类呈味物质。非乙醇的总醇含量仅次于有机酸含量。醇类突出的特点是沸点低，易挥发，口味刺激，有些醇带苦味。一定的醇含量能促进酯类香气的挥发。若酯含量太低，则会突出醇类的刺激性气味，使浓香型白酒的香气不突出；若醇含量太高，酒体不但突出了醇的气味，而且口味上也显得刺激、辛辣、苦味明显。所以，醇含量应与酯含量有一个恰当的比例。一般醇与酯的比例在浓香型白酒组分中为 1∶5 左右。

　　在醇类化合物中，各组分的含量差别较大，以异戊醇含量最高，大约在 300～500mg/L 浓度范围。各个醇类组分的浓度顺序为：异戊醇＞正丙醇＞异丁醇＞仲丁醇＞正己醇＞2,3-丁二醇＞异丙醇＞正戊醇＞$\beta$-苯乙醇。其中异戊醇与异丁醇对酒体口味的影响较大，若它们的绝对含量较高，酒体口味较差。异戊醇与异丁醇的比例一般较为固定，大约在 3∶1。高碳链的醇及多元醇在浓香型白酒中含量较少，它们大多刺激性较小，较难挥发，并带有甜味，对酒体可以起到调节口味刺激性的作用，使酒体口味变得浓厚而甜。仲丁醇、异丁醇、正丁醇口味很苦，它们绝对含量高，会影响酒体口味，使酒带有明显的苦味，这将损害浓香型白酒的典型味觉特征。

## 三、酸类成分

　　酸类是白酒中呈味物质，酸类物质味绵柔尾长，但酸类物质含量高则压香；酸低香气好，酸高香气差。

　　有机酸类化合物是浓香型白酒中重要的呈味物质，它们的绝对含量仅次于酯类含量，约在 1400mg/L，约为总酯含量的 1/4。经分析，有机酸成分按其浓度多少可分为三类（表 2-3）：第一类为含量较多的，约在 100mg/L 以上，包括乙酸、己酸、乳酸、丁酸 4 种；第二类为含量适中的，在 1～40mg/L 范围，包括甲酸、戊酸、棕榈酸、亚油酸、油酸、辛酸、异丁酸、丙酸、异戊酸、庚酸等；第三类是含量极微的有机酸，浓度一般在 1mg/L 以下，包括壬酸、癸酸、肉桂酸、肉豆蔻酸、硬脂酸等。有机酸中，乙酸、己酸、乳酸、丁酸的含量最高，其总和占总酸的90％以上。其中，己酸与乙酸的比例在 1∶（1.1～1.5）之间；己酸与丁酸的比例在 1∶（0.3～0.5）之间；己酸与乳酸的比例一般在 1∶（1～0.5）之间；浓度大小的顺序为乙酸＞己酸＞乳酸＞丁酸。总酸含量的高低对浓香型白酒的口味有很大的

表 2-3　浓香型酒中的酸及其含量　　　　　　　　单位：mg/L

| 名称 | 含量 | 名称 | 含量 |
|------|------|------|------|
| 乙酸 | 646.5 | 壬酸 | 0.2 |
| 丙酸 | 22.9 | 癸酸 | 0.6 |
| 丁酸 | 139.4 | 乳酸 | 339.8 |
| 异丁酸 | 5.0 | 棕榈酸 | 15.2 |
| 戊酸 | 28.8 | 亚油酸 | 7.3 |
| 异戊酸 | 10.4 | 油酸 | 4.7 |
| 己酸 | 368.1 | 苯甲酸 | 0.2 |
| 庚酸 | 10.5 | 苯乙酸 | 0.5 |
| 辛酸 | 7.2 | | |

影响，它与酯含量的比例也会影响酒体的风味特性，一般总酸含量低，酒体口味淡薄，总酯含量也相应不能太高，否则酒体香气会显得"头重脚轻"；总酸含量太高，也会使酒体口味变得刺激、粗糙、不柔和、不圆润。另外，酒体口味是否持久，很大程度上取决于有机酸，尤其是一些沸点较高的有机酸。

有机酸与酯类化合物相比较，芳香气味不十分明显，但一些长碳链脂肪酸具有明显的脂肪臭和油味。若这些有机酸含量太高，仍然会使酒体的香气带有明显的脂肪臭或油味，影响浓香型白酒的香气及典型风格。

在较好的浓香型白酒中，酸的排列依次为：乙酸＞己酸＞乳酸＞丁酸＞甲酸＞戊酸＞棕榈酸。较差的白酒中，酸的排列次序为：乳酸＞乙酸＞己酸＞丁酸＞甲酸＞戊酸＞棕榈酸。己酸的绝对含量应在 300mg/L 以上，且含量应为各酸之首；甲酸和戊酸是具有陈味的呈味物质，应有适当量，在排列上戊酸可以等于或略大于甲酸；丙酸呈味也很好，应保持一定含量；辛酸、庚酸有辛味，应减少其含量。

在减少单体酸的含量时，要注意同时减少相对应的酯的含量，如减少辛酸含量，则应同时减少辛酸乙酯的含量，以避免酯大于酸，失去平衡，使酯水解成酸，造成存放期或货架期酒味发生变化。

酸是新酒老熟的催化剂，它的组成情况和含量多少影响着酒的老熟能力。酸也是白酒最好的呈味剂，白酒的口味是指酒入口后对味觉刺激的一种综合反映。酒中所有的成分，对香和味两方面起作用，从口味上讲又有后味、余味、回味之分。羧酸主要是对味觉的贡献，是最重要的味感物质，它可增加酒的后味。人们饮酒时，总是希望味道丰满，有机酸能使酒变得味多，口感丰富。只要酸量适度，比例协调，可使酒出现甜味和回甜味。同时酸可消除燥辣感，增强白酒的醇和感，又可减轻中、低度酒的水味。添加综合酸还可以减轻酒中苦味。

酸的浓度高对白酒香气有抑制和掩蔽作用。含酸量偏高的酒，对正常酒的香气有明显的抑制作用，俗称压香。也就是说，酸量过多，对其他物质的放香阈值增大了，放香程度在原有的基础上降低了；酸量不足，普遍存在酯香突出、酯香气复合程度不高等问题。酸在调整酒中各类物质之间的融合程度、改变香气的复合性方面有一定程度的强制性。分析检验说明，酸量不足，可能使酒发苦，邪杂味露头，酒不净，单香不谐调等；酸量过多，使酒变得粗糙，放香差，闻香不正，发酸发涩等。酸在新型白酒勾调中起着非常重要的作用，因此，要不断丰富对酸的认识，提高勾调技术水平。也有人认为，异戊酸和异丁酸对白酒风味的改善也有较大的作用。

质量好的酒总酸含量也高。酸含量每下降 0.3～0.4g/L，酒的品质就降低一个等级。总酸含量低，酒质差。微量成分总量与总酸含量的关系是：质量好的酒总酸约占 16.7％，每下降 2％，就降低一个等级，质量差的酒总酸含量均较低。

在白酒中一般不添加柠檬酸。柠檬酸酸味纯净，阈值低，是较好的食品调味剂，它在酒和水中能充分溶解，可以促进其他香味物质的放香，但它是个三元酸，在钙/镁离子存在下，会与其发生缓慢反应，生成含 4 个结晶水的柠檬酸钙/镁，柠檬酸钙不溶于乙醇，微溶于水，随温度升高其溶解度降低，从而形成沉淀。由于柠檬酸与钙离子反应比较缓慢，在勾调期内不会沉淀，往往造成货架期沉淀，对白酒质量危害较大，并易给白酒带来涩味。鉴于此，白酒调酸一般不采用加柠檬酸的做法。

## 四、羰基化合物

醛类和醇类一样，对人体有不良影响，其中以甲醛为最甚。白酒中含甲醛很少，一般都在 1mg/L 以下。要去尽甲醛是比较容易的，新型白酒基本上不含甲醛。

羰基化合物与白酒中的香气有密切的关系，对构成白酒的主要香味物质有重要作用。白酒中的羰基化合物主要是乙醛和乙缩醛，它们占了总羰基化合物的 98％，含量分别为 400mg/L 和 500mg/L，被认为是白酒中不可缺少的成分。

乙缩醛，即二乙醇缩乙醛，不是醛类，在分子内含有 2 个醚键，是一种特殊的醚。乙缩醛在酒的贮存过程中含量增加，被认为是形成陈味的一种物质，对白酒香味的形成有一定贡献，应有一定的含量。乙醛也一样，不含有乙醛就没有刺激感，平淡无味；但乙醛含量过高，则冲辣、刺舌，有新酒的感觉。应该在保证酒的质量的前提下，尽可能地减少这两种物质的含量。在新型白酒中乙醛含量已经降到了 200mg/L 左右，乙缩醛 300mg/L 左右，且仍保持了白酒的固有风格。

醛类与羟酸共同形成了白酒的协调成分。酸偏重于白酒口味的平衡和协调，而乙醛和乙缩醛主要是对白酒香气的平衡和协调，它们的作用强，影响大，是白酒中重要的组成成分。也可以用有利于人体身体健康的酮类、酚类、内酯类物质来代替这些醛类，如黄酮、丁香醛、香草醛、愈创木酚、皂素等，选用得好，既可以提高酒的质量，又能增强白酒的保健作用。其他的醛类如丙醛、丁醛、戊醛、异戊醛、糠醛等都不应该添加。丁二酮、3-羟基丁酮呈味也很好，可以起到增香提爽的作用，它们的含量分别为 60mg/L 和 50mg/L 左右。当放香差、酒味不爽净时，可添加 6～8mg/L 丁二酮或 3-羟基丁酮。

### （一）乙醛和乙缩醛的携带作用

乙醛与酒中的醇、酯、水，在酒液的液相或气相的平衡中，各组分之间均有很好的相容性。相容性好才能给人以复合型的嗅觉感觉，白酒的溢香和喷香与乙醛的携带作用有关。

### （二）降低阈值的作用

在白酒的味觉、嗅觉研究中，"阈"意味着刺激的划分点或是临界值的概念。阈值是心理学和生理学上的术语，是获得感觉上的不同而必须越过的最小刺激值。

在白酒的勾调过程中有一个经验，当使用含醛量高的白酒时，其闻香明显变强，对放香强度有放大和促进作用，这是对阈值的影响。阈值不是一个固定值，在不同的环境条件下，有不同的值。乙醛的存在，对可挥发性物质的阈值有明显的降低作用，白酒的香气变浓了，提高了放香感知的整体效果，当然也需要掌握一个尺度。

### （三）掩蔽作用

在生产低度酒时，出现酒与味脱离现象，其原因是没有处理好四大酸与乙醛、乙缩醛的关系。四大酸主要表现为对味的协调功能。酸压香增味，乙醛、乙缩醛提香压味，处理好这两类物质间的平衡关系，就不会显现出有外加香味物质的感觉，这就提高了酒中各成分的相容性，掩盖了白酒某些成分过于突出的弊端。从这种角度讲，乙醛和乙缩醛具有掩蔽作用。

### （四）促进酒老熟的作用

因为醛基很活跃，加速了酒中微量成分的转变和陈味物质的生成，一般认为，乙醛是由乙醇经酵母脱氢氧化而生成，异戊醛由亮氨酸生成，芳香族醛（对羰基甲基苯甲醛，对羰基苯甲醛等）由酪氨酸经酵母作用而生成，双乙酰由酵母、乳酸菌或曲霉作用而生成。高沸点的醛可增强白酒的香气，提高酒质。在白酒的老熟过程中，挥发性的羰基化合物增加，酒变微黄，产生陈味。过陈过熟的臭味是由于氨基和羰基反应生成的 3-去氧葡萄糖胺所致，使酒色加深。

质量好的酒总醛含量在 1.2g/L 左右，超过 1.6g/L 酒质差。微量成分总量与总醛含量的关系是：总醛占 13％的酒质好，超过 15％的酒质差，与微量成分总量的比值越大，酒质越差。

## 五、骨干成分的含量与质量的关系

浓香型白酒有广阔的市场，适合大多数消费者的口味，其产量占全国曲酒产量之冠。采用气相色谱仪对泸州曲酒进行定性定量分析测出泸州曲酒中 108 种芳香成分。微量芳香成分在泸州特、头、二、三曲中总含量差异较大（表 2-4）。

由表 2-4 可见，泸州特、头、二、三曲微量芳香成分总量，呈现由高到低的变化规律。个别酒样来源不同，略有差异，但其平均值变化明显。由此看出，酒质好

表 2-4　泸州曲酒中微量芳香成分含量　　　　　　　　　单位：mg/L

| 项目 | 特曲 | 头曲 | 二曲 | 三曲 |
|------|------|------|------|------|
| 第一批 | 855 | 763 | 732 | 725 |
| 第二批 | 963 | 792 | 625 | 683 |
| 第三批 | 890 | 781 | 742 | 541 |
| 平均 | 903 | 765 | 699 | 649 |

的微量芳香成分含量高，反之酒质较差。在检测其他浓香型酒时，也普遍符合这个规律。

### （一）酯类含量与酒质的关系

酯类是浓香型白酒中重要的芳香成分，是微量成分中含量最高、数量最多、影响最大的成分，也是形成酒体浓郁香气的主要物质。

**1. 己酸乙酯**

众所周知，己酸乙酯是浓香型曲酒的主体香，但随酒质的不同，其含量差异较大（见表 2-5）。

表 2-5　浓香型曲酒中己酸乙酯含量　　　　　　　　单位：mg/L

| 酒的类别 | 己酸乙酯含量 | 酒的类别 | 己酸乙酯含量 |
|----------|--------------|----------|--------------|
| 五粮液 | 2214 | 泸州特曲 | 2232 |
| 全兴大曲 | 2158 | 头曲 | 1728 |
| 洋河大曲 | 2350 | 二曲 | 727 |
|  |  | 三曲 | 572 |

浓香型酒的己酸乙酯含量都在 2000mg/L 以上。泸州特、头、二、三曲中的己酸乙酯含量递减，这是造成酒质差异的重要原因。以泸州酒厂系列产品为例，特曲具有浓郁而悠长的香气，典型性强；头曲在闻香上仍保留浓香型的香气特点，但不如特曲浓郁；二、三曲则明显主体香不足，在闻香上就与特、头曲相差较大。

**2. 酯的含量不同对酒质的影响**

用气相色谱对泸州曲酒中 39 种酯进行定量，各种酯的含量差别很大，约为 0.1～2000mg/L。依照含量的多少，可分为 4 个类别：

① 含量高的酯，除己酸乙酯外，还有乳酸乙酯、乙酸乙酯、丁酸乙酯等 3 种。

② 含量较高的酯，约为 50mg/L 左右，有戊酸乙酯、乙酸正戊酯、棕榈酸乙酯、亚油酸乙酯、油酸乙酯、辛酸乙酯、甲酸乙酯、乙酸丁酯、庚酸乙酯等 9 种。

③ 含量较少的酯，约为 10mg/L 左右，有丙酸甲酯、乙酸异戊酯、乙酸丙酯等。

④ 含量极微的酯，都在 1mg/L 以下，有壬酸乙酯、月桂酸乙酯、肉豆蔻酸乙酯等。

泸州曲酒中主要酯的含量见表 2-6。

表 2-6　　泸州曲酒中主要酯的含量　　　　　单位：mg/100mL

| 成分 | 特曲 | 头曲 | 二曲 | 三曲 |
|---|---|---|---|---|
| 己酸乙酯 | 204 | 173 | 79 | 45 |
| 乳酸乙酯 | 138 | 133 | 102 | 84 |
| 乙酸乙酯 | 127 | 114 | 97 | 73 |
| 丁酸乙酯 | 21 | 16 | 8.8 | 4.6 |
| 戊酸乙酯 | 6.9 | 5.6 | 2.7 | 2.2 |
| 棕榈酸乙酯 | 6.8 | 5.9 | 4.9 | 7.4 |
| 亚油酸乙酯 | 6.8 | 5.9 | 4.8 | 7.3 |
| 乙酸叔丁酯 | 7.4 | 5.7 | 2.9 | 1.7 |
| 油酸乙酯 | 5.3 | 5.0 | 5.6 | 5.3 |
| 辛酸乙酯 | 4.4 | 4.8 | 3.0 | 3.4 |
| 甲酸乙酯 | 4.1 | 3.6 | 3.1 | 2.4 |
| 乙酸正戊酯 | 4.2 | 4.4 | 2.9 | 2.5 |
| 庚酸乙酯 | 3.4 | 3.8 | 1.7 | 1.7 |

　　己酸乙酯、丁酸乙酯、戊酸乙酯、辛酸乙酯、庚酸乙酯，在各等级酒中含量的比例基本稳定。二曲和三曲，微量成分比例明显失调，出现乳酸乙酯＞己酸乙酯和乙酸乙酯＞己酸乙酯的情况，以致主体香不足，显"闷味"，尾不净。因此，己酸乙酯与其他酯类恰当的比例，是浓香型曲酒酒质优劣的重要标志。

**3. 己酸乙酯与总酯之比对酒质的影响**

表 2-7　　己酸乙酯与总酯的含量及其比值　　　　　单位：mg/L

| 项目 | 五粮液 | 泸州特曲 | 头曲 | 二曲 | 三曲 |
|---|---|---|---|---|---|
| 己酸乙酯 | 2721 | 2232 | 1728 | 727 | 572 |
| 总酯 | 5175 | 5500 | 4610 | 3250 | 2900 |
| 比值 | 1∶1.9 | 1∶2.46 | 1∶2.67 | 1∶4.47 | 1∶5.07 |

　　由表 2-7 可知，己酸乙酯含量的多寡，对浓香型白酒有重要意义，有的酒虽然总酯含量很高，但己酸乙酯占的比例少，酒质仍然较差。

**4. 组成窖香的酯类对酒质的影响**

　　感官尝评窖香突出的双轮底酒、窖香酒、泥香酒、曲香酒、陈味酒等，与一般酒比较，其主要差别是己酸乙酯、丁酸乙酯、戊酸乙酯、辛酸乙酯、庚酸乙酯含量高，是其他较好的酒的 1.5～2 倍。戊酸乙酯、辛酸乙酯、庚酸乙酯都属于味阈值低、放香快而强烈的酯类，当它们以适当的比例与己酸乙酯、丁酸乙酯共存时，明显地使窖香更突出，酒体更浓郁。丁酸乙酯、戊酸乙酯、辛酸乙酯、庚酸乙酯在泸州特、头、二、三曲中含量明显递减，对酒的主体香起着决定性的作用。

**5. 几种主要酯类对酒质的影响**

　　乳酸乙酯在优质浓香型曲酒中的含量仅次于己酸乙酯，居第二位。乳酸乙酯香气弱，味微甜，浓度为 1000～2000mg/L 时，具有老白干气味。酒中缺少乳酸乙酯则浓厚感差，但过多则出现涩味。其在泸州特、头、二、三曲中含量递减。

　　乙酸乙酯在浓香型曲酒微量芳香成分中占第三位，它具有水果香，带刺激性的尖酸味，略苦。乙酸乙酯在泸州特、头、二、三曲中含量变化不大，它与乳酸乙酯一样，在酒中与己酸乙酯含量在固定的比例范围内，比值偏小较好。

丁酸乙酯在含量上虽然不及己酸乙酯、乳酸乙酯和乙酸乙酯高，但在形成浓郁香气上，仅次于己酸乙酯，是形成窖香的重要酯类。它在泸州特、头、二、三曲酒中的含量呈明显下降趋势，特别是在调味酒和异杂味酒中的含量变化较大。但有一个规律，就是丁酸乙酯与己酸乙酯之比，在这些酒中都为1∶10左右。

此外，含量在5mg/mL以上的酯，如戊酸乙酯等，随着酒质的变劣，其含量也由高到低。这些酯以一定比例存在于酒中，对形成酒的浓郁、丰满的香气，起着良好的作用。

### （二）醇类含量与酒质的关系

这里所说的白酒中的醇类，是指除乙醇外的其他微量醇。

#### 1. 醇含量对酒质的影响

醇类在泸州特、头曲中占芳香成分总量的11%左右，除酯、酸类外，总含量居第3位。醇在特、头、二、三曲中的含量变化情况与酯类、酸类不同，二、三曲酒中醇类含量高于特、头曲（如表2-8所示）。

表 2-8　浓香型曲酒中醇类含量情况　　　　单位：mg/100mL

| 项目 | 特曲 | 头曲 | 二曲 | 三曲 |
|---|---|---|---|---|
| 香气成分总量 | 963 | 791.7 | 625.6 | 682.9 |
| 醇类总量 | 99.3 | 96.3 | 105.9 | 98.7 |
| 醇类比例/% | 10.3 | 12.2 | 16.9 | 14.4 |
| 酯类总量 | 589 | 504 | 311.8 | 272 |
| 酯醇比 | 6∶1 | 5∶1 | 3∶1 | 3∶1 |

二、三曲中醇类占芳香成分总量的比例明显增高。其酯醇比，特、头曲明显高于二、三曲。也就是说，质量差的酒酯低醇高，酯香味不能有效掩盖杂醇油和其他醇味，致使酒呈现各种异杂味。

#### 2. 醇的量比关系对酒质的影响

泸州曲酒中已定量的醇类有26种，各种成分含量差别很大，最高的是异戊醇，为300～500mg/L（如表2-9所示）。

泸州特、头、二、三曲酒中，醇类的含量排列顺序基本上有一定规律。异戊醇、正丙醇、异丁醇在特、头、二、三曲中的含量明显递增。异丁醇含量以100～120mg/L为佳，全国名酒五粮液、剑南春和泸州特曲，其含量均在这个范围，二、三曲中含量就升至140～170mg/L。异丁醇含量多时，异戊醇也随着增加，但异戊醇与异丁醇的比值在特、头、二、三曲酒中，均保持在2.6～2.9范围内。与其他微量芳香成分比较，异戊醇、异丁醇含量的比例是很稳定的，甚至连酱香型、米香型酒也大致如此，这说明引起酒质变化的原因不是异戊醇和异丁醇的比值，而是它们的绝对含量。也就是说，好酒中异戊醇和异丁醇含量较低，质量差的酒这两种醇

表 2-9　泸州曲酒中的醇类含量　　　　　　　　　　　单位：mg/L

| 成分 | 特曲 | 头曲 | 二曲 | 三曲 |
|---|---|---|---|---|
| 异戊醇 | 316 | 319 | 477 | 504 |
| 正丙醇 | 155 | 174 | 185 | 204 |
| 甲醇 | 137 | 118 | 92 | 106 |
| 异丁醇 | 113 | 119 | 139 | 181 |
| 正丁醇 | 79 | 73 | 39 | 79 |
| 仲丁醇 | 59 | 42 | 25 | 52 |
| 正己醇 | 66 | 63 | 34 | 34 |
| 2,3-丁二醇 | 22.8 | 22.8 | 14.3 | 0.7 |
| $\beta$-苯乙醇 | 3.3 | 3.2 | 3.3 | 3.8 |

含量较高。

此外，甲醇、正丁醇、仲丁醇、正己醇、2,3-丁二醇都是放香和呈味较好的物质，在酒中起着重要的作用。但甲醇毒性较大，在白酒中应尽量减少甲醇含量。

### （三）酸含量对酒质的影响

酸类是白酒中重要的呈味物质，占浓香型酒微量芳香成分的第二位，约占成分总量的14%～16%（见表2-10、表2-11）。

表 2-10　泸州曲酒微量成分总量、总酸量及其比例关系　　单位：mg/L

| 项目 | 特曲 | 头曲 | 二曲 | 三曲 |
|---|---|---|---|---|
| 微量成分总量 | 8550 | 7920 | 6250 | 6830 |
| 总酸 | 1230 | 1020 | 790 | 720 |
| 总酸所占的比例/% | 14.4 | 12.9 | 12.5 | 10.5 |

表 2-11　泸州曲酒中的酸含量　　　　　　　　　　　单位：mg/L

| 成分 | 特曲 | 头曲 | 二曲 | 三曲 |
|---|---|---|---|---|
| 总酸 | 1466 | 1140 | 834 | 727 |
| 乙酸 | 451 | 410 | 393 | 339 |
| 己酸 | 361 | 275 | 182 | 167 |
| 乳酸 | 332 | 226 | 172 | 87 |
| 丁酸 | 129 | 122 | 97 | 73 |
| 甲酸 | 32 | 27 | 5 | 11 |
| 戊酸 | 16 | 25 | 11 | 9 |
| 棕榈酸 | 16 | 11 | 14 | 8 |
| 亚油酸 | 15 | 7 | 9 | 6 |
| 油酸 | 13 | 7 | 10 | 5 |
| 辛酸 | 6 | 6 | 3 | 3 |
| 异丁酸 | 7 | 7 | 5 | 7 |

酸在泸州曲酒中的含量基本上是：特曲＞头曲＞二曲＞三曲。但有时因乙酸含量偏高致使总量变高。可见，酸含量的高低是酒质好坏的一个标志。在一定比例范

围内，酸含量高的酒质好，反之酒质差。在其他浓香型名酒中也是同样的结果，而苦涩、异杂味酒，酸含量普遍较低。

气相色谱测定泸州曲酒中的 25 种有机酸，按含量多少可分为 3 种情况：

① 含量在 100mg/L 以上的有乙酸、己酸、乳酸、丁酸 4 种。

② 含量在 1～40mg/L 的有甲酸、戊酸、棕榈酸、亚油酸、油酸、辛酸、异丁酸、丙酸、异戊酸、庚酸共 10 种。

③ 含量在 1mg/L 以下的有壬酸、十八酸、癸酸、肉桂酸、肉豆蔻酸、异丁烯二酸等，共 11 种。

酸在优质浓香型曲酒中的含量排列顺序为：乙酸＞己酸＞乳酸＞丁酸＞甲酸＞戊酸。结合感官品评发现，己酸含量高的酒品质好。特、头、二、三曲中己酸含量显著递减。酸类的香气不如酯类浓郁，5 碳以下的低级脂肪酸都具有刺激性气味，浓时酸味刺鼻，多数具有辣味，稀释后有爽快感、细腻感。5 碳以上的酸刺激性逐渐减小，而香气逐渐增加。高沸点的有机酸，多数具有独特的香味，如肉桂酸有似奶油香味，肉豆蔻酸、棕榈酸有柔和的果香，亚油酸有浓脂肪香、爽快感。曲酒中的有机酸与相应的酯互相衬托、协调，使酒体柔和、丰满、回味好。综上所述，说明酒质优劣与总酸含量密切相关。

### （四）羰基化合物成分与酒质的关系

泸州曲酒二、三曲中总醛和乙缩醛含量，都远远超过特、头曲（表 2-12）。乙醛和乙缩醛是羰基化合物中含量最高的成分，是浓香型曲酒中的重要羰基化合物。乙醛具有刺激性，是酒中辛辣之源，含量不宜过高，优质酒中乙醛含量都不高。乙缩醛有浓重的刺激性，涩口糙辣，但适量的乙缩醛可使酒爽口，是呈香呈味的芳香成分。

表 2-12  曲酒中羰基化合物含量　　　　　　　　单位：mg/L

| 成分 | 特曲 | 头曲 | 二曲 | 三曲 |
|---|---|---|---|---|
| 乙缩醛 | 526 | 415 | 729 | 1296 |
| 乙醛 | 336 | 260 | 462 | 887 |
| 双乙酰 | 87 | 47 | 63 | 58 |
| 醋醛 | 92 | 163 | 120 | 125 |
| 异戊醛 | 59 | 50 | 33 | 39 |
| 丙醛 | 24 | 25 | 10 | 13 |
| 异丁醛 | 15 | 15 | 8 | 8 |
| 糠醛 | 14 | 7 | 5 | 4 |
| 正丁醛 | 6 | 6 | 5 | 1 |
| 丙酮 | 4 | 5 | 2 | 1 |
| 丁酮 | 2 | 2 | 1 | 1 |
| 丙烯醛 | 2 | 3 | 4 | 4 |

四川大学陈益钊教授根据微量成分的某一部分在酒中的地位和主导作用，把占白酒 1%～2% 的那些成分分成以下三个部分：①色谱骨架成分；②协调成分；③复杂成分。他指出，中国白酒是复杂体系，这 1%～2% 的成分是这一复杂体系

物质品种数占绝对优势的部分。

白酒中的任何成分同时具有两个方面的作用：一是对香气的贡献；二是对味的贡献。任意一种物质对香气和味的贡献各不相同，有的对香贡献大，对味贡献小，有的则刚好相反。白酒中所有成分对香贡献的总和就是白酒的香，所有成分对味贡献的总和就是白酒的味。香和味贡献的总和并非各个成分各自香和味贡献的简单叠加。所以，对任意一种商品白酒，在生产过程中必须解决好以下四方面的问题：香的协调、味的协调、香和味的协调、风格（典型性）。

香和味的协调主要包括两个方面的内容：一是主导着香型的那些骨架成分的构成是否合理，骨架成分的构成是否符合实际情况，是否符合香和味的客观规律；二是在骨架成分的构成符合常理的状态下，是哪些物质起着综合、平衡和协调的作用。陈益钊教授经过多年的研究，发现浓香型白酒的乙醛、乙缩醛和乙酸、乳酸、己酸、丁酸这6种物质就是协调成分。乙醛和乙缩醛的主要作用是对香气有较强的协调功能；乙酸、乳酸、己酸、丁酸主要表现为对味极强的协调功能。但必须强调：乙醛和乙缩醛之间的比例必须协调，4种酸之间的比例关系必须协调，这6种物质必须与其他成分比例关系协调。

# 第二节　清香型白酒

随着白酒生产技术和评酒水平的提高，人们对香型的认识也逐步深化。就香气成分而言，我国白酒酯含量高，其中乙酸乙酯和乳酸乙酯在所有香型酒中都大量存在，这是有别于世界上其他蒸馏酒的特征之一。以这两种乙酯类成分为主的复合香气是清香型酒的主体香，这一点早已明确。从酿酒微生物区分，有大曲、小曲及麸曲之分；在生产工艺上有固态、半固态、半液态及全液态发酵之别；所采用的发酵容器有陶缸、水泥池、砖池、新泥池及不锈钢大罐等；贮酒容器有陶缸、金属大罐、酒海等。由于影响产品风味质量诸因素不同，造成了所产白酒具有各自的风格特点，有些产品长期以来获得了当地广大消费者的喜爱，形成了流派。一般来讲，北方地区以大曲或麸曲清香为主，南方地区以小曲清香为主。

如果把中国的白酒比作少女，那么，浓香型白酒浓妆艳丽，引人注目；酱香型白酒略施粉黛，楚楚动人；清香型白酒则清纯秀丽，秀外慧中。从这个比喻可以看出，清香型白酒是以清亮透明、清香醇正、香气清雅、绵甜爽净的特点和自然纯朴的风格立足于市场。国家标准清香型白酒的定义是：以粮食等为主要原料，经糖化、发酵、蒸馏、贮存、勾兑酿制成的，具有乙酸乙酯为主体的复合香气的蒸馏酒。感官技术要求是：无色清亮透明，清香醇正，具有乙酸乙酯为主体的清雅、谐调的复合香气，口感柔和，绵甜爽净、和谐，余味悠长，具有本品种突出的风格。

清香型白酒也称为汾香型白酒，以汾酒为代表，清香型白酒的工艺特点是："清蒸清烧，净器发酵，中汤制曲，卫生要好"。也就是说，清香型白酒在生产中着重突出"清""净"二字。原辅料清蒸，蒸馏时不混料，卫生条件好，发酵容器采用地缸、瓷砖池、水泥池等。

清香型白酒在福建省闽南一带及台湾省深受广大消费者喜爱。台湾自开创金门酒厂，生产金门高粱酒以来，饮酒习惯主要以清香型白酒为主。以高粱为原料的清香型白酒在福建厦门、泉州、漳州及周边地区市场上也占有一席之地，清香型白酒在福建省有望掀起消费热潮。

典型的清香型白酒的风味特征是：无色、清亮透明，具有以乙酸乙酯为主的谐调复合香气，清香醇正，入口微甜，香味悠长，落口干爽，微有苦味。清香型白酒突出的酯香是乙酸乙酯淡雅的清香气味，气味醇正、持久，很少有其他邪杂气味。清香型白酒入口刺激感比浓香型白酒稍强，味觉特点突出爽口，落口微带苦味，口味在味觉中始终是一个干爽的感觉，应无其他异杂味，自然谐调，这是清香型白酒最重要的风味特征。

清香型白酒所含微量成分种类和总量都低于酱香型白酒和浓香型白酒，略高于米香型白酒。其中乙酸乙酯含量明显高于其他几种香型的酒，绝对含量范围在 $1800 \sim 3100$ mg/L。乙酸乙酯是清香型白酒的主体香气成分，占总酯含量的 $55\%$ 以上。乳酸乙酯含量较高，其含量范围在 $890 \sim 2600$ mg/L，可以使酒的后味不淡。正己醇、正丁醇在清香型白酒中的含量是很微量的，几乎检测不出。己酸乙酯和丁酸乙酯的含量也很低，己酸乙酯含量小于 25mg/L，丁酸乙酯含量小于 10mg/L。这些成分的含量若高于界限值，酒就会出现异香，失去清香型白酒的风格。清香型白酒中乙缩醛含量范围在 $240 \sim 680$ mg/L，乙缩醛含量高时，说明酒贮存时间长，随着贮存时间的增加，醛类物质大部分转化为乙缩醛的形式存在于酒中，使闻香与口味得到改善。

清香型白酒微量成分的总量约为 8670mg/L，其中酸类约 1310mg/L，约占 $15\%$；酯类 5680mg/L，占 $65.5\%$；醛类 710mg/L，占 $8.2\%$；醇类 970mg/L，占 $11.2\%$。其主要微量成分有：甲酸、乙酸、丙酸、丁酸、戊酸、己酸、乳酸、氨基酸、乙酸乙酯、己酸乙酯、乳酸乙酯、乙缩醛、甲醛、乙醛、丙酮、丙醛、异丁醛、丁酮、异戊醛、糠醛、正己醛、丁二酮、3-羟基丁酮、甲醇、丙醇、仲丁醇、异丁醇、异戊醇、正丁醇、2,3-丁二醇。

主要微量成分的含量范围（mg/L）：乙醛 $126 \sim 480$，乙酸乙酯 $1760 \sim 3060$，正丙醇 $76 \sim 250$，仲丁醇不大于 40，乙缩醛 $240 \sim 680$，异丁醇 $116 \sim 170$，正丁醇大于 12，丁酸乙酯不大于 10，异戊醇 $300 \sim 580$，乳酸乙酯 $890 \sim 2610$，糠醛不大于 13，己酸乙酯不大于 22。

# 一、酯类成分

在酯类化合物中，乙酸乙酯含量最高，乳酸乙酯的含量次之，这是清香型白酒香味组分的一个特征（表2-13）。乙酸乙酯和乳酸乙酯的绝对含量，及两者之比例关系，对清香型白酒的质量和风格特征有很大影响。一般乙酸乙酯与乳酸乙酯的含量比例为 1：（0.6～0.8）左右，若乳酸乙酯含量超过这个比例，将会影响清香型

表 2-13　清香型白酒酯类成分含量　　　　　　　单位：mg/L

| 成分名称 | 含量 | 成分名称 | 含量 |
|---|---|---|---|
| 甲酸乙酯 | 2.71 | 辛酸乙酯 | 7.8 |
| 乙酸乙酯 | 2326.7 | 苯乙酸乙酯 | 1.2 |
| 丙酸乙酯 | 3.8 | 癸酸乙酯 | 2.8 |
| 丁酸乙酯 | 2.1 | 乙酸异戊酯 | 7.1 |
| 乳酸乙酯 | 1090.1 | 肉豆蔻酸乙酯 | 6.2 |
| 戊酸乙酯 | 8.6 | 棕榈酸乙酯 | 42.7 |
| 己酸乙酯 | 7.1 | 亚油酸乙酯 | 19.7 |
| 庚酸乙酯 | 4.4 | 油酸乙酯 | 10.0 |
| 丁二酸二乙酯 | 13.1 | 硬脂酸乙酯 | 0.6 |

白酒的风味特征。此外，丁二酸二乙酯也是清香型白酒酯类组分中较重要的成分，由于它的香气阈值很低，虽然在酒中含量很少，但它与 $\beta$-苯乙醇组分相互作用，赋予清香型白酒香气特殊的风格。乙酸乙酯与乳酸乙酯的量比关系有不同的平衡点，通过严格科学的品评可以找到这些平衡点的狭小范围。但要使清香型白酒具有复合谐调的清香，还必须依靠各种微量的酯类。汾酒中含有己酸乙酯、丁酸乙酯、戊酸乙酯、丙酸乙酯、乙酸异戊酯、辛酸乙酯、甲酸异戊酯、乳酸异戊酯、癸酸乙酯。与酒类降度浑浊有关的酯类有软脂酸乙酯、硬脂酸乙酯、油酸乙酯、亚油酸乙酯。汾酒中还含有一些单体酯香类似葡萄香气的酯类，如丁二酸乙酯（琥珀酸二乙酯）、丁二酸异丁酯。

## 二、醇类成分

醇类化合物是清香型白酒很重要的呈味物质。醇类物质在各组分中所占的比例较高，与浓香型白酒组分构成相比，这是清香型白酒的一个典型特征。在醇类物质中，异戊醇、正丙醇和异丁醇的相对含量较高（表 2-14）。但从绝对含量上看，这些醇与浓香型白酒相应的醇含量相比，并没有太大的差别。

表 2-14　清香型白酒醇类成分含量　　　　　　　单位：mg/L

| 成分名称 | 含量 | 成分名称 | 含量 |
|---|---|---|---|
| 正丙醇 | 167.0 | 仲丁醇 | 20.0 |
| 异丁醇 | 132.0 | 己醇 | 7.3 |
| 正乙醇 | 8.0 | $\beta$-苯乙醇 | 20.1 |
| 异戊醇 | 303.3 | 2,3-丁二醇 | 8.0 |

清香型白酒中总醇所占的比例远远高于浓香型白酒，其中正丙醇与异丁醇尤为突出。

清香型白酒的口味特点是入口微甜，刺激性较强，带有一定的爽口苦味，这个味觉特征，很大程度上与醇类物质的含量及比例有直接关系。

## 三、酸类成分

清香型白酒中的有机酸主要是以乙酸与乳酸含量最高（表 2-15），它们含量的

表 2-15　清香型白酒酸类成分含量　　　　　单位：mg/L

| 成分名称 | 含量 | 成分名称 | 含量 |
|---|---|---|---|
| 乙酸 | 314.5 | 丁二酸 | 1.1 |
| 甲酸 | 18.0 | 月桂酸 | 0.16 |
| 丙酸 | 10.5 | 肉豆蔻酸 | 0.12 |
| 丁酸 | 9.0 | 棕榈酸 | 4.8 |
| 戊酸 | 2.0 | 乳酸 | 284.5 |
| 己酸 | 3.0 | 油酸 | 0.74 |
| 庚酸 | 6.0 | 亚油酸 | 0.46 |

总和占总酸含量的 90％以上，其余酸类含量较少。乙酸与乳酸是清香型白酒中酸类成分的主体，乙酸与乳酸含量的比值大约为 1∶0.8。清香型白酒总酸含量一般在 600～1200mg/L 之间。根据汾酒香味物质的研究，检测出多种清香型白酒所含的酸类及其他酸类，如丙、丁、戊、己、庚、辛、壬、癸等羧酸，以及异丁酸、2-甲基丁酸、丁二酸、苯甲酸、苯乙酸、苯丙酸等。上述微量的酸使汾酒的清香更加醇正，口味更加自然谐调，余味更为爽净。

## 四、羰基化合物

清香型白酒中，羰基化合物含量不高（表 2-16）。乙缩醛具有干爽的口感特征，它与正丙醇共同构成了清香型白酒爽口带苦的味觉特征。因此，在勾调清香型白酒时，要特别注意醇类物质与乙缩醛对口味的作用特点。

表 2-16　清香型白酒羰基化合物含量　　　　　单位：mg/L

| 成分名称 | 含量 | 成分名称 | 含量 |
|---|---|---|---|
| 乙醛 | 140.0 | 双乙酰 | 8.0 |
| 异戊醛 | 17.0 | 丁醛 | 1.0 |
| 乙缩醛 | 244.4 | 醋镝 | 10.8 |
| 异丁醛 | 2.6 | | |

## 五、骨干成分的含量与质量的关系

在清香型白酒的酿造发酵过程中，除生成大量的乙醇外，同时还生成少量的酸、酯、醇、醛、酚类物质，这些微量成分对清香型白酒的典型风格起着决定性的作用，左右着产品的质量。

### （一）酸类化合物

酸在酒中起到呈香、助香、减少刺激和缓冲平衡的作用。酸类化合物是在发酵过程中产生的，在微生物的作用和媒介下，较低级的酸可以逐步转化为较高级的酸，使蛋白质、脂肪分解为氨基酸和脂肪酸。同时，酸类物质还是形成各种酯类的前驱物质。清香型白酒中各种有机酸的含量多少和适宜的比例非常关键，其与其他呈香呈味的微量成分共同形成了清香型白酒特有的典型风格。在生产实践中对总酸含量的控制是稳定产品质量的重要一环。清香型白酒中酸类物质含量高，会使酒味粗糙，出现邪杂味，从而降低酒的质量；若过低，则酒味寡淡，香气弱，后味短，使产品失去应有的风格。

### （二）酯类化合物

酯类化合物是酸与醇作用，分子间脱去水分子而生成的，也有的是由微生物在酶的催化作用下生成的。酯类化合物是在固态发酵法生产白酒中非常重要的产物，也是形成各香型白酒香气的主体物质。在清香型白酒中主要以乙酸乙酯和乳酸乙酯为主体，二者之和约占酒中总酯含量的85％左右，这也是清香型白酒区别于其他各香型白酒的主要成分，以乙酸乙酯为主体香气的典型框架，突出了清香型白酒的风格。乳酸乙酯在所有各香型白酒中的含量相差并不太悬殊。由于乳酸乙酯具有香不露头、浑厚淡雅的特征，且其具有不挥发性，能与多种成分发生亲和作用，与乙酸乙酯组合形成清香型酒的特殊香味。适量的乳酸乙酯会使酒的口味有醇厚带甜的感觉，对保持酒体的完整性作用很大；若其含量少，则会使酒失去自己的风味，酒味口感淡薄，酒体不完整；过多时，则酒味苦涩，邪杂味较重，口感发闷不爽，主体香不突出。在清香型白酒中乙酸乙酯含量要大于乳酸乙酯的含量，所以，在清香型白酒的勾调中，要特别注意关键组分和微量组分间的协调与平衡。

### （三）醇类化合物

在这里只对除乙醇以外的醇类进行探讨。白酒在发酵过程中，除生成大量乙醇外，在微生物作用于糖、果胶质、氨基酸的情况下还同时会产生其他醇类，一部分酸也可以还原为相应的醇类化合物。醇类化合物在酒中占有较重要的地位，是白酒中醇甜和助香的主要成分，有的醇还具有特殊的香味。醇与酸经酯化生成各种酯类，从而使白酒形成了不同的风格。

清香型白酒中的醇类除乙醇外，还有甲醇、正丙醇、仲丁醇、异丁醇、异戊醇等，酒中含有少量的醇类化合物，特别是高级醇和多元醇，会赋予酒以特殊香味。这里的高级醇主要是异丁醇和异戊醇，它们不溶于水，溶于乙醇，在酒度低时析出，浮于酒液表面，呈油状，俗称杂醇油，多存在于酒尾中。这些高级醇及其化合物含量适当时，可以增加清香型白酒的后味，使之持续时间长，并起到衬托酯香的作用，使酒体和香气更趋于完满。但是在高级醇中除异戊醇有些微涩外，其余的高级醇都是苦的，有的苦味甚至还很长很重，因而其含量必须控制在一定的范围之内。高级醇含量过少或没有时，将会使酒失去传统的风格，酒味变得淡薄；过多时，则会导致苦、涩、辣味增大，而且易上头、易醉，给人以难以忍受的苦涩怪味感觉，严重影响产品质量。在清香型白酒中如果高级醇含量高于酯类，则会出现杂醇油的苦涩味；反之酒的味道就趋于缓和，苦涩味相应减少。在酒中的高级醇主要以异丁醇和异戊醇构成，一般来说前者小于后者的酒质要好些，所以在清香型白酒勾兑与调味中，要严格控制酒尾的添加量，以不失其独特的风格。

在清香型白酒中，其他类的化合物含量甚微，故在气味特征上表现不十分突出。

# 第三节　酱香型白酒

酱香型白酒也称为茅香型白酒，以茅台酒为代表，以其幽雅细腻的香气、空杯留香持久、回味悠长的风味特征，而明显地区别于其他酒类。酱香型白酒发酵工艺最为复杂，所用的大曲多为超高温酒曲。典型的酱香型白酒的风味特征是：无色或微黄，透明，无沉淀及悬浮物；闻香有幽雅的酱香气味，空杯留香幽雅而持久；入口醇甜，绵柔，具有较明显的酸味，口味细腻，回味悠长。

酱香型白酒中微量芳香成分种类最多，微量成分总含量略高于浓香型白酒，其酸、醛、醇类都高于浓香型白酒，仅酯类偏低。微量成分的总量约为11g/L，其中酯类约4g/L，约占微量成分总的36％；酸类约3g/L，约占27％；醇类约1.6g/L，约占15％；羰基化合物约2.4g/L，约占22％；酚类化合物含量也相对较高。另外，吡嗪、吡啶等比任何香型白酒的含量都高，如3-甲基吡嗪高达5mg/L，4-甲基吡嗪在3mg/L以上，为各香型酒之首。

酱香型白酒的香味成分非常复杂。1964年茅台试点以后，贵州省轻工研究所继续对以茅台酒为代表的酱香型白酒进行了研究；还有一些科研单位在进行其他香型名白酒的特征性成分剖析研究中，也涉及茅台酒的香味成分。基于酱香型白酒由酱香、醇甜、窖底香三种典型体所组成，可以认为酱香型白酒的特征性成分有以下几种：

① 呋喃化合物：糠醛含量较高（达260mg/L）。

② 芳香族化合物：有苯甲醇、4-乙基愈创木酚、酪醇等，其中苯甲醛含量为5.6mg/L，高于其他香型白酒。

③ 吡嗪类化合物：以4-甲基吡嗪为主，含量达5mg/L以上，远远高于浓香型和清香型白酒。

酱香型白酒最突出的特点是总酸含量高。酸在酒中有呈香和呈味的双重功效，同时又能起到调味解暴的作用，还是生成酯类的前驱物质。且挥发酸是构成酒的后味的重要物质之一；乳酸、琥珀酸等非挥发酸能增加酒的醇厚感，只要比例适当，可使人饮后感到清爽利口、醇和绵柔。若酸含量少，酒寡淡，后味短，一般情况下有机酸种类多，含量高的酒其口感较好，风味较优；过量则使酒味粗糙，缺乏回甜感。

在各种名优白酒中，香味最多、影响最大的就是酯类，它们对于形成各种白酒的典型性或综合特征起着关键性作用。酱香型白酒酯类除己酸乙酯外均较高。醇类在白酒中占有重要地位，是醇甜和助香的主要物质。少量的高级醇赋予白酒特殊香气，并起到衬托酯香的作用，使香气更完满。无论何种香气物质，都并不是在酒中含量越多越好，各种香气成分必须有适当的比例，才能使酒体谐调。各类香型的名优酒酸酯之间，各类酯及酸醇、酯醇之间都有恰当的比例，所以才具有各类酒的典型性。

# 一、酱香型白酒的主要成分

自1964年原轻工业部组织茅台试点工作，到1976年，大连物理化学研究所、原轻工业部食品发酵工业研究所和内蒙古轻化工研究所等几家科研单位陆续对茅台酒的香味组分醇、酸、酯、羰基化合物进行了分析研究。

酱香型的茅台酒己酸乙酯含量并不高（见表2-17），一般在400～500mg/L之间。茅台酒的酯类化合物组分很多，含量最高的是乙酸乙酯和乳酸乙酯。己酸乙酯在众多种类的酯类化合物中并没有突出它自身的气味特征。同时，酯类化合物与其他组分香气相比较，在茅台酒的香气中表现也不十分突出。

表 2-17　茅台酒酯类化合物含量　　　　　　　　　单位：mg/L

| 名称 | 含量 | 名称 | 含量 |
|------|------|------|------|
| 甲酸乙酯 | 172.0 | 月桂酸乙酯 | 0.6 |
| 乙酸乙酯 | 1470.0 | 肉豆蔻酸乙酯 | 0.9 |
| 丙酸乙酯 | 557.0 | 棕榈酸乙酯 | 27.0 |
| 丁酸乙酯 | 261.0 | 油酸乙酯 | 10.5 |
| 戊酸乙酯 | 42.0 | 乳酸乙酯 | 1378.0 |
| 己酸乙酯 | 424.0 | 丁二酸二乙酯 | 5.4 |
| 辛酸乙酯 | 12.0 | 苯乙酸乙酯 | 0.75 |
| 壬酸乙酯 | 5.7 | 庚酸乙酯 | 5.0 |
| 癸酸乙酯 | 3.0 | 乙酸异戊酯 | 6.0 |

茅台酒中酸含量见表2-18。酱香型白酒的有机酸总量明显高于浓香型和清香型白酒。在有机酸组分中，乙酸含量多，乳酸含量也较多，它们各自的绝对含量是各类香型白酒相应组分含量之冠。同时，有机酸的种类也很多。在品尝茅台酒的口味时，能明显感觉到酸味，这与它的总酸含量高，乙酸与乳酸的绝对含量高有直接的关系。

表 2-18　茅台酒有机酸类化合物含量　　　　　　　　　单位：mg/L

| 名称 | 含量 | 名称 | 含量 |
|------|------|------|------|
| 乙酸 | 1442.0 | 肉豆蔻酸 | 0.7 |
| 丙酸 | 171.1 | 十五酸 | 0.5 |
| 丁酸 | 100.6 | 棕榈酸 | 19.0 |
| 异丁酸 | 22.8 | 硬脂酸 | 0.3 |
| 戊酸 | 29.1 | 油酸 | 5.6 |
| 异戊酸 | 23.4 | 乳酸 | 1057.0 |
| 己酸 | 115.2 | 亚油酸 | 10.8 |
| 异己酸 | 1.2 | 月桂酸 | 3.2 |
| 庚酸 | 4.7 | 苯甲酸 | 2.0 |
| 辛酸 | 3.5 | 苯乙酸 | 2.7 |
| 壬酸 | 0.3 | 苯丙酸 | 0.4 |
| 癸酸 | 0.5 | | |

酱香型白酒的总醇含量较高（表2-19）。在醇类化合物中，尤以正丙醇含量最高，这与其爽口性有很大的关系。同时，醇类化合物含量高还可以起到对其他香气组分"助香"和"提扬"的作用。

表2-19　酱香型白酒醇类化合物含量　　　　　　　单位：mg/L

| 名称 | 含量 | 名称 | 含量 |
|------|------|------|------|
| 正丙醇 | 1440.0 | 2,3-丁二醇 | 151.0 |
| 仲丁醇 | 141.0 | 正己醇 | 27.0 |
| 异丁醇 | 178.0 | 庚醇 | 101.0 |
| 正丁醇 | 113.0 | 辛醇 | 56.0 |
| 异戊醇 | 460.0 | 第二戊醇 | 15.0 |
| 正戊醇 | 7.0 | 第三戊醇 | — |
| $\beta$-苯乙醇 | 17.0 | | |

茅台酒中羰基化合物总量是各类香型白酒相应组分含量之首（表2-20）。特别是糠醛的含量，它与其他各类香型白酒含量相比是最多的；还有异戊醛、丁二酮和醋鎓含量也较多。这些化合物的气味中有一些焦香与烟香的特征，这与茅台酒香气有相似之处。

表2-20　茅台酒羰基化合物及含量　　　　　　　　单位：mg/L

| 名称 | 含量 | 名称 | 含量 |
|------|------|------|------|
| 乙醛 | 550.0 | 醋鎓 | 405.9 |
| 乙缩醛 | 12114.0 | 苯甲醛 | 5.6 |
| 糠醛 | 294.0 | 异戊醛 | 98.0 |
| 双乙酰 | 230.0 | 异丁醛 | 11.0 |

茅台酒富含高沸点化合物，是各香型白酒相应组分之冠。这些高沸点化合物包括了高沸点的有机酸、有机醇、有机酯、芳香酸等。这些高沸点化合物主要是由于茅台酒的高温制曲、高温堆积和高温接酒等特殊酿酒工艺带来的。这些高沸点化合物的存在，明显地改变了香气的挥发速度和口味的刺激程度。茅台酒富含有机酸及有机醇，其中乙酸、乳酸和正丙醇含量很高，这些小分子酸及醇一般具有较强的酸刺激感和醇刺激感。而在茅台酒的口味中，并没有体现出这样的尖酸口味和醇刺激性，我们能感觉到的是柔和的酸细腻感和柔和的醇甜感，这与高沸点化合物对口味的调节作用有很大的关系。茅台酒的香气挥发并不是很飘逸和强烈，表现出香气幽雅而持久的特点，特别是它的空杯留香中，长时间地保持其原有的香气特征，好像有物质将香气"固定"一样，这种特性也与高沸点化合物的存在有直接关系。前面已经讲述了，高沸点化合物能改变体系的饱和蒸气压，延缓香气分子的挥发。因此，茅台酒富含高沸点化合物这一组分特点，是决定茅台酒某些风味特征的一个很重要的因素。

## 二、酱香气味的特征性化合物来源

关于酱香气味的特征性化合物来源的说法主要有以下几种：

## （一）4-乙基愈创木酚学说

虽然醇、酯、酸和羰基化合物的组分特点在一定程度上构成了茅台酒的某些风味特征，但似乎与它的"酱香气味"没有直接的关系。因为，无论是酸、醇、酯和一些羰基化合物（现已检出的）的单体气味特征，还是它们相互之间的气味，都很难找出与"酱香气味"特征相似的地方，它们的气味特征相差较远。是否在茅台酒或酱香型白酒中还存在着一些其他组分，而这些组分的气味特征可能较接近酱香的气味特征呢？针对此问题，人们从研究酱油香气的特征组分中得到了某些启示。虽然酱油的"酱气味"和茅台酒或酱香型白酒的"酱香气味"有区别，但它是否也有某种联系呢？通过研究酱油的香味组分发现，它的特征性化合物主要是4-乙基愈创木酚（简称4-EG）、麦芽酚、苯乙醇、3-甲硫基丙醇等化合物。研究中指出，4-EG主要是小麦在发酵过程中经酵母代谢作用所形成。4-EG的气味特征被描述为：似"酱气味和熏香"气味。根据酱油香味组分的分析结果，研究工作者继而在酱香型的茅台酒中同样也检出了4-EG的存在，并根据4-EG的气味特征提出了4-EG为酱香型白酒主体香气成分的说法。但随着在浓香型白酒及其他香型类白酒中相继检出4-EG的存在，并且发现它在含量上与酱香型白酒中含量差别不大，所以，上述提法似乎显得证据不足。

## （二）吡嗪类化合物及加热香气学说

食品在热加工过程中，由于游离氨基酸或二肽、还原糖、甘油三酯及它们的衍生物的存在，会发生非酶褐变反应，即美拉德反应，它会赋予食品特殊风味。这些风味的特征组分大都来源于美拉德反应的产物或中间体。它们多数是一些杂环类化合物，具有焙烤香气的气味特征。

茅台酒的生产工艺有高温制曲、高温堆积和高温接酒等操作过程，原料及发酵酒醅都经过了高温过程。因此，人们联想到茅台酒的酱香气味是否与食品的加热香气有关，随即展开了对茅台酒中杂环类化合物组分的分析研究。通过研究分析发现，杂环类化合物确实在酱香型白酒中含量很高，而且种类也很多，其中，尤以吡嗪类化合物含量最多。通过对其他各类香型中杂环类化合物的对比分析发现，酱香型白酒中的杂环类化合物无论是在种类上还是在数量上，都居各香型白酒之首。在吡嗪类化合物中，4-甲基吡嗪含量最多。4-甲基吡嗪及其同系物是在1879年首次由国外研究者从甜菜糖蜜中分离得到的。后来在大豆发酵制品中也发现了它的存在。4-甲基吡嗪具有一种特殊的大豆发酵香气，很容易使人联想到像酱油和豆酱的发酵香气特征。因此，有人提出了吡嗪类化合物是酱香型白酒的酱香气味主体香物质，他们认为酱香气味主要来源于吡嗪类化合物的气味特征。

## （三）呋喃类和吡喃类化合物及其衍生物学说

在研究酱香型白酒高温过程产生香气的同时，人们也注意到了高温过程中还可以产生一些呋喃类化合物，它主要是氨基糖反应的产物。在对酱油香气组分分析中，人们也发现了HEMF（羟基呋喃酮）是酱油香气的一个特征性组分。因此，人们又联想到酱香型白酒的酱香气味是否与此类化合物有内在的联系。由于分析手段等方面的局限，对酱香型白酒组分中呋喃类化合物的分析还不是很深入，但从目前已经分析出的一些呋喃类化合物的结果上看，这类化合物确实在酱香型白酒中占很重要的地位。糠醛，又称呋喃甲醛，它在酱香型白酒中的含量较高，酱香型白酒中糠醛的含量是浓香型白酒的 10 倍以上。3-羟基丁酮是一种呋喃衍生物，它在酱香型白酒中的含量也是较多的，是浓香型白酒的 10 倍以上。呋喃类化合物气味阈值较低，较少的含量就能从酒中察觉出它的气味特征。这类化合物稳定性较差，较易氧化或分解。它们一般都有颜色，常常呈现出油状的黄棕色。通过酒贮存过程中的颜色及风味的变化，也可以推测出一些呋喃类化合物的作用关系。酱香型白酒的贮存期是各香型白酒中最长的，一般在 3 年左右。贮存期越长，酱香气味越明显，酒体的颜色也逐渐变黄。成品酱香型白酒大多带有微黄颜色。由此可以推断，一些具有五环或六环呋喃结构的前驱物质，在贮酒过程中，或氧化、还原，或分解，形成了各类具有呋喃分子结构的化合物，使酒体产生了一定的焦香或煳香或类似酱香气味的特征。这种在贮酒过程中的风味变化，不但在酱香型白酒中存在，在清香型白酒中同样也会遇到类似现象。经过长时间贮存的酒颜色逐渐变黄，气味上也逐渐产生所谓的"陈味"，有时会被误认为带有酱香的气味特征。

因此，有人认为，白酒的陈酿、老熟是具有呋喃结构的化合物氧化还原或分解形成的，陈香气味是这些化合物的代表气味特征。

从以上的推测和结合实际的酿酒经验及现有的分析结果可以初步看出，呋喃类、吡喃类及其衍生物与酱香气味和陈酒香气有着某种内在的联系。

### （四）酚类、吡嗪类、呋喃类、有机酸和酯类共同组成酱香复合气味学说

这种说法是概括了上述 3 种学说而提出的一种复合香气学说。酱香型白酒的酱香气味并不是某一单体组分所体现，而是几类化合物共同作用的结果。在酱香气味中，体现出了焦香、煳香和"酱香"的气味特征，这与 4-EG、吡嗪类化合物和呋喃类化合物的气味特征有某些相似之处，但酱香型白酒中的酱香气味与焦香、煳香和"酱味"是有区别的，这种复合酱香气味很可能是这几类化合物以某种形式组合而成。同时，酱香型白酒特有的空杯留香主要是由高沸点酸类物质决定的。

这一学说包括的范围较广，也没有足够的证据说明几种类型化合物之间的作用关系，但高沸点化合物对空杯留香的作用无疑是存在的。

总之，对酱香型白酒的香味组分的研究还未彻底弄清楚，还有许多未知的成分及问题等待进一步解决，相信随着科学技术的发展，一定能够彻底摸清酱香型白酒的组分特点。

## 三、骨干成分的含量与质量的关系

白酒的生产属于开放式的发酵，在酿酒过程中不可避免地感染大量杂菌，主要是乳酸菌，参与窖内发酵。乳酸及其酯类的生成若适量，可增加酒的醇厚感，对酒

的回味起着缓冲、平衡作用;如果过量,将对酒的质量产生一定影响,不仅会抑制酒的主体香,还会使酒体发涩,而且使酒带有青草味。酱香型白酒最突出的特点是总酸含量高,酸在酒中既有呈香又有呈味的双重功效,同时又能起到调味解暴的作用,还是生成酯类的前驱物质,且挥发酸是构成酒的后味的重要物质之一;乳酸、琥珀酸等非挥发酸能增加酒的醇厚感,只要比例适当,使人饮后感到清爽利口、醇和绵柔。若酸含量少,酒寡淡,后味短,一般情况下有机酸种类多、含量高的酒其口感较好,风味较优。

醇类在白酒中占有重要地位,是醇甜和助香的主要物质。少量的高级醇赋予白酒特殊香气,并起到衬托酯香的作用,使香气更完满。

糠醛,除酱香型白酒外,在其他几种香型的白酒中,含量稍高,酒就出现闷杂味、怪味,影响酒质;而在酱香型酒中,糠醛含量虽然高,却不影响酒质,也不产生异杂味。

无论是哪种香气物质,并不是在酒中含量越多越好。各种香气成分必须有适当的比例,才能使酒体谐调。各类香型的名优酒,酸、酯之间,各类酯及酸醇、酯醇之间,都有恰当的比例,所以才具有各类酒的典型性特征。

# 第四节　兼香型白酒

1974 年,在湖南长沙召开了全国酿酒工作会议,对各地的产品进行了品评,认为"白云边酒"(当时叫"松江大曲")和"白沙液酒"独具一格,既不同于酱香型白酒,也不同于浓香型白酒,而是兼有两者的特点,因此会上首次提出了"浓酱兼香型"的概念。1979 年,在全国第三届评酒会上,"白云边酒"以其风格浓酱谐调,受到专家和评委的赞誉,在同类产品中评分较高,荣获国家优质酒称号,成为名优酒行列的"浓酱兼香型"白酒代表。1984 年,在全国第四届评酒会上,"浓酱兼香型"白酒单列评比,"白云边酒""西陵特曲酒""中国玉泉酒"被评为国家优质酒,荣获银质奖。同年在轻工业部酒类质量大赛中,"白云边酒"荣获金杯奖,"西陵特曲酒""中国玉泉酒""白沙液酒"均获银杯奖。1992 年 5 月,全国"浓酱兼香型"白酒协作组在武汉成立,并于同年 7 月在吉林长春召开了第一次代表大会。到目前为止,协作组成员厂家发展到 100 多家,年产量估计在 100 万吨以上,新的厂家还在不断涌现。

所谓"兼香",这里特指浓香型和酱香型白酒的风味特点兼而有之,同时,将这两类香型白酒的风格特征协调统一。所以,兼香型白酒之所以称之为兼香,一方面它兼顾了酱香和浓香型白酒的风味,另一方面它又协调统一,自成一类。这一类型的代表产品是湖北的白云边酒、湖南的白沙液酒、黑龙江的玉泉白酒。

原轻工业部食品发酵科学研究所和湖北省白云边酒厂的研究成果表明,白云边酒的特征性成分有:庚酸、庚酸乙酯、2-辛酮、乙酸异戊酯、乙酸二甲基丁酯、异丁酸和丁酸。

兼香型的白云边酒，其标志浓香型和酱香型白酒特征的一些化合物组分含量刚好在浓香型和酱香型白酒之间，较好地体现了它浓、酱兼而有之的特点（表2-21）。然而，也有些组分比较特殊，含量高出了浓香型与酱香型白酒许多倍，这也表明了兼香型白酒除了浓、酱兼而有之以外的个性特征。

表2-21　浓、酱和兼香白酒香味组分对比　　　　　单位：mg/L

| 成分 | 浓香型白酒 | 酱香型白酒 | 兼香型白酒（白云边酒） |
|---|---|---|---|
| 己酸乙酯 | 2140 | 265 | 913 |
| 己酸 | 470 | 191 | 311 |
| 己酸酯总量 | 266 | 3.8 | 6.9 |
| 糠醛 | 40 | 26.0 | 15.2 |
| β-苯乙醇 | 1.9 | 23 | 13 |
| 苯甲醛 | 1.0 | 5.6 | 3.4 |
| 丙酸乙酯 | 15.4 | 62.7 | 46.7 |
| 异丁酸乙酯 | 4.4 | 18.1 | 7.2 |
| 2,3-丁二醇 | 7.4 | 33.9 | 10.7 |
| 正丙醇 | 214 | 770 | 692 |
| 异丁醇 | 114 | 223 | 160 |
| 异戊酸 | 11 | 25 | 23 |
| 异戊醇比活性戊醇 | 4.9～5.7 | 3.6～3.9 | 4.3～4.7 |

在白云边酒中，庚酸的含量较高（见表2-22），是酱香型白酒的10倍以上，是浓香型白酒的7倍左右，同时庚酸乙酯含量也较高；2-辛酮的含量高出浓香和酱香型白酒许多倍。过去认为，乙酸异戊酯在浓香型白酒中含量较多，丁酸在酱香型白酒中含量最多，酱香型白酒中异丁酸含量较高，但从白云边酒的香味组分上看，这几个组分的含量要比浓香型和酱香型白酒高很多。白云边酒虽然某些组分含量突出，但这些组分与它的酯类组分的绝对含量相比低很多。它们在白酒香气中能否突出其"个性"，从感官上看还不能达到，但至少这些突出含量的组分是兼香型白酒的一个组分特点。

表2-22　白云边酒突出的组分含量　　　　　单位：mg/L

| 成分 | 酱香型白酒 | 浓香型白酒 | 白云边酒 |
|---|---|---|---|
| 庚酸 | 3.8 | 6.3 | 44.9 |
| 庚酸乙酯 | 8.9 | 53.2 | 192.7 |
| 2-辛酮 | 0.24 | 0.11 | 1.29 |
| 乙酸异戊酯 | 1.82 | 2.37 | 6.73 |
| 乙酸-2-甲基丁酯 | 0.44 | 0.38 | 1.93 |
| 异丁酸 | 19 | 8.1 | 24.5 |
| 丁酸 | 133.7 | 132 | 193.1 |

兼香型白酒的另一代表产品是黑龙江玉泉白酒，它与白云边酒和白沙液酒同属兼香型，但在风格及组分特点上有所差异。白云边酒在香气上较为突出酱香气味，在入口放香上能体现出浓香的己酸乙酯香气；而玉泉白酒则在香气上较突出浓香的

己酸乙酯香气，而在入口放香上又体现出了较突出的酱香气味。这些风味上的差异在其香味组分上必然有所反映。玉泉白酒的己酸含量超过了乙酸含量，而白云边酒则是乙酸含量大于己酸含量。从某种意义上讲，玉泉白酒更偏向浓香型的特点。此外，玉泉白酒的乳酸、丁二酸和戊酸含量较高；正丙醇含量较低，只有白云边酒的50%左右；己醇含量高达 400mg/L；糠醛含量高出白云边酒近 30%，比浓香型白酒高出近 10 倍，与酱香型白酒较接近；$\beta$-苯乙醇含量较高，比白云边酒高出23%，与酱香型白酒较接近；丁二酸二乙酯含量比白云边酒高出许多倍。当然，玉泉白酒仍属兼香型白酒，它也具备白云边酒的 7 种突出组分含量的特点。

兼香型白酒的风味有两种风格：一种是以白云边酒为代表的风格；另一种是以玉泉白酒为代表的风格。

白云边酒的风味特征是：无色（或微黄）透明，闻香以酱香为主，酱浓谐调，入口放香有微弱的己酸乙酯的香气特征，香味持久。

玉泉白酒的风味特征是：无色（或微黄）透明，闻香以酱香及微弱的己酸乙酯香气，浓酱谐调，入口放香有较明显的己酸乙酯香气，后味带有酱香气味，口味绵甜。

# 第五节　微量成分与质量的关系

什么是白酒质量？要作简要准确的回答是困难的。因为味觉是不能相互交换与传达的，所以对酒的感官评价与其他食品一样，心里明白却说不出来，难以有定量的判断标准。尽管对酒的评语很多，而在描述上，不论是古典的、传统的还是现代的，都难以做到准确、恰当。

在白酒的味觉、嗅觉研究中，"阈"意味着刺激的划分点或临界值的概念。阈值是心理学和生理学上的术语，是获得感觉上的不同而必须越过的最小刺激值。阈值一般可以用浓度加以表征。酒中各种物质的香和味通常使用阈值这样的术语。对于香气，就是嗅阈值；对于味，就是味阈值。阈值是检查食品中众多香味单位成分的呈香、呈味的最低浓度，阈值越低的成分，其呈香呈味的作用越大。影响阈值浓度变化的因素很多，温度的变化对各种味觉有着不同的影响。试验证明，刺激味觉的温度在 10～40℃之间，其中以 30℃最敏感，低于此温度或高于此温度，各种味觉均会减弱。

酒中各种呈香物质，并不一定受含量多少所支配，若含量虽多但阈值高，则其香味成分并不一定处于支配地位；含量甚微，但阈值却很低时，反而会呈现强烈的香味；也与含量及其适宜范围有关，若超过了适宜的浓度，则呈香度反而会下降。

香味成分是由许多单体成分，即呈香、呈味、助香等成分组合而成的。单体成分在不同浓度、温度下，其香味也不尽相同。如为 2 种以上香味的复合体，那就更加复杂了。

# 一、白酒微量成分种类

白酒中现在已检出的单体成分达百余种，还有很多种成分尚未被检出。通过色谱-质谱联用、色谱-红外光谱联用等先进分析方法，根据各有关科学研究单位报道的研究结果，在各种香型白酒中至今已发现的香味成分总数为 322 种。

## （一）醇类

醇类有（其中包括多元醇 5 种）：甲醇、乙醇、正丙醇、异丙醇、异丁醇、仲丁醇、正丁醇、异戊醇、正戊醇、第三丁醇、第二异戊醇、仲戊醇、第三戊醇、己醇、异己醇、正庚醇、辛醇、异辛醇、癸醇、壬醇、十一醇、十二醇、丙烯醇、1，3-丁二醇、2,3-丁二醇（左旋）、2,3-丁二醇（内消旋）、苯乙醇、月桂醇、肉豆蔻醇、2-戊醇、1,2-丙二醇、丙三醇、丁四醇、戊五醇、环己六醇、甘露醇。

## （二）酯类

酯是具有芳香性气味的挥发性化合物，是曲酒的主要呈香、呈味成分，对各种白酒的典型性起着关键作用或决定作用。已检出的酯类有：己酸甲酯、丁二酸单甲酯、水杨酸甲酯、甲酸乙酯、乙酸乙酯、丙酸乙酯、异丁酸乙酯、正丁酸乙酯、异戊酸乙酯、正戊酸乙酯、2-甲基丁酸乙酯、庚酸甲酯、己烯酸乙酯、己酸乙酯、异己酸乙酯、2-甲基戊酸乙酯、庚酸乙酯、2,4-二甲基戊酸乙酯、正辛酸乙酯、异庚酸乙酯、正壬酸乙酯、正癸酸乙酯、十一酸乙酯、十二酸乙酯、十三酸乙酯、十四酸乙酯、正十五酸乙酯、异十五酸乙酯、十五单烯酸乙酯、正十六酸乙酯、异十六酸乙酯、十六单烯酸乙酯、十六二烯酸乙酯、正十七酸乙酯、异十七酸乙酯、十七单烯酸乙酯、正十八酸乙酯、十八单烯酸乙酯、十八二烯酸乙酯、十八三烯酸乙酯、乙醇酸乙酯、乙氧基乙酸乙酯、苯甲酸乙酯、苯乙酸乙酯、3-苯丙酸乙酯、乳酸乙酯、丁三酸二乙酯、原甲酸三乙酯、DL-β-羟基丁酸乙酯、庚二酸二乙酯、辛二酸二乙酯、壬二酸二乙酯、乙酸丙酯、己酸-1-乙基丙酯、正十六酸丙酯、己酸丙酯、乙酸异丁酯、乙酸正丁酯、丁酸-2-甲基乙酯、异戊酸异丁酯、己酸-2-丁酯、己酸异丁酯、己酸-2-甲基丁酯、己酸正丁酯、正十六酸异丁酯、正十八酸异丁酯、十八单烯酸异丁酯、十八二烯酸异丁酯、丁二酸二异丁酯、丁二酸乙异丁酯、苯二甲酸二丁酯、甲酸-2-甲基丁酯、乙酸-2-甲基丁酯、乙酸异丁酯、甲酸异戊酯、乙酸异戊酯、乙酸正戊酯、辛酸正戊酯、壬酸正戊酯、癸酸正戊酯、十二酸正戊酯、十四酸正戊酯、十六酸正戊酯、十六单烯酸异戊酯、十八酸异戊酯、十八单烯酸异正戊酯、十八二烯酸异戊酯、乳酸-2-甲基丁酯、乳酸异戊酯、丁二酸-2-异戊酯、丁二酸异戊酯、甲酸己酯、乙酸己酯、己酸己酯、乙酸十三酯等。

## （三）酸类

酸类有：甲酸、乙酸、丙酸、异丁酸、丁酸、2-甲基丁酸、异戊酸、戊酸、异己酸、己酸、庚酸、辛酸、异辛酸、壬酸、癸酸、十二酸、十三酸、十四酸、十五酸、棕榈酸、棕榈油酸、硬脂酸、油酸、亚油酸、苯甲酸、苯乙酸、苯丙酸、乳酸、丙二酸、丁二酸、庚二酸、辛二酸、壬二酸、琥珀酸、柠檬酸、2-酮丁酸、2-酮戊酸、2-羟基异己酸、异癸酸、十六碳酸、糠酸。

### （四）氨基酸类

氨基酸类有：甘氨酸、丙氨酸、酪氨酸、丝氨酸、天冬氨酸、赖氨酸、苏氨酸、缬氨酸、亮氨酸、异亮氨酸、精氨酸、组氨酸、甲硫氨酸、谷氨酸。

### （五）羰基化合物

羰基化合物有：甲醛、乙醛、正丙醛、2-羟基丙醛、异丁醛、正丁醛、2-羟基丁醛、异戊醛、正戊醛、正己醛、正庚醛、壬醛、2-乙酰氧基丙醛、糠醛、苯甲醛、苯乙醛、2-苯基丁烯、对甲氧基苯甲醛、丙酮、2-丁酮、2-戊酮、2-己酮、2-庚酮、2-辛酮、4-甲基-4-戊烯-2-酮、4-甲基-3-戊烯-2-酮、1-环己烯基甲基酮、4-羟基-3-甲氧基苯乙酮、丁二酮等。

### （六）缩醛

缩醛有：二乙氧基甲烷、1,1-二乙氧基丙烷、1,1-二乙氧基乙烷、1,1-二乙氧基异丁烷、1,2-二乙氧基乙烷、1,1-二乙氧基正丁烷、1,1-乙氧基丙氧基乙烷、1,1-二乙氧基-2-甲基丁烷、1,1-乙氧基异丁氧基乙烷、1,1-二乙氧基异戊烷、1,1-乙氧基己氧基乙烷、1,1-二乙氧基正戊烷、1,1-乙氧基异戊氧基乙烷、1,1-二乙氧基正己烷、1,1-乙氧基戊氧基乙烷、1,1-二乙氧基正庚烷、1,1-丙氧基异戊氧基乙烷、1,1-二乙氧基正辛烷、1,1-二丁氧基乙烷、1,1-二乙氧基正壬烷、1,1-乙氧基辛氧基乙烷。

### （七）含氮化合物

含氮化合物有：吡嗪、2,3-二甲基吡嗪、2-甲基吡嗪、2,6-二甲基吡嗪、2,5-二甲基吡嗪、2-乙基-6-甲基吡嗪、2-乙基-5-甲基吡嗪、3-异丁基-5-乙基-2,6-二甲基吡嗪、2-乙基-3-3甲基吡嗪、九碳烷基吡嗪衍生物、乙基吡嗪、十碳烷基吡嗪衍生物、2,6-二乙基吡嗪、3-乙基-2,5-二甲基吡嗪、吡啶、2-乙基-3,5-二甲基吡嗪、三甲基噁唑、三甲基吡嗪、嘧唑、4-甲基吡嗪、六碳哒嗪衍生物、2-乙烯基-5-甲基吡嗪、3-异丁基-2,5二甲基吡嗪、苯并噻唑、3-异丁基-2,6-二甲基吡嗪、3-异丁基-5,6-二甲基吡嗪、丙酸羟胺、2-甲基-3-异丁基-6-甲基吡嗪、3-异丁基-2,5,6-三甲基吡嗪、3-异戊基-2,5-二甲基吡嗪、3-丙基-5-乙基-2,6-二甲基吡嗪、3,6-二丙基-5-甲基吡嗪。

### （八）含硫化合物

含硫化合物有：硫化氢、硫醇、二甲基硫、3-甲硫基丙醇、二甲基二硫、3-甲硫基丙醛、二甲基三硫。

### （九）呋喃化合物

呋喃化合物有：呋喃甲醇、2-己酰基呋喃、2-乙氧基-5-甲基呋喃、2-乙酰基-5-

甲基呋喃、2-戊基呋喃、5-甲基糠醛。

### （十）酚类化合物

酚类化合物有：4-乙基愈创木酚、2-乙基苯酚、4-甲基愈创木酚、2,4-二甲基酚、愈创木酚、异丙基苯酚、对甲酚、4-乙基苯酚、邻甲酚、苯酚、间甲酚、3-乙基苯酚、β-乙基苯酚。

### （十一）醚类

醚类有：烯醚、反己烯基异戊基醚、反式烯醚、顺己烯基-异戊基醚、顺式烯醚、含苯不饱和醚、反戊烯基戊基醚、含苯饱和醚、顺戊烯基戊基醚、饱和醚。

### （十二）其他

包括甲基萘、α-蒎烯、1,3,5-环庚三烯等。

## 二、微量成分的来源

白酒中香味成分仅占2%左右，这些微量成分决定着白酒的香和味、风格、特征及香型。微量成分的来源主要有以下几个方面：

### （一）来源于生产工艺

包括发酵、堆积、回酒、双轮底等，不同的生产工艺产生不同的香味物质。如酱香型白酒工艺、浓香型白酒工艺、清香型白酒工艺、米香型白酒工艺、豉香型白酒工艺等，所产白酒的香味物质是有较大差异的。不同的生产工艺产出不同香型、不同风格、不同特征、不同类型的白酒，这是传统白酒工艺的特点。所以改进生产工艺，提高生产工艺的科学性，是调整并提高白酒中香味成分的量比关系、提高产品质量的重要措施。

### （二）来源于原料和辅料

不同的原料，经过发酵后，所生成的香味物质不一样，所以说白酒的质量与原辅料的品种及质量有着密切的关系。高粱可生成醇香、醇厚香味的微量成分。高粱的质量好、颗粒饱满、水分少、支链淀粉高、磷含量高、单宁含量适宜，产酒质量好；相反，则产酒质量差。糯米、硬米（大米）可生成醇甜、绵柔香味的微量成分。小麦（大麦、荞麦）可生成酒味陈香和香味长的微量成分。玉米可生成香味糙、酒劲大的微量成分，这是由于生成的高级醇类多。辅料以稻壳为最好，其他辅料均会给酒带来糠味等异杂味。所以辅料必须用稻壳，而且要求新鲜、杂物少、水分少、瓣粒大，用前还需进行清蒸处理，以确保白酒质量和产量。

### （三）来源于发酵设备

包括地窖、地缸、石窖、砖窖、木桶等，不同的发酵设备对微生物的生长、繁殖、吸附，以及代谢产物的种类积累、储藏、交换等，对所产酒的质量都有很重要的影响；发酵设备的材质、所含微量元素对所产酒的质量也有很大的影响。所以采用地窖发酵才能生产出浓香型白酒，产酒的质量与窖池的质量关系非常密切。"千年窖、万年糟"产出质量好的浓香型白酒，是很有科学道理的。清香型白酒发酵用瓷质地缸，酱香型白酒发酵用条石地窖……不同材质的发酵设备，产出不同香型或风格的白酒，这是被白酒界公认了的事实。对发酵设备的研究，对提高白酒质量起了重大作用。

### （四）来源于糖化发酵剂

包括糖化发酵剂的原料、所含微生物、酯化酶、细菌以及糖化发酵剂的制作工艺等。糖化发酵剂对白酒香、味成分的形成影响极大，对产酒率影响也大。质量高的糖化发酵剂（曲药或大曲）生产出的白酒产量高（原料出酒率高）、质量好，所以有用糖化发酵剂的名称来确认酒名的，如用大曲（麦制大块曲）发酵生产的酒叫大曲酒（包括茅台、五粮液、泸州大曲、汾酒等）；小曲药（用米糠作原料）生产出来的白酒叫小曲酒；用麸皮作原料制的曲叫麸曲，用麸曲作糖化发酵剂生产的白酒叫麸曲酒。为了节约粮食，用麸皮代替小麦制的大曲，所产的白酒为麸曲酱香、麸曲浓香、麸曲清香等。为了提高质量和保持固有风格特征，近半个世纪以来，对白酒的糖化发酵剂进行了广泛、深入的研究，取得了显著成果，对白酒质量的提高和行业的发展作出了重大贡献。

糖化发酵剂的原料，大曲一般采用纯小麦，也有用大麦、小麦制大曲的，还有用小麦、大麦、豌豆制曲的，但主要原料是小麦。用大米作原料制的曲叫米曲；用米糠（或碎米）为原料制的曲，因体积小，呈椭圆形，叫小曲。还有在糖化发酵剂（或曲）的制作中加入中药材的，这种曲叫药曲，董酒使用的糖化发酵剂就是在制作中加了中药材作为药曲。各种不同原料制的曲，所产酒的香味成分是有很大差异的，特征、风格也不一样，如麸曲制的白酒就不如麦曲制的白酒质量好。

制糖化发酵剂的工艺也在很大程度上影响着曲的质量和所产酒的质量。高温制曲（制曲时发酵温度在 $55\sim65℃$ 之间），曲块香气好，干脆、轻，所产酒香浓有陈味；中温制曲（制曲时发酵温度控制在 $50℃$ 左右），曲块有香气，断面菌丝整齐，所产酒清香、醇和、干净；低温制曲（制曲时发酵温度控制在 $40℃$ 左右），曲块无香气，菌丝健壮整齐，所产酒香味差，但出酒率高。制曲工艺、水分、温度、湿度、原料粉碎度都与微生物生存的种类、代谢产物的多少、香和味的前体物质的形成等关系密切。由于制曲工艺的不同，因而产生的微量成分含量不同，酒的香型、风格、特征也不同。

总体来说，糖化发酵剂（曲药）对白酒香、味成分的贡献是很大的。根据这些原理和作用，科技人员结合现代生物工程技术的成果，成功地将白酒糖化发酵剂改为固定化细胞（包括固定化酶、主要是酯化酶、固定化细菌等），取得了阶段性成果，促进了白酒的技术进步和生产发展。

### （五）来源于工具、器具

主要是工具、器具的材质的选用对酒质香味成分的影响。传统工艺方法生产白酒，使用工具器具的材质大致包括天锅、底锅、爬梳等用的铁；甑桶、甑桥、云盘、木锨等所用的木材，如楠木、柏木、樟木、柞木、橡木等；甑、挑端所用的是楠竹、斑竹、水竹等；冷却场地使用的是石板、青砖（红砖）、黄泥等；冷却器用的材质是铜、锡、铝等。使用量最大的是木材和竹类。这些木材、竹类经过不断的磨损、浸泡、蒸煮等逐渐进入糟醅中，同粮糟一起发酵，产生了特殊的很微量的香、味成分，通过蒸馏进入成品酒中，使白酒的香味成分更加丰满、完美。如木材中含有很多香味成分或前体物质，经过酸、醇的浸渍和微生物的发酵，生成很多有用的香味成分，这些成分是优质白酒不可少的，也可能是白酒中酚类化合物的主要来源。另外，还有铁、石、泥等与产品中的微量成分来源也有一定关系。

### （六）来源于白酒的储存

储存时间、储存容器材质、储存条件和方法都将影响白酒的质量。储存时间越长，酒质越好，这是长期实践经验的总结，并被白酒界人士所公认。酱香型白酒和清香型白酒储存期在 3 年以上，浓香型白酒在 1 年以上。并且储存期越长的白酒越是难得，是效果很好的调味酒。储存的目的是促进酒中微量成分的物理变化和化学反应，从而产生新的微量成分，所以说，储存是白酒中微量成分来源和变化的一个重要因素。这些成分使酒体醇厚、绵柔、细腻，浓香型白酒产生陈味或酱味，酱香型白酒则产生很幽雅的果酸味，叫白酒老熟期。

储存容器的材料，有瓦坛、陶缸、藤条、猪血、石灰等，这些材料用于制酒海、涂料酒池（大容器酒池）、铝桶、不锈钢罐等。实践证明，最好的储存容器是瓦坛或陶罐，但容量太小，最差都是铝桶。上述几种容器现在都在使用，因各有优缺点，各厂家根据不同的要求、不同的酒质，采用了不同的容器。瓦坛和陶缸及酒海用来储存调味酒或特殊香味酒；不锈钢桶、酒池用来储存好的基础酒（或成品酒）；铝桶用来作短期储存或储存比较差的酒。材料好的容器能给酒带来有益的微量成分，并促进酒中微量成分的变化，从而增加酒中有益成分含量。如瓦坛、陶缸中的微量金属元素、微孔，酒海中的藤条、猪血、石灰浸出液等都能起到这种作用。铝桶会产生氧化铝等物质，对储存白酒造成不利影响，会使酒质变差。

储存条件和方法也能促进酒中微量成分的生成。储存在地下室或防空洞、天然岩洞，使酒缓慢地向有益的方向变化，酒的损耗小；储存在室内，酒质变化较快，但损耗较大；储存在露天，因自然温度影响大，温差大，也使酒质变化快或老熟快，但损耗也大，安全性差，各有利弊。加速酒的老熟的方法，有的在储藏的大容器（酒池、大酒桶）中加入少许瓦片、陶片，以加速酒的老熟；也有的采取在使用储存酒时，有意留 0.5%～1% 老酒，再装入新酒，按此方法循环进行。就像生产工艺的续糟发酵，称万年糟，所以这种储存方法称为留酒储存，这种酒叫百年老酒，进而就形成了"万年糟、千年窖、百年酒"的框架。实践证明，加入瓦片、陶片、留少许老酒的方法，对加快酒的老熟、提高酒的质量是很有效的，也是增加酒中微量成分来源的一种措施，现已普遍被采用。其他还有采用老熟处理机，γ 射线、磁场、超声波等物理催陈技术的，但效果均不理想。

### （七）来源于蒸馏方法及提取效率

蒸馏是提取发酵糟（醅）中乙醇和微量成分的主要手段，在发酵过程中，既生成了大量的有益成分，同时也生成少量的有害成分。在蒸馏时采取措施，尽可能地提取有益成分，增加有益成分含量，这是蒸馏的主要目的。

在蒸馏过程中，由于温度升高，在高温的作用下（100℃左右），糟醅中的酸、醇加强其酯化反应，会生成部分酯类物质，其他微量成分也会发生反应和变化，而生成更多的微量成分。麦皮上的糖苷前体、高粱皮上的单宁会分解转化成酚类化合物，这些成分将随着酒蒸气带入酒中，使酒中微量香味成分更为丰富。有人认为，白酒中的氨基酸主要来源于蒸馏，所以在蒸馏时强调中火上甑，控制时间在 40min 左右为宜，缓火蒸馏，流酒速度为 3L/min 左右，所产酒有益成分最多，质量、产量均好，否则不但会影响产酒质量，且产量也低。

分段摘酒或量质摘酒获取微量成分及其比例不同的基酒，酒头一般取 1L 左右，酒头（刚开始流出来的酒）低沸点的醇溶性香味物质特别多，也有较多的低沸点的醛类、烯类。质好的酒头经过 1 年以上的储存或采取其他措施，使低沸点的烯类和醛类挥发或转化，其他香味成分也会发生变化，就可以作为调味酒使用；质差的酒头回底锅串蒸处理。一段酒或前段酒酒精含量在 70％左右，二段酒或后段酒酒精含量在 55％左右；尾酒酒精含量在 10％～30％之间。前段酒醇溶性香味成分更多，己酸乙酯含量高，乳酸乙酯含量低，酒香、醇正、干净。二段酒水溶性微量成分高，醇溶性物质减少，乳酸乙酯含量高，香淡味涩。尾酒主要含高沸点物质较多，好的尾酒经过储存或采取措施处理后，可作为调味酒，可调出绵甜、后味绵长的酒，但多了会压前香；差的尾酒回底锅串香处理。在调配新型白酒时用尾酒效果很好，可提高新型白酒的糟香味和自然感，已被普遍采用。一、二段酒根据不同的酒质和市场需要，按不同比例搭配，组合成不同的基础酒。

串香（糟）蒸馏提取更多的有益香味成分。实践证明，经过正常的蒸馏提香后，酒醅（糟）中的香味物质大部分没有提取出来，有 50％以上残留在酒醅中，作为再发酵的底物，对下批产酒质量有很大作用。但是残留量过多，尤其是酸度过大，将会影响下批酒的产量和质量。根据不同的糟醅，采取不同的串香（糟）措施，能更多、更有效地提取糟醅中的香味物质，是提高酒质、降低成本的科学方法。

由于双轮底糟香味物质含量丰富，酸度又偏高，若按糟醅的酒精含量来计算，每甑产酒量的 50％～100％加入低档次的白酒进行串蒸，所产酒的质量和香味成分的含量都优于不加串香的原酒，串香后的底糟酸度明显下降，有利于下批发酵，一举两得。

### （八）来源于加浆用水的添加

水占白酒组分中一半以上，勾兑用水是微量元素的主要来源，所以勾兑用水的质量显得越来越重要。各厂家都对勾兑用水进行研究和试验，采用水处理设备，把一般饮用水经处理后作勾兑用水，并出现了用纯净水作加浆用水的趋势，使酒更加干净、醇甜。

### （九）酒微量成分的生成

#### 1. 有机酸的生成

白酒中的各种有机酸，在发酵过程中虽是糖的不完全氧化物，但糖并不是形成有机酸的唯一原始物质，因为其他非糖化合物也能形成有机酸。值得引起注意的是，许多微生物可以利用有机酸作为碳源，所以发酵过程中有机酸既有产生又有消耗。特别是不同种类有机酸之间不断转化。

（1）甲酸　主要由发酵中间产物加 1 分子水生成。

$$CH_3COCOOH + H_2O \longrightarrow CH_3COOH + HCOOH$$

（2）乙酸　是酒精发酵中不可避免的产物，在各种白酒中都有乙酸存在，是酒中挥发酸的组成成分，也是丁酸、己酸及其酯类的重要前体物质。乙酸的生成主要有下述几个途径：

① 在醋酸菌的代谢中，由乙醇氧化产生乙酸。

$$CH_3CH_2OH + O_2 \longrightarrow CH_3COOH + H_2O$$

醋酸菌是氧化细菌的重要组成部分，是白酒工业的大敌。有些酵母菌也有产酸能力，凡产酯能力强的酵母菌，对乙醇的氧化能力大于酒精发酵力的酵母菌都有产酸能力，但远不及醋酸菌。

② 发酵过程中，在酒精生成的同时，也伴随着有乙酸和甘油生成。

$$C_6H_{12}O + H_2O \longrightarrow CH_3CH_2OH + CH_3COOH + C_3H_5(OH)_3 + CO_2$$

③ 糖经发酵变成乙醛，乙醛经脱氢氧化，产生乙酸。

酒精和乙酸是同时出现的，即一开始有酒精，马上就会有乙酸出现。当糖分发酵一半时，乙酸的含量最高；在发酵后期，酒精较多时，乙酸含量较少。一般来说，适宜酵母发酵的条件越差，则产生的乙酸越多。如果在发酵过程中带进了醋酸杆菌，乙酸会大量增加。

（3）乳酸　学名叫 $\alpha$-羟基丙酸。进行乳酸发酵的主要微生物是细菌，其发酵类型有两种：发酵产物只有乳酸的同型乳酸发酵；发酵产物中除乳酸外，同时还有乙酸、乙醇、二氧化碳、氢气的异型乳酸发酵。这些乳酸菌利用糖经糖酵解途径生成丙酮酸，丙酮酸在乳酸脱氢酶催化下还原而生成乳酸。

$$CH_3COCOOH + NADH \longrightarrow CH_3CHOHCOOH + NAD^+$$

$$C_6H_{12}O_6 \longrightarrow CH_3CHOHCOOH + C_2H_5OH + CO_2$$

$$C_6H_{12}O_6 + H_2O \longrightarrow C_6H_{14}O_6 + CH_3CHOHCOOH + CH_3COOH + CO_2$$

白酒生产是开放式，在酿造过程中将不可避免地感染大量乳酸菌，并进入窖内发酵，赋予白酒独特的风味，其发酵属于混合型乳酸发酵，包括同型乳酸发酵和异型乳酸发酵。目前，白酒中普遍存在乳酸及其酯类过剩而影响酒的质量的问题，工艺上应尽量降低乳酸发酵强度。

(4) 丁酸　又叫酪酸，是由丁酸菌或异乳酸菌发酵作用生成的。

① 丁酸菌将葡萄糖或含氮物质发酵变成丁酸。

$$C_6H_{12}O_6 \longrightarrow CH_3CH_2CH_2COOH + 2H_2 + 2CO_2$$

② 由乙酸及乙醇经丁酸菌作用，脱1分子水而成。

$$CH_3COOH + CH_3CH_2OH \longrightarrow CH_3CH_2CH_2COOH + H_2O$$

③ 由乳酸发酵生成丁酸时，也必须有乙酸，但有的菌不需要乙酸而直接从乳酸发酵生成乙酸，再由乙酸加氢而成为丁酸。

$$CH_3CHOHCOOH + CH_3COOH \longrightarrow CH_3CH_2CH_2COOH + H_2O + CO_2$$

$$CH_3CHOHCOOH + H_2O \xrightarrow{-4H} CH_3COOH + CO_2$$

$$2CH_3COOH \xrightarrow{4H} CH_3CH_2CH_2COOH + H_2O$$

(5) 己酸　在己酸菌、丁酸菌的作用下乙醇和乙酸经过发酵生成丁酸。

$$CH_3CH_2OH + CH_3COOH \longrightarrow CH_3CH_2CH_2COOH + H_2O$$

己酸菌再利用乙醇、乙酸，经发酵生成己酸。

这是一个极其复杂的过程。在生物合成过程中，乙醇与磷酸在乙酰与乙酰磷酸存在下，与乙酸结合生成丁酸。当丁酸与磷酸共同存在，受到氧化，变成乙酰磷酸。发酵一般是从高分子向低分子分解，而己酸发酵是以具有2个碳的乙醇为基质制造具有6个碳的己酸，它是发酵中罕见的例子。

在大曲酒发酵过程中，以淀粉质为原料，在淀粉酶的作用下，先将淀粉转化成葡萄糖，再由葡萄糖发酵生成己酸、乙酸、二氧化碳和氢气：

$$2C_6H_{12}O_6 \longrightarrow CH_3(CH_2)_4COOH + CH_3COOH + 4CO_2 + 4H_2$$

(6) 戊酸　丙酸细菌可利用丙酮酸羧化形成草酰乙酸。后者还原成苹果酸，再脱水还原成琥珀酸，然后脱羧产生丙酸，经辅酶A活化后生成丙酰辅酶A，接着再由梭状芽孢杆菌通过类似于丁酸、己酸的合成途径，由丙酸合成戊酸，进而还可合成庚酸等。

$$CH_3COCOOH \xrightarrow{CO_2} \begin{matrix} COCOOH \\ | \\ CH_2COOH \end{matrix} \xrightarrow{2H} \begin{matrix} COOH \\ | \\ CHOH \\ | \\ CH_2COOH \end{matrix} \xrightarrow{-H_2O+2H} \begin{matrix} CH_2COOH \\ | \\ CH_2COOH \end{matrix}$$

$$CH_3(CH_2)_5COOH \longleftarrow CH_3(CH_2)_3COOH \longleftarrow CH_3CH_2COSCoA \xleftarrow[CoASH]{CO_2} CH_3CH_2COOH$$

(7) 琥珀酸　学名叫丁二酸，它是在酒精发酵过程中，由氨基酸去氨基作用而生成。

$$C_6H_{12}O_6 + HOOCCH_2CH_2CHNH_2COOH \longrightarrow$$

$$HOOCCH_2CH_2COOH + C_3H_8O_3 + NH_3 + CO_2$$

(8) 由低分子酸合成高级酸

$$CH_3CH_2OH + CH_3COOH \longrightarrow CH_3CH_2CH_2COOH + H_2O$$
$$CH_3CH_2CH_2COOH + CH_3CH_2OH \longrightarrow CH_3(CH_2)_4COOH + H_2O$$

（9）由脂肪生成脂肪酸

$$C_3H_5(C_{15}H_{31}COO)_3 + 3H_2O \longrightarrow C_3H_5(OH)_3 + 3C_{15}H_{31}COOH$$

（10）由蛋白质变成氨基酸　发酵后残留于酒醅中的微生物菌体和原料中的蛋白质，通过微生物的作用，分解成氨基酸。

**2. 酯类的生成**

白酒中的酯类主要是由发酵过程中的生化反应产生的，此外也能通过化学反应而合成，即有机酸与醇相接触进行酯化作用生成酯。酯化反应速度非常缓慢，并且反应到一定程度时即停止。

酯在酒精发酵过程中以副产物的形式出现，它是在酯化酶的作用下生物合成的。酯化酶为胞内酶，它催化酵母细胞内的脂肪酸-酰基辅酶 A 与醇结合形成酯。酵母、霉菌、细菌中都含有酯化酶。据研究，酯的合成是一个需能代谢过程，例如乙酸乙酯的合成反应如下：

$$CH_3COSCoA + C_2H_5O \longrightarrow CH_3COOC_2H_5 + CoASH$$

酵母体内的乙酰辅酶 A 主要来自丙酮酸的氧化脱羧作用，反应如下：

$$1/2C_6H_{12}O_6$$
$$\downarrow$$
$$CH_3COCOOH + CoASH \longrightarrow CH_3COSCoA + CO_2$$

酵母对乙酸乙酯的合成能力最强，故各类白酒中乙酸乙酯含量均高。

Nordstrom 在培养基中添加丁酸、己酸，并接种啤酒酵母进行发酵，用气相色谱分析发酵液，发现有丁酸乙酯、己酸乙酯生成。故提出了由脂肪酸和醇生物合成脂肪酸酯的通式为：

$$RCOOH + ATP + CoASH \longrightarrow RCOSCoA + AMP + PPi$$
$$RCOSCoA + R'OH \longrightarrow RCOOR' + CoASH$$

乳酸乙酯的生物合成途径与其他脂肪酸乙酯的合成类似，即乳酸在转酰基酶作用下生成乳酰辅酶 A，再在酯酶催化下与乙醇合成乳酸乙酯。

酯类物质主要是发酵过程中由真核微生物合成，研究发现，多数有机酸对真核细胞有一定的抑制作用，而相应的酯类则抑制作用小。真核生物消耗能量将脂肪酸转化为相应酯类是很好的解毒措施。

**3. 醇类的生成**

任何种类的酒，在发酵过程中，除生成大量的乙醇外，还同时生成其他醇类。醇类主要是由微生物作用于糖、果胶质、氨基酸等而产生的。酒中的醇类包括以下几种：

（1）甲醇　甲醇的前体物质为果胶。果胶是半乳糖醛酸的缩合物，其羧基经常与甲基或钙相结合而形成酯。该酯在果胶酯酶的参与下，经加水分解作用而生成甲醇和果胶酸。

（2）乙醇　淀粉经糖化后，由于酵母的作用，经 EM 途径，转变成酒精（乙醇）。

（3）高级醇　高级醇是一类高沸点物质，是白酒和其他饮料酒的重要香味来源。高级醇是指具有 3 个碳以上的一价醇类，这些醇类包括正丙醇、仲丁醇、戊醇、异戊醇、异丁醇等。我们平时说的杂醇油，就是这些高级醇组成的混合体。白酒中的杂醇油以异丁醇、异戊醇为主。在酒精发酵过程中，由于原料中蛋白质分解或微生物菌体蛋白水解，生成氨基酸，氨基酸进一步水解放出氨，脱羧基，生成相应的醇。不同种类的酵母，所产高级醇量也各不相同。

1905～1909 年，伊里氏（Ehrlich）曾提出：在发酵糖的存在下，酵母对氨基酸加水分解作用的同时，脱氨基及二氧化碳，生成比氨基酸少一个碳的高级醇。

（4）多元醇　微生物在好气条件下发酵可生成多元醇。白酒中多元醇的含量较高，这些物质是白酒甜味和醇厚味的主要成分。多元醇的甜味常随着醇基的增加而增加。丙三醇、丁四醇（赤藓醇）、戊五醇（阿拉伯醇）、己六醇（甘露醇）都是甜味黏稠液。己六醇是白酒多元醇成分中含量最多的。

① 丙三醇（甘油）　甘油是酵母行酒精发酵过程的产物。发酵液中加入亚硫酸或碳酸钠，或添加食盐以增加渗透压，可促进酵母产生大量甘油。白酒生产中，酒精经长期发酵，积累的甘油量较多。发酵过程中，中间产物为甘油：

$$C_6H_{12}O_6 \longrightarrow CH_2OHCHOHCH_2OH + CH_3CHO + CO_2$$

另外，产 2,3-丁二醇的细菌在好气情况下，除产生 2,3-丁二醇外，也产生甘油：

$$C_6H_{12}O_6 \longrightarrow CH_3CHOHCHOHCH_3 + CH_2OHCHOHCH_2OH + CO_2$$

② 甘露醇　许多霉菌能产甘露醇，大曲中含量较多，一般发酵食品都不同程度地含有此物。细菌中（如混合型乳酸菌）可使己糖产生乳酸，同时产生甘露醇。

**4. 醛酮类物质的生成**

（1）乙醛　酒精发酵过程中，酵母将葡萄糖转变为丙酮酸，释放出二氧化碳而生成乙醛，乙醛被迅速还原成乙醇。在此期间生成的乙醛，只是中间产物，极少残存于酒醅中。当酒醅中已生成大量乙醇后，乙醇被氧化成乙醛：

$$CH_3CH_2OH + O_2 \longrightarrow CH_3CHO + H_2O$$

这是成品酒中乙醛的主要生成途径。

乙醛的沸点低，白酒中的乙醛含量与流酒温度有关。在储存过程中，乙醛大量挥发，酒中乙醛含量可降低。

（2）糠醛　稻壳辅料及原料皮壳中均含有多缩戊糖，在微生物的作用下，生成糠醛。

白酒中的呋喃成分系主要是糠醛，此外，还有醇基糠醛（糠醇）和甲基糠醛等呋喃衍生物。在名曲酒中可能存在着以呋喃为基础的分子结构更大、更复杂的物质，但现在还未探明，其可能是"糟香"或"焦香"的重要组成部分。

（3）缩醛　白酒中的缩醛以乙缩醛为主，其含量几乎与乙醇相等，按酒厂中现行测定总醛的方法测出的主要物质是乙醛和部分高级醛，尚有部分没有测出。缩醛是由醇和醛缩合而成的。

（4）丙烯醛（甘油醛）　白酒无论是固态或液态发酵，在发酵不正常时，常在蒸馏操作中感觉到有刺眼的辣味，蒸出来的新酒燥辣，这是酒中有丙烯醛的缘故。但经储存后，辣味大为减少，因为丙烯醛的沸点只有50℃，容易挥发，使酒在老熟过程中辣味减轻。

酒醅中含有甘油，如感染大量杂菌，尤其当酵母与乳酸菌共存时，就会产生丙烯醛。

（5）高级醛酮　白酒中的醛酮类（即羰基化合物）是重要的香味成分，但含量过多，会给白酒带来异杂味。酒中高级醛酮是由氨基酸分解而成。

（6）$\alpha$-联酮　双乙酰、3-羟基丁酮、2,3-丁二醇等一般习惯上统称$\alpha$-联酮，但并不十分确切，因2,3-丁二醇其实属醇类。白酒中双乙酰、2,3-丁二醇是呈甜味物质，赋予酒以醇厚感。从白酒的成分剖析可知：名优酒的双乙酰和2,3-丁二醇含量多，次酒含量少；3-羟基丁酮尚无规律可循。

白酒生产中，大多数根霉、曲霉、酵母都能产生$\alpha$-联酮。

3-羟基丁酮主要由酮酸及乙醛而来。双乙酰是由乙醛及乙酸生成的。双乙酰生成3-羟基丁酮时还产生乙酸。

2,3-丁二醇属二元醇，它的产生因菌种不同而有以下途径：

$$C_6H_{12}O_6 \longrightarrow CH_3CHOHCHOHCH_3 + 2CO_2 + H_2$$
$$C_6H_{12}O_6 \longrightarrow CH_3CHOHCHOHCH_3 + CO_2 + HCOOH$$
$$3C_6H_{12}O_6 \longrightarrow 2CH_3CHOHCHOHCH_3 + 2CH_3OHCHOHCH_2OH + 4CO_2$$

双乙酰、3-羟基丁酮、2,3-丁二醇三者之间可经氧化还原反应而相互转化：

$$CH_3CHOHCHOHCH_3 \underset{2H}{\overset{-2H}{\rightleftharpoons}} CH_3COCHOHCH_3 \underset{-2H}{\overset{-2H}{\rightleftharpoons}} CH_3COCOCH_3$$

白酒酿造过程中微生物种类繁多，共同起着极其复杂的氧化还原作用。发酵过程中，一般先产生3-羟基丁酮，随后转化为2,3-丁二醇和双乙酰。这三种物质在窖内极不稳定，但酒醅中三者始终存在，只是在不同时期的量比关系不同。

**5. 芳香族化合物的生成**

芳香族化合物是一种碳环化合物，是苯及其衍生物的总称（包括稠环烃及其衍生物）。酒中芳香族化合物主要来源于蛋白质。例如酪醇是在酵母的作用下由酪氨酸加水脱氨而生成的。小麦中含有大量的阿魏酸、香草酸和香草醛，用小麦制曲时，经微生物作用而生成大量的香草酸及少量香草醛。小麦经酵母发酵，香草酸大量增加；但曲子经酵母发酵后，香草酸有部分变成4-乙基愈创木酚。阿魏酸经酵母及细菌作用也能生成4-乙基愈创木酚。

据文献记载，香草醛、香草酸、阿魏酸等来源于木质素；丁香酸物质来自单宁。若将高粱用60%酒精浸泡，抽提液中含有大量酚类化合物，其中有较多的阿魏酸和丁香酸。经酵母发酵后，主要生成丁香酸、丁香醛和一些成分不明的芳香族化合物。

### 6. 含硫化合物的生成

白酒中检出的硫化物主要有硫化氢、硫醇、二乙基硫等，特别是新酒中这些物质含量较多，它们是新酒味的主要成分。通过储存，这些物质可挥发除去。

硫化氢主要是由胱氨酸、半胱氨酸和它的前体物质含硫蛋白质转化而来的。原料中含硫蛋白质含量不同，经发酵后生成硫化氢量也有差异。实验表明，酵母、细菌的硫化氢产量较霉菌大得多。球拟酵母及汉逊酵母将胱氨酸转化成硫化氢的能力更强。

酒醅内存在胱氨酸时，在有较多的糠醛和乙醛存在情况下，高温蒸馏时也能生成硫化氢。

## 三、微量成分与白酒呈味

酒中各类香气成分的含量多少，既受发酵条件的制约，如发酵温度、材料水分大小、半成品质量好坏、酒精生成量及升酸幅度等因素；同时又受外部条件的限制，如工人责任心、装甑操作优劣、装甑时间、流酒速度、流酒温度、环境卫生、天气情况、空气中微生物的种类和数量等，使酒的差别较大。

### (一) 酸

白酒中的有机酸，既是呈香物质又是呈味物质，非挥发酸则呈酸味而缺乏香气。有机酸分子越大，香味越绵柔而酸感越弱；相反，分子小的有机酸，酸的强度大，刺激性强。各种有机酸的酸感及强度并不一样，例如醋的酸味与泡菜中的乳酸味就大不相同。对有机酸的味觉检查结果，酸味最强的是富马酸，其顺序如下：富马酸＞酒石酸＞苹果酸＞乙酸＞琥珀酸＞柠檬酸＞乳酸＞抗坏血酸＞葡萄糖酸。白酒中一般乳酸含量较多，它是代表白酒特性的酸。当前白酒存在的问题，不是乳酸不足，而是过剩。

丁酸有汗臭；己酸稍柔亦有汗臭；辛酸以及分子量更大的脂肪酸有汗臭及油臭。适量的乙酸能使白酒有爽朗感，过多则刺激性增强。

这些有机酸不但其本身呈味，更重要的是它们是形成酯的前体物质。酸的重要作用在于它在酒醅中调节酸度，并可作发酵微生物的碳源，是白酒发酵过程中必不可少的物质。

酸与酒的口味有关，酸不足则酒味短。低度白酒常因酸不足而造成酒后味短的现象。酸类沸点高，易溶于水，蒸馏时多集聚于酒尾。所以蒸馏时，酸高则摘高度酒，酸低时摘低度酒，可将酸导入酒内。

在各香型白酒之间，甚至是同一香型的不同品种酒之间，有机酸的种类及含量有很大差异。这可能也是形成不同香型和各酒厂自家风格的原因之一。霉菌、酵母菌、细菌在发酵过程中都有生成有机酸的能力，但霉菌生成的有机酸对白酒质量影响较小，白酒中的有机酸主要是细菌产生的，其次是酵母菌。在细菌中，产乳酸的主要是乳酸菌，其他如枯草杆菌、大肠杆菌等也有产乳酸的能力。乳酸菌中乳杆菌的能力大于乳球菌。白酒发酵初期主要是乳球菌发挥作用，但发酵后期，便主要是乳杆菌发挥作用，这是因为乳球菌不耐酸。乳酸有 3 个不同的旋光体，即左旋、右旋、消旋，但除旋光之外，它们的其他化学性质完全相同。乳杆菌以产左旋乳酸为主，产酸虽强，却不呈香气；乳球菌以产右旋乳酸为主，产酸虽弱，却有香气。

酵母菌、乳酸菌、大肠杆菌、枯草杆菌等都可不同程度地生成微量乙酸、乙醇及一定量的乳酸。又如大肠杆菌对葡萄糖发酵，既生成乳酸，又生成乙醇及乙酸。这种情况称为"异常发酵"。酵母菌能产有机酸。有人用 1000 余株酵母菌进行试验，其中有 4 个属 100 余株酵母菌还能产柠檬酸。从高粱酒醅中分离出的东北结合酵母菌能产大量有机酸，其中以产乙酸能力最强。关于酵母菌产酸的具体情况，见表 2-23。在蒸馏过程中，有机酸聚集于尾酒中，若想提高酒中酸量，则添加尾酒最为有效，降酸则摘高度酒。

表 2-23  酵母菌生成的有机酸及其阈值、呈香

| 名称 | 阈值/(mg/L) | 呈香 | 名称 | 阈值/(mg/L) | 呈香 |
|---|---|---|---|---|---|
| 乙酸 | 3.6 | 醋酸臭 | 异戊酸 | | 腐败臭 |
| 丙酸 | 0.05 | 醋酸臭 | 正己酸 | 0.04 | 不洁臭 |
| 正丁酸 | 1000 | 腐败臭 | 异己酸 | 0.05 | 不洁臭 |
| 异丁酸 | | 腐败臭 | 正辛酸 | 0.05 | |
| 正戊酸 | 0.0008 | 腐败臭 | 香兰酸 | | 不洁臭 |

1 个酸元与 1 个醇元结合，脱水而生成酯，称为酯化，通常也称为结合酸。发酵时产生的酯，是经酵母菌酯化酶与乙酰辅酶 A 共同作用所生成的。酵母菌胞内酶与胞外酶都有酯化能力，但真正发挥作用还是以胞内酶为主。

从味觉阈值数据可以看出，乙酸的阈值比乳酸低（表 2-24）。白酒由于酸味成分组成不同，经常出现化验结果酸度低的酒，在品尝时往往比酸高的酒更酸。

有机酸类化合物在白酒组分中大约占除水和乙醇外的其他组分总量的 14%～16%。它们是白酒中较重要的呈味物质。

**1. 白酒中有机酸的分类**

白酒中有机酸的种类较多，大多是含碳链的脂肪酸化合物。由于碳链的不同，脂肪酸具有不同的电离强度和沸点，同时它们的水溶性也不同。这样，这些不同碳链的脂肪酸在酒体中电离出的 $H^+$ 强弱程度也会呈现出差异，也就是说，它们在酒体中的呈香呈味作用表现出不同。根据这些有机酸在酒体中的含量及自身的特性，可将它们分为三大部分：

① 量较高，较易挥发的有机酸。在白酒中，乳酸、乙酸、己酸和丁酸都属较易挥发的有机酸，这 4 种酸都在白酒中含量较高，是较低碳链的有机酸，它们较易电离出 $H^+$。

② 量中等的有机酸。这些有机酸一般是 3 个碳、5 个碳和 7 个碳的脂肪酸。

表 2-24  各种有机酸的阈值、呈味

| 名称 | 阈值/(mg/L) | 呈味 |
|---|---|---|
| 柠檬酸 | | 柔和,带有爽快的酸味 |
| 苹果酸 | | 酸味中带有微苦味 |
| 乳酸 | 350 | 酸味中带有涩味 |
| 甲酸 | 1.0 | 进口有刺激性及涩味 |
| 戊酸 | 0.5 | 脂肪臭,微酸,带甜 |
| 壬酸 | 71.1 | 有轻快的脂肪气味,酸刺激感不明显 |
| 癸酸 | 9.4 | 愉快的脂肪气味,有油味,易凝固 |
| 棕榈酸 | 10 | |
| 油酸 | 1.0 | 较弱的脂肪气味,油味,易凝固 |
| 异戊酸 | 0.75 | 似戊酸气味 |
| 异丁酸 | 8.2 | 似丁酸气味 |
| 酒石酸 | 0.0025 | |
| 丙酸 | 20.0 | 嗅到酸气,进口柔和,微涩 |
| 丁酸 | 3.4 | 略具奶油臭,似大曲酒味 |
| 己酸 | 8.6 | 强脂肪臭,酸味较柔和 |
| 庚酸 | 0.5 | 强脂肪臭,有酸刺激感 |
| 月桂酸 | 0.01 | 月桂油气味,爽口微甜,放置后变浑浊 |
| 乙酸 | 2.6 | 酸味中带有刺激性臭味 |
| 琥珀酸 | 0.0031 | 酸味低,有鲜味 |
| 辛酸 | 15 | 脂肪臭,微有刺激感,放置后变浑浊 |
| 葡萄糖酸 | | 酸味极低,柔和爽朗 |

③ 量较少的有机酸。这部分有机酸种类较多,大部分是沸点较高、水溶性较差、易凝固的有机酸,碳链长度一般在 10 个或 10 个以上,例如油酸、癸酸、亚油酸、棕榈酸、月桂酸等。

**2. 有机酸的作用**

有机酸类化合物在白酒中的呈味作用似乎大于它的呈香作用。呈味作用主要表现在有机酸贡献 $H^+$ 使人感觉到酸味,并同时有酸刺激感觉。由于羧基电离出 $H^+$ 的强弱受到碳链长度和碳负离子的影响,同时酸味的"副味"也受到碳负离子的影响,因此,各种有机酸在酒体中呈现出不同的酸刺激和不同的酸味。在白酒中含量较高的一类有机酸,它们一般易电离出 $H^+$,较易溶于水,表现出较强的酸味及酸刺激感,但它们的酸味也较容易消失,这一类有机酸是酒体中酸味的主要供体。另一类含量中等的有机酸,它们有一定的电离 $H^+$ 的能力,虽然提供给体系的 $H^+$ 不多,但由于它们一般含有一定长度的碳链和负离子,使得体系中的酸味呈现出多样性和持久性,协调了小分子酸的刺激感,延长了酸味的持续时间。第三类有机酸是在白酒中含量较少的,以往人们对它的重视程度不够,实际上它们在白酒中的呈香显味作用是举足轻重的。这一部分有机酸碳链较长,电离出 $H^+$ 的能力较小,水溶性较差,一般呈现出很弱的酸刺激感和酸味,似乎可以忽略它们的呈味作用。但是,由于这些酸具有较长的味觉持久性和柔和的口感,并且沸点较高,易凝固,黏度较大,易改变酒体的饱和蒸气压,使体系的沸点及其他组分的酸电离常数发生变化，从而影响了体系的酸味持久性和柔和感，并改变了气体的挥发速度，起到了调和体系口味、稳定体系香气的作用。例如，在相同浓度下，乙酸单独存在时，酸刺激感强而易消失；而有适量油酸存在时，乙酸的酸刺激感减小并较持久。

有机酸类化合物的呈香作用在白酒香气表现上不十分明显。就其单一组分而言，它主要呈现出酸刺激气味、脂肪臭和脂肪气味；有机酸和其他组分相比沸点较高，因此在体系中的气味表现不突出。在特殊情况下，例如，酒在酒杯中长时间敞口放置，或倒去酒杯中的酒，放置一段时间，闻空杯香，我们能明显感觉到有机酸的气味特征。这也说明了有机酸的呈香作用在于它的内部稳定作用。

白酒中的羧酸绝大部分是一元酸，除个别酸外，它们的解离常数在 $10^{-5}$ 数量级。与白酒中的酯、醇、醛等类物质相比，酸的作用力最强，功能相当丰富，影响面广，不易把握。

（1）消除酒的苦味　苦味在白酒中普遍存在，酒的苦味多种多样，以口和舌的感觉而言，有前苦、中苦、后苦、舌面苦；苦的持续时间长或短；有的苦味重，有的苦味轻；有的苦中带甜，有的甜中带苦，或者是苦辣、焦苦、药味样的苦、杂苦等。

酒苦与不苦，关键在酸量的多与少：酸量不足，酒苦；酸量适度，酒不苦；酸量过大，酒有可能不苦，但将产生别的问题。这里指的酸量，是指化学分析的"总酸"值。不论白酒苦味物质的含量多少、组成情况和表现行为等如何，当酒的酸量在合理的范围之内，而各种酸的比例又在一个适当的范围内，酒就一定不会苦。

（2）酸是新酒老熟的有效催化剂　我国白酒都要求有一定的储存时间，酱香型酒要储存 3 年，浓香型要储存 1 年。一般各种香型白酒都要储存半年以上才能用。长期以来，对于新酒老熟问题，人们想了很多办法，但效果并不理想。其实白酒内的酸自身就是很好的老熟催化剂，它们量的多少和组成情况如何及酒的协调性如何，决定了酒加速老熟的能力。控制入库新酒的酸量，把握好其他一些必要的协调因素，对加速酒的老熟可起到事半功倍的效果。

（3）酸是白酒重要的味感剂　酒入口后的味感过程是极其复杂的。白酒对味觉刺激的综合反映就是口味。对口味的描述尽管多种多样，但也有统一的标准，如讲究白酒入口后的后味、余味、回味等。白酒的所有成分都有两方面的作用：既对香又对味作出贡献。羧酸主要表现出对味的贡献，是白酒最重要的味感物质，主要表现在：

① 增长后味。

② 增加味道。

③ 减少或消除杂味。

④ 可出现甜味和回甜感。

⑤ 消除燥辣感。

⑥ 可适当减轻中、低度酒的水味。

（4）对白酒香气有抑制和掩蔽作用　勾兑实践中，往往会遇到这种情况，含酸量高的酸加到含酸量正常的酒中，对正常酒的香气有明显的压制作用，俗称"压香"。在制作新型白酒时，其中一个重要程序是往该酒中补加酸，但若补酸过量，就会压香，就是使酒中其他成分对白酒香气的贡献在原有水平上下降了，或者说酸量过多使其他物质的放香阈值增大了。

白酒酸量不足时，普遍存在的问题是酯香突出、香气复合程度不高等，在用含酸量较高的酒作适度调整后，酯香突出、香气复合性差等弊端在相当大的程度上得以解决。酸在改善酒中各类物质之间的融合程度、改变香气的复合性方面，显示出其特殊的作用。

（5）酸的控制　酸控制不当将使酒质变坏。酸的控制主要包括以下 3 个方面：

① 酸量要控制在合理范围之内。国家标准对不同香型酒的总酸含量作了明确的规定。对于不同的酒体，要通过勾兑人员的经验和口感尝评来决定总酸量。

② 含量较多的几种酸的构成情况是否合理。不同香型的白酒，都有几种主要的羧酸，如浓香型白酒中的乙酸、己酸、乳酸、丁酸，若这 4 种酸的比例关系不当，其中某一种或两种酸含量不合理，将给酒质带来不良影响。

③ 酸量严重不足或超量太多，势必影响酒质甚至改变格调。实践证明，酸量不足酒发苦，邪杂味露头，酒味不净，单调，不谐调；酸量过多，酒变粗糙，放香差，闻香不正，带涩等。

（6）酸的恰当使用可以产生新风格　老牌国家名酒董酒，它的特点之一是酸含量特别高，比国内其他任何一种香型的白酒酸含量都高。董酒中的丁酸含量是其他名酒的 2～3 倍，但与其他成分谐调而具有"爽口"的特点，这是在特定条件下显示的结果。但若浓香型白酒中丁酸含量如此高，则必然出现丁酸臭。因此，在特定的条件下，酸的恰当运用可以产生新的酒体和风格。

**3. 有机酸的作用原理**

白酒中的几大类物质中，酸的作用力最强，在协调和处理酒中各类物质之间的关系方面，酸的影响大，其主要原因如下：

（1）酸对味觉有极强的作用力

① 酸的腐蚀性　白酒中的羧酸虽然都是弱酸，但也都具有腐蚀性。白酒中的有机酸，如乙酸、丁酸、乳酸、己酸对人的皮肤也具有很强的腐蚀性和伤害作用，会造成化学烧伤。在低浓度的情况下，例如 0.1%，对皮肤的腐蚀作用大大降低，但并非腐蚀作用就不存在了，只是这种腐蚀作用已不再构成对人体的伤害和威胁。

酸的腐蚀性主要表现在它能凝固蛋白质，能与蛋白质发生多种复杂的反应，部分改变或破坏蛋白质。酸在白酒中的浓度极低，不会对人们的口腔和舌等造成伤害，但其刺激作用仍很明显。因此，勾兑时要恰如其分地掌握用酸，且几种主要酸的比例要协调。

② 酸以分子和离子两种状态作用于味觉　白酒中的羧酸在乙醇-水这一混合溶剂中会发生解离，造成羧酸在白酒中存在的形式发生变化。酸味由羧酸分子、羧酸负离子和氢离子酸这 3 种质点构成，它们共同作用于人的味觉器官。带相反电荷的

一对离子，比呈分子状态的酯、杂醇和醛类物质对味觉器官的作用力要强烈得多。

③ 酸的极性最强　将白酒中物质的极性大小进行比较，可得到以下顺序：

$$羧酸＞水＞乙醇≥杂醇＞酯$$

④ 沸点高，热容大　把同碳原子的酸与醇的沸点（bp）、熔点（mp）作一比较，可以看出，酸较相应的醇沸点高出35℃以上（正己酸例外）。

羧酸的沸点高和热容量大，决定了在常温下蒸气压小，即挥发程度低，因此它对白酒香气的贡献不多。

⑤ 羧酸有较强的附着力　生活中人们有这样的感受，吃了水果后欲消除口腔内那种酸味感是比较慢的，这与羧酸有较强的附着能力有关。附着力大，意味着羧酸与口腔的味觉器官作用时间长，即刺激作用持续时间长，这是酸能延长味觉感受时间的原因之一。

（2）酸与一些物质间的相互作用

① 驱赶作用　新酒和储存期短的酒，含有一些低沸点的弱酸性物质，如硫化氢和硫醇。这两种物质尤其是后者的嗅阈值极低，当其含量在$10^{-8}\sim10^{-9}$时，现代化仪器也难以检测到，但人却能感觉到它们的存在。

当溶液中存在着两种不同的酸性物质时，酸性较强的物质不仅能够抑制弱酸性物质的电离，而且对弱酸性物质有一种驱赶作用。将乙酸、乳酸、丁酸、己酸与硫化氢、甲硫醇、乙硫醇的酸性强度进行比较，前4种酸的酸性强得多，沸点又远高于甲硫醇（-61℃）、乙硫醇（37℃）、硫化氢（-61℃）。所以有机酸量的多少和环境温度的高低，对驱赶酒中带臭味的低沸点酸性物质的影响甚大。在气温较高的夏季，含酸量较多的白酒，臭味物质从酒中逃逸的速度更快，臭味消失较快。

② 抑制作用　白酒中呈弱酸性的固体物质主要是酚类，已检出的物质有酚、愈创木酚、4-甲基愈创木酚、4-乙基愈创木酚等。白酒中有机酸的酸性较酚强。羧酸解离出的氢离子是白酒中氢离子的主要来源，它的存在对酚的解离平衡有极强的影响。也就是说，羧酸的存在使得酚类化合物在白酒中主要以酚的形式而不是以酚氧负离子的形式存在，酚以分子状态对白酒的味作出贡献。

2,3-丁二酮（双乙酰）是白酒中另一种特殊的酸性物质，2,3-丁二酮分子以酮式和烯醇式的互变异构体而存在。它的羰基是一个强吸电性基团，对分子内相邻碳原子上的氢有微弱电离而呈弱酸性。当两个羰基处于相连的位置时，将大大增加2,3-丁二酮分子的酸性。

③ 酸与碱性物质间的化学反应。白酒中含有氨基酸。氨基酸分为酸性、中性和碱性。分子中氨基（—NH$_2$）和羧基（—COOH）数目相等，为中性氨基酸；羧基多于氨基的为酸性氨基酸；氨基多于羧基的碱性氨基酸，如赖氨酸等。白酒中还存在着另外一些碱性物质，例如吡嗪的衍生物，如2-羟甲基吡嗪、4-乙基吡嗪、2,6-二甲基吡嗪等。它们可以和羧酸生成盐。

④ 与悬浮物之间的作用　白酒的生产过程十分复杂，涉及许多工艺措施。在各个操作过程中都将产生一些有机的或无机的机械杂质，它们大多呈悬浮状态，而

另外一些杂质则以胶体形式分散于酒液之中。因为羧酸能解离出带正负电荷的离子，对胶体的破坏作用和对机械杂质的絮凝作用较强。

（3）酸的催化作用

① 催化酯反应　羧酸和醇反应生成酯。因为白酒中的乙醇占绝对优势，主要反应为：

$$RCOOH + C_2H_5OH \longrightarrow RCOOC_2H_5 + H_2O$$

这是一个可逆反应。反应达到平衡后，正反应和逆反应的速度相等。这种反应在窖火中、蒸馏过程、储存期间始终在进行。

② 对酯交换的催化　白酒中的乙醇与其他醇相比，占绝对优势，因此，白酒中的酯99%以上都是有机酸的乙醇酯。酯的反应活性之一是它能发生酯交换反应。乙酯要发生酯交换反应，一般来说应有个必要条件：比乙醇有更高沸点的醇、酸（或碱）催化。白酒能满足这个条件。白酒中有正丙醇、正丁醇、异丁醇和异戊醇等和酸存在，因此酯交换反应不可避免。有机酸的杂醇酯的生成量是多少并不重要，但不能否定它们的存在。

③ 对羧醛反应的影响　白酒中含羧基的化合物有两种物质含量最多，即乙醛和乙缩醛（二乙醇缩乙醛），一般在 20~100mg/100mL。乙醛是生成乙缩醛的前体物质。在没有酸存在的情况下，乙醛和乙醇的反应十分困难且极其缓慢；在酸的催化下，这一反应被加速。该缩合反应分步进行，中间产物是半缩醛，而且每一步反应均可逆。

## （二）醇

在酿造过程中酵母生成的高级醇及其他香味成分，都是酒精发酵的副产物，但不同酵母菌的高级醇生成量及种类有很大差异（表2-25）。

白酒中已检出的醇类有几十种。醇在酒中既呈香又呈味，并且起到增强酒的甜感与助香作用，也是形成酯的前驱物质。酒精行业称高级醇为杂醇油，白酒行业中称为高级醇，在酒内含量过多时则呈苦涩味，或有明显的液态法白酒味。在高级醇中，异丁醇有极强的苦味；正丁醇并不太苦，其味很淡薄；正丙醇微苦；酪醇有优雅的香气，但味奇苦，经久不散，它是由酵母菌发酵酪氨酸而生成的；戊醇及异戊醇在高级醇中占比例较大，其味苦涩。尽管如此，白酒中含有适量醇是必要的，因为它是白酒香味中不可缺少的组分。采用液态法生产白酒时，产高级醇多，而采用固体法生产的白酒，酯含量多。由于两者工艺不同，因此酒的风味不相同。

多元醇，如甘油、赤藓醇、甘露醇、环己六醇等，在酒中呈甜味，并使酒味圆滑，起到缓冲（黏合）作用，使香气成分能联成一体，并使酒增加绵甜醇厚感，也有助香作用。其中甘露醇的甜味最强，它在酒中各种香味成分之间起到协调的作用，使酒增加绵甜、回味悠长、丰满醇厚之感。多元醇在酒中被称为缓冲剂或助香剂。

表 2-25 酵母菌生成的醇类

| 名称 | 阈值/(mg/L) | 感官特征 |
| --- | --- | --- |
| 甲醇 | 100 | 麻醉样醚气味,刺激,灼烧感 |
| 乙醇 | 14000 | 轻快的麻醉样气味,刺激,微甜 |
| 正丙醇 | 720 | 麻醉样气味,刺激,有苦味 |
| 正丁醇 | 5 | 有溶剂样气味,刺激,有苦味 |
| 仲丁醇 | 10 | 轻快的芳香气味,刺激,爽口,味短 |
| 异丁醇 | 7.5 | 微弱油臭,麻醉样气味,味刺激,苦 |
| 异戊醇 | 6.5 | 麻醉样气味,有油臭,刺激,味涩 |
| 正己醇 | 5.2 | 芳香气味,油状,黏稠感,气味持久,味微甜 |
| 庚醇 | 2.0 | 葡萄样果香气味,微甜 |
| β-苯乙醇 | 7.5 | 似花香,甜香气,似玫瑰气味,气味持久,微甜带涩 |
| 辛醇 | 1.5 | 果实香气,带有脂肪气味,油味感 |
| 癸醇 | 1.0 | 脂肪气味,微弱芳香气味,易凝固 |
| 糠醇 | 0.1 | 油样焦烟气味,似烤香气,微苦 |
| 2,3-丁二醇 | 4500 | 气味微弱,黏稠,微甜 |
| 壬醇 | 1.0 | 果实气味,带脂肪气味,油味 |
| 丙三醇 | 1.0 | 无气味,黏稠,浓厚感,微甜 |

醇类化合物在白酒组分中占 12％ 左右。由于醇类化合物的沸点比其他组分低,易挥发,这样它可以在挥发过程中"拖带"其他组分的分子一起挥发,起到"助香"作用。在白酒中低碳链的醇含量居多。醇类化合物随着碳链的增加,气味逐渐由麻醉样气味向果实气味和脂肪气味过渡,沸点更为增高,气味更为持久。在白酒中含量较多的是一些碳数小于 6 的醇。它们一般较易挥发,表现出轻快的麻醉样气味和微弱的脂肪气味或油臭。

醇类的味觉作用在白酒中相当重要。它是构成白酒相当一部分味觉的骨架,主要表现出柔和的刺激感和微甜、浓厚的感觉,但有时会赋予酒体一定的苦味。

在酿酒过程中,发酵生成的香味成分都是酵母菌发酵的副产物和其他微生物的代谢产物,随着酵母菌及其他微生物种类与活力不同,香气成分的生成量及种类有很大差异。

$C_3$ 以上的高级醇主要由酵母菌发酵生成,酵母菌利用氨基酸,代谢出比氨基酸少一个碳原子的高级醇。常见的有:缬氨酸生成异丁醇,亮氨酸生成异戊醇,异亮氨酸生成活性戊醇,苯丙氨酸生成 β-苯乙醇等。高级醇的生成与氨基酸的生物合成、代谢密切相关。

**（三）酯类**

酯类是白酒香味的重要组分,酯在白酒中的含量仅次于乙醇及水,居第三位。其中乙酸乙酯、乳酸乙酯、己酸乙酯、丁酸乙酯占总酯量的 90％ 左右。目前从白酒中检出的酯类已达 45 种之多。

白酒中的酯类,虽然其结合酸不同,但几乎都是乙酯,仅在浓香型白酒中检出了乙酸异戊酯。发酵期短的普通白酒,酯类中乙酸乙酯及乳酸乙酯含量最多。由于酯的种类不同、含量的差异，因而构成了白酒不同的香型和风格。在白酒生产过程中，酵母菌主要进行酒精发酵作用，同时也进行酯化作用，并赋予白酒香味。霉菌（曲）也有酯化能力，尤其是红曲霉酯化能力极强，但在窖内，主要靠酵母菌的酯化能力。试验证明，在酯化过程中，如果有红曲霉存在，能有效地提高酵母菌的酯化效果。一般产膜酵母（也叫产酯酵母或生香酵母）的酒精发酵力弱，而酯化能力强，主要是曲坯上和场地感染而来的野生酵母菌占绝对量。

白酒香味成分的量比关系是影响白酒质量及风格的关键。每种香型白酒都具有各自的风格，决定其典型风格的就是香味成分之间含量的比例关系。不同香型的酒，其香味成分种类不同，香味成分的量比关系也不相同。而在同一香型不同酒中，虽然其香味成分相同或近似，但其量比关系不尽相同（表2-26）。这是各厂出产的酒风格不同的主要原因。为了保持产品质量的稳定，首先要控制香味成分的量比关系。

表2-26　几种浓香型白酒中4种酯间的量比关系

| 项目 | 洋河大曲酒 | 双沟大曲酒 | 古井贡酒 | 普通大曲酒 |
|---|---|---|---|---|
| 己酸乙酯/(g/L) | 2.20 | 1.84 | 1.65 | 0.38 |
| 丁酸乙酯/(g/L) | 0.15 | 0.14 | 0.17 | 0.08 |
| 乙酸乙酯/(g/L) | 0.81 | 0.80 | 2.28 | 1.32 |
| 乳酸乙酯/(g/L) | 2.21 | 1.87 | 1.88 | 3.59 |
| 总酯/(g/L) | 3.65 | 3.24 | 4.60 | 5.77 |
| 己酸乙酯/总酯 | 0.60 | 0.57 | 0.36 | 0.07 |
| 丁酸乙酯/己酸乙酯 | 0.07 | 0.08 | 0.10 | 0.21 |
| 乳酸乙酯/己酸乙酯 | 1.00 | 1.02 | 1.39 | 9.40 |
| 乙酸乙酯/己酸乙酯 | 0.36 | 0.43 | 1.38 | 3.47 |

① 己酸乙酯与总酯的量比关系：若"己/总"值大，则表现酒质好，浓香风格突出。

② 丁酸乙酯与己酸乙酯的量比关系："丁/己"在0.1以下较为适宜，即丁酸乙酯宜占己酸乙酯10%以下，丁酸乙酯含量如果过高，酒容易出现泥臭味，是造成尾味不净的主要原因。

③ 乳酸乙酯与己酸乙酯的量比关系："乳/己"低者较适宜，如果比值较大，容易造成香味失调，影响己酸乙酯放香，并出现老白干味。

④ 乙酸乙酯与己酸乙酯的量比关系："乙/己"不宜过大，否则会突出乙酸乙酯的香气，出现清香型酒味，影响浓香型的典型风格。相对己酸乙酯而言，乙酸乙酯在储存过程中更易挥发并发生逆反应，原酒中的乙酸乙酯含量会大量减少，因此要注意储酒的容器密封性和酒度。

在白酒生产过程中，酵母菌进行酒精发酵的同时，进行酯化作用，以赋予白酒香味。霉菌也有酯化能力，酵母菌与霉菌在一起，对于产酯起到促进作用。麸曲酒厂用酒精酵母生产乙醇，因酒精酵母产酯能力低，所以另外添加产酯酵母（生香酵母），借以增加白酒香味。大曲中网罗富集大量野生酵母，其中多数为产酯酵母，遂使发酵过程中生成大量酯类，从而形成了优雅细腻的白酒风味。

在白酒的香气特征中，绝大部分是以突出酯类香气为主的，就酯类单体组分来讲，根据形成酯的那种酸的碳原子数多少，呈现出不同强弱的气味（表2-27）。含1~2个碳的酸形成的酯，香气以果香气味为主，易挥发，香气持续时间短；含3~5个碳的酸形成的酯，有脂肪臭，带有果香气味；含6~12个碳的酸形成的酯，果香气味浓厚，香气有一定的持久性；含13个碳的酸形成的酯，果香气味很弱，呈现出一定的脂肪气味和油味，它们沸点高，凝固点低，很难溶于水，气味持久而难消失。在呈香呈味上，通常是分子量小而沸点低的酯具有独特而浓郁的芳香；分子量大而沸点高的酯类，香味虽不强烈，但香气极为优雅而绵长，所以大分子酯类更受人们青睐。

表 2-27　各种酯的香气

| 酯 | 阈值/(mg/100mL) | 感官特征 |
| --- | --- | --- |
| 甲酸乙酯 | 150 | 近似乙酸乙酯的香气,有较稀薄的水果香 |
| 乙酸乙酯 | 17.00 | 苹果香气,味刺激,带涩,味短 |
| 乙酸异戊酯 | 0.23 | 似梨、苹果样香气,味微甜,带涩 |
| 丁酸乙酯 | 0.15 | 脂肪臭气味明显,菠萝香,味涩,爽口 |
| 丙酸乙酯 | >4.00 | 微带脂肪臭,有果香气味,略涩 |
| 戊酸乙酯 | | 较明显脂肪臭,有果香气味,味浓厚,刺舌 |
| 己酸乙酯 | 0.076 | 菠萝样果香气味,味甜爽口,带刺激涩感 |
| 辛酸乙酯 | 0.24 | 水果样气味,明显脂肪臭 |
| 癸酸乙酯 | 1.10 | 明显的脂肪臭味,微弱的果香气味 |
| 月桂酸乙酯 | <0.10 | 明显的脂肪气味,微弱的果香气味,不易溶于水,有油味 |
| 异戊酸乙酯 | <1.0 | 苹果香,味微甜,带涩 |
| 棕榈酸乙酯 | >14 | 白色结晶,微有油味,脂肪气味不明显 |
| 油酸乙酯 | <1.0 | 水果香(红玉苹果香) |
| 丁二酸二乙酯 | <2.0 | 微弱的果香气味,味微甜、带涩、苦 |
| 苯乙酸乙酯 | <1.0 | 微弱果香,带药草气味 |
| 庚酸乙酯 | 0.4 | 水果香,带有脂肪臭 |
| 乳酸乙酯 | 14 | 淡时呈优雅的黄酒香气,过浓时有青草味 |

在酒体中，酯类化合物与其他组分相比，绝对含量较高，而且酯类化合物大都属于较易挥发和气味较强的化合物，表现出较强的气味特征。一些含量较高的酯类，由于其浓度及气味强度占有绝对的主导作用，使整个酒体的香气呈现出以酯类香气为主的气味特征，并表现出某些酯原有的感官气味特征。例如，清香型白酒中的乙酸乙酯和浓香型白酒中的己酸乙酯在酒体中占有主导作用，使这两类白酒的香气呈现出以乙酸乙酯和己酸乙酯为主的香气特征；而含量中等的一些酯类，由于它们的气味特征类似其他酯类，因此，它们可以对酯类的主体香味进行"修饰"和"补充"，使整个酯类香气更丰满、浓厚；含量较少或甚微的一类酯大多是一些长碳链酸形成的酯，它们的沸点较高，果香气味较弱，气味特征不明显，在酒体中很难明显突出其原有气味特征，但它们的存在可以使体系的饱和蒸气压降低，延缓其他组分的挥发速度，起到使香气持久和稳定香气的作用。这也就是酯类化合物的呈香

作用。

酯类化合物的呈味作用会因为它的呈香作用非常突出和重要而被忽略。实际上，由于酯类化合物在酒体中的绝对浓度与其他组分相比高出许多，而且感觉阈值较低，其呈味作用也是相当重要的。在白酒中，酯类化合物在其特定浓度下一般表现为微甜、带涩，并带有一定的刺激感，有些酯类还表现出一定的苦味。例如，己酸乙酯在浓香型白酒中含量一般为 $150\sim200\text{mg}/100\text{mL}$，它呈现出甜味和一定的刺激感，若其含量降低，则甜味也会随着降低。乳酸乙酯则表现为微涩带苦，当酒中乳酸乙酯含量过多，则会使酒体发涩带苦，并由于乳酸乙酯沸点较高，使其他组分挥发速度降低，若含量超过一定范围，酒体会呈现出香气不突出的问题。再如，油酸乙酯及月桂酸乙酯，它们在酒体中含量甚微，感觉阈值也较小，属高沸点酯，当在白酒中有一定的含量时，它们可以改变体系的气味挥发速度，起到持久、稳定香气的作用，并不呈现出其原有的气味特征；当它们的含量超过一定的限度时，虽然体系的香气持久了，但它们各自原有的气味特征也表现出来了，使酒体带有明显的脂肪气味和油味，损害了酒体的品质。

## 四、羰基化合物

白酒中检出的醛类 12 种，这些醛类中，有的辛辣，有的呈臭味，也有的带水果香但甜中有涩。浓香型白酒中的醛类一般含量为 $52\sim122\text{mL}/100\text{mL}$。

酱香型及浓香型白酒中含有较多的乙缩醛，而汾酒及西凤酒的乙缩醛含量极低。据测定结果表明，乙醛与乙缩醛两者相互消长，由于在储存过程中发生缩合，乙醛渐消，乙缩醛渐长，这是白酒长期储存后口感更绵柔的重要因素之一。

白酒中已检出的酮类有 6 种，其中 3-羟基酮及二丁酮含量较多。这些酮类有愉快的香味并有类似蜂蜜的甜香味。

羰基化合物的香气阈值及感官特征见表 2-28。

白酒中添加 2,4-二硝基苯肼时，则白酒香味顿然消失，这是破坏了酒内的醛、酮类的缘故，不但没有了白酒风味，反而呈现与白酒毫不相干的中药味。这充分证明了羰基化合物在白酒香味中的重要地位。低分子醛类有强烈的刺激臭，乙醛有黄豆臭。乙醇微甜，乙醛与乙醇两者相遇则呈燥辣味，新酒燥辣味与此有关。在名酒中乙缩醛含量比普通白酒高，并在储存过程中不断增加。据文献报道，戊醛呈焦香，遇硫化氢时则焦香更浓。酮类的香气较醛类绵柔、细腻，其阈值也低，它不但是主要香气，也是香气的散发者。丙烯醛又名毒瓦斯，它有催泪的刺激性和强烈的苦辣味。糠醛易使酒色变黄，呈焦苦及涩味。3-羟基丁酮在酒内呈燥辣味，并使酒味粗糙。双乙酰是非蒸馏酒的大敌，却是蒸馏酒的香味成分，白酒中含量多少为适宜，目前尚无标准。

羰基化合物在白酒组分中大约占 $6\%\sim8\%$。低碳链的羰基化合物沸点极低，易挥发。随着碳原子数的增加，沸点逐渐增高，并在水中的溶解度下降。羰基化合物具有较强的刺激性气味，随着碳链的增加，它的气味逐渐由刺激性气味向青草气

表 2-28　羰基化合物的香气阈值及感官特征

| 名称 | 阈值/(mg/L) | 感官特征 |
| --- | --- | --- |
| 甲醛 | | 刺激性臭 |
| 乙醛 | 1.2 | 绿叶及青草气味,有刺激性气味,味微甜,带涩 |
| 正丁醛 | 0.028 | 绿叶气味,微带弱果香气味,味略涩,带苦 |
| 异丁醛 | 1.0 | 微带坚果气味,味刺激 |
| 异戊醛 | 0.1 | 具有微弱果香,坚果气味,味刺激 |
| 己醛 | 0.3 | 果香气味,味苦,不易溶于水 |
| 庚醛 | 0.05 | 果香气味,味苦,不易溶于水 |
| 丙烯醛 | 0.3 | 刺激性气味强烈,有烧灼感 |
| 苯甲醛 | 1.0 | 有苦扁桃油、杏仁香气,加入合成酒类可以提高质量 |
| 酚醛 | | 有较强的玫瑰香气 |
| 糠醛 | 5.8 | 浓时冲辣,味焦苦涩,极薄时稍有桂皮油香气 |
| 丙酮 | >200 | 溶剂气味,带弱果香,微甜,带刺激感 |
| 丁酮 | >80 | 带果香,味刺激,带甜 |
| 双乙酰 | 0.02 | 浓时呈酸馊味、细菌臭、甜臭,稀薄时有奶油香 |
| 3-羟丁酮 | 不明 | 有文献记载可使酒增加燥辣味 |
| 乙缩醛 | 50~100 | 青草气味,带果香,味微甜 |

味、果实气味、坚果气味及脂肪气味过渡。白酒中含量较高的羰基化合物主要是一些低碳链醛、酮类化合物。在白酒的香气中,与其他组分相比较,由于这些低碳链醛、酮类化合物绝对含量不占优势,同时自身的感官气味表现出较弱的芳香气味,以刺激性气味为主,因此,在整体香气中不十分突出低碳链醛、酮的原始气味特征。但这些化合物沸点低,易挥发,可以"提扬"其他香气分子挥发,尤其是在酒体入口时,很易挥发。所以,这些化合物实际起到了"提扬"香气和"提扬"入口"喷香"的作用。

酒中的羰基化合物具有较强的刺激性口味。在味觉上,它赋予酒体较强的刺激感,也就是人们常说的"酒劲大"。这也说明酒中的羰基化合物的呈味作用主要是赋予口味以刺激性和辣感。

醛类物质与白酒的香气和口味有着密切的关系。乙醛和乙缩醛的主要功能表现为对白酒香气的平衡和协调作用,而且作用强,影响大。乙醛和乙缩醛是白酒中必不可少的重要组成成分。它们含量的多少以及它们之间的比例关系如何,将直接对白酒香气的风格水平和质量水平产生重大影响。

### 1. 乙醛与乙缩醛

乙醛是醛类物质,其功能基是醛基。二乙醇缩乙醛(简称乙缩醛)不是醛,是一个二醚,分子内含两个醚键,它的两个醚键与同一个碳原子相连接,是胞二醚。乙醛和乙缩醛在特定环境条件下可以互相转换,因此,白酒行业往往将乙缩醛也划归"醛类",但在科学概念上不可将此二者混为一谈。

乙缩醛与乙醛的总量占白酒中总醛的98%以上,所以它们是白酒中最重要的醛类化合物。

**2. 乙醛的作用**

（1）水合作用　乙醛是一种羰基化合物，羰基是一个极性基团，由于极性基团的存在，乙醛易溶于水。乙醛与乙醇互溶主要是物理性的，与水互溶则是反应性的溶解。醛自发地与水发生水合反应，生成水合乙醛。此反应是一个平衡反应，在乙酸催化下，反应速度加快。白酒中乙醛有两种存在形式，即以乙醛分子或水合乙醛的形式对酒的香气作出贡献。

（2）携带作用　由于乙醛与水有良好的亲和性、较低的沸点和较大的蒸气分压，因此乙醛有较强的携带作用。携带作用即酒中的乙醛等在向外挥发的同时，能够把一些香味成分从溶液中带出，从而造成某种特定气氛。

要有携带作用，必须具备两个条件：①它本身要有较大的蒸气分压；②它与所携带的物质之间在液相、气相均要有良好的相容性。乙醛就是这样一种物质。乙醛与酒中的醇、酯、水，不论与该酒液或是与该酒液相平衡的气相中的各组分物质之间，都有很好的相容性。相容性好才能给人的嗅觉以"复合"型的感知。刚打开酒瓶时的香气四溢（喷香）就与乙醛的携带作用有关。

（3）降低阈值的作用　在勾兑调味实践中，大家有这样的经验：当使用醛含量高的酒作组合或"调味"酒时，将使基础酒的闻香明显变强，即对放香强度有放大和促进作用。这就是乙醛对各种物质阈值的影响。阈值不是一个固定值，在不同的环境条件下会发生变化。乙醛的存在，对白酒中那些可挥发性物质的阈值有明显的降低作用，不仅对原来已有相当放香强度物质的阈值有一定的降低作用，而且对那些不太易感知到的物质的阈值也有降低作用，即提高了嗅觉感知的整体效果，使白酒的香气变浓了。

（4）掩蔽作用　蒸馏酒或者不同形式的固液结合白酒，在进行色谱骨架成分调整时，最难以解决的问题之一是闻香和气味的分离感突出（即明显地感觉到外加香），这将大大影响这类酒的质量。

即使是完全用发酵原酒，甚至用"双轮底酒"加浆降度后，有时也会出现闻香和味分离感，这时并不存在"外加香"的问题。

产生上述现象的原因极其复杂，其原因可能有两个：一是骨架成分的合理性；二是没有处理好四大酸、乙醛和乙缩醛的关系。四大酸的主要表现为对味的协调功能，乙醛、乙缩醛主要表现为对香的协调功能。酸压香增味，乙醛、乙缩醛增香压味。只要处理好这两类物质间的平衡关系，使其综合行为表现为对香和味都作出适当的贡献，就不会显现出有外加香味物质的感觉，不论是全发酵酒、新型白酒还是中低度酒。这就是说，乙醛、乙缩醛和四大酸量的合理配置大大提高了白酒中各种成分的相容性，掩盖了白酒某些成分过分突出的弊端，从这个角度讲，它们有掩蔽作用。

（5）乙醛的聚合　在酸催化下，或者在微量氧气存在下，乙醛自身能发生聚合反应，主要生成三聚乙醛。三聚乙醛是一种不溶于水的化合物，沸点为128℃，是一种可散发出愉快香味的挥发性物质。三聚乙醛在酸的作用下，又被解聚，重新生成乙醛。

## 五、吡嗪类

白酒中的含氮化合物可形成焦香，是人们喜爱的焙炒香气，吡嗪类化合物是酱香型、芝麻香型白酒中重要的香气成分之一。焦香在食品中还有防腐作用，所以被广泛利用于食品防腐。焦香在白酒中都不同程度地存在，酱香型及麸曲白酒中焦香较浓，芝麻香型白酒的焦香基本上已成为它的主体香气。

吡嗪类化合物是糖类与蛋白质氨基酸在加热过程中形成的产物，是通过氨基酸的降解反应和美拉德反应产生的。从白酒中已经鉴别出的吡嗪类化合物有几十种，但绝对含量很少。它们一般都具有极低的香气感觉阈值，极易被察觉，且香气持久难消。

目前白酒中检出的含氮化合物有 30 种，其中定性的吡嗪类化合物有 21 种。多数白酒中所含的吡嗪类化合物，以 4-甲基吡嗪和 3-甲基吡嗪含量最高。有些白酒（如白云边酒）则以 2,6-二甲基吡嗪居多。如以同碳数烷基取代吡嗪总量计，则除茅台酒中 4-甲基吡嗪含量较高外，其余酒样中的二碳、三碳烷基取代吡嗪的总量都比较接近。茅台酒中的吡嗪类化合物高达 10mg/L。分析储存多年的茅台酒样，吡嗪类化合物的总量分别为 63.6mg/L 和 40mg/L，比其他酱香型白酒（郎酒、迎春酒）高出 10~17 倍，其中起主导作用的首推 4-甲基吡嗪。对几个不同来源茅台酒的分析表明，4-甲基吡嗪含量都在 30mg/L 以上，然而其他酱香型白酒其含量均低（表 2-29）。因此，相当高的 4-甲基吡嗪含量是茅台酒的标志，但它并不是酱香型白酒所共有的特征。

茅台酒中含氮化合物呈特高含量；郎酒、迎春酒及白云边属第二层次，其总量在 2300~3700μg/L；景芝及某些浓香型酒（五粮液、古井贡酒）中的含量在 1000~2000μg/L；洋河大曲酒、双沟大曲酒及汾酒中的含量较低，仅为 200~540μg/L。以上分析结果表明，吡嗪的生成与酒醅发酵及制曲温度高低有关，更受反复加热蒸馏的影响。

## 六、其他香味物质

白酒中还有许多香味成分，例如已检出的芳香族成分就有 26 种。4-乙基愈创木酚、苯甲醛、香兰素、丁香醛等都是白酒特别是酱香型白酒的重要香味成分，但味微苦。酪醇呈香好，但味奇苦，它是微生物菌体中酪氨酸被酵母菌发酵形成的。β-苯乙醇在白酒中含量甚多，单体有蔷薇香气，但在白酒中与多种香味成分混在一起，蔷薇香气并不突出。

此外还有许多呋喃化合物，这些成分的含量虽少，但阈值却很低，故有极强的香味。这类化合物都是高沸点物质，可能在后味延长上起重要作用。呋喃甲醛在稀薄情况下，稍有桂皮油的香气；浓时冲辣，味焦苦涩，在酱香型白酒中含量突出，

表 2-29　白酒中含氮化合物的测定结果　　　　单位：μg/L

| 成分 | 茅台酒4# | 茅台酒5# | 郎酒 | 迎春酒 | 五粮液2# | 洋河大曲酒 | 双沟大曲酒 | 白云边酒 | 景芝1# | 汾酒 |
|---|---|---|---|---|---|---|---|---|---|---|
| 吡嗪 | 37 | 33 | 10 | 88 | — | — | — | — | 23 | — |
| 2-甲基吡嗪 | 323 | 292 | 199 | 282 | 21 | 25 | 26 | 191 | 154 | 12 |
| 2,5-二甲基吡嗪 | 143 | 116 | 110 | 87 | 8 | 10 | 21 | 83 | 57 | 9 |
| 2,6-二甲基吡嗪 | 992 | 969 | 673 | 901 | 376 | 75 | 96 | 792 | 341 | |
| 2,3-二甲基吡嗪 | 660 | 562 | 117 | 112 | 11 | 18 | 22 | 157 | 48 | 11 |
| 2-乙基-6-甲基吡嗪 | 796 | 886 | 349 | 399 | 108 | 73 | 78 | 418 | 244 | |
| 2-乙基-5-甲基吡嗪 | 27 | 25 | 23 | 32 | — | 4 | | | 21 | |
| 三甲基吡嗪 | 4965 | 4007 | 712 | 627 | 294 | 53 | 69 | 729 | 217 | 27 |
| 2,6-二乙基吡嗪 | 247 | 166 | 36 | 127 | — | 14 | 8 | 88 | 40 | |
| 3-乙基-2,5-二甲基吡嗪 | 83 | 111 | 23 | 42 | 8 | 4 | 12 | 27 | 31 | |
| 2-乙基-3,5-二甲基吡嗪 | 1402 | 83 | 231 | 149 | 57 | 28 | 14 | 299 | 93 | |
| 4-甲基吡嗪 | 5302 | 3078 | 731 | 653 | 195 | 23 | 120 | 482 | 156 | 75 |
| 2-甲基-3,5-二乙基吡嗪 | 420 | 277 | 40 | 74 | 23 | 10 | 12 | 61 | 17 | |
| 3-异丁基-2,5-二甲基吡嗪 | 143 | 164 | 139 | 48 | 45 | 4 | 14 | 62 | 12 | 14 |
| 2-乙基-3-异丁基-6-甲基吡嗪 | 46 | 27 | 10 | 15 | | 13 | 17 | | 33 | 64 |
| 3-异戊基-2,5-二甲基吡嗪 | 151 | 260 | 300 | | | | 18 | | 7 | |
| 3-丙基-5-乙基-2,6-二甲基吡嗪 | 105 | 75 | 15 | | | | 13 | | 26 | 10 |
| 吡啶 | 180 | 181 | 114 | 188 | 82 | 42 | 59 | 160 | 101 | 19 |
| 3异丁基吡啶 | 80 | 60 | 50 | 22 | | | 5 | 67 | 3 | |
| 噻唑 | 138 | 108 | 88 | 54 | 98 | 39 | 46 | 100 | 49 | 22 |
| 三甲基噁唑 | 375 | 324 | 30 | 474 | — | 22 | 104 | — | 49 | 59 |

成为酱香型白酒的特征香气之一。呋喃甲醛也极易氧化而变成黄色，这是酱香型白酒颜色微黄的根本原因。其他如香草酸、香草酸乙酯、苦马林、异麦芽酚等也都是上佳的香味成分。

在白酒中检出的硫化物有 6 种，一般含硫化合物的阈值很低，含量很微就能察觉它的气味。它们的气味非常典型，一般表现为异臭和令人不愉快的气味，且持久难消。

## 七、呈味物质的相互作用

白酒中的呈味物质有酸味、甜味、苦味、辣味、涩味、咸味等物质，这些物质在酒中味觉的强弱与其相互作用有关。味觉变化是随着味觉物质和总量变化的不同而起变化的，为了保证酒的质量与风格，使产品保持各自的特色，必须掌握好味觉物质的相互作用和酒中香味物质的特征及变化规律。

### 1. 相乘作用

在某一种味中添加另一种味，加强了原有的呈味强度，这在食品品尝中，称为味的相乘作用。

在甜味溶液中添加少许食盐，会使甜味明显增加。在 15%～25% 蔗糖溶液中添加 0.15% 食盐时，则呈最甜状态。有趣的是，如果添加 0.5% 的食盐，反而不及不添加食盐的糖液甜。这说明，相乘作用在呈味物质之间，存在着一定的量比关系，即平衡关系。

在苦味溶液中添加酸，可使苦味更苦。植物果实及种子在未成熟期又酸又苦，这是植物为了繁殖后代而自我保护的有力武器。苦味成分还有较强的杀菌能力。不论在人的味感方面还是呈味物质在味蕾细胞膜吸着面上，甚至是发生膜电位测定结果都表明，在谷氨酸钠中添加肌苷酸钠或鸟苷酸，能起到增强鲜味的相乘作用，使鲜味大幅度提高。谷氨酸钠与肌苷酸钠混合时，鲜味显著增强，1：1 时增加 7.5倍，10：1 时增加 5 倍，添加 1% 时鲜味也翻了一番，这表明了味觉神经在生理上起到了相乘作用。两者相混合不但增强鲜味感、持续感，并对遮盖苦味也有明显效果。

**2. 相杀作用**

在呈香物质中添加另一种呈味物质，使原有物质的呈味强度下降，这在食品品尝中称为相杀作用。

在咸味溶液中添加酸味物质，可使咸味强度减小。在 1%～2% 食盐乳液中添加 0.05% 醋酸或在 10%～20% 食盐溶液中添加 0.3% 食醋，则咸味大幅度下降。在日常生活中，饺子咸了就蘸醋吃，这就是利用醋解咸的作用。在五种味中，甜味的相杀作用最多，它对酸味、苦味、咸味都有缓解作用。例如，吃柠檬、柚子、菠萝等酸味大的水果时，加入糖则酸味大减；咖啡甚苦，在溶液中加入糖则苦味明显下降，并赋予舒适感。在咸味中添加糖，则咸味亦随之减弱。在 1%～2% 的食盐溶液中添加 7%～10% 蔗糖时，可使咸味完全消失；但在 20% 的食盐溶液中，添加多少蔗糖咸味也不会消失。糖在食品中不但会使酸、苦、咸味下降，并且赋予其浓郁感和后味长的特点。白酒中的多元醇含量虽低，甜度也很小，但也能起到相同的作用。

咸味对苦味也有相杀作用，能降低苦味的强度。例如，除去酱油中的盐后，再分离出呈鲜的谷氨酸钠，便出现苦味，这证明咸味对苦味有相杀作用。

在 0.03% 咖啡碱溶液（呈苦味的最低浓度）中，添加 0.8% 食盐，苦味反而稍有加强；如果添加 1% 以上，则咸味加强。如果增加食盐添加量，则苦味明显减弱，过多时则成咸味了。

**3. 复合香味**

两种以上呈香物质相混合时，能使单体的呈香呈味有很大变化，其变化有正面效应，也有负面效应。

香兰醛是最常用的食品香料，除香外，还有耐高温的优点。香兰醛呈饼干香味，$\beta$-苯乙醇则带有蔷薇花的香味。两者按合理比例混合，既不是饼干味，也不是蔷薇花香，而是复合了白兰地所特有的香味。

乙醇微甜，乙醛则带有黄豆臭，浓时为青草臭，并有涩味。两者相混，则呈现新酒刺激性极强的辛辣味，从而改变了酒应有的甜味感及其特有的香味。

### 4. 助香作用

新产的酒和勾兑的配制酒，香味之间很不谐调，就像新组成的足球队，队员之间配合很不默契，要磨合。此时，就需要助香成分来助香了。助香成分像黏合剂，它将各种香味成分联合成一个整体，才能突出其产品的独特风格。

在酒中起助香作用的化合物，其本身往往并不是很香，或者是弱香，或者是无味甚至是臭的，但它却是酒里不可缺少的角色。

# 第三章　白酒香味成分的构成

## 第一节　白酒成分的基本组成

白酒中主要成分是乙醇和水，两者占总重量的 98% 左右，其余约 2% 为香味成分（或称微量成分）。香味成分又可分为芳香成分和风味物质。各成分之间存在相互关系，综合平衡。

浓香型大曲酒是以大曲为糖化发酵剂，以固态发酵法生产的白酒。浓香型大曲酒的香和味一定要谐调，给人以自然感，芳香悦人，酒体醇厚，入口甘美，各味谐调，自然优雅。优质浓香型大曲酒必须是窖香、曲香、糟香、陈味相互融合成为一体。粮食香对酒体有一定影响，特别是 5 种粮食酿酒时，粮食香的作用更为明显，组成这些香和味的物质非常复杂且含量甚微。

随着酒类生产技术的发展、检测手段的进步，对酒的认识、剖析更为全面。从研究角度而言，白酒的全部组成成分多为 4 种类型，主要是水、乙醇、色谱骨架成分、含量低于 10mg/L 的微量成分。后两种成分不是单一的一类物质，而是一些非常复杂的有机化合物。也有的将后两种成分统称为"微量成分"，在很多有关白酒的论文、书籍、报章、杂志及其他出版物中，此种提法甚多，即酒是由乙醇、水和微量成分三部分组成的。但不论从何种角度讲，人们都十分重视"微量成分"对酒的质量和风格的重要影响，有意识、有目的地加以研究，并将研究结果应用于白酒的酿造、勾兑和质量检测中。对微量成分的检测、研究和应用是我国白酒行业取得重要技术进步的主要原因之一，对白酒行业的发展起到了积极的作用。

## 第二节　白酒中香气成分的来源

微量成分对白酒的风格形成起着至关重要的作用，因此，有必要按照科学的态度对白酒中的微量成分加以分析、认识。

### 一、来自于粮食的香味成分

白酒生产必然用粮，我国五粮型白酒酿造用粮主要是高粱、大米、玉米、小麦、糯米等 5 种粮食。粮食的主要成分包括淀粉、蛋白质、脂肪、维生素和其他多种物质，成分相当复杂。以大米为例，生大米的香气和蒸熟的大米饭的香气不同，原因何在？就在于构成生大米和熟米饭的香气成分不同。据近年来的分析结果表明，大米香气成分已检出 70 多种，还有许多未检出成分。进一步比较，新鲜大米和存放一段时间或较长时间大米的香气不同；碎米和大米香气不同；米糠和大米香气不同；夹生饭和煮熟的饭香气不同；产地不同、品种不同等，大米的香气也不相同。必须指出，酿酒用的粮食的某些香气成分必然要进入白酒之中。粮食的某些香气成分对白酒的香气作出了一定程度的贡献，或者影响白酒的香气。浓香型传统酿酒工艺是混蒸续糟发酵（将高粱粉拌入母糟中混匀，同时蒸酒蒸粮），因此将粮食本身的一些香味成分带入了酒中。酒厂生产技术人员都知道这样一个基本事实：生粮香味是白酒酿制生产中需严格消除的气味，因为它给酒带来的是不良影响，解决这一问题的措施之一是蒸粮要好。粮食从入窖发酵到成品出厂的生产过程中，经历了生物、化学和生物化学的反应过程，变化很大，因此增加了白酒成分的复杂性。大米如此，酿酒的主要用粮高粱以及其他粮食的情况大体上也是如此。例如，当年的气候条件使高粱成熟度不够，如相应生产工艺条件不变动的话，产品就可能有其他香气；又如，使用霉变的玉米作酿酒用粮，将使产品带有较为明显的非正常霉味。

## 二、来自于酒曲的曲香味成分

大曲是有香气的。人工鉴别大曲的质量，除了肉眼观察外，还可以用鼻子仔细闻大曲的香气。这主要依靠人自身的实践经验来判断。各个酒厂制曲所用粮食、菌种（与环境相关）、工艺、曲房的控制水平和条件等千差万别，大曲的香气成分也各不相同，但有一点是一致的：大曲的香气成分对最终产品的香气作出贡献，即通常所说的，酒有曲香味。泸州老窖酒厂的麦曲中有曲霉、根霉、毛霉、梨头霉、白地霉、红曲霉、酵母等，还分离出乳酸菌、醋酸菌、微球菌、芽孢杆菌、非芽孢杆菌等。这些微生物除了分泌各种各样的酶以催化窖内的多种反应外，还直接产生芳香物质。这些香味物质对酒的香气成分必然有所贡献。

可以从曲块断面上观察其感官特征，也就是从断面或表面上看各种微生物菌落（大小、颜色）、菌丝（俗称"穿衣"好坏）等状况及气味状况，进行综合判定酒曲质量等级。大曲的香气是复合香气，它是多种香气成分给人的一种综合感觉。大曲香气成分的分离、鉴定和结构确认国内尚未见报道，这是一个很多科研人员进行过研究的、有相当难度的课题。

## 三、糟香成分

酿酒中最常用的辅料是稻壳或丢糟。稻壳是一种多孔隙物质，在窖池发酵过程中作为微生物的有效载体，是微生物生长、发育的固定床，起着控制空气量的作用。稻壳对窖池的正常发酵有很重要的作用，蒸酒时又起塔板的作用。各个厂家在制定生产操规程时，对粮食与稻壳的比例等有严格的规定。

稻壳在使用时要进行专门处理：清蒸。为保证蒸透稻壳，各个厂家还对清蒸稻壳的时间作了明确规定。稻壳蒸得好与不好，对酒香的影响甚大，蒸得不好，酒会出现糠味，这不能简单地解释为稻壳含较多的多缩戊糖产生较多的糠醛所致。与粮食香气成分一样，稻壳香气成分同样会或多或少地进入白酒之中。

粮食在窖池内发酵是一个极为复杂的过程，根本原因在于固态发酵是异常复杂的体系，进行了异常复杂的多种反应。

糟醅的异常复杂性，是指粮食原料和辅料中的各种物质，配糟中的各种代谢产物及相关成分，大曲内的各种呈味成分、微生物、酶类混杂在一起。糟醅除异常复杂的反应体系外，还存在着非厌氧微生物（梭状芽孢杆菌、各种异氧菌、多种甲烷菌）、好氧性微生物、野生酵母复杂的代谢（生命过程）活动，酶化学反应，复杂的其他生物化学反应，多种多样的有机化学反应等。这样复杂的体系、复杂的反应、复杂的过程，一定会生成复杂的物质。糟醅中的原料、辅料与发酵微生物的代谢产物构成了糟香的物质基础。换言之，糟香就是白酒中来自糟醅的自然发酵感，这一点对固态白酒来说是必须具备的特点。

由前述可知，发酵结束后的酒糟是一种成分极为复杂的混合物。为了从中获取白酒，下一个工艺过程就是蒸（馏）酒。蒸馏过程一旦开始，由于温度的升高，微生物和酶已不能存活。蒸酒就是使高度复杂的体系变为相对简单的另一个复杂体系的过程。通过蒸馏把酒糟中的固液相分离，馏出的（液相）是酒，甑中余下的固相主要是糟。

酒糟中的各种复杂成分，由于蒸气压和其他物理化学性质不同，或多或少地与水和乙醇一道被蒸馏出来，成为酒的骨架成分和微量成分。正是由于酒糟中发酵产物的高度复杂性及物理性质上的差异，蒸出的各个馏分（分级接酒）的微量成分、其他成分含量和组成情况也不相同。蒸酒时，操作上的差异也会导致酒的微量成分不同。人们常说，刚蒸出的酒有"糟香"，说明蒸出的酒中不可避免地含有固体糟中的一些微量成分。

## 四、窖香成分

酒厂里的窖池实际上可以看作是一个大的反应器。它既是微生物的生长地，又是各种物质的化学反应器。在这个容器中进行着异常复杂的各式各样的反应，生成各种各样的物质。可以说，窖池就是一个微生物世界；同一个车间的相邻两个窖池的发酵生产过程，前一次发酵生产过程和后一次发酵生产过程，都是两个不同的过程。反映在产品质量和风格上，它们的一致性、稳定性是有限的。

窖池的窖壁和窖底是以泥为基础的，窖泥微生物固定繁殖在窖泥中，窖池的窖泥表面与里层微生物形成梯度分布状态，表层微生物多于里层微生物，而且厌氧芽孢菌、兼性菌分布都不相同，因此，越老的窖池窖泥越好，生产的优质酒越多。俗话说，老窖出好酒，这也是有一定道理的。窖池的上、中、下部微生物分布也有区别。特别是甲烷菌、乙酸菌、丁酸菌、丙酸菌、厌氧细菌、混合酸发酵菌、酵母菌、乳酸菌等这些复杂的微生物体系，在生长过程中有上千种酶进行着上千种生物化学反应，所以，其代谢产物异常复杂且极微量。

与窖池中窖泥接触部分的糟醅，蒸出的酒质量优于其余部分酒醅发酵产的酒，其原因就是微量成分种类多，含量高，黄水浸泡的酒醅同样因窖泥微生物的生长代谢，酒醅中香气成分种类多，酒质高于上层酒醅发酵产出的酒。

老窖池发酵蒸出的酒优于新窖池发酵蒸出的酒，主要表现为窖香浓郁、突出，而且己酸乙酯含量高，与其他的酯比例协调。虽然己酸乙酯是浓香型酒的主体香，但己酸乙酯不等于窖香，单独存在的己酸乙酯只是一种酯香，而不是窖香。但窖香也不是窖泥的味道，老窖泥有一定的香味，多了则是一种窖泥味或窖泥臭，新窖泥完全是窖泥臭。因此，在发酵的过程中，糟醅应该尽可能与窖泥接触，蒸酒时又要尽量避免带入窖泥和窖皮泥，以免给酒带入窖泥味或泥腥味。

窖香是窖泥微生物产生的复杂的代谢产物，经蒸馏过程提取浓缩带入浓香型酒中，并为其所特有的呈香呈味物质的综合表现。色谱骨架成分中的酸、酯、醇、醛等是其主要物质基础，特别是主体香己酸乙酯不可缺少。但除色谱能测定的骨架成分之外，还有些复杂的微量成分仍是构成窖香的必不可少的重要物质，这些物质共同作用而产生窖香。

### 五、浓香型曲酒的"陈味"

"陈味"是我国浓香型曲酒的常用（在多数场合下是专用）术语，它不是指白酒的口味和味感，而是针对曲酒的一种特有香气而言，初学者往往会以为"陈味"指的是酒的口感。"陈味"是酿酒界人士企求的一种香气境界。素有"名酒之乡"美誉的四川，曾对此展开讨论，初步提出了组成"陈味"的相关微量成分。

从工艺上看，"陈味"来源与生产工艺过程中多种因素有关。从质量上看，适当的"陈味"可使香气细腻，酒体丰满，受到消费者的喜爱，这是浓香型大曲酒的特点之一。但是，制曲温度不宜过高，储存时间不宜过长，"陈味"不宜过重，如果过重，也会在不同程度上影响酒的质量。

"陈味"与"酱味"不同，笼统地把"陈味"说成"酱味"，缺乏科学实验依据。五粮液酒厂的刘沛龙就"五粮液"的诸味谐调发表了看法，就"窖底香"与"陈味"的关系作了一些说明。一般地说，"陈味"应是一种有别于窖香的香气，它是比窖香香气更好、档次（或香气境界）更高的一种特有香气，往往出现在储存期较长的白酒中。

综上所述，白酒中的各种组成成分——乙醇、水、微量成分，它们相互协调、统一而形成了产品的质量。尤其是微量成分对产品质量的优劣起到了至关重要的作用，或者说是决定性的作用。

## 第三节　白酒中的呈味成分与白酒质量

白酒中的微量成分含量较低，酿造发酵时影响因素较多，不同的酒的微量成分差异也较大。通常将微量成分分为：结构已知的微量成分；结构不确定的微量成分；未知的微量成分。

1980年，国家轻工业部发酵所以质谱-色谱法分析了茅台酒的挥发性成分。内蒙古自治区轻工业研究所测定了白酒中多元醇和高级脂肪酸。1986年，四川食品发酵工业研究设计院对泸州特曲、头曲、二曲、三曲4个级别的酒进行了各种微量成分的剖析，定量的成分108种，定性的130余种。

综上所述，近20年来我国对白酒微量成分的剖析做了大量的工作。白酒中的微量成分有很多种，可归纳为酸、酯、醛、醇、酚类化合物，现综合各有关单位的研究结果分述于下：

# 一、酸类

白酒中的酸是有机酸，化学上称羧酸，它的特征是分子中含有羧基（—COOH）。它们的分子式可用通式 $C_nH_{2n+1}COOH$ 或 RCOOH 来表示。

甲酸、乙酸、丙酸是具有刺激性的液体，能与水混溶。从丁酸至壬酸的直链羧酸为具有腐败气味的油状液体，在水中的溶解度迅速降低而难溶于水。癸酸以上的直链羧酸为无臭固体，不溶于水，它们的相对密度随分子量增加而减小。甲酸和乙酸的相对密度大于1，其他羧酸的相对密度都小于1。直链羧酸同系物间沸点的变化很有规律，与醇相似，平均每增加一个—$CH_2$—，沸点约升高18℃。

**1. 在酒中的作用**

白酒中含有一定的酸味物质，酸味是由氢离子刺激味觉而引起的。酸是酒的重要风味物质，酸量少，风味淡；酸量大，酸味露头，酒味粗糙。适量的酸可对酒起缓冲作用，并在储存过程中能缓慢地形成酯。酸对酒的甜度也有影响，太酸的酒使酒的"回甜"减小。优质白酒的酸含量较高，一般高于普通白酒1～2倍。

白酒中的酸种类繁多，挥发性较强的有甲酸、乙酸、丙酸、丁酸、己酸、辛酸等。甲酸刺激性最强，但含量甚微；乙酸刺激性强，含量高，给酒带来愉快的香味和酸味，但含量过多，使酒呈尖酸味；丙酸气味尖酸而带甜，入口柔和，过量则涩；丁酸有窖泥香且带微甜，有些质量低的泸香型酒中含丁酸过多，臭气较突出，只有在丁酸含量稀薄的情况下，并与其他香味物质协调，才有可能形成香气和香味成分；己酸似窖泥味且带辣味，浓香型酒中含有一定量的己酸，但如过量则有脂肪臭；辛酸以及碳链更长的脂肪酸呈油臭，但含量不高。

在挥发性较强的酸中，从丙酸开始有异臭出现，丁酸过浓呈汗臭味，戊酸、己酸、庚酸有强烈的汗臭；但这种气味随着碳原子的增加而逐渐减弱，辛酸的臭味很少，反呈弱香。8个碳原子以上的酸，其酸气较淡，并且有微脂肪气味。

挥发性较弱的酸有乳酸、苹果酸、葡萄糖酸、酒石酸、柠檬酸、琥珀酸等。乳酸比较柔和，香气微弱而使酒质醇和、浓厚，它给白酒带来良好的气味，但过量则带来涩味；琥珀酸调和酒味，且有利于酒体丰满、醇厚；柠檬酸、酒石酸酸味长，且使酒爽口，但过量则刺口。总之，这些挥发性较弱的有机酸在酒中起到调味解暴作用，只要比例适当，则使人饮后感到清爽利口，醇和软绵；若含量过高，则酸味重，刺舌。

有机酸具有烃基（如—CH₃或—CH₂CH₃）和羧基（—COOH），因而能和多种成分亲和。酸和醇的亲和性强，能形成酯，增加酒香，减少酒的刺激性，起着缓冲、平衡的作用，使酒质醇和。碳原子少的有机酸，含量少可以助香，是重要的助香物质；碳原子较多的酸，或不发挥性的酸，在酒中起调味解暴作用，是重要的调味物质。一般白酒中有机酸含量应在1g/L左右。

白酒中有机酸单体风味特征如表3-1所示。

表 3-1　各种有机酸的风味特征

| 有机酸 | 结构式 | 沸点/℃ | 呈味特征 |
| --- | --- | --- | --- |
| 甲酸 | HCOOH | 100.8 | 闻有酸味,进口有刺激感和涩味 |
| 乙酸 | CH₃COOH | 118 | 酸味,爽口带甜,闻有刺激感 |
| 丙酸 | CH₃CH₂COOH | 140.7 | 闻有酸味,进口柔和微涩 |
| 丁酸 | CH₃(CH₂)₂COOH | 163.5 | 轻度黄,有油臭味,似大曲酒的糟子气味和窖泥味 |
| 戊酸 | CH₃(CH₂)₃COOH | 187 | 脂肪臭,似丁酸气味 |
| 己酸 | CH₃(CH₂)₄COOH | 205 | 似大曲酒气味,柔和带甜,过量有强烈的脂肪臭,有刺激感 |
| 庚酸 | CH₃(CH₂)₅COOH | 233 | 强烈脂肪臭,有刺激感 |
| 辛酸 | CH₃(CH₂)₆COOH | 237.5 | 脂肪臭,微有刺激感,放置后浑浊 |
| 十二酸(月桂酸) | CH₃(CH₂)₁₀COOH | 285 | 月桂油气味,爽口微甜,放置后浑浊 |
| 乳酸 | CH₃CHOHCOOH | 190 | 馊味,微酸涩味,过量有浓厚感,过量发涩 |
| 琥珀酸 | HOOCCH₂CH₂COOH | 180 | 调和酒味,且利酒体,酸涩味,鲜味 |
| 柠檬酸 | (CH₂COOH)₂C(OH)COOH | 133 | 似柑橘香味,酸味,爽口,酒中含量甚微 |
| 油酸 | C₁₇H₃₃COOH | 223 | 有酸败气味 |
| 亚油酸 | C₁₇H₃₁COOH | 100(熔) | 似大豆油、棉籽油气味 |
| 肉桂酸 | C₆H₅CH＝CHCOOH | 300 | 几乎无气味,有辣味,后变成甜味和杏子味 |

**2. 酸与酒质的关系**

酒中各种有机酸的含量多少和适当的比例关系，是构成不同类型白酒的重要组成成分，现将各类型白酒主要含酸量列于表3-2，供参考。

从表3-2可以看出，总酸的含量以酱香型（茅台酒）为最高，达到294.5mg/100mL，构成总酸的主要成分为乙酸、乳酸、己酸、丁酸和氨基酸，占总酸的94.3%。茅台酒特别突出的酸是氨基酸的含量，为18.9mg/100mL，居各香型白酒之冠，且以乙酸、乳酸所占比重最大，这也是酱香型酒酸类物质的突出特征。浓香型白酒中的泸州特曲，含酸总量在212.8mg/100mL，构成总酸的主要成分为己酸、乙酸、乳酸、丁酸，占总酸的94%。其特点是己酸的含量居各香型之冠，占其总酸含量的39.52%，其次为乙酸和乳酸。清香型中的汾酒含酸量较低，仅128.4mg/100mL，以乙酸、乳酸为主，其中乙酸占总酸的73.48%。在表3-2所列各种酸中，该酒乙酸占总酸百分比最高，这也是汾酒的独特之处。米香型的三花酒含酸量低，为120.3mg/100mL，以乳酸、乙酸为主，其中乳酸占总酸的81.38%。

表 3-2  不同类型的白酒主要含酸量　　　　　单位：mg/100mL

| 酸 | 茅台酒 | 泸州特曲 | 全兴大曲 | 汾酒 | 西凤酒 | 董酒 | 古井贡酒 | 三花酒 |
|---|---|---|---|---|---|---|---|---|
| 甲酸 | 6.9 | 3.1 | 1.5 | 1.8 | 1.6 | 6.7 | 1.7 | 0.4 |
| 乙酸 | 111.0 | 64.1 | 37.0 | 94.5 | 36.1 | 119.4 | 33.6 | 21.5 |
| 丙酸 | 5.1 | 5 | 0.5 | 0.6 | 3.6 | 14.5 | 1.1 | — |
| 丁酸 | 20.3 | 12.0 | 0.7 | 0.9 | 7.2 | 49.1 | 7.4 | 0.2 |
| 戊酸 | 4.0 | 0.8 | 0.03 | 0.1 | 1.9 | — | 1.0 | 0.3 |
| 己酸 | 21.8 | 82.8 | 3.7 | 0.2 | 7.2 | 21.2 | 20.4 | — |
| 庚酸 | 0.6 | | 0.4 | | 0.1 | | — | — |
| 辛酸 | 0.2 | — | — | — | 0.3 | | — | — |
| 乳酸 | 105.7 | 37.8 | 23.2 | 28.4 | 0.8 | 8.5 | 17.4 | 97.9 |
| 氨基酸 | 18.9 | 7.2 | — | 2.1 | — | — | — | — |
| 总计 | 294.5 | 212.8 | 67.03 | 128.4 | 58.8 | 219.4 | 82.6 | 120.3 |

该酒乳酸占总酸的百分比最高，而且除乳酸、乙酸外，其他有机酸物质种类少，含量也少，仅占总酸的 1%，这是米香型白酒的特征。董酒含酸量较多，为219.4mg/100mL，以乙酸、丁酸、己酸、丙酸为主，此四酸之和占总酸93.07%。以绝对值来说，乙酸 119.4mg/100mL，丁酸 49.1mg/100mL，丙酸 14.5mg/100mL，分别居各香型白酒该酸之冠；以相对值来说，丁酸占总酸的 22.38%，丙酸占总酸的 6.61%，这些特征是构成董酒的香味与众不同的原因。

从表 3-3 不难看出，乙酸、乳酸、己酸在各种香型白酒的总酸中所占比例高，是各种酒的重要有机酸，但它们在各种香型白酒中的含量都有着明显的区别，并与"酯"的含量相对应。因此，可以将乙酸、乳酸、己酸看成是构成白酒的有机酸的"骨架"，其也是决定酒的香型、风格的基础因素之一。

表 3-3  不同香型白酒主要酸在总酸中的含量　　　　　单位：%

| 有机酸 | 酱香型 | 浓香型 | 清香型 | 米香型 | 其他香型 |
| | 茅台酒 | 泸州特曲 | 汾酒 | 三花酒 | 董酒 |
|---|---|---|---|---|---|
| 甲酸 | 2.34 | 1.50 | 1.40 | 0.33 | 2.05 |
| 乙酸 | 37.6 | 30.69 | 73.48 | 17.87 | 54.42 |
| 丙酸 | 9.73 | 0.24 | 0.47 | | 6.61 |
| 丁酸 | 6.89 | 5.73 | 0.70 | 0.17 | 22.38 |
| 戊酸 | 1.36 | 0.86 | 0.08 | 0.25 | |
| 己酸 | 7.40 | 39.52 | 0.16 | | 9.68 |
| 庚酸 | 0.20 | | | | |
| 辛酸 | 0.07 | | | | |
| 乳酸 | 35.85 | 18.04 | 22.08 | 81.38 | 3.87 |
| 氨基酸 | 6.42 | 3.44 | 1.63 | | |

普通固态白酒含酸量较少，一般在 45～100mg/100mL；优质固态白酒含酸量较高，在 100mg/100mL 以上。液态法白酒含酸量少，为 22～60mg/100mL，且酸的品种也少，这些是在勾兑调味时应引起注意的地方。

## 二、酯类

酯类是有机酸与醇作用，分子间脱去水分子而生成的化合物：

$$RCOOH + HOR' \longrightarrow RCOOR' + H_2O$$

因此，酯类的分子可用通式 $RCOOR'$ 来表示。

低级酯类是无色而具有各种果香的液体，水果中的香味正是由于有酯类存在的缘故。高级酯是蜡状固体。酯的沸点比同分子量的酸低，相对密度小于1，难溶于水，易溶于有机溶剂。

### 1. 酯类在酒中的作用

白酒中所含的各种酯类是白酒的主要香味成分。白酒中的酯类是由脂肪醇和有机酸形成的，是在发酵过程中经酯化酶催化产生。另外，在蒸馏和储存过程中也能通过化学反应（酯化反应）而生成。

乙醇是发酵酒中的主要成分，所以酒中乙醇的浓度始终大于酸，因此，酯化作用中生成的酯的浓度在相当程度上主要取决于白酒中有机酸的浓度。同时，乙酯必须是白酒中的主体成分。实践表明，有何种酸，则应存在与其相对应的乙酯。故蒸馏白酒中脂肪酸乙酯在数量上和品种上都很丰富。

酵母酯酶对乙酸乙酯的合成能力最强，各类型的白酒，乙酸乙酯在总酯中的百分比都占优势。即使是以己酸乙酯为主体的浓香型白酒，其乙酸乙酯的含量也很高。故白酒中酯的常规分析结果都是以乙酸乙酯来表示。

白酒中的酯类都具有令人愉悦的香气，一般优质酒总酯的含量都高，为 200～500mg/100mL。己酸乙酯、乳酸乙酯、乙酸乙酯是白酒中的三大酯类，其含量的变化，对酒的风味有决定性的影响。乙酸乙酯浓时呈苹果香、香蕉香，稀时呈梨和菠萝香。己酸乙酯浓时呈辣味和臭味，稀时似菠萝香，白酒具特殊窖味，味甜爽口，有令人愉快的气味，赋予浓香型曲酒香味。乳酸乙酯具有香不露头的特征，对酒的口味有浓厚感，但含量过多时，则呈青草味、涩苦味。另外，还有一主体呈香成分是丁酸乙酯，浓时呈不愉快的汗臭味，稀时呈朗姆酒香，是酒中老窖香气组成成分之一，但含量不宜过多，否则会带来脂肪臭味。

酯类的单体香味成分呈现出的气味强弱因其结构式中含碳原子数的多少而不同：含 1～2 个碳原子的香气弱，且持续时间短；含 3～5 个碳原子的具有脂肪臭，酒中含量不宜过多；6～12 个碳原子的香气浓，持续时间长；13 个碳原子以上的酯类几乎没有香气。现将酯类各单体的呈香呈味作用列于表 3-4。

### 2. 酯与酒质的关系

酒中各种酯的含量和适当的比例关系是不同香型名酒的风格形成的关键。现将名酒的含酯量列于表 3-5。

表 3-4　白酒中单体酯的呈香呈味作用

| 名称 | 分子式 | 沸点/℃ | 风味特征 |
|---|---|---|---|
| 甲酸乙酯 | $HCOOCH_2CH_3$ | 64.3 | 似桃香,味辣有涩味 |
| 乙酸乙酯 | $CH_3COOCH_2CH_3$ | 77 | 香蕉、苹果味,味辣带涩 |
| 乙酸异戊酯 | $CH_3COO(CH_2)_2CH(CH_3)_2$ | 142 | 似梨香、苹果香、香蕉香 |
| 丙酸乙酯 | $CH_3CH_2COOC_2H_5$ | 99 | 菠萝香,似芝麻香,味微涩 |
| 丁酸乙酯 | $CH_3(CH_2)_2COOC_2H_5$ | 120 | 菠萝香,有窖泥曲酒香,适量爽口,过量有脂肪臭味 |
| 丁酸异戊酯 | $CH_3(CH_2)_2COO(CH_2)_2CH(CH_3)_2$ | 178.5 | 似菠萝香味 |
| 戊酸乙酯 | $CH_3(CH_2)_3COOC_2H_5$ | 145 | 似菠萝香,味浓刺口,日本称"吟酿香" |
| 壬酸乙酯 | $CH_3(CH_2)_7COOC_2H_5$ | 187 | 水果味,芳香带甜 |
| 癸酸乙酯 | $CH_3(CH_2)_8COOC_2H_5$ | 206 | 似玫瑰香,冲鼻脂肪酸味带甜,放置后浑浊 |
| 乳酸乙酯 | $CH_3CH(OH)COOC_2H_5$ | 153 | 香弱,味微甜,适量有浓厚感,多则带苦涩味 |
| 月桂酸乙酯 | $CH_3(CH_2)_{10}COOC_2H_5$ | 269 | 月桂油香,强烈的果实味,带油珠状,放置后浑浊 |
| 肉豆蔻酸乙酯 | $CH_3(CH_2)_{12}COOC_2H_5$ | 295 | 似芹菜味或黄油味 |
| 棕榈酸乙酯 | $CH_3(CH_2)_4COOC_2H_5$ | 185.5 | 无香或油臭,脂肪酸味 |
| 油酸乙酯 | $C_{17}H_{33}COOC_2H_5$ | 205 | 香甜味或油臭,脂肪酸臭 |

表 3-5　名酒中主要酯含量　　　　　　　　单位：mg/100mL

| 名称 | 酱香型 | 浓香型 | | 清香型 | 凤香型 | 药香型 | 米香型 |
|---|---|---|---|---|---|---|---|
| | 茅台酒 | 泸州特曲 | 五粮液 | 汾酒 | 西凤酒 | 董酒 | 三花酒 |
| 甲酸乙酯 | 21.2 | 11.1 | 17.06 | 5.8 | 2.0 | 1.5 | |
| 乙酸乙酯 | 147 | 170.6 | 153 | 305.9 | 122 | 26 | 20.9 |
| 丁酸乙酯 | 26.1 | 23.8 | 27.5 | 3.9 | 15.2 | | |
| 戊酸乙酯 | 5.3 | 5.4 | 6.0 | 3.9 | | | |
| 乙酸异戊酯 | 2.5 | 4.7 | 3.1 | | | | |
| 己酸乙酯 | 42.5 | 254 | 221.4 | 2.2 | 23 | 171.5 | |
| 庚酸乙酯 | 0.5 | 4.2 | | | | | |
| 辛酸乙酯 | 1.2 | 2.1 | 4.4 | 0.5 | | | |
| 乳酸乙酯 | 137.8 | 165 | 161 | 261.6 | 42.6 | 96.1 | 99.5 |
| 丙酸乙酯 | 384 | 39.6 | | | | | |
| 合计 | 442.9 | 680.5 | 631.3 | 583.8 | 304.2 | 295.1 | 120.4 |

　　各类、各香型的酒的酯类含量有较大的差异。名优酒、芳香白酒的含酯量都比较高,在 200～600mg/100mL,一般大曲酒在 200～300mg/100mL,普通白酒在 100mg/100mL 左右,液态法白酒在 40～100mg/100mL。

　　从表 3-5 可以看出,酒总酯含量以浓香型白酒为最高,达 600mg/100mL 以上,依次递减为清香型、酱香型、凤香型、药香型，最低为米香型，约120mg/mL。

己酸乙酯以浓香型含量最高，一般在200mg/100mL左右，占该型酒中总酯的40%以上，而且己酸乙酯的香味界限值低，是浓香型酒的主体香。董酒己酸乙酯在总酯中所占的比例虽高，为54.58%，但其绝对量不如浓香型酒高，只有171.5mg/100mL。酱香型酒中若己酸乙酯太多则有偏格之势。米香型酒基本上不含有己酸乙酯。从以上的分析可以看出，各香型酒己酸乙酯的含量差异悬殊，其含量多少对香型的区分、风格的突出起着重要的作用。

清香型白酒以乙酸乙酯含量最高，汾酒中达305.9mg/100mL，占汾酒总酯的53.15%，是清香型白酒的特征，以它为主体的酯类构成该型酒香型和风格的物质基础。其次是酱香型、浓香型，含乙酸乙酯在100～170mg/100mL，占各自总酯百分比的20%～38%；米香型含乙酸乙酯较低，只有20.9mg/100mL，占总酯的百分比为17%；药香型的董酒，乙酸乙酯含量为26mg/100mL，占总酯的8%。乙酸乙酯在一般白酒中的含量为50mg/100mL左右。

乳酸乙酯在酒中的含量主要有以下三大特点：

第一，5种香型酒含乳酸乙酯的量相差不悬殊，区间值一般不超过2倍。清香型酒的乳酸乙酯含量最高，达261.6mg/100mL，其他香型含量则多在100～200mg/100mL，西凤酒的含量最低。

第二，在浓香型酒中，乳酸乙酯的含量必须小于己酸乙酯的含量，否则会影响酒的风格。在酱香型酒中，乳酸乙酯的含量必须大于己酸乙酯的含量，却小于乙酸乙酯的含量。在清香型酒中，乳酸乙酯含量必须大于己酸乙酯的含量，但小于乙酸乙酯的含量，并且以差距较大者为好。米香型的三花酒，乳酸乙酯的含量与一般香型酒差不多，约100mg/100mL，但此酒酯类品种较少，乳酸乙酯占总酯百分比的82.64%，这是米香型酒的突出特点。董酒乳酸乙酯的含量小于己酸乙酯，而大于乙酸乙酯，这是与浓香型、酱香型、清香型白酒所不同之处。

第三，乳酸乙酯在白酒中含量较多，在呈香呈味过程中是构成白酒风味的重要成分。由于它的不挥发性并具烃基和羧基，能和多种成分发生亲和作用，它与乙酸乙酯共同形成老白干酒典型的特殊香味。

乳酸乙酯的含量，在优质白酒中为100～200mg/100mL，一般白酒为50mg/100mL左右。乳酸乙酯对保持酒体的完整性作用很大，过少酒体不完整，过多则会造成主体香不突出。

丁酸乙酯在酒中的含量比上述几种酯都少，在浓香型、酱香型、其他香型酒中含量在13～27mg/100mL，清香型的汾酒中含量极微、药香型的董酒、米香型的三花酒中基本上未检出丁酸乙酯的含量。丁酸乙酯的特殊功能，对形成浓香型酒的风味具有重要的作用，它的含量为己酸乙酯的1/10～1/15，在此范围内可使酒香浓郁，酒体丰满。若丁酸乙酯过少，香味"喷"不起来，过多则发生臭味。浓香型酒4种酯的量比关系，应该是：己酸乙酯＞乳酸乙酯＞乙酸乙酯＞丁酸乙酯，这样的酒酒质较好。若乳酸乙酯占主要地位，则酒呈涩苦味。

戊酸乙酯在酒中含量较少，在浓香型、酱香型、清香型酒中存在，含量为3.5～6mg/100mL。乙酸异戊酯在浓香型、酱香型中含有，含量为2.5～4.7mg/100mL。在感官品评时，它们具有优雅的香气，对浓香型酒的"窖香浓郁"、口味谐调有着重要作用。庚酸乙酯、辛酸乙酯在有的香型酒中存在，它们可使酯类中乙酸乙酯、乳酸乙酯、己酸乙酯为骨架而形成"酒体"的基础更加丰满、细腻，从而构成酒的各自风格，具有各自独特的典型性。

将各型酒中主要酯类占总酯的百分比列于表 3-6。

表 3-6　不同香型白酒主要酯类占总酯含量的比例　　　单位:％

| 酯类＼香型 | 酱香型 | 浓香型 | | 清香型 | 米香型 | 药香型 |
| --- | --- | --- | --- | --- | --- | --- |
| | 茅台酒 | 泸州特曲 | 五粮液 | 汾酒 | 三花酒 | 董酒 |
| 甲酸乙酯 | 5.52 | 1.76 | 1.56 | 1.01 | | 0.48 |
| 乙酸乙酯 | 38.28 | 20.74 | 20.74 | 53.15 | 17.36 | 8.27 |
| 丁酸乙酯 | 6.80 | 2.19 | 5.05 | | | 4.84 |
| 戊酸乙酯 | 1.38 | 0.86 | 1.10 | | | 1.24 |
| 乙酸异戊酯 | 0.65 | 0.74 | 0.57 | 0.38 | | |
| 己酸乙酯 | 11.04 | 40.26 | 40.63 | | | 54.68 |
| 庚酸乙酯 | 0.13 | 0.07 | 0.81 | | | |
| 辛酸乙酯 | 0.31 | 0.33 | | | | |
| 乳酸乙酯 | 35.89 | 26.15 | 29.54 | 45.46 | 82.64 | 30.59 |

# 三、醇类

白酒中的醇类，除乙醇外，还有甲醇、丙醇、仲丁醇、异丁醇、正丁醇、异戊醇、正戊醇、己醇、庚醇、辛醇、丙三醇、2,3-丁二醇等。

本节主要探讨除乙醇以外的醇类。从分子结构看，按照分子中所含羟基（—OH）的数量可分为一元醇、二元醇、三元醇等。根据醇分子中所含烃基是否饱和，又可分为饱和醇与不饱和醇两类。

酒的微量成分以饱和一元醇为最多，其通式是 $C_nH_{2n+1}OH$，或简写为 ROH。低级醇、高级醇为无色液体，自十二醇（即月桂醇）开始为固体。一些分子量比乙醇大的（即碳链中碳原子数大于2）的醇类，称为高级醇。对于蒸馏酒来说，高级醇是一些"非酒精"成分，在酒精工业中，高级醇被看成杂质。高级醇主要为异戊醇、异丁醇、正丁醇、正丙醇，其次为仲丁醇和正戊醇。其中主要是异丁醇和异戊醇，在水溶液中呈油状物，故又称杂醇油。

高级醇在酒中的作用:

白酒中含少量的高级醇可赋予酒特殊的香味，并有衬托酯香的作用，使香气更加完美。所以，它既是芳香成分又是呈味物质。高级醇大多数似酒精气味，持续时间长，有后劲，其含量多少和各种醇之间的比例，对白酒的风味有重要的影响。

高级醇中除了异戊醇微甜外，其余的醇都是苦的，有的苦味重而且长，因此它们的含量必须控制在一定范围之内。含量过少会失去传统的白酒风格；过多则会导致辛辣苦涩，给酒带来不良影响，而且喝后易上头，容易醉。高级醇含量高的酒，常给人带来难以忍受的苦涩怪味，即所谓"杂醇油"味。

# 第四章　白酒的勾兑

白酒成分十分复杂，其中乙醇和水占白酒总量的 $98\%\sim99\%$ ，另 $1\%\sim2\%$ 由多种微量成分组成。现已知的微量成分有 350 多种，能够用常规仪器进行定量分析的不过 60 余种。酒中各种微量成分的含量与量比关系，以及微量成分与酒的常量成分（水和乙醇）的缔合紧密程度，决定了酒质的好坏。因此，白酒生产过程中必须经过一道关键工序——勾兑，它是白酒生产过程中不可缺少的重要环节。

## 第一节　概　　述

### 一、勾兑的定义

勾兑从字面上讲就是掺兑的意思，也有人叫调配、组合、扯兑。引申到酿酒行业，就是把具有不同风格特点、不同储存时期、不同发酵周期的酒，采用物理方法，按恰当的比例相互掺和，使之相互取长补短，协调平衡，改善酒质，在色、香、味、格诸方面均达到既定酒样的质量。通俗的说法就是按一定的比例掺兑在一起，以保持酒的质量稳定，形成符合标准的成品酒。勾兑是曲酒生产工艺中的一个重要环节，对于稳定和提高曲酒质量以及提高名优酒率均有明显的作用。现代化的勾兑是先进行酒体设计，按统一标准和质量要求进行检验，最后按设计要求和质量标准对微量香味成分进行综合平衡的技术。

在白酒生产过程中，由于发酵条件、操作水平、蒸馏方式等因素的影响，使酿出的白酒质量有不同程度的波动，即使是同一个窖池、同一个班组的相同操作，其入池时的各种工艺参数也不可能完全一致，所以每一甑、每一窖白酒的质量都有着不同程度的差别，这就需要量质摘酒，分级储存，通过"勾兑"工艺，最大限度地消除质量差别，使成品酒保持统一的质量、风格。

酒的勾兑，既是一门技术，也是一门艺术。将不同类型的酒，通过勾兑调配成统一风格的酒。即将同一香型而具有不同特点的白酒，将储存期不同、老熟程度不同的白酒，通过勾兑使之优势互补，取长补短，达到统一标准、统一酒质，使出厂酒长期保持相对稳定的质量，以赢得消费者的青睐。然而产品香型不同，勾兑技术亦不相同，各厂都有自己的一套标准和勾兑方法。所以，勾兑技术不能用同一模式生搬硬套。

## 二、勾兑的原理

白酒的勾兑，讲究的是以酒调酒：一是以初步满足该产品风格、质量的原酒为前提组合好基础酒；二是针对基础酒中尚存的不足进行完善调味。前者是画龙，是成型；后者是点睛，是美化。成型得体，美化就容易些，其技术性和艺术性均在其中。

勾兑的主要原理就是根据酒中各种微量香味成分含量的多少与它们相互之间的比例平衡，使各微量香味成分的分子重新排列组合，相互补充，协调平衡，烘托出标准酒的香气，形成独特的风格特点，从而体现出与设计相吻合的标准酒样。

勾兑实际上就是一个取长补短的生产工艺，它把不同车间、班组、窖池和甑次等生产出来的酒通过品评、化验，找出其内在规律，进而配制出符合本企业产品质量标准的成品，以满足广大消费者的需求。

我们知道，酒中含有醇、酯、酸、醛、酚等微量成分，不同香型的酒各成分含量多少及其量比关系各异，从而构成了各种酒的香型和风格。但是，同香型的不同风格的酒，不是一生产出来就具备了所需要的微量成分及比例。实际上，车间生产出来的每一坛合格酒所含的微量成分，有的可能某种成分多一点，有的可能另一种成分多一点，或者某些成分还未能达到所需要的量，也可能某些成分根本没有。因此，只有通过勾兑才能统一酒质、标准，使每批出厂的酒，做到质量基本一致，使具有不同特点的基础酒统一在一个质量标准上，也就是"弥补缺陷，发扬长处，取长补短"，使酒质更加完美。

## 三、原酒的分级

原酒是指从车间生产出来未经加浆和鉴定分级的酒。原酒验收的质量标准首先是香气正、口味净，另外还应具备浓、香、爽、甜、风格等特点。对一些有缺陷的酒也应区别对待，如果某一方面的特点突出，也可以作为合格酒。

## 四、合格酒分类

合格酒是经理化分析和感官鉴定符合某一等级质量标准的原酒。根据浓香合格酒主要微量成分的量比关系，可以大体分成 7 类：

① 己酸乙酯＞乳酸乙酯＞乙酸乙酯，这种酒的浓香好，味醇甜，典型性强。

② 己酸乙酯＞乙酸乙酯＞乳酸乙酯，这种酒的喷香好，清爽醇净、舒畅。

③ 乳酸乙酯≥乙酸乙酯＞己酸乙酯，这种酒会出现闷甜，香味短淡。

④ 丁酸乙酯≥戊酸乙酯（戊酸乙酯含量达到 $25\sim50\mathrm{mg}/100\mathrm{mL}$），这样的酒，有陈味和类似中药的味道。

⑤ 乙缩醛＞乙醛（乙缩醛＞$100\mathrm{mg}/100\mathrm{mL}$），这样的酒异香突出，带馊香味。

⑥ 丁酸＞己酸≥乙酸≥乳酸。

⑦ 己酸＞乙酸≥乳酸。

按这些标准验收合格酒，对原酒进行恰当归类，再根据设计组合基础酒，这样就能提高名优酒的合格率。

## 五、确定基础酒的质量特点

基础酒是经过勾兑后，符合某种质量标准，初步具备某一级别应有特色的酒。

基础酒的质量风格的确定，首先要求各企业通过多种渠道掌握不同地区消费者的需求，了解他们对现有产品的看法，以及对改进产品质量的意见；其次是充分发挥专业科研人员的作用，鼓励他们搞专业创新；再次是倾听广大职工，特别是销售人员的意见和建议，让广大职工来参与产品质量创新。

目前白酒的消费趋势有这样的变化：一是从注重香逐步转变到重视味；二是从注意浓郁、醇香、丰满转变到重视淡雅、清爽、舒适。各企业要根据自己的生产特点、面向的消费群体，加强对酒体风味变化趋势的把握，从而从生产到勾兑，适应市场需求。

# 第二节　勾兑的方法

要想掌握如何对若干坛风格、质量不尽一致的酒进行合理搭配，就要研究和运用各种酒的特点，并遵循它们之间的搭配原则。

## 一、勾兑的前提

### 1. 分层蒸馏

蒸馏是把好出厂酒质量的第一关，是储存和勾兑的重要基础。

窖内各层糟醅间，因温度、压力、含氧量、酸度等的不同，蒸出酒的香味成分含量也不尽相同。例如第一、二甑酒较净，中、下层香浓而糟香味大，所以要分层蒸馏。

### 2. 按质摘酒

甑可以看作是填料塔，它具有独特的优点。用甑桶蒸馏时，前馏分酒精浓度高，低沸点物质多，醛、酯类多，香大于味。中馏酒比较纯净，是很好的基础酒。随着酒度的下降和温度的提高，后馏分中水溶性及高沸点物质增多，味长、味杂。因而要按不同馏分、不同质量，边尝边接酒，并将各类型酒分别入库，分别储存，为勾兑创造条件。

### 3. 分类入库

如不能将不同类别的酒分类入库、单独存放，就必然形成自然勾兑。只有分类入库、分别储存，勾兑时方能有足够丰富的原材料选用，真正发挥勾调人员的才能。

## 二、勾兑原则

### 1. 注重各种糟醅酒之间的搭配

糟醅酒即分层起糟、分别蒸馏得到的酒，又分丢糟酒、粮糟酒、双轮底酒等。

各种糟醅生产的酒有各自的特点，不同甑次蒸馏出的酒具有不同的香和味。如粮糟酒浓厚感好、甜味重、香较淡，红糟酒香味好、醇甜差、味较燥，将它们按适当的比例混合，才能使酒质全面、风格突出，否则酒味就会不谐调。一般组合的比例是双轮底酒10％～15％，粮糟酒60％～65％，红糟酒15％～20％，丢糟酒5％左右。这仅是一个大概比例，具体配比应在实践中确定。

**2. 注重老酒和一般酒的搭配**

储存时间长的酒（2年以上）具有醇和、绵软、陈味好的特点，但香味较淡，储存期短的（半年左右）酒口感较燥，但香味较浓。两者适当搭配，可以使酒质全面。一般来说，老酒占20％～30％，一般酒占70％～80％左右较为合适。

**3. 老窖酒与新窖酒的搭配**

由于人工老窖的创新与发展，有些新窖也能产优质合格酒，但与老窖相比此类酒味较淡薄；老窖酒则香气浓郁，味醇正。如果用老窖酒来带新窖酒，既可以提高质量，又可以提高产量。在勾兑优质酒时可适当添加部分新窖酒，一般占20％～30％；如果勾兑一般中档酒则老窖酒占20％～30％。

**4. 注意不同季节所产酒的搭配**

由于一年中气温变化幅度较大，粮糟入窖温度也有较大差异，发酵条件不同，所以产出的酒质也不一致。夏季所产酒香味浓，但味杂；而冬季所产酒香味淡，较清雅，绵甜度好，故而不同季节所产酒搭配合理也对酒质产生较大影响。

**5. 不同发酵期所产酒的搭配**

发酵期的长短与酒质有着密切关系。发酵期长的酒，香浓，味醇厚；发酵期短的酒，闻香大，挥发性香味物质多，醇厚感差。若两者搭配合理，既可以提升酒的香气，又能使酒有一定的醇厚感。一般发酵期短的酒用量为5％～10％较为合适。

# 三、勾兑步骤

## （一）选酒

在勾兑前，必须根据设计要求选择相适应的合格酒。除按勾兑原则挑选使用酒外，为进一步提高合格酒的利用率，实现效益的最大化，还可将各等级酒分为带酒、大宗酒和搭酒三类进行使用：

（1）带酒是指具有某种特殊香味的酒，主要是指部分精华酒；

（2）大宗酒是指无独特香味的一般酒，香醇、尾净，也初步具备风格；

（3）搭酒是指有一定可取之处，但香差味杂的酒。

## （二）小样勾兑

在经过选酒过程后，对各种酒基的感官特征（香气和口味）及它们的主要理化参数有了进一步的了解。接下来的工作就是通过试样试验，确定各种酒基之间的最佳搭配比例，这就是小样勾兑工作。在进行大批量勾兑之前进行小样试验，一方面便于修改，确定最佳配方；另一方面，也可以避免因大批量勾兑失败而造成损失。

小样勾兑过程中应注意以下几点：

（1）在保证基础酒（勾兑后的酒）质量档次的前提下，尽可能考虑成本因素，使选用的酒基成本与最终产品的质量档次相对应。

（2）参考酒基的理化分析数据，尽可能使酒基之间的配比最终达到设计的理化参数指标。

（3）尽可能避免使用带有损害最终基础酒香气或口味的酒基。若要选用，应该进行预处理，合格后方能使用。

（4）小样勾兑应该准确。勾兑过程中，应仔细、认真、全面地记录香气和口味变化，以便找出酒基的添加量和变化关系。

（5）应尽可能地做出几种明显不同风味的小样勾兑样品，以便从中找出最佳样品。

小样勾兑的方法多种多样，现介绍如下几种方法：

**1. 数字组合法**

该方法要求首先确定组合酒的香型以及类型，因香型不同，其微量成分的比例不同，即使是同一香型、不同类型的酒，在微量成分量比关系上也存在一定的差异。故首先要确定香型和类型，或分析出本厂定型、畅销产品的有关数据，以此作为参照依据。其次是分析各罐原酒的色谱骨架成分，这是进行数字组合的基础，再根据数字原理进行数据组合。

$$\alpha = \sum \alpha \times \frac{W}{\sum W}$$

式中，$\alpha$ 表示组合成功酒样微量成分含量，mg/100mL；$\sum \alpha$ 表示罐酒微量成分含量，mg/100mL；$W$ 表示组合取各罐酒的数量，kg；$\sum W$ 表示组合取各罐酒的数量之和。

**2. 逐步添加法**

第一步，大宗酒的掺兑。将选出的大宗酒，每一缸约取 500mL（在缸内搅动后取样），装入瓶子里，贴上标签，标明缸号、酒的重量，从库房移入勾兑调味室。然后，以每缸酒的重量的 1/5000 的量倒入大烧杯内，即 250kg 缸的倒 50mL，225kg 缸的倒 45mL，200kg 缸的倒 40mL，掺兑到一起，经充分搅拌均匀后，尝评其香味，确定是否合格。合格后再进行下一步；若不合格，则研究不合格的原因，再个别调整大宗酒的比例，或增减大宗酒，甚至加入部分带酒等，再行掺兑、尝评鉴定。抑或重新选酒，反复进行，直到合格为止。

第二步，试加搭酒。在已经合格的大宗酒中，按 1% 左右的比例，逐渐添加搭酒，边添加，边尝评。根据尝评的结果，测定搭酒的性质是否适合，以及确定添加量的多少。若此搭酒的性质不合，则另选搭酒，或不用搭酒。搭酒有时不但没有不良影响，反而可收到良好的效果。只要没有不良影响，搭酒可尽量多加，这也是勾兑的主要目的之一。

第三步，添加带酒。对已经加过搭酒的大宗酒，并认为合格的，根据尝试结果情况，确定添加不同香味的带酒，按 3% 左右比例逐渐加入，边加边尝评，直到符合基础酒标准为止。根据尝评鉴定，测试带酒的性质是否适合，以及确定添加带酒的数量。这样可以在保证酒的质量的情况下，尽可能少加带酒，达到既能提高产品质量，又能节约好酒的目的。

第四步，勾兑验证检查。将勾兑好的基础酒，加浆到所需要酒度，一般为 52°~60°，进行尝评，若无大的变化，即完成小样试验勾兑。将勾兑好的酒样分装出两瓶，一瓶化验理化指标，另一瓶尝评，两者都合格后，即为小样合格基础酒。如两者之一有明显不合格，则应找出原因，继续进行调整，直到合格为止。

### 3. 等量对分法

该法是遵循等量对分原则，增减酒量，达到勾兑完善的一种方法。下面通过实例来说明等量对分原则：

例如，有 A、B、C、D 四坛酒，各自的数量和特点、缺陷如下：

A 酒：香味好，醇和感差，重量 250kg。

B 酒：醇香好，香味差，重量 200kg。

C 酒：风格好，稍有杂味，重量 225kg。

D 酒：醇香陈味好，香气稍差，重量 240kg。

第一步，以数量最少的 B 坛酒为基础，其他酒与之相比得到等量比例关系：即 A 酒（250/200）：B 酒（200/200）：C 酒（225/200）：D 酒（240/200）= 1.25：1：1.125：1.2。按此比例关系勾兑小样，即 A 酒 125mL，B 酒 100mL，C 酒 112.5mL，D 酒 120mL 混合均匀，之后品尝，结果是有杂味、香不足。有杂味，说明 C 酒过多，应减少 C 酒用量；香不足，说明香味好的 A 酒用量太少，应增加其用量。增加或减少的量应遵循对分原则。

第二步，按对分原则，减少 C 酒为 1.125/2≈0.56；增加 A 酒为 1.25＋（1.25/2）≈1.88。因此调整比例为：A 酒：B 酒：C 酒：D 酒 = 1.88：1：0.56：1.2，即 A 酒 188mL、B 酒 100mL、C 酒 56mL、D 酒 120mL。混合均匀之后品尝，品尝结果：杂味消失，但香气仍不足。说明带有杂味的 C 酒用量合适，而 A 酒用量仍然偏少，需要增大用量。

第三步，还是按对分原则增加 A 酒：即 1.88＋（1.25/2）≈2.51。再次调整比例为：A 酒：B 酒：C 酒：D 酒 = 2.51：1：0.56：1.20，即 A 酒 251mL、B 酒 100mL、C 酒 56mL、D 酒 120mL。混合均匀之后品尝，结果是香气浓郁，达到合格基础酒的要求，则可以进一步试验 A 酒能否减少到最适量。

第四步，按对分法减少 A 酒用量为 2.51－[(1.25/2)/2]≈2.20，即 A 酒：B 酒：C 酒：D 酒 = 2.20：1：0.56：1.20，小样组合为 A 酒 220mL、B 酒 100mL、C 酒 56mL、D 酒 120mL。混合均匀后品尝，如酒质基本完满，就可以不再组合。如仍有不理想之处，可按对分法再次调整，直到达到理想的最佳比例为止。

对于多坛，例如 5 坛以上，其组合方式有以下两种：

① 从多坛酒中首先选出香味特点突出的带酒和具有某种缺陷的搭酒，其他香

味基本相似的，作为主体酒，这样就可以采用逐步添加法进行组合，效果很好。

② 逐坛品尝，将香味相似的酒分为 4 个组，分别品尝出各组的香味特点，作好记录，然后采用等量对分法进行勾兑。该法虽步骤较烦琐，工作量较大，但组合的效果显著，易学易懂。

## （三）正式勾兑

经过小样勾兑，基本上确定了几个较为满意的样品，通过感官及理化评定后可确定最佳样品的配方。但由于小样勾兑时试样的量较小，放大后会因为微小的误差造成较大的偏差，因此，应该对确定的配方进行一次性的调配验证，并且在小样的基础上进一步扩大样品总量，通过扩大后的样品与小样试验进行对比、修正，直至满意为止。最后再对扩大样品进行感官和理化评定，若无较大出入，即可确定配方，进行批量勾兑。

正式勾兑也就是对小样勾兑的一个比例放大过程，大样勾兑一般都在容量 5000 千克左右的不锈钢桶内进行。在扩大勾兑样品的配方基础上，根据使用酒基的酒度、使用量和比例进行酒基的掺兑，将小样勾兑确定的大宗酒用酒泵打入不锈钢桶，搅拌均匀后，取样尝评，并从中取少量酒样，按小样勾兑的比例，加入搭酒和带酒，混合均匀，进行尝评。若与原小样合格基础酒无大的变化，即按小样勾兑比例，经换算扩大，将搭酒和带酒泵入酒桶，再加浆到需要的度数，搅拌均匀后，成为调味之基础酒。如香味发生了变化，可进行必要的调整，直到符合标准为止。

## （四）大批量勾兑

### 1. 大批量勾兑计算

① 容量比批量计算　如果小样勾兑试验时采用容量（如以毫升为单位）比配方，则可直接按容量比计算出批量勾兑的配比数量。

② 质量比批量计算　如果小样勾兑试验时采用质量（如以克为单位）比配方，则可批量换算为克或千克。例如前述 A 酒（2.20）：B 酒（1.00）：C 酒（0.56）：D 酒（1.20），那么批量勾兑时可取 A 酒 220kg、B 酒 100kg、C 酒 56kg、D 酒 120kg。

### 2. 批量勾兑方法

批量勾兑一般多采用不锈钢大罐，其容量大小可根据批量勾兑数量而定，如 20t 罐、50t 罐、100t 罐等。按小样勾兑所确定的比例，首先计量，然后用泵将基础酒（大宗酒）泵入大罐，并依次将搭酒和带酒分别泵入，经搅拌均匀后，静置备用。

### 3. 批量勾兑的验证

批量勾兑后，经搅拌均匀，取出少量，与小样勾兑试验的样品进行对照品评验证。经品评认为达到或基本达到小样勾兑的水平，方可算批量勾兑基本成功。批量勾兑完成的酒，成为初型合格酒（或称为基础酒）。此酒是调味的基础，其质量除理化指标全部合格外，口感应达到：香气浓郁醇正，香与味谐调，绵甜较醇和，余味较长，尾净。如有差异，应分析原因，进行必要的调整，使之达到初型酒的要求，方可进行正式调味。

## 四、勾兑过程中应注意的问题

勾兑是为了组合出合格的基础酒。基础酒质量的好坏，直接影响到调味工作的难易和产品质量的优劣。如果基础酒质量不好，就会增加调味的困难，并且增加调味酒的用量，既浪费精华酒，又容易发生异杂味和香味改变等不良现象，以致反复多次，始终调不出合格的成品酒。所以，勾兑是十分重要而又非常细致的工作，决不能粗心马虎。入选酒不当，就会因一坛之误，而影响几十吨酒的质量，造成难以挽回的损失。因此，勾兑时必须注意：

（1）人员应有高度的责任心和事业心　在实践中注意不断提高自己的勾兑技术水平；必须有较高的尝酒能力；对酒的风格、各种酒的香型、库房中每坛酒的特点等都要准确掌握；同时了解不同酒质的变化规律，才能够勾兑出好酒，勾兑出典型风格。

（2）要搞好小样勾兑　勾兑是细致而又复杂的工作。因为极其微量的成分都可能引起酒质的较大变化，因此要先进性小样勾兑，经品尝合格后，再大批量勾兑。

（3）把握各种酒的情况　每坛酒必须有健全的卡片，卡片上记有产酒日期、生产车间和质量级别、感官评语、酒度、重量等情况。勾兑时，应清楚了解各坛和各酒的上述情况，最好能结合色谱分析数据，以便科学地搞好勾兑工作。

（4）作好原始记录　不论小样勾兑还是正式勾兑都应作好原始记录，以提供研究分析数据。通过大量的实践，可从中找寻规律，有助于提高勾兑技术。

# 第三节　白酒勾兑过程计算

在白酒生产中计算出酒率时，均以酒度65%（体积分数）为准，一般白酒厂在交库验收时，采用一般粗略的计算方法，将实际酒度折算为65%（体积分数）后确定出酒率。在白酒生产中经常遇到用两种以上不同酒度的白酒进行勾兑成品酒，其中酒度的计算尤为重要。

另一方面，在低度白酒生产和白酒勾兑过程中，均涉及酒度的换算。

## 一、酒度的粗略计算

将白酒注入量筒中，仔细读取置入酒液中的酒精计的读数，再读取置入量筒中的白酒温度计读数，然后查以20℃为标准的白酒实际浓度和标准浓度换算表，以确定白酒的酒度。如果在操作现场没有换算表，可以采用下法简单计算：以20℃为标准，白酒温度高3℃，酒度减1°；白酒温度低3℃，酒度加1°。

**实例1：** 入库白酒测定酒度62%（体积分数），温度为23℃，则标准酒度为61%（体积分数）。

**实例2：** 入库白酒测定酒度59%（体积分数），温度为17℃，则标准酒度为60%（体积分数）。

应用上法测定 38%~60%（体积分数）的白酒，一般酒度误差在 0.2%（体积分数）左右。

## （一）体积分数计算法（粗略计算）

$$加浆量=\frac{原酒重量\times 原酒度}{要求酒度}-原酒重量$$

**例**：设有 600kg 65%（体积分数）的白酒，要求降度为 60%（体积分数），需加浆（水）多少？

$$加浆量=\frac{600\times 65}{60}-600=50kg$$

体积分数计算法的优点是不需要查表，只要知道原酒量和酒度即可计算，在计量设备不够精确的情况下，采用容量百分比的方法加浆不易过量，留有余地，所差酒度再加入少量水即可达到要求酒度。

## （二）质量分数计算法（准确计算）

$$加浆量=原酒量\times 重量折算率-原酒量$$

**例**：设有 600kg 65%（体积分数）的白酒，要求降度为 60%（体积分数），需加浆（水）多少？65%（体积分数）降度为 60%（体积分数）的重量折算率为 1.0972。

$$加浆量=600\times 1.0972-600=58.32(kg)$$

以上两种计算法的加浆量相差 8.32kg，这是因为白酒的密度的关系。重量折算率为 1.0972，容量折算率为 1.08333，相差 0.01387，两种计算法相差：$0.01387\times 600=8.322kg$。

## （三）原酒度调高计算

$$加高度酒量=\frac{（要求酒度-低度酒酒度）\times 原酒量}{高度酒酒度-要求酒度}$$

**例**：有 40%（体积分数）白酒 100L，用 95%（体积分数）食用酒精提高到 45%（体积分数），需酒精多少？

$$加食用酒精量=\frac{（45-40）\times 100}{95-45}=10(L)$$

## （四）高酒度和低酒度的相互换算

首先将高度酒和低度酒的体积分数换算成质量分数，然后计算折算率。

高度酒折算低度酒的折算率：

$$折算率=\frac{高度酒的质量分数}{低度酒的质量分数}$$

低度酒折算高度酒的折算率：

$$折算率=\frac{低度酒质量分数}{高度酒质量分数}$$

只要将原酒量乘以折算率，即为折算后的白酒重量。

## 二、不同酒度白酒的勾兑

（1）有两种不同度数的白酒，要求勾兑成一定数量和要求酒度的白酒，计算各需多少。

$$高度酒重量 = \frac{勾兑后酒重量 \times (勾兑后酒的质量分数 - 低度酒质量分数)}{高度酒质量分数 - 低度酒质量分数}$$

**例**：有 62%（体积分数）和 53%（体积分数）两种原酒，要勾兑成 100kg 60%（体积分数）的白酒，两种原酒各需多少？

查白酒体积分数和质量分数对照表：

62%（体积分数）⇒54.0937%（质量分数）

53%（体积分数）⇒45.2632%（质量分数）

60%（体积分数）⇒52.0879%（质量分数）

$$需 62\%（体积分数）酒重量 = \frac{100 \times (52.0879 - 45.2632)}{54.0937 - 45.2632} = 77.28(kg)$$

$$需 53\%（体积分数）酒重量 = 100 - 77.28 = 22.72(kg)$$

（2）两种不同酒度的白酒，按设计比例勾兑成一定酒度和一定重量的白酒，计算两种白酒各需多少。

$$高度酒重量 = \frac{勾兑后酒的质量分数 \times (勾兑后酒的重量 \times 高度酒占勾兑后酒的质量分数)}{高度酒质量分数}$$

$$低度酒重量 = \frac{勾兑后酒的质量分数 \times (勾兑后酒的重量 \times 低度酒占勾兑后酒的质量分数)}{低度酒质量分数}$$

**例**：勾兑 42%（体积分数）白酒 700kg，其中 95%（体积分数）食用酒精占 70%，60%（体积分数）固态白酒占 30%，两种酒各需多少千克？

查表：

95%（体积分数）⇒92.4044%（质量分数）

60%（体积分数）⇒52.0879%（质量分数）

42%（体积分数）⇒35.0865%（质量分数）

$$需 95\%（体积分数）酒精重量 = \frac{35.0865 \times (700 \times 70\%)}{92.4044} = 186(kg)$$

$$需 60\%（体积分数）酒重量 = \frac{35.0865 \times (700 \times 30\%)}{52.0879} = 141(kg)$$

$$加浆量 = 700 - 186 - 141 = 373(kg)$$

（3）两种或两种以上不同酒度不同重量的白酒混合后计算酒度。

**例**：有 80kg 94.7%（体积分数）酒精与 30kg 31%（体积分数）白酒混合，计算混合后的酒度。

80kg×94.7%=75.76kg

30kg×31%=9.30kg

$80+30=110\text{kg}$

$75.76+9.30=85.06\text{kg}$

$110：85.06=100：X$

$$X=\frac{85.06\times100}{110}=77.32$$

混合后的酒度为 77.32%（体积分数）。

## 三、白酒的勾兑计算

设：

$V_1$（体积分数）为高度酒的酒度，%；

$V_2$（体积分数）为低度酒的酒度，%；

$V_3$（体积分数）为勾兑后酒的酒度，%；

$\omega_1$ 为高度酒的质量分数，%；

$\omega_2$ 为低度酒的质量分数，%；

$\omega$ 为勾兑后酒的质量分数，%；

$W_1$ 为高度酒的质量，kg；

$W_2$ 为低度酒的质量，kg；

$W$ 为勾兑后酒的质量，kg；

计算方法：

$$W=\frac{W_1\times\omega_1+W_2\times\omega_2}{\omega}$$

$$W=\frac{W_1\times V_1\times\left(\dfrac{0.78934}{(d_4^{20})_1}\right)+W_2\times V_2\times\left(\dfrac{0.78934}{(d_4^{20})_2}\right)}{V\times\dfrac{0.78934}{d_4^{20}}}$$

若已知勾兑后酒的质量（kg）及所需较低酒度原酒的质量（kg），可用下式求所需较高酒度原酒的质量：

$$W_1=\frac{W\times(\omega-\omega_2)}{\omega_1-\omega_2}$$

或

$$W_1=\frac{W\times\left(\dfrac{V}{d_4^{20}}-\dfrac{V_2}{(d_4^{20})_2}\right)}{\dfrac{V_1}{(d_4^{20})_1}-\dfrac{V_2}{(d_4^{20})_2}}$$

## 四、利用色谱分析勾兑白酒的计算方法

控制总酸和总酯，合理调配、模拟名优白酒品尝、检验、色谱分析结果，确定主体香味成分。选用理想的酒基、香料、配方、水质等，有计划地设计科学配方，依据各香型中高档白酒设计骨架成分、协调成分，充分发挥色谱的作用。运用香与

味微量成分的平衡理论指导大生产，按照缺什么补什么的原则，采用色谱分析调配，能保证产品质量稳定。

**1. 主体香味成分设计原则**（以浓香型为例）

己酸乙酯∶乳酸乙酯∶乙酸乙酯∶丁酸乙酯＝1∶0.65∶0.5∶0.1

己酸∶乙酸∶乳酸∶丁酸＝35∶35∶20∶10

乙醛∶乙缩醛＝3∶4

异戊醇大于丁醇，适量调整。

双乙酰、甘油及其他调味剂根据基酒质量品尝，适量添加。

**2. 确定基酒配比**

根据产品档次高低，确定基酒配比。低档酒一般含固态酒15％～20％，中档酒一般含固态酒25％～35％，中高档酒一般将固态酒调至40％～50％。将各组分混匀后，测酒度，化验总酸和总酯，同时进行色谱分析，总的配比在以下范围内：

优质大曲酒 5％～15％

普通大曲酒 15％～35％

调味酒 1％～2％

食用酒精 85％～50％

**3. 确定内控标准**

总酸 0.45～0.7g/L

总酯 ＞1.5g/L

乙酸乙酯 0.6～1.59g/L

乙缩醛 0.06～0.29g/L

异戊醇 0.06～0.29g/L

**4. 色谱分析和计算**

将基酒配好后，首先进行色谱分析，测出各呈味物质的含量，同时化验总酸和总酯。根据各香味物质设计原则和内控标准，求出骨架呈味物质相差的数值，再根据各呈味物质的密度、纯度、折算系数及成品酒的密度，算出每吨成品酒需添加的各种呈味物质的量。

**5. 具体计算方法**

首先，要知道各种呈香呈味物质的相对分子质量、密度、纯度。

其次，区分总酸与总的酸、总酯与总的酯之差别，前者数值小于后者。

总酸是用0.1mol/L NaOH滴定50mL酒样，以1％酚酞为指示剂，至微红色，为其终点，通过计算得出酒中总酸的含量（以乙酸计，g/L）。

总的酸是将各种测出的酸（未折乙酸）全加在一起的量。

总酯与总的酯概念与上类同。

第三，因总酸是以乙酸计，故而其他酸要折成乙酸，每种外加酸（$A_1$、$A_2$、$A_3$…）折成以乙酸计需要引入一个系数（$F_1$、$F_2$、$F_3$…）：

$$折算系数＝乙酸的物质的量/每种外加的酸的物质的量$$

$$总酸(以乙酸计) = A_1 \times F_1 + A_2 \times F_2 + A_3 \times F_3 + \cdots$$

总酯是以乙酸乙酯计，故而其他酸要折成乙酸乙酯。每种外加酯（$a_1$、$a_2$、$a_3$…）折成以乙酸乙酯计需要引入一个系数（$f_1$、$f_2$、$f_3$…）：

$$折算系数 = 乙酸乙酯的物质的量/每种外加的酯的物质的量$$
$$总酯(以乙酯乙酯计) = a_1 \times f_1 + a_2 \times f_2 + a_3 \times f_3 + \cdots$$

**例** 38°基酒色谱分析和化验结果如下：

总酸 0.35g/L 内控 0.7g/L

总酯 0.80g/L 内控 1.7g/L

乙缩醛 0.05g/L 内控 0.08g/L

乙醛 0.045g/L

己酸乙酯 0.52g/L

乳酸乙酯 0.40g/L

乙酸乙酯 0.35g/L

丁酸乙酯 0.05g/L

异戊醇 0.029g/L 内控 0.12g/L

计算外加总酸和总酯：

外加总酸：0.7－0.35＝0.35g/L（或以乙酸计）

外加总酯：1.7－0.80＝0.90g/L（或以乙酸乙酯计）

各酯的计算：根据各酯配比求出一份的总酯（以乙酸乙酯计）。

$$\frac{要求总酯}{各外加酯比例(折乙酸乙酯)相加} = \frac{1.7}{0.6109 + 0.4848 + 0.5 + 0.7585}$$

根据各酯配比（以乙酸乙酯计）计算该酯折算的总酯，公式为：

$$折算的总酯 = 外加酯的量 \times 该酯(折乙酸乙酯)的折算系数(B)$$

己酸乙酯折总酯：$1.02 \times 0.6109 \approx 0.623(g/L)$

乳酸乙酯折总酯：$1.02 \times 0.7459 \approx 0.761(g/L)$

乙酸乙酯折总酯：$1.02 \times 1 \approx 1.02(g/L)$

丁酸乙酯折总酯：$1.02 \times 0.7585 \approx 0.774(g/L)$

根据各酯配比计算出外加该酯的量，公式为：

$$外加酯的量 = \frac{折算为乙酸乙酯的量}{该酯的折算系数(折乙酸乙酯)}$$

己酸乙酯：$0.623 \div 0.6109 \approx 1.02$（g/L）

乳酸乙酯：$0.761 \div 0.7459 \approx 1.02$（g/L）

乙酸乙酯：$1.02 \div 1 = 1.02$（g/L）

丁酸乙酯：$0.774 \div 0.7585 \approx 1.02$（g/L）

各酯的量减去色谱分析的数值，即为该酯的添加量。

外加己酸乙酯：$1.02 - 0.52 = 0.5$（g/L）

外加乳酸乙酯：$0.654 - 0.40 = 0.254$（g/L）

外加乙酸乙酯：0.51−0.35＝0.16（g/L）

外加丁酸乙酯：1.02−0.05＝0.97（g/L）

各种酸的计算与各种酯的计算相似。

其他呈味物质的计算：

外加乙醛：0.08−0.045＝0.035（g/L）

外加乙缩醛：[(0.08×4)/3]−0.05＝0.057（g/L）

外加异戊醇：0.12−0.02＝0.1（g/L）

**6. 计算结果说明**

凡调香成分都指纯度为百分之百，若纯度不够，还需折算。如果做小样试验，还需根据密度折算成体积（mL）。大生产中各种香料一般以每吨半成品酒加多少香料进行计算。以上计算的数值（g/L）再除以该酒的密度，即为该酒每吨外加各种香料的重量（kg）。

# 第四节　白酒勾兑常用设备

## 一、仪器分析设备

### （一）气相色谱-质谱仪

在白酒香味成分剖析研究过程中，气相色谱-质谱仪主要应用于新发现组分的定性确认，如白酒中的二元酸（庚、辛、壬）乙酯、含氮化合物、含硫化合物及多元醇等的检测。在重视低度白酒理化、卫生指标的同时，为配合白酒标准的修订和完善工作，应用现代分析仪器，特别是利用气相色谱-质谱技术分析低度白酒香气成分组成，具有重要的指导作用，而且能较准确地剖析低度白酒的香气成分，对科学地监督低度白酒质量具有一定的现实意义。

例如采用 Finnigan Trace Ms 气相色谱-质谱联用仪对低度酱香型白酒（46％茅台王子酒）的香气成分进行分析，通过计算机检索并与 NlsT 和 Willv 质谱库提供的标准质谱图对照，鉴定了化合物组成并确定了各成分的含量，如表 4-1。

**1. 酒样进样方式**

取 $1\mu L$ 酒样直接进气相色谱进样口。

**2. 色谱条件**

OV-1701 毛细管色谱柱，柱长 30m，内径 0.25mm，液膜厚度 0.25pm，载气 He，载气流量 0.8mL/min，进样口温度 250℃，接口温度 250℃，分流比 40：1，起始柱温 36℃，保持 3min，以 10℃/min 升温至 100℃，再以 25℃/min 升温至 200℃，保持 10min。

**3. 质谱条件**

离子源 350V，扫描质量范围 33～450amu。

表 4-1 茅台王子酒香气成分分析

| 编号 | 化合物名称 | 含量/% | 编号 | 化合物名称 | 含量/% |
|---|---|---|---|---|---|
| 1 | 异丁醛 | 0.63 | 12 | 异戊醇 | 9.15 |
| 2 | 丙醇 | 1.37 | 13 | 乙酸乙酯 | 41.36 |
| 3 | 2-丁酮 | 0.68 | 14 | 丁酸乙酯 | 2.32 |
| 4 | 2-丁醇 | 4.39 | 15 | 异戊酸乙酯 | 0.12 |
| 5 | 3-甲基丁醛 | 0.42 | 16 | 乳酸乙酯 | 10.70 |
| 6 | 异丁醇 | 3.41 | 17 | 戊酸乙酯 | 0.40 |
| 7 | 乙缩醛 | 9.09 | 18 | 呋喃甲醛 | 1.37 |
| 8 | 丙酸乙酯 | 1.53 | 19 | 1,1-二乙氧基-3-甲基丁烷 | 0.63 |
| 9 | 1-丁醇 | 1.35 | 20 | 己酸乙酯 | 7.40 |
| 10 | 乙酸 | 1.71 | 21 | 庚酸乙酯 | 0.45 |
| 11 | 异丁酸乙酯 | 0.37 | 22 | 辛酸乙酯 | 0.18 |

注：含量按峰面积归一化方法计算。

利用气相色谱-质谱联用技术分析样品通常都要进行前处理，传统的前处理技术有：吹扫捕集、固体萃取、固相微萃取、液相微萃取技术以及微波辅助萃取、超声波辅助萃取等。但上述样品处理方法由于所需样品量大，耗时过长，成本较高，并对人体造成潜在伤害，而且对低度白酒酒样不能起到满意的处理效果，特别是用于低度白酒的挥发性成分时，会引起挥发性成分化学结构的变化或组成成分含量的变化，不能准确地反映出低度酒样品挥发性成分阶段的组成。因此，采用直接进样可克服传统样品处理技术存在的不足，具有无需有机溶剂、成本消耗低、操作简单、方便快速的特点，适宜在酒厂推广。

## （二）高效液相色谱仪

高效液相色谱仪（HPLC）主要用于白酒中成分的测定。有机酸是酒中酸味的主要成分，它与酒的品质管理和质量评价有密切关系。有机酸的含量和种类与原料、酿酒工艺、陈化储存技术有关，因此，对酒中有机酸的测定是很有意义的。

有机酸一般采用化学法测定，但由于易受干扰，预处理步骤较多，时间长，且每次仅能测一种有机酸，所以有机酸种类多时很费时。酶法测定有机酸虽然前处理简单，但每次仍只能测定单种有机酸。薄层色谱法一次可测定多种有机酸，但测量精度差，只能半定量和定性。气相色谱法仅适于测定挥发性有机酸。液相色谱法很适合非挥发性物质的分析，测量精度好，灵敏度高。目前用液相色谱法对酒中有机酸分析的报道并不多。已报道的方法测定有机酸种类少，只对乳酸、乙酸和琥珀酸进行定性定量分析或定性无定量分析，或以溶剂萃取后测定有机酸。

### (三) 气相色谱仪

利用气相色谱仪，可以测定不同轮次、不同时间的白酒中微量成分的含量变化。同时，气相色谱也是食品工业和卫生检验常用的分析酒中醇、醛、酯类化合物的检验方法之一，可以测定酒中常见的醇、醛、酯类化合物，满足不同行业对酒分析的要求。SP3420气相色谱仪在北方拥有广大的用户，利用它可以较好地开展酒中甲醇和杂醇油含量的测定。

**1. 仪器与试剂**

SP3420型气相色谱仪（具有氢火焰离子化检测器FID）；BFS-7510色谱处理器；1μL微量注射器；全自动空气泵（恒压0.4MPa）；全自动氢气发生器（恒压0.4MPa）。高纯氮气（纯度为99.995%）。

**2. 色谱条件**

(1) 色谱柱　柱长4m，内径3mm，不锈钢柱。内装GDX-102担体，60～80目。汽化室温度190℃，检测室（辅助箱）温度190℃。柱温：采用程序升温法，先将柱温设定为130℃，保持4min，然后以8℃/min的升温速率将柱温升至170℃，保持5min，完成一次运行循环。衰减：不用。量程 $10^{-10}$ A/mV。载气流量30mL/min，氢气流量30mL/min，空气流量300mL/min。进样量0.5μL。

(2) BFS-7510色谱处理器条件　峰宽（WIDTH）5mm；斜率（SLOPE）700V/min；漂移（DRIFT）100mm/min；最小面积（MINAR）10mm²；变参时间（T-DBL）1min；锁定（LOCK）0min；停止时间（STOP TM）14min；衰减（ATTEN）23mV；纸速（SPEED）10mm/min。

**3. 定性**

以各组分保留时间定性。进标准溶液和样液各0.5μL，分别测得保留时间，将样品组分与标准物质保留时间对照进行定性。标准组分色谱图见图4-1。

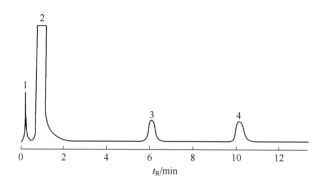

图 4-1　标准组分色谱图

1—甲醇（0.72min）；2—乙醇（1.20mim）；3—异丁醇（6.20min）；4—异戊醇（9.86min）

**4. 定量**

进0.5μL标准溶液，制得色谱图，分别量取峰高，与标准峰高比较定量，并按下式计算分析结果（杂醇油以异丁醇、异戊醇总量计算）：

$$X = \frac{h_1 \times A \times V_1}{H_2 \times V_2 \times 1000} \times 100$$

式中　$X$——样品中某组分的含量，g/100mL；

　　　$A$——进样标准中某组分的含量，$\mu$g/mL；

　　　$h_1$——样品中某组分的峰高，mm；

　　　$H_2$——标准中某组分的峰高，mm；

　　　$V_1$——标准液进样量，$\mu$L；

　　　$V_2$——样品液进样量，$\mu$L。

### （四）离子交换色谱仪

能用离子交换色谱法（IC）分析的有机酸主要是那些在水溶液中可以部分离解的短链有机酸，这些有机酸是酒中酸味的主要来源。与离子排斥色谱法和反相高效液相色谱法相比，用 IC 分析食品中有机酸的最大优点是：其他有机物不干扰测定，对共存的无机阴离子可同时进行分离和定量。用气相色谱法分析挥发性有机酸特别是较长链的脂肪酸有其优越性，虽然也可以用柱前衍生化气相色谱法分析难挥发性的有机酸，但操作烦琐，且难以用于热稳定性差和含量极低的有机酸的分析。IC 正好能弥补这个不足。

例如此种方法已经在对董酒的分析中得到应用：

**1. 仪器与试剂**

离子交换色谱仪为日本岛津 Hlc-6A，由 LP-6A 输液泵、cTO-6As 色谱柱恒温箱、cDD-6A 电导检测器和 c-R4A 数据处理系统构成。阴离子交换柱为 shim-pack IC-AI（100mm×4.6mm），淋洗液的脱气使用 Banson B-52 型超声波脱气装置。

淋洗液和有机酸标准物质为优级纯或分析纯试剂。所有溶液均用重蒸去离子水配制。

**2. 色谱条件**

色谱柱温 40℃，淋洗液为 0.50mmol/L 邻苯二甲酸氢钾（KHPh）与 0.25mmol/L 邻苯二甲酸（HZPh）的混合水溶液，淋洗液流速 1.0mL/min，进样量 2$\mu$L，电导检测灵敏度 1$\mu$S/cm。

**3. 董酒分析**

将董酒稀释 5 倍后直接进行 IC 分析（见图 4-2）。董酒中的主要可离解性有机酸和无机阴离子得到很好的分离。各成分的分析结果如表 4-2 所示。

在 0.50mmol/L KHPh 和 0.25mmol/L HZPh 混合淋洗液条件下，图 4-2 中 6 号峰的保留时间（6.81min）与苹果酸的保留时间（6.80min）基本一致，而且在白酒中通常也能检测到苹果酸，但改变淋洗液的组成和标准物质的浓度，以及采用在样品中加标准物质的方法对董酒中有机酸进行定性确认时，发现 6 号峰的保留时间与苹果酸相差较大，证明 6 号峰并非苹果酸。其他在白酒中有可能用 IC 检测到

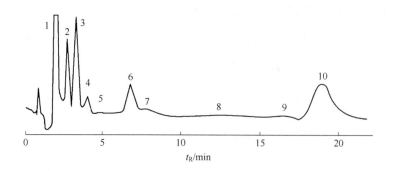

图 4-2 董酒的离子交换色谱图

1—乙酸（acetic acid）；2—抗坏血酸（ascorbic acid）；

3—乳酸（lactic acid）；4—甲酸（formic acid）；5—$H_2PO_4^-$；

6—未知峰（unknown）；7—$Cl^-$；8—柠檬酸（citric acid）；

9—酒石酸（tartaric acid）；10—系统峰（system peak）

表 4-2  董酒中有机酸与无机阴离子的分析结果

| 被测物质 | 平均值/(mg/L) | RSD/% |
| --- | --- | --- |
| 乙酸 | 1276.0 | 3.54 |
| 抗坏血酸 | 335.7 | 1.19 |
| 乳酸 | 245.4 | 2.06 |
| 甲酸 | 20.7 | 2.55 |
| 柠檬酸 | 8.6 | 3.28 |
| 酒石酸 | 6.3 | 4.42 |
| $H_2PO_4^-$ | 3.0 | 3.71 |
| $Cl^-$ | 4.2 | 8.44 |

的有机酸（如丙二酸、焦谷氨酸、马来酸、富马酸等）和无机阴离子均不与此峰对应。有关此峰的所属有待采用其他手段作进一步的研究。

用离子排斥色谱法（有机酸分析柱 Shim-pack SCR-101B、高氯酸淋洗液、紫外吸收光谱检测法）研究了董酒中有机酸的分离。虽然有机酸的分离也较好，但不能同时分离无机阴离子。用离子排斥色谱法检测到董酒中还含有较多的丙酸和丁酸以及大量的己酸。这 3 种有机酸的离解太弱，在离子交换柱上没有保留。另外，在离子交换柱上不能很好地分离抗坏血酸与丁二酸，但在离子排斥柱上能完全分离。用离子排斥色谱法对董酒进行定性分析的结果表明，董酒中不含丁二酸。

## 二、成品酒储存设备

白酒储存容器有许多种，各种容器都各有其优缺点。在确保储存过程中酒质量稳定、少损耗、有利于加速老熟的原则下，可因地制宜，选择使用。常用的储酒容器有陶瓷容器、血料容器、金属容器和水泥池。

**1. 陶坛容器**

这是我国历史悠久的盛酒和储酒容器。这种容器的优点是能保证酒质持续稳定，而且能进行空气与酒中的小分子交换，促进酒的老熟。一般不作低度白酒生产之用，而是用于储存，以江苏宜兴及四川隆昌所产不上釉陶坛为好。但陶坛容量较小，一般为 $500 \sim 1000L$，占地面积大，每 $1000L$ 酒平均占地面积约 $1.5 \sim 2m^2$。只能用于少量酒的存放，若大批量储存，则操作甚为不便。同时，陶质容易破裂，怕碰撞；上釉的坛子，历经昼夜温差、四季温差变化，多年后常出现脱落，出现渗漏的现象，造成损失，每年损耗为 $5\% \sim 8\%$。使用陶坛容器应注意以下几点：

① 容器的烧制要精良、完整；

② 装酒前先用清水洗净，浸泡数日，以减少"皮吃"、渗酒等损耗；

③ 检查确认无裂纹，砂眼；

④ 坛口先用陶盖盖好，再用绸布等包扎，以减少挥发损失。

**2. 血料容器**

用荆条或竹篾制成的篓、木箱或水泥池，内表糊以血料纸，作为储酒容器，统称血料容器。这种容器的利用在我国有悠久的历史，是我国劳动人民的创造和智慧的结晶。所谓血料，是使用动物血（一般是用猪血）和石灰制成的一种具可塑性的蛋白质胶质盐。其遇到酒精可形成半渗透性的薄膜，这种薄膜的特性是水能渗透而酒精不能渗透。实践证明，血料容器对酒精含量 $30\%$ 以上的白酒有良好的防止渗漏的作用；酒精含量 $30\%$ 以下的酒，因含水量较高，容易渗透血料纸而引起损耗，储存过久，可致血料纸层泡软而使其脱落。所以不宜用血料容器来储存酒精含量 $30\%$ 以下的酒。血料容器的优点是便于就地取材，造价较低，不易损坏。为了进一步防止酒的渗漏，还可以采用在血料容器内壁挂蜡和烤蜡的方法来防止白酒损耗。

凤香型白酒储酒的容器"酒海"就是一种血料容器，传统的酒海常用柳条编制成 $5m^3$ 以上的大型酒篓。然后以麻纸裱糊，猪血与石灰粉混合为涂料，裱糊层数达到上百层，确保长期储存不漏酒；待其烘干后，再用鸡蛋清、蔬菜籽油和蜂蜡进行表面处理。这种酒海与其他血料容器有一定的区别，主要在制作工艺、涂料配方和表面处理方面不同，属秦地独有。用酒海储酒，对凤香型白酒的老熟和质量的提高起着至关重要的作用。

有的以木材制成木箱或用钢筋混凝土结构制成大型酒池，再涂以血料纸，内壁挂蜡或烤蜡制成储酒容器，效果也不错。

一般的血料容器有"皮吃"、损耗大的不足，新的或间歇使用的酒篓，其干燥的血料纸吸收酒液所造成的损耗是比较大的。为了减少酒损，现大多数血料容器均采用内壁挂蜡和烤蜡的方法。

**3. 金属容器**

随着生产的发展，小量储存容器已不能满足需要，不少酒厂采用了大容量的金属容器来储酒，使用较多的是不锈钢大罐。

（1）不锈钢容器 耐腐蚀，密封性好，对酒质基本无不良影响，储酒效果较好，可根据不同要求制成各种容量的储酒容器。现在已有许多酒厂大量使用不锈钢容器来储酒。不锈钢容器一般作为大宗酒的储存容器，它的优点是容量大，即5～500t，可以根据生产能力进行选择。其还有一个优点是不容易损坏，非常坚固。按其形状分一般有立式和卧式两种。

使用不锈钢容器储存白酒时必须注意，不锈钢容器使用前必须经过严格清洗，因为将不锈钢板制成容器时需进行切割、焊接等工序，容易造成污染。

清洗步骤：

水洗→碱洗→水洗→酸洗→水洗→酒精洗→水洗

如果不进行碱洗、酸洗，所生产出来的低度白酒会带黄色或微黄色，还可能出现絮状物。主要是一些碱溶性物和酸溶性物没有除去，渗入低度白酒中而呈现黄色，或者其金属离子与酒中的酸结合，生成絮状沉淀物，对酒质造成严重的破坏。

（2）铝制容器　铝是中性金属，易被酸腐蚀。酒中若有铝的氧化物，就会出现浑浊或沉淀，含铝过多的酒对饮者健康也有不良影响。用铝制容器储酒，容器内壁时常会出现很多白色的突出的小斑，即所谓白锈。铝制容器质轻便，密封较好，储存方便，可露天储存，占地面积小，储酒容量较大，且造价低廉，短期贮酒对酒质影响不大。采用铝制容器储存，应注意以下几点：

① 铝制容器宜装高酒度的白酒，因为低度酒中水的比例较大，容易和铝反应生成白色胶凝状的氢氧化铝沉淀物，影响白酒酒质，还会腐蚀容器。

② 铝制容器不宜用于盛装酸度高的酒类，如酒尾、高酸调味酒、果酒、黄酒等，以免酒中的有机酸和铝发生化学反应。

③ 铝制容器不能盛装经过活性白土、白陶土、明矾等添加剂处理过的酒，否则会发生氧化，加速腐蚀作用，导致酒产生沉淀。

④ 大型铝制贮酒罐可以采取挂蜡等措施，以避免酒与铝的直接接触，防止酒变质和容器腐蚀。

（3）其他　用其他金属制造容器进行储酒的不多。用金属铸制的容器更不适宜储酒，这是由于酒中的有机酸对金属有腐蚀作用，会使酒中的金属含量增加。白酒中的水与金属接触易生锈氧化，严重时还会导致容器壁产生砂眼和漏洞；氧化后的金属在白酒中对酯类起破坏作用，从而降低酒的香气，使白酒变色。

铁制容器绝对不能用来储酒或盛酒，白酒接触铁后，会带铁腥味，并使酒变色（铁锈）。镀锌铁皮的容器也不适宜储酒，食品卫生标准规定，酒中含锌量不得超过1.4mg/kg。铜制容器也很少用来装酒。过去民间有用锡壶盛酒的习惯，但由于商品锡中铅含量较高，容易使酒中铅含量超标，故现在基本不同。用搪瓷容器盛酒和储酒效果较好，但造价高。

**4. 水泥池**

水泥储酒池也是一种大型储酒设备，建筑于地下、半地下或地上，采用钢筋混凝土结构。普通水泥池是不能用来储酒的，因为水泥池壁易渗漏，呈碱性，且不耐腐蚀，用来储酒，不仅损耗大，而且会使酒带水泥味。

用来储酒的水泥池必须是经过加工的，即在水泥表面贴上一层不易被腐蚀的材料，使酒不与水泥直接接触。大多采用以下方法：①猪血桑皮纸贴面；②内衬陶瓷板，用环氧树脂填缝；③瓷砖或玻璃贴面。

水泥储酒池容量大，可根据实际情况任意设计，一般建于地下或半地下。储酒温度较低，池体密封，便于保持酒的质量，符合储酒要求，酒损较低（一般为0.3％～0.5％），投资省，坚固耐用，并可在酒池上建房，节约用地。用水泥池储酒有利于酒的勾兑，使酒质更稳定，且储酒安全，管理方便。

使用水泥储酒池应注意以下几个方面：

① 水泥储酒池的顶盖应采用混凝土浇灌方法制成，使之与池身紧密相连为一体，有利于密封。

② 每个水泥储酒池的顶盖应开两个人孔，要求开口直径为60cm左右，这样便于放酒时检查池内情况和入池进行清洗工作。

③ 每次放完酒后，应仔细检查水泥表面的贴面或涂料有无损坏或脱落，发现异常情况应及时修补。

④ 由于水泥储酒池容量大，一般计量方法不够准确，因此勾调时最好选用自动流量计计量。

# 第五节　白酒的后修饰

白酒的后修饰即是勾兑后对白酒的调味过程，调味是在勾兑后基础酒的基础上，针对基础酒的香气和口味的不足进行精细调整的过程。在这一调整过程中，采用精华调香或调味酒进行香气和口味的调整。此阶段各种调香或调味酒在添加量上较少，没有勾兑过程中酒基的搭配量那么大。

名优白酒的调味，是在勾兑基础上的精加工，是勾兑技术的总结和提高，它对提高白酒的质量、提升名优白酒的典型风格起着非常重要的作用，如果说勾兑是"画龙"，那么调味就是"点睛"。可见，搞好调味工作对提高白酒质量至关重要。

## 一、调味的意义和作用

调味是对基础酒进行的最后一道精加工。通过这项非常精细的工作，用极少量的精华酒，弥补基础酒在香气和口味上的欠缺，使其幽雅细腻，符合质量标准。此工作要求认真、细致，用调味酒量要小，效果要显著。验收后的合格酒，经过勾兑后成了比较全面的基础酒。基础酒虽然比合格酒质量全面，而且有了一定提高，已接近产品质量标准，但尚未完全符合产品质量标准，在某些方面还有不足。这就要通过调味使产品质量得到提高，或某方面有明显的改善，弥补基础酒不足之处，进而使产品更加完善和美好。

## 二、调味的原理

调味是建立在勾兑基础之上的一项加工技术。从目前人们的认识来看，调味工作主要是起平衡作用。它是通过少量添加微量成分含量高的酒，改变基础酒中各种芳香成分的配合比例，通过抑制、缓冲或协调等作用，平衡各成分之间的量比关系，以达到固有香型之特点。

所谓调味并不是向酒中添加某种"化学添加剂"，而是用极少量香味特点更加突出的调味酒（精华酒）弥补基础酒在香味上的缺陷，使其幽雅丰满，酒体更加完善，风格更加突出。

调味酒存在几种基本的作用：

**1. 添加作用**

在基础酒中添加特殊酿造的微量芳香物质，引起基础酒质量的变化，以提高并完善酒体风格。有两种情况：

① 基础酒中根本没有这种或这类物质，而在调味酒中含量却丰富，这些物质添加在基础酒中得到稀释后，符合它本身的放香阈值，因而呈现出令人愉快的香味，使基础酒谐调丰满，突出了酒体风格。而酒中微量芳香成分的放香阈值一般都在十万分之一至百万分之一的范围内，因此稍加一点，就能达到阈值，从而改变酒的性质。

② 基础酒中某种芳香物质较少，达不到放香阈值，香味不能显示出来，而调味酒中该物质却较多，添加之后，在基础酒中增加这种物质的含量，使之达到或超过其放香阈值，基础酒就会呈现出香味来。

**2. 化学反应**

调味酒中的乙醛与基础酒中的乙醇发生反应，可以产生乙缩醛，增加酒的香味。乙醇和有机酸反应，可生成有机酸乙酯，其也是酒中主要的呈香物质。但是这些反应都比较缓慢或是在适宜条件下才能发生（或者温度，或者压力，或者浓度），并且不一定能同时发生。

**3. 平衡作用**

曲酒中的香味主要是由占总体 2% 左右的微量成分所构成的。这些微量成分包括有机酸、酯、醇、醛、酚类化合物等，各以它们的气味、强度和滋味阈值来影响酒的风格。每一种典型风格酒的形成，都是由这些不同气味、不同滋味阈值和不同浓度的芳香物质混合，对呈香呈味的主体香气成分产生缓冲、烘托的作用。同时，通过协调平衡形成该种酒的典型风格。很显然，协调平衡是形成酒体的主要方法。那么平衡作用是怎么进行的呢？应该说主要是由调味酒中芳香成分的浓度大小和芳香气味的阈值强弱程度来决定的。因为根据调味的目的，就是加进调味酒，以需要的气味强度和溶液浓度打破基础酒原有的平衡，重新调整酒内微量成分的结构和物质组合，促使平衡向需要的方向移动，以排除异杂味，增加需要的香味。总之，调味就是改变平衡系统的条件（浓度、温度、压力等），从而达到新的协调平衡。

为了使微量香气成分达到平衡，掌握各种香气成分的特点，了解其性质和作用，确定勾兑调味酒的比例，也是非常重要的。如果配比不当，调味酒会不谐调，产生异香、怪味或香味寡淡、爆辣、主体香味不突出等问题。因此，掌握各种芳香物质的性质和作用，在组合调味酒时注意量比关系，合理使用调味酒，使微量芳香物质在平衡、烘托、缓冲中发生作用，这是勾兑调味的关键。

## 三、调味酒的功能

### 1. 调味酒的使用

只要在闻香上或在口感上，或在色谱骨架成分的含量上有突出之点的酒，就可称调味酒，这种特点越突出，调味的作用越大。

对于浓香型酒，己酸乙酯是其主体香成分，其典型风格的形成还需适量的丁酸乙酯、己酸、丁酸、乳酸等，不是单纯由己酸乙酯含量高低决定的，通常要求己酸乙酯＞乙酸乙酯≥乳酸乙酯＞丁酸乙酯。丁酸乙酯约占总酯的 4%，能达到丁酸乙酯：己酸乙酯＝1：10 为好。乳酸乙酯的比例不能过大，好的酒乳酸乙酯：己酸乙酯一般在（0.6～0.8）：1.0 以下。高级醇的含量偏低为好，质量好的酒醇酯比应小于 1，优质浓香白酒醇：酯能达到 1：6。通常酒的高级醇：酯：酸＝1.5：2：1。酸是白酒的重要呈味物质，它与其他香味成分共同组成白酒特有的芳香，可增加酒体浓厚感，使酒味长味爽等，并且酸适量可增加甜味感。浓香型酒中的己酸含量能提高酒的浓郁感；丁酸多显泥臭，稀薄时与其他香味物质配合能形成水果香气；适量乳酸赋予酒醇厚感，过量出现涩味。

在以酒勾酒的实践中总结出一些经验：浓香可带短淡单，微涩微燥醇和掩，苦涩与酸三相应，味新味闷陈酒添，放香不足调酒头，回味不足加香绵，香型气味须符合，增减平衡仔细研。

酱香型酒所选用的调味酒，主要是用于调整基础酒的芳香、醇厚，增甜，压糊，压涩，改进辣味等。总结出的经验：带酸与带苦的酒掺和变成醇陈；带酸与涩的酒变成喷香、醇厚；带麻的酒可增加醇厚，提高浓香；后味带苦的酒可增加基酒的闻香，但显辛辣，后味微苦；后味带酸的酒可增加基础酒的醇和，也可改进涩味，口味醇厚的酒能压涩、压煳；后味短的基础酒可增加适量的优级酒以及含己酸乙酯、丁酸乙酯、己酸、丁酸等有机酸和酯类较高的窖底酒，以新酒调香、增香等。

### 2. 酸的功能与调整

白酒中的酸是主要的协调成分，其功能相当丰富，影响面广。

（1）消除酒的苦味　白酒中的苦味有很多说法，由于原料和工艺上毛病，如曲量过大，杂菌滋生产生不适量的物质；如正丁醇小苦，正丙醇较苦，异丁醇苦极重，异戊醇微带苦，酪醇十万分之五就苦，丙烯醛是持续性苦，单宁和酚苦涩，一些肽是苦味等。在勾酒的过程中，这些物质都存在，有的酒就不苦，或苦的程度不同，说明苦味物质和酒中的某些存在物，有一种显著的相互作用。实践证明，这主要是羧酸。问题在酸量的多与少，酸量不足酒苦，酸量适中酒不苦，酸量过大酒有可能不苦，但将产生别的问题，因此酸的勾调至关重要。

（2）酸是新酒老熟的催化剂　存在于酒中的酸自身就是老熟催化剂，它的组成和含量的多少，对酒的协调性和老熟程度有很大影响，控制好入库新酒的酸度，以及必要的协调因素，对加速酒的老熟能起到很好的作用。

（3）酸是白酒最好的呈味剂　酒的口味是指酒入口后对味觉刺激的一种综合反映。酒中所有的成分，既对香又对味起作用，从口味上讲又有后味、余味、回味等之分，羧酸主要是对味觉作出贡献，是重要的味感物质。

① 增长酒后味，指酒的味感在口腔中保留时间的延长。

② 增加酒的味道。人们饮酒时，总是希望味道丰富，有机酸能使酒变得味多样，口味丰富而不单一。

③ 减少或消除杂味。白酒口感的重要指标是要净，即指酒没有杂味，更不能有怪味，凡不净的酒评分低，档次自然也低。在消除白酒杂味的功能方面，羧酸比酯、杂醇和醛的作用更强。

④ 可出现甜味和回甜感。在色谱骨架成分合理情况下，只要酸量适度，比例协调，可使酒出现甜味和回甜感。

⑤ 消除燥辣感，增加白酒的醇和度。

⑥ 可适当减轻中、低度酒的水味。

（4）对白酒香气有抑制和掩蔽作用　含酸量偏高的酒，对正常酒的香气有明显的压抑作用，俗称压香，也就是说酸量过多，其他物质的放香阈值增大了，放香程度在原有的基础上降低了。酸量不足，普遍存在的问题是酯香突出，但酯香气复合程度不高等。酸在平衡酒中各类物质之间的配合程度、改变香气的复合性方面具有一定程度的强制性。实践经验说明，酸量不足，可能出现酒发苦，邪杂味露头，酒不净，单调不谐调等；酸量过多，使酒变得粗糙，放香差，闻香不正，发涩等。

**3. 醛类物质的功能与调整**

醛类化合物与酒的香气有密切的关系，对构成曲酒的主要香味物质有重要作用。白酒中的醛类物质主要是乙醛和乙缩醛，它们占了总醛物质的98%，浓香型酒除此之外还含糠醛。作为添加剂，由于醛的毒性大和质变快，在白酒勾调中都不直接采用醛，主要用酸类物质来协调香气。

乙醛、乙缩醛（二乙醇缩乙醛）与羧酸都是白酒的协调成分。酸是偏重于白酒口味的平衡和协调；而乙醛和乙缩醛主要是对白酒香气的平衡和协调，其作用强，影响大。

乙醛属于中等极性，易溶于水，也与乙醇互溶，乙醛对感官或味觉的刺激，应理解为水合乙醛和乙醛的共同作用。

（1）具有携带作用　携带作用必须具备两个条件：一是载体本身要有较大的蒸气分压；二是载体与所携带物质在液相、气相均要好的相容性。乙醛与酒中的醇、酯、水以及挥发气的各组分之间有很好的相容性，因此能给人以复合型的嗅觉感觉，白酒的溢香和酒的喷香与乙醛的携带作用有关。

（2）降低阈值的作用　白酒的勾调过程中，若使用含醛量高的酒，其闻香明显变强，对放香强度有放大和促进作用，这是对阈值的影响。阈值不是一个固定值，在不同环境条件下其值不同。乙醛的存在，对可挥发性物质的阈值有明显的降低作用，白酒的香气变浓了，提高了放香感知的整体效果。

（3）掩蔽作用　在生产低度酒时，出现香与味脱离现象，其原因：一是香味骨架成分的合理性；二是没有处理好四大酸、乙醛和乙缩醛的关系。四大酸的功能主要表现为对味的协调，乙醛、乙缩醛主要表现为对香的协调。酸压香增味，乙醛、乙缩醛提香压味。处理好酸、醛这两类物质间的平衡关系，就不会显现出有外加香味物的感觉，即提高了酒中各成分的相容性，掩盖了白酒某些成分过分突出的缺点。从这种角度讲，醛有掩蔽作用。

### 4. 乙醛和乙缩醛的依存关系

在白酒中，乙醛的缩醛化反应和乙缩醛的水解反应是一个平衡反应，可简单表示为：

$$CH_3CHO + 2C_2H_5OH \Longleftrightarrow CH_2CH \begin{array}{c} OC_2H_5 \\ OC_2H_5 \end{array} + HOH$$

根据此平衡反应，经长期储存的白酒，从理论上讲，乙醛和乙缩醛的分子比应近似等于 1，即乙醛：乙缩醛 $\approx$ 1：1。

在某些情况下，乙醛略大于乙缩醛，或是乙缩醛略大于乙醛，这是因白酒的酒度、酸度、温度、储存时间、酒的组成情况等的不同而造成的。该平衡关系为我们提供了白酒勾调的一个基本原则：乙醛、乙缩醛在白酒中的含量可有较大的变化范围，但比值波动范围不能太大。

## 四、调味时应注意的几个问题

1. 各种因素都极易影响酒质的变化，所以在调味工作中，调味所用器具必须清洁干净，要专具专用，以免相互污染，影响调味效果。

2. 在正常情况下，调味酒的用量不应超过 3‰（酒度不同，用量不同），如果超过一定用量，基础酒仍然未达到质量要求时，说明该调味酒不适合该基础酒，应另选调味酒。在调味过程中，酒的变化很复杂，有时只添加十万分之一，就会使基础酒变坏或变好，因此在调味时要认真细致，并作好原始记录。

3. 调味工作时间最好安排在每天上午 9：00～11：00，或下午 15：00～17：00，地点应按评酒室的环境要求来设置。

4. 调味时，应组织若干人（3～5 人）集体品尝鉴定，以保产品质量的一致性。

5. 计量必须准确，否则大批样难以达到小样的标准。

6. 选好和制备好调味酒，不断增加调味酒的种类和提高质量，这对保证低度白酒的质量尤为重要。

7. 调味工作完成后，不要马上包装出厂，特别是低度白酒，最好能存放 1～2 周后，检查确认质量无大的变化后，才能包装。

## 五、白酒后修饰的方法

### （一）调味的先决条件

#### 1. 确定基础酒的缺点

由于勾兑后的基础酒在香气和口味上还不具备完美的典型风格，或者在香气或口味上还缺少某些特点，就需要进行调味来弥补这些不足。在调味前，首先要进行尝评和色谱分析研究，弄清基础酒在香味、风格等方面有哪些不足，然后明确主攻方向，需要通过调味解决哪方面或哪些方面的问题，做到心中有数，以便"对症下药"。

#### 2. 选定调味酒

调味酒的种类很多，各有其作用和特点，针对基础酒的具体情况，遵循"缺啥选啥"的原则。例如，某一低度酒的浓香差，味短，有水味，那么就可以选用酒头、浓香调味酒和双轮底调味酒，来提高浓香，突出前香和喷头，同时还可以消除水味；至于味短，可选用酒尾调味酒来延长其后味。如果基础酒酒体不完整，可选用陈酿调味酒和老酒调味酒，使之完整、丰满，风格突出。总之，要全面了解基础酒的缺陷，掌握好各种调味酒的性质及作用，才能做到有的放矢，做好调味工作。

根据基础酒的质量，确定选用哪几种调味酒。选用的调味酒性质要与基础酒相符合，能弥补基础酒的缺陷。调味酒选用是否得当，关系甚大，选准了效果明显，且调味酒用量少；选取不当，调味酒用量大，效果不明显，甚至会越调越差。怎样才能选准调味酒呢？首先要全面了解各种调味酒的性质及在调味中所起的作用，还要清楚基础酒的各种情况，做到有的放矢。此外，要在实践中逐渐积累经验，这样才能迅速并高质量地完成调味工作。

调味酒的种类很多，各有其特点和作用。调味与勾兑一样，没有固定的配方，必须根据基础酒的具体情况，对"症"下"药"。调味酒选准了，可弥补基础酒的缺陷，调味的效果就能迅速而显著，调味酒的用量也少；反之，调味酒用量再大，效果也不明显，甚至还可能越调越差，达不到通过调味改善和提高白酒质量的目的。所以，选好调味酒是调味工作很重要的一环。

### （二）调味酒的设计

调味酒的设计应根据基础酒的质量标准和成品酒的质量标准来有针对性地进行。通过大量实践总结，根据调味酒的感官特征，并结合色谱分析，将调味酒分为以下四类：

#### 1. 甜浓型调味酒

（1）感官特点　甜，浓香突出，香气很好。

（2）指标特征　己酸乙酯含量很高，庚酸乙酯、己酸、庚酸等亦较高，并且多元醇的含量较高。

（3）作用　它能克服基础酒香气差、后味短淡等缺陷。

**2. 香浓型调味酒**

（1）感官特点　香气正，主体香突出，香长，喷香好，后味净。

（2）指标特征　己酸乙酯、丁酸乙酯、乙酸乙酯等含量高，乳酸乙酯含量较低，同时庚酸乙酯、乙酸、庚酸、乙醛等含量较高。

（3）作用　能克服基础酒香、浓差，后味短淡等缺陷。

**3. 香爽型调味酒**

（1）感官特点　突出了丁酸乙酯、乙酸乙酯的混合香气，香大，爽快。

（2）成分特征　丁酸乙酯、己酸乙酯含量高，乳酸乙酯含量低。

（3）作用　能克服基础酒带上糟气（丢糟气），前段香劲不足（能提前香）等缺陷。

**4. 其他型调味酒**

包括木香调味酒、馊香调味酒等。如木香调味酒带中药味，酒中戊酸乙酯、己酸乙酯、丁酸乙酯、糠醛等含量较高，能解决基础酒的新酒味问题，增加陈香等。馊香调味酒乙缩醛含量高，己酸乙酯、丁酸乙酯、乙醛等含量较高，能克服基础酒的闷、不爽等缺陷，但应防止冲淡基础酒的浓味。

勾兑员必须全面掌握本厂生产条件及产品质量特点，摸清基础酒的变化规律，有针对性地生产有特色的调味酒。

### （三）调味酒的制备

调味酒的作用很重要，要搞好调味工作，必须有高质量的调味酒，而且要求数量多、品种全。那么调味酒是如何生产出来的呢？当前调味酒的来源有以下几个方面：

**1. 双轮底调味酒**

所谓"双轮底"发酵，就是将已发酵成熟的酒醅起到黄水能浸没到的酒醅位置为止，再从此位置开始在窖的一角留约一甑（或两甑）量的酒醅不起，在另一角打黄水坑，将黄水舀完、滴净，然后将这部分酒醅拌入优质高温大曲，混合后全部平铺于窖底，再将入窖粮糟依次盖在上面，下面部分经两轮发酵。在发酵期满后，单独蒸馏，量质摘酒，就可以得到优质调味酒。

双轮底酒酸、酯含量高，浓香和醇甜突出，糟香味重，有的还具有特殊香味，它能增进基础酒的浓香味和糟香味。

**2. 陈酿调味酒**

选用生产中正常的窖池，将发酵周期延长半年或一年，最好是经过一个夏季，以增强氧化还原反应，延长酯化陈酿时间，使酒产生特殊的香味。这种酒具有良好的糟香味，窖香浓郁，后味余长，尤其具有陈酿味。这种酒酸、酯含量也特别高，它可以增加基础酒的后味和糟味、陈味。

### 3. 老酒调味酒

在储存 3 年以上的优质酒中，最好是双轮底酒中，选择那些具有陈香和老酒风味、口感特别醇和、浓厚的酒，可以提高基础酒的风格和陈味，使香味幽雅、醇和。

### 4. 酒头调味酒

取双轮底糟或延长发酵期的酒醅蒸馏的酒头，每甑取 0.25～0.5kg（注意除去冷凝器上甑留下的酒尾浑浓部分），储存 1 年以上。酒头中含有大量的呈香物质，低沸点香味成分多。该调味酒可以提高基础酒的前香和喷头。

### 5. 酒尾调味酒

选取双轮底糟或延长发酵期的粮糟的酒尾，制作方法有三种：

① 每甑取酒尾 20～30kg，酒度 20°左右，储存 1 年以上。

② 每甑取前半截酒尾 15kg 左右，酒度约 30°，再按 1：1 的比例加入丢糟黄水酒混合，密封储存。

③ 将比较好的酒尾放在露天晒，有太阳时不封口，下雨或晚上封口，待其无酒尾气味，色泽变黄，有较重的乙酸气味时即可作调味酒使用。

酒尾调味酒可以提高基础酒的后味，使酒体回味悠长和浓厚。

### 6. 酱香调味酒

选用部分酱香型酒来调味或采用高温曲并按酱香型生产工艺生产，但不需要多轮次发酵和蒸馏，只需在入窖前堆积一段时间，入窖发酵 30 天即可。此类酒含芳香族化合物较多，用其调味能使基础酒香味增加，使酒体更加丰满。

### 7. 其他调味酒

如中药的浸提液、大曲、优质窖泥等的浸提液都可作为调味酒，各厂可根据具体情况选用。

## （四）调味的方法和步骤

### 1. 小样调味

各酒厂常用的调味方法有三种：

① 分别加入各种调味酒，即逐一调味法。在调味过程中对调味酒一种一种地试，进行一一优选，得出不同调味酒的用量。

② 同时加入数种调味酒。根据基础酒的缺陷和不足，选定几种调味酒，同时调入的方法。此方法要求有一定的调味经验，否则效果难以把握。

③ 配制综合调味酒，也就是将数种调味酒混合制备出一种有针对性的调味酒，然后用该调味酒进行调味。

### 2. 大样调味

根据小样调味实验和基础酒的实际总量，计算出调味酒的用量加入，如达到小样的质量，调味即完成；若有差距，则需再做小样，直到满意为止。

### 3. 常用调味方法

如何正确选用调味方法，更好地发挥调味酒的作用，需要在实践中不断探索和研究。

（1）逐一调味法（分别试加调味法）　根据基础酒具体情况，分别加入各种调味酒，一种一种地进行优选，最后得出不同调味酒的用量。比如有一种基础酒鉴定为：浓香差，陈味不足，略带糙辣。根据基础酒的缺陷，决定采用逐一调味法，一个问题一个问题地加以解决。

第一步，先解决浓香差问题：采用一种能提高、增加浓香味的调味酒，按万分之一、万分之二、万分之三……的比例逐次加入并分别品尝，直到浓香味达到要求为止。但是，如果这种调味酒加到千分之一，还不能达到要求时，说明该调味酒不适宜，应另选其他能提高浓香的调味酒重做实验。调味酒选得恰当时，一般加到万分之四至万分之五就会有明显的变化。

第二步，解决陈味不足问题。选用能增加陈味的调味酒，仍按上法调试。

第三步，解决糙辣问题。方法同上。

在调味时，容易出现一些问题，即滴加调味酒后，解决了原来的缺陷和不足，又出现了新的缺陷；或者要解决的问题没有解决，却解决了其他方面的问题。例如，解决了香浓问题，回甜可能变得不足。甚至变糙；又如解决了后味问题，前香就嫌不足。这是调味工作的微妙和复杂之处。要想调出完美的酒，必须要"精雕细琢"，才能使酒成为完美的"艺术品"，切不可操之过急。只有对基础酒和不同调味酒的性能及相互间的关系有深刻理解和领会，通过大量的实践，才能得心应手地进行调配。

（2）多种调味法　针对基础酒的缺陷和不足，选定多种调味酒，分别置于调味桌上，记住其主要特点。先暂定几种，各以万分之一的量滴加于一杯基础酒中进行优选。并根据尝评需要，随时再增添或减少不同种类和数量的调味酒，直到符合质量标准为止。采用这种方法比较省时间。但需要操作者具有一定的调味经验，在掌握了一定的调味技术的基础上，才能顺利进行，否则会适得其反，得不到满意的结果。

如上例中，第一步可同时加万分之二能调香的调味酒、万分之二调陈味的调味酒、万分之一调糙辣的调味酒，进行品尝。根据品尝结果，再同时加入不同比例的各种调味酒，直至质量合格为止。

（3）综合调味法（混合加入法）　根据基础酒的缺陷和调味经验，选取不同香味和数量的调味酒，按一定比例调成一种有针对性的综合调味酒，混合均匀；然后以万分之一的比例，逐渐滴加在基础酒中进行优选，通过尝评找出最适用量，直到找到最佳点为止。计算其调味酒的用量，作为正式调味的数据。采用这种调味方法，也常常发生滴加到千分之一左右仍找不到最佳点的情况，这时可在调味酒的成分和量比关系上进行调整，再次调试优选。只要摸清脉络，对症下药，就一定会达到目的，取得满意的效果。采用这种方法的关键，在于正确选用哪些调味酒和准确掌握量比关系，这需要有丰富的调味经验，并熟知各种调味酒的性能，否则很可能事倍功半，甚至适得其反。五粮液酒厂、泸州老窖酒厂和扳倒井酒业都采用此法进行调味。

主要根据本厂产品风格特点，将不同性质的调味酒按不同比例混合在一起，制成复合调味酒，加到基础酒中，边品尝边调整，直至满意为止。

**4. 调味酒用量的计算**

不管采用上述何种调味方法，都要根据小样调味酒的用量，按比例计算正式生产时调味酒的用量。

将选好的调味酒按上述方法加入到基础酒中进行品评，确定调味酒的比例，计算出调味酒的需要量。计算公式如下：

$$A = G \times W$$

式中　$A$——调味酒的需要量，kg；

　　　$G$——小样调味的比例，‰；

　　　$W$——成品酒的重量，kg。

**5. 正式调味**

按计算结果，将调味酒加到成型酒中，充分搅拌均匀，从中取出 500mL 样酒，与小样调味的酒对比品尝，香气和口味相符，即为调味完毕。将调好的酒储存 7～15 天，再进行复尝，与标准相同，即为成品酒，可包装出厂；若复尝结果与以前有差别，则需对其进行补调，补调后再储存 10 天左右，再复尝……直到符合质量标准为止，方可包装出厂。

# 第六节　芝麻香白酒的勾兑与调味

## 一、酒体设计

在小样勾调前，根芝麻香型白酒的香气特点（"闻香以清香加酱香为主，略带浓香，陈香突出"）、口味特点（"入口后焦香及果香味明显，细品有类似烘炒芝麻香；醇厚丰满，绵甜，余香悠长"）、风格特征（"风格典型，品质高雅，个性鲜明"）确定其微量成分范围，以及主体香气成分和其他香味物质之间的量比关系。然后，根据需求，优选单种基酒的风格特点和类型。

## 二、复粮芝麻香型单样基酒的特点

复粮芝麻香型白酒因为生产窖池及工艺的特殊性，尤为注重分层蒸馏，分段摘酒，分级入库。芝麻香型白酒由于采用砖池泥底窖及多菌种微生物菌群发酵，各层发酵糟醅蒸出的酒差异性很大。底层受人工窖泥的影响，己酸乙酯含量较高，酒质偏浓；中层乙酸乙酯较高，酒质偏清；上层酒焦香、酱香味略重，酒质偏酱。因此，这三层不同风格特点的原酒要分别蒸馏，按前、中、后馏分分别摘酒，分级储存。我们根据芝麻香型白酒生产工艺的这些特点，将芝麻香型白酒分为：

一类，芝麻香型偏清的酒；

二类，较具备芝麻香型典型性的酒；

三类，芝麻香型偏浓的酒；

四类，芝麻香型偏酱的酒；

五类，特殊调味酒。

## 三、基础酒的组合

为了使复粮芝麻香型白酒的风味达到馥郁，幽雅，圆润，愉悦，舒适，高雅的标准，首先要严格标准，进行原酒的选取，分类一定要细致。根据酒醅的生香产味特点，分上、中、下三层蒸馏，根据蒸馏规律，每层酒醅又分出 10 个馏分，分酒宜细不宜粗。选酒一定要根据感官品尝与色谱分析的结果，进行分类，分别储存，进而为勾兑打好基础。勾兑调味过程就是将不同特征或不同型的基础酒进行深加工，对各种含有复杂香味成分的基础酒丰富其酸、甜、苦、辣、涩、燥、闷、香、鲜、陈、老、绵、软、硬、生、幽雅、醇厚、细腻、净爽等一系列不同的味觉感受，利用酒与酒之间的"取长""补短""相融""平衡""烘托"的相互作用，按照新、陈、老、茬次、酒度等要素，以一定的比例调配，使酒中的酸、酯、醇、醛、酮及其他微量成分达到"平衡"，并在主要感官指标和理化指标上达到成品酒标准。然后根据需要，在基础酒中添加少量特殊工艺酿制的调味酒，弥补和克服基础酒质量的微小不足和缺陷，得到满足质量标准要求的成品酒，进而达到统一标准、统一酒质、突出风格、保持质量稳定的目的。

各个酒厂因所产酒香型、典型性不同，勾兑和调味工艺的具体内容也不尽相同。通过大量实践证明，在芝麻香型白酒中：乙酸乙酯＞己酸乙酯且含量适中的酒较清爽，较具备芝麻香型风味典型性；己酸乙酯＞乙酸乙酯的酒，往往偏浓，芝麻香型典型性而微露，但是可增加酒体的醇甜感和圆润度；乙酸乙酯含量特高的酒，清爽，偏清香，可增加酒体的净爽感；己酸乙酯含量特高的酒，糟香好，偏浓香，可增加酒的馥郁度、味的醇甜感和层次感；糠醛含量高的酒，醇厚，偏酱香，可提高芝麻香型白酒的典型性和香味的高雅愉悦度……因此，了解原酒中的微量成分之间的关系，并通过感官品评，确认其存在的不足，对于芝麻香型白酒的组合非常重要。根据经验，各类型酒较为合适的比例为：较具备芝麻香型典型性的酒一般占 40％左右；芝麻香型偏清的酒占 10％左右；芝麻香型偏浓的酒占 20％左右；芝麻香型偏酱的酒占 30％左右。

## 四、基础酒的调味

当基础酒口味苦、涩、冲时，可使用一部分经陈年储存的窖底层调味酒，这部分酒己酸乙酯含量高，可使白酒的口味变得绵甜醇厚，香气也变得柔和；当芝麻香型典型性稍差时，可使用陈年的类似爆米花焦烟香味的酒和酱香突出的酒，它们可提高芝麻香味的典型性；当酒的口味不够净爽时，可用部分乙酸乙酯高的清爽型调味酒，提高其净爽度；当酒的味觉丰富程度欠缺时，可用部分粮糟香突出的醇甜酒和陈香老酒味来丰富香味，提高馥郁度；当酒的后味不足时，可用部分酸度高、偏酱的酒来增加后味。

# 第七节　勾兑与调味的创新

白酒的发展离不开创新。产品的创新要与科技的进步紧密结合起来，现就实践中白酒勾兑与调味方面的几个观点简述如下：

## 一、用传统的酒勾兑出不同香型酒

（1）清香型白酒和浓香型白酒间勾兑可以使香味淡雅、清爽。

（2）浓香型白酒和酱香型白酒间勾兑，可呈现醇厚、丰满的风格特点。

（3）浓、清、酱间勾兑，可呈现多层次、多滋味的风格特点。

（4）清香型和酱香型间勾兑，可呈现焦香清雅、淡雅酱香的风格特点。

（5）米香型白酒降度加肥猪肉浸泡，可呈现豉香型酒的风格特点。

## 二、传统白酒向新型白酒及营养复制白酒转化

新型白酒是指以优质酒精为基础，经固液结合勾兑为主的白酒。它的感官特点是：无色透明，香味谐调自然，口味干净，具有一定的风格。理化指标是：卫生指标低，酸、酯指标也低，具备了卫生、安全的条件。它的生产技术含量高，需要有优质的固态酒生产和优质酒精生产基地，具备先进的分析手段，拥有高水平的品尝勾兑技术人才及先进的勾储过滤、老熟设施。此类型白酒有如下特色：

① 含杂质极少，对人体的副作用极小；

② 透明度高，加冰加水不浑浊；

③ 可以与其他酒类、饮料以任意比例混用，不影响临时勾兑饮品的香气和色泽；

④ 长期保存不变色，不变味。

营养复制白酒是以食用酒精、固态发酵白酒为酒基，加入药食两用物品及允许使用的补品、添加剂，经科学方法加工而成的配制酒。它的特点是：保持了白酒风格，具有露酒的特点，无色、低糖、低酸、低酯，外加营养物，具备营养酒的特色。

## 三、风味的变化

传统白酒在口中的变化趋势是前缓、中挺、后缓落，但其时间-强度与现代人的需求有着明显的区别：已由过去的喷香逐步变化为淡雅，醇厚过渡到清爽愉快，挺拔有劲转变为柔顺舒适，余味悠长过渡到纯净自然。

从图4-3看出，人们的口味变化有从 a 曲线逐步过渡到 b、c 曲线的趋势，因

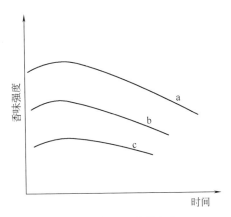

图 4-3　白酒口味的变化

此我们在开发设计上要注意这一变化。

# 第八节　优质白酒成分剖析

## 一、浓香型白酒香味组分特点和风味特征

浓香型白酒的香味组分中，酯类成分约占香味成分总量的60%；有机酸类占14%～16%；醇类约占总量的12%；羰基化合物（不含乙缩醛）占总量的6%～8%；其他类物质仅占总量的1%～2%（表4-3）。在酯类成分中，己酸乙酯是其特征组分，但必须与乳酸乙酯、乙酸乙酯、丁酸乙酯的比例协调，方能突出其典型性。

表 4-3　浓香型白酒主要香味成分含量

| （一）酯类化合物 | | | | | |
|---|---|---|---|---|---|
| 名称 | 含量/(mg/L) | 名称 | 含量/(mg/L) | 名称 | 含量/(mg/L) |
| 甲酸乙酯 | 14.3 | 丁二酸二乙酯 | 11.8 | 月桂酸乙酯 | 0.4 |
| 乙酸乙酯 | 1714.6 | 辛酸乙酯 | 2.2 | 肉豆蔻酸乙酯 | 0.7 |
| 丙酸乙酯 | 22.5 | 苯乙酸乙酯 | 1.3 | 棕榈酸乙酯 | 39.8 |
| 丁酸乙酯 | 147.9 | 癸酸乙酯 | 1.3 | 亚油酸乙酯 | 19.5 |
| 乳酸乙酯 | 1410.4 | 乙酸丁酯 | 1.3 | 油酸乙酯 | 24.5 |
| 戊酸乙酯 | 152.7 | 乙酸异戊酯 | 7.5 | 硬脂酸乙酯 | 0.6 |
| 己酸乙酯 | 1849.9 | 己酸丁酯 | 7.2 | | |
| 庚酸乙酯 | 44.2 | 壬酸乙酯 | 1.2 | | |
| （二）醇类化合物 | | | | | |
| 名称 | 含量/(mg/L) | 名称 | 含量/(mg/L) | 名称 | 含量/(mg/L) |
| 正丙醇 | 173.0 | 正丁醇 | 67.8 | 仲丁醇 | 100.3 |
| 2,3-丁二醇 | 17.9 | 异戊醇 | 370.5 | 正戊醇 | 2.1 |
| 异丁醇 | 130.2 | 正己醇 | 161.9 | β-苯乙醇 | 7.1 |

### (三)有机酸类化合物

| 名称 | 含量/(mg/L) | 名称 | 含量/(mg/L) | 名称 | 含量/(mg/L) |
|------|------------|------|------------|------|------------|
| 乙酸 | 646.5 | 己酸 | 368.1 | 棕榈酸 | 15.2 |
| 丙酸 | 22.9 | 庚酸 | 10.5 | 亚油酸 | 7.3 |
| 丁酸 | 139.4 | 辛酸 | 7.2 | 油酸 | 4.7 |
| 异丁酸 | 5.0 | 壬酸 | 0.2 | 苯甲酸 | 0.2 |
| 戊酸 | 28.8 | 癸酸 | 0.6 | 苯乙酸 | 0.5 |
| 异戊酸 | 10.4 | 乳酸 | 369.8 | | |

### (四)羰基化合物

| 名称 | 含量/(mg/L) | 名称 | 含量/(mg/L) | 名称 | 含量/(mg/L) |
|------|------------|------|------------|------|------------|
| 乙醛 | 355.0 | 丙烯醛 | 0.2 | 丁酮 | 0.9 |
| 乙缩醛 | 481.0 | 正丁醛 | 5.2 | 己醛 | 0.9 |
| 异戊醛 | 54.0 | 异丁醛 | 13.0 | 双乙酰 | 123.0 |
| 丙醛 | 18.0 | 丙酮 | 2.8 | 醋鎓 | 43.0 |

### (五)其他类化合物

| 名称 | 含量/(mg/L) | 名称 | 含量/(mg/L) | 名称 | 含量/(mg/L) |
|------|------------|------|------------|------|------------|
| 4-乙基愈创木酚 | 0.005 | 2,6-二甲基吡嗪 | 0.376 | 三甲基吡嗪 | 0.294 |
| 2-甲基吡嗪 | 0.022 | 2-乙基-6-甲基吡嗪 | 0.108 | 4-甲基吡嗪 | 0.195 |

　　有机酸类化合物是浓香型白酒中重要的呈味物质，它们的绝对含量仅次于酯类物质。经分析得出，有机酸按其浓度多少可分为三类：第一类为含量较多的，约在10mg/100mL以上数量级，包括乙酸、己酸、乳酸、丁酸4种；第二类为含量中等的，在0.1~4.0mg/100mL范围，包括甲酸、戊酸、棕榈酸、亚油酸、油酸、辛酸、异丁酸、丙酸、异戊酸、庚酸等；第三类是含量极微的有机酸，浓度一般在1mg/L以下，包括壬酸、癸酸、肉豆蔻酸、十八酸等。有机酸中，乙酸、己酸、乳酸、丁酸的含量最高，其总和占总酸的90%以上。浓度大小顺序为乙酸>己酸>乳酸>丁酸。总酸含量的高低对浓香型白酒的口味有很大的影响，它与酯含量的比例也会影响酒体的风味特征。一般总酸含量低，酒体口味淡薄，总酯含量也相应不能太高，若太高酒体香气显得"头重脚轻"；总酸含量太高也会使酒体口味变得刺激、粗糙、不柔和、不圆润。另外，酒体口味持续时间的长短，很大程度上取决于有机酸，尤其是一些沸点较高的有机酸。

　　有机酸与酯类化合物相比，芳香气味不十分明显。一些长碳链脂肪酸具有明显的脂肪臭和油味，若这些有机酸含量太高，仍然会使酒体的香气带有明显的脂肪臭或油味，影响浓香型白酒的香气及典型风格。

　　醇类化合物是浓香型白酒中又一呈味物质。它的总含量仅次于有机酸含量。醇类突出的特点是沸点低，易挥发，口味刺激，有些醇带苦味。一定的醇含量能促进酯类香气的挥发。如酯含量太低，则会突出醇类的刺激性气味，使浓香型白酒的香气不突出；若醇含量太高，酒体不但突出了醇的气味，而且口味上也显得刺激、辛辣、苦味明显。所以，醇类的含量应与酯含量有一个恰当的比例。一般在浓香型白酒中醇与酯的比例为 1：5 左右。在醇类化合物中，各组分的含量差别较大，以异戊醇含量较高，大约在 30～50mg/100mL 浓度范围。各个醇类组分的浓度顺序为：异戊醇＞正丙醇＞正己醇＞异丁醇＞仲丁醇＞正丁醇＞2,3-丁二醇＞异丙醇。其中异戊醇与异丁醇对酒体口味的影响较大，若它们的绝对含量较高，酒体口味较差。异戊醇与异丁醇的比例一般较为固定，大约在 3：1。高碳链的醇及多元醇在浓香型白酒中含量较少，它们大多刺激性较小，较难挥发，并带有甜味，对酒体可以起到调节口感、减少刺激性的作用，使酒体变得浓厚而醇甜。仲丁醇、异丁醇、正丁醇口味很苦，它们绝对含量高，会影响酒体口味，使酒带有明显的苦味，这将损害浓香型白酒的典型味觉特征。

羰基化合物在浓香型白酒中的含量不多。就其单一组分而言，乙醛与乙缩醛、双乙酰的含量最多，大约在 10mg/100mL 以上；其次是醋𨡩、异戊醛，它们的浓度在 4～9mg/100mL 左右；再次为丙醛、异丁醛，其含量在 1～2mg/100mL。其余的成分含量极微，在 1mg/100mL 浓度以下。羰基化合物多数具有特殊气味。乙醛与乙缩醛在酒体中处于同一化学平衡，它们之间的比例为：乙缩醛：乙醛＝1：（0.5～0.7）。双乙酰和醋𨡩，它们带有特殊气味，较易挥发，与酯类香气相互作用，使香气丰满而带有特殊芳香，并能促进酯类香气的挥发。在一定范围内，它们的含量稍多能提高浓香型白酒的香气品质。

在浓香型白酒中也检出了一些其他类化合物成分。如吡嗪类、呋喃类、多酚类化合物等。这些化合物在浓香型白酒香味组分中含量甚微。同时，它们在香气强度上与酯类香气相比不如酯类香气突出。所以在浓香型白酒的香气中，并未突出表现这些化合物的气味特征。但是，在一些特殊情况下还是能够感觉到这些化合物类别的气味特征。例如，在储存时间较长的浓香型白酒香气中多少能感觉到一些似呋喃类化合物气味的特征。另外，一些浓香型白酒的"陈味"是否与呋喃类或吡嗪类化合物有内在的联系还不得而知。浓香型白酒中所谓的"窖香""糟香"与哪一类化合物相关仍是一个谜，有待今后进一步研究。

浓香型白酒的风格应是：窖香浓郁（或称芳香浓郁），具有以己酸乙酯为主体、醇正谐调的复合香气，入口绵甜爽净，香味谐调，回味悠长。

在浓香型白酒中，存在着两个风格有所差异的流派，即以苏、鲁、皖、豫等地区的俗称纯（或淡雅）浓香型和以四川为代表的"浓中带陈"型。因地区、气候、水土、微生物区系及工艺上的差异，这两大流派的酒各有其独特风格。此外，浓香型酒中还分为单粮型和多粮型，主要是原料不同而造成风味上的差异。

## 二、清香型白酒的香味组分特点及风味特征

清香型白酒香味组分的总量在大曲白酒中是属于较少的（除老白干酒外）。这类白酒的香味组分仍是以酯类占绝对优势，其次是有机酸类、醇类、羰基化合物。

表 4-4　清香型白酒主要香味成分含量

(一)酯类化合物

| 名称 | 含量/(mg/L) | 名称 | 含量/(mg/L) | 名称 | 含量/(mg/L) |
|---|---|---|---|---|---|
| 甲酸乙酯 | 2.7 | 己酸乙酯 | 7.1 | 硬脂酸乙酯 | 0.6 |
| 乙酸乙酯 | 2326.7 | 庚酸乙酯 | 4.4 | 油酸乙酯 | 10.0 |
| 丙酸乙酯 | 3.8 | 丁二酸二乙酯 | 13.1 | 亚油酸乙酯 | 19.7 |
| 丁酸乙酯 | 2.1 | 辛酸乙酯 | 7.8 | 肉豆蔻酸乙酯 | 6.2 |
| 乳酸乙酯 | 1090.1 | 癸酸乙酯 | 2.8 | 棕榈酸乙酯 | 42.7 |
| 戊酸乙酯 | 8.6 | 乙酸异戊酯 | 7.1 | 苯乙酸乙酯 | 1.2 |

(二)醇类化合物

| 名称 | 含量/(mg/L) | 名称 | 含量/(mg/L) | 名称 | 含量/(mg/L) |
|---|---|---|---|---|---|
| 正丙醇 | 167.0 | 异戊醇 | 303.3 | $\beta$-苯乙醇 | 20.1 |
| 2,3-丁二醇 | 8.0 | 己醇 | 7.3 | 正乙醇 | 8.0 |
| 异丁醇 | 132.0 | 仲丁醇 | 20.0 | | |

(三)有机酸类化合物

| 名称 | 含量/(mg/L) | 名称 | 含量/(mg/L) | 名称 | 含量/(mg/L) |
|---|---|---|---|---|---|
| 乙酸 | 431.5 | 己酸 | 3.0 | 棕榈酸 | 4.8 |
| 丙酸 | 10.5 | 庚酸 | 6.0 | 亚油酸 | 0.46 |
| 丁酸 | 9.0 | 丁二酸 | 1.1 | 油酸 | 0.74 |
| 甲酸 | 18.0 | 月桂酸 | 0.16 | 乳酸 | 369.8 |
| 戊酸 | 2.0 | 肉豆蔻酸 | 0.12 | | |

(四)羰基化合物

| 名称 | 含量/(mg/L) | 名称 | 含量/(mg/L) | 名称 | 含量/(mg/L) |
|---|---|---|---|---|---|
| 乙醛 | 140.0 | 双乙酰 | 8.0 | 醋翁 | 10.8 |
| 乙缩醛 | 244.4 | 丁醛 | 2.6 | | |
| 异戊醛 | 17.0 | 异丁醛 | 2.6 | | |

(五)其他类化合物

| 名称 | 含量/(mg/L) | 名称 | 含量/(mg/L) | 名称 | 含量/(mg/L) |
|---|---|---|---|---|---|
| 糠醛 | 4.0 | 对甲酚 | 0.03 | 三甲基吡嗪 | 0.12 |
| 苯酚 | 0.23 | 3,6-甲基-2-乙基吡嗪 | — | 4-甲基吡嗪 | 0.0208 |
| 邻甲酚 | 0.08 | 间甲酚 | 0.01 | 4-乙基酚 | — |

从表 4-4 中可以看出:

① 清香型白酒总酯含量与总酸含量的比值超过了浓香型白酒。这是清香型白酒香味组分的一个特征,大约在 5.5:1。在酯类化合物中,乙酸乙酯含量最高,是其他各组分之冠。乳酸乙酯的含量仅次于乙酸乙酯,这是清香型白酒香味组分的另一个特征。乙酸乙酯和乳酸乙酯的绝对含量及两者比例关系,对清香型白酒的质

量和风格特征有很大的影响。一般乙酸乙酯与乳酸乙酯的含量比例为 1 : （0.4～0.6）左右，若乳酸乙酯含量超过这个比例浓度，将会影响清香型白酒的风味。此外，丁二酸二乙酯也是清香型白酒酯类组分中较重要的成分，由于它的香气阈值很低，虽然在酒中含量甚少，但它与 $\beta$-苯乙醇等组分相互作用，赋予清香型白酒特有的香气风格。

② 清香型白酒中的有机酸主要是以乙酸与乳酸含量最高，二者含量的总和占总酸量的 90% 以上，其余酸类含量较少。乙酸与乳酸含量的比大约为 1 : 0.8。清香型白酒总酸含量一般在 60～120mg/100mL 左右。

③ 醇类化合物是清香型白酒很重要的呈味物质。醇类物质在各组分中所占的比例较高。在醇类物质中，异戊醇、正丙醇和异丁醇的含量较高。从绝对含量上看，这些醇与浓香型白酒的醇类含量相比，并没有特别之处，但它占总醇量的比例或总组分含量的比例却远远高于浓香型白酒，其中正丙醇与异丁醇尤为突出。清香型白酒的口味特点是入口微甜，刺激性较强，带有一定的爽口苦味。此味觉特征，很大程度上与醇类物质的含量及比例有直接关系。

④ 清香型白酒中，羰基化合物含量不多，其中以乙醛和乙缩醛含量最高，两者含量之和占羰基化合物总量的 90% 以上。乙缩醛具有干爽的口感特征，它与正丙醇共同构成了清香型白酒爽口带苦的味觉特征。因此，在勾调清香型白酒时，要特别注意醇类物质与乙缩醛对口味的作用特点。

⑤ 在清香型白酒中其他类化合物的含量极微，故在气味特征上表现不十分突出。清香型白酒中的"糟香"和储存期长时酒中带"陈香"也应进一步研究。

典型的清香型白酒具有以乙酸乙酯为主体的复合香气，清香醇正，入口微甜，香味悠长，落口干爽，自然谐调，略有苦味。其突出的酯香是乙酸乙酯淡雅的清香气味，香味醇正、持久。

## 三、米香型白酒的香味组分特点及风味特征

米香型白酒是以大米或高粱为原料，小曲为糖化发酵剂，经固态培菌糖化、液态发酵、蒸馏而成。因其酿造工艺较简单，发酵期短，并在半固态状态下发酵，故其香味组分相对较少。

表 4-5　米香型白酒主要香味成分含量

| (一)酯类化合物 | | | | | |
| --- | --- | --- | --- | --- | --- |
| 名称 | 含量/(mg/L) | 名称 | 含量/(mg/L) | 名称 | 含量/(mg/L) |
| 辛酸乙酯 | 2.7 | 乳酸乙酯 | 995.0 | 油酸乙酯 | 15.1 |
| 乙酸乙酯 | 245.0 | 癸酸乙酯 | 2.4 | 亚油酸乙酯 | 17.0 |
| 丁二酸二乙酯 | 5.8 | 月桂酸乙酯 | 1.72 | | |
| 庚酸乙酯 | 4.4 | 棕榈酸乙酯 | 50.2 | | |

| (二)醇类化合物 | | | | | |
| --- | --- | --- | --- | --- | --- |
| 名称 | 含量/(mg/L) | 名称 | 含量/(mg/L) | 名称 | 含量/(mg/L) |
| 正丙醇 | 197.0 | 正丁醇 | 8.0 | 异丁醇 | 462.0 |
| 2,3-丁二醇 | 49.0 | 异戊醇 | 960.0 | $\beta$-苯乙醇 | 33.2 |

| (三)有机酸类化合物 | | | | | |
| --- | --- | --- | --- | --- | --- |
| 名称 | 含量/(mg/L) | 名称 | 含量/(mg/L) | 名称 | 含量/(mg/L) |
| 乙酸 | 215.0 | 月桂酸 | 0.16 | 庚酸 | 10.0 |
| 乳酸 | 978.0 | 亚油酸 | 0.46 | 油酸 | 0.74 |
| 辛酸 | 0.58 | 丁二酸 | 1.1 | | |

| (四)羰基化合物 | | | | | |
| --- | --- | --- | --- | --- | --- |
| 名称 | 含量/(mg/L) | 名称 | 含量/(mg/L) | 名称 | 含量/(mg/L) |
| 乙醛 | 35.0 | 乙缩醛 | 142.0 | 糠醛 | 0.9 |

从表 4-5 中可以看出，米香型白酒香味组分有如下几个特点：

① 香味组分总含量较少。

② 总醇含量超过了总酯含量。

③ 酯类化合物中，乳酸乙酯的含量最多，超过了乙酸乙酯的含量。

④ 醇类化合物中，异戊醇含量最高，正丙醇和异丁醇的含量也相当高。其中，异戊醇和异丁醇的绝对含量超过了浓香型白酒和清香型白酒。$\beta$-苯乙醇含量较高，它的绝对含量也超过了清香型和浓香型白酒。

⑤ 有机酸类化合物中，以乳酸含量最高，其次为乙酸，它们含量之和占总酸量的 90％以上。

⑥ 羰基化合物含量较低。

从米香型白酒的香味组分特点上看，该类香型白酒总组分含量少，而总醇含量较高，甚至超过了总酯的含量。米香型白酒在香气特征上可嗅辨到醇的香气，同时在口味上有较明显的苦味感，这些特征都与它的醇类化合物构成有直接的关系。此外，一般米香型白酒酒度较低时，入口有醇甜的感觉，这也与醇类化合物较易与水形成氢键有直接的关系。

典型的米香型酒无色、清澈透明，闻香有以乙酸乙酯和 $\beta$-苯乙醇为主体的淡雅的复合香气，入口醇甜，甘爽，落口怡畅。在口味上有微香的感觉，香味持续时间不长。香气上突出淡雅的蜜香，在口味上突出了醇甜、甘爽、回味怡畅、微苦、回味不长等特点。

## 四、酱香型酒香味成分特点及风味特征

综观众多的有关酱香型酒检测资料，酱香型茅台酒的醇、酯、酸和羰基化合物组分有以下几个特点（表 4-6）：

表 4-6 茅台酒主要香味成分含量

（一）酯类化合物

| 名称 | 含量/(mg/L) | 名称 | 含量/(mg/L) | 名称 | 含量/(mg/L) |
|------|------|------|------|------|------|
| 甲酸乙酯 | 172.0 | 己酸乙酯 | 424 | 苯乙酸乙酯 | 0.75 |
| 乙酸乙酯 | 1470.0 | 庚酸乙酯 | 5.0 | 壬酸乙酯 | 5.7 |
| 丙酸乙酯 | 557 | 丁二酸二乙酯 | 5.4 | 月桂酸乙酯 | 0.6 |
| 丁酸乙酯 | 261.0 | 辛酸乙酯 | 12.0 | 肉豆蔻酸乙酯 | 0.9 |
| 乳酸乙酯 | 1378.0 | 癸酸乙酯 | 3.0 | 棕榈酸乙酯 | 27.0 |
| 戊酸乙酯 | 42 | 乙酸异戊酯 | 6.0 | 油酸乙酯 | 10.5 |

（二）醇类化合物

| 名称 | 含量/(mg/L) | 名称 | 含量/(mg/L) | 名称 | 含量/(mg/L) |
|------|------|------|------|------|------|
| 正丙醇 | 1440.0 | 辛醇 | 56.0 | 正戊醇 | 7.0 |
| 2,3-丁二醇 | 151.0 | 异戊醇 | 460.0 | $\beta$-苯乙醇 | 17.0 |
| 异丁醇 | 178.0 | 正己醇 | 27.0 | 第二戊醇 | 15.0 |
| 正丁醇 | 113.0 | 庚醇 | 101.0 | 第三戊醇 | |

（三）有机酸类化合物

| 名称 | 含量/(mg/L) | 名称 | 含量/(mg/L) | 名称 | 含量/(mg/L) |
|------|------|------|------|------|------|
| 乙酸 | 1442.0 | 己酸 | 115.2 | 棕榈酸 | 19.0 |
| 丙酸 | 171.1 | 庚酸 | 4.7 | 亚油酸 | 10.8 |
| 丁酸 | 100.6 | 辛酸 | 3.5 | 油酸 | 5.6 |
| 异丁酸 | 22.8 | 壬酸 | 0.3 | 苯甲酸 | 2.0 |
| 戊酸 | 29.1 | 癸酸 | 0.5 | 苯乙酸 | 2.7 |
| 异戊酸 | 23.4 | 乳酸 | 1057.0 | | |
| 月桂酸 | 3.2 | 苯丙酸 | 0.4 | | |

（四）羰基化合物

| 名称 | 含量/(mg/L) | 名称 | 含量/(mg/L) | 名称 | 含量/(mg/L) |
|------|------|------|------|------|------|
| 乙醛 | 234.2 | 双乙酰 | 230.0 | 糠醛 | 294.0 |
| 乙缩醛 | 537.9 | 醋镓 | 405.9 | 苯甲醛 | 5.6 |
| 异戊醛 | 98.0 | 异丁醛 | 11.0 | | |

① 有机酸总量很高，明显高于浓香型和清香型白酒。在有机酸组分中，乙酸含量多，乳酸含量也较多，它们各自的绝对含量是各类香型白酒相应组分含量之冠。同时，有机酸的种类也很多。在品尝茅台酒时，能明显感觉到酸味，这与它的总酸含量高、乙酸与乳酸的绝对含量高有直接的关系。

② 总醇含量高，尤以正丙醇最为突出，这与茅台酒的"爽口"有很大关系。同时，醇类含量高还可以起到对其他香气组分"助香"和"提扬"的作用。

③ 己酸乙酯含量并不高，一般在 40～50mg/100mL 左右。酯类组分种类很多，含量最高的是乙酸乙酯和乳酸乙酯，己酸乙酯在众多的酯类中并没有突出自身

的香气特征。同时，酯类化合物与其他组分香气相比较，在酱香型酒的香气中表现也不十分突出。

④羰基化合物总量是各类香型白酒相应组分含量之首。特别是糠醛，它与其他各类香型白酒含量相比是最多的；还有异戊醛、丁二酮和醋鎓也是含量最多的。这些化合物的气味特征中多少有一些焦香和烟香的特征，与茅台酒中的某些气味有相似之处。

⑤富含高沸点化合物，是各香型白酒相应组分之冠。这些高沸点化合物包括了高沸点的有机酸、醇、酯、芳香族化合物和氨基酸，这些物质对酱香型酒的柔和、细腻、丰满起着重要作用。

酱香型酒香味成分的复杂程度是各类香型白酒之首，对其香味组分的研究尚有很多未知数。

典型酱香型白酒的风味特征是：香气幽雅，酱香突出，入口醇甜绵柔，具有较明显的酸味，口感细腻，回味悠长，空杯留香持久。

## 五、凤香型白酒的香味成分特点及风味特征

凤香型酒因工艺、储存容器独特而自成一格，其香味组分有以下特点（表4-7）：

表4-7  西凤酒主要香味成分含量

| （一）酯类化合物 | | | | | |
| 名称 | 含量 /(mg/L) | 名称 | 含量 /(mg/L) | 名称 | 含量 /(mg/L) |
| --- | --- | --- | --- | --- | --- |
| 甲酸乙酯 | 13.9 | 苯乙酸乙酯 | 1.4 | 肉豆蔻酸乙酯 | 2.1 |
| 乙酸乙酯 | 1177.8 | 癸酸乙酯 | 2.7 | 棕榈酸乙酯 | 12.0 |
| 丙酸乙酯 | 0.44 | 正戊酸异戊酯 | 5.4 | 亚油酸乙酯 | 9.9 |
| 丁酸乙酯 | 68.6 | 己酸异戊酯 | 0.6 | 油酸乙酯 | 6.7 |
| 乳酸乙酯 | 718.1 | 苯甲酸乙酯 | 1.0 | 苯甲酸乙酯 | 1.0 |
| 戊酸乙酯 | 7.9 | 乙酸丁酯 | 2.4 | 丁酸异戊酯 | 0.7 |
| 己酸乙酯 | 354 | 乙酸异戊酯 | 15.6 | 异戊酸异戊酯 | 4.7 |
| 庚酸乙酯 | 7.1 | 己酸丁酯 | 3.4 | 己酸戊酯 | 3.2 |
| 丁二酸二乙酯 | 1.5 | 壬酸乙酯 | 0.5 | | |
| 辛酸乙酯 | 7.4 | 月桂酸乙酯 | 1.2 | | |
| （二）醇类化合物 | | | | | |
| 名称 | 含量 /(mg/L) | 名称 | 含量 /(mg/L) | 名称 | 含量 /(mg/L) |
| 正丙醇 | 214.7 | 异戊醇 | 520.1 | $\beta$-苯乙醇 | 7.1 |
| 2,3-丁二醇 | 20.8 | 己醇 | 42.1 | 庚醇 | 0.8 |
| 异丁醇 | 213.9 | 仲丁醇 | 37.3 | 第二戊醇 | 8.3 |
| 正丁醇 | 211.3 | 正戊醇 | 28.6 | | |
| 糠醇 | 4.3 | 辛醇 | 0.2 | | |

| （三）有机酸类化合物 | | | | | |
|---|---|---|---|---|---|
| 名称 | 含量/(mg/L) | 名称 | 含量/(mg/L) | 名称 | 含量/(mg/L) |
| 乙酸 | 432.9 | 己酸 | 90.2 | 棕榈酸 | 8.6 |
| 丙酸 | 7.5 | 庚酸 | 7.8 | 亚油酸 | 2.3 |
| 丁酸 | 109.0 | 辛酸 | 3.7 | 油酸 | 3.4 |
| 异丁酸 | 9.8 | 壬酸 | 0.4 | 丁二酸 | 0.8 |
| 戊酸 | 8.2 | 癸酸 | 0.5 | 苯乙酸 | 0.4 |
| 异戊酸 | 8.5 | 乳酸 | 68.9 | | |

| （四）羰基化合物 | | | | | |
|---|---|---|---|---|---|
| 名称 | 含量/(mg/L) | 名称 | 含量/(mg/L) | 名称 | 含量/(mg/L) |
| 乙醛 | 356.6 | 异戊醛 | 1.7 | 糠醛 | 3.0 |
| 乙缩醛 | 424.1 | 苯甲醛 | 0.2 | 异丁醛 | 3.9 |

| （五）其他类化合物 | | | | | |
|---|---|---|---|---|---|
| 名称 | 含量/(mg/L) | 名称 | 含量/(mg/L) | 名称 | 含量/(mg/L) |
| 醋𰀚 | 13.5 | 4-乙基木酚 | 0.08 | 4-乙基酚 | 0.195 |
| 对甲酚 | 1.79 | 丙酸羟胺、乙酸羟胺 | 100～200（固形物中有） | 苯酚 | 1.35 |
| 1,1-二乙氧基异戊烷 | 0.005 | | | 6-甲基-2-乙基吡嗪 | 0.09 |
| 三甲基吡嗪 | 0.2 | 邻甲酚 | 0.14 | 3,6-甲基-2-乙基吡嗪 | 0.12 |
| 4-甲基吡嗪 | 1.48 | 间甲酚 | 0.05 | | |

① 凤香型酒香味组分介于浓香型与清香型酒之间。组分的总含量均低于浓香型和清香型白酒，其中，总酸与总酯含量明显低于浓香型白酒，略低于清香型白酒。

② 凤香型白酒酯类化合物组分中，乙酸乙酯含量最高，它的绝对含量低于清香型和浓香型白酒，浓度在80～150mg/100mL之间；己酸乙酯含量高于清香型白酒，而明显低于浓香型白酒，其含量高低会影响凤香型白酒的整体风味和典型风格。当己酸乙酯含量大于50mg/100mL时，凤香型白酒的风格将偏向浓香型；当浓度低于10mg/100mL时，会偏向清香型风味。所以己酸乙酯在体系中的含量极大地影响着凤香型白酒的风格。它的含量一般在10～50mg/100mL之间。同时，乙酸乙酯与己酸乙酯也应有一个恰当的比例，否则也会影响凤香型白酒的风格。它们的比例为：乙酸乙酯：己酸乙酯＝1：（0.12～0.37）；乳酸乙酯与乙酸乙酯的比例大约为（0.6～0.8）：1。在凤香型白酒中，丁酸乙酯、丁酸和己酸的含量明显低于浓香型白酒，而高于清香型白酒。

③ 醇类化合物含量较高。这是它组分中很重要的一个特点，并影响着这类白酒的风味。它的总醇含量明显高于清香型和浓香型白酒。在醇类组分中，异戊醇、正丙醇、异丁醇和正丁醇的含量较高。总醇与总酯含量的比例大约在0.55：1。

④ 含有较多量的乙酸羟胺和丙酸羟胺，这与它储酒使用的特殊容器材质有直接关系，也使得凤香型白酒的固形物含量较高。

⑤ 酚类、吡嗪类化合物的绝对含量较低。

典型凤香型白酒的风味特征是：醇香突出，具有以乙酸乙酯为主、一定量的己酸乙酯和其他酯类香气为辅的微弱酯类复合香气，入口突出醇和浑厚、挺烈的特点，不暴烈，落口干净、爽口。

## 六、特香型白酒的香味组分特点及风味特征

特香型白酒以其独特的生产工艺及原料使用方法，而形成特有的香味组分特点及风味特征（表4-8）：

表4-8 四特酒主要香味成分含量

| | | | | | |
|---|---|---|---|---|---|
| (一)酯类化合物 | | | | | |
| 名称 | 含量/(mg/L) | 名称 | 含量/(mg/L) | 名称 | 含量/(mg/L) |
| 甲酸乙酯 | 44.5 | 甲酸己酯 | 1.1 | 己酸异丁酯 | 0.7 |
| 乙酸乙酯 | 1354.6 | 己酸-2-甲基丁酯 | 0.1 | 油酸乙酯 | 18.3 |
| 己酸-2-丁酯 | 0.1 | 异丁酸乙酯 | 3.4 | 硬脂酸乙酯 | 1.8 |
| 丁酸乙酯 | 95.3 | 丁酸-2-甲基丁酯 | 1.0 | 异己酸乙酯 | 2.1 |
| 乳酸乙酯 | 1118.0 | 异庚酸乙酯 | 2.5 | 己酸正戊酯 | 0.1 |
| 戊酸乙酯 | 115.6 | 乙酸异丁酯 | 0.8 | 乙酸己酯 | 1.0 |
| 己酸乙酯 | 320.2 | 乙酸异戊酯 | 2.7 | 庚酸乙酯 | 181.0 |
| 己酸己酯 | 0.1 | 己酸丁酯 | 0.6 | 丁酸异戊酯 | 0.2 |
| 丁二酸二乙酯 | 3.4 | 壬酸乙酯 | 3.9 | 异戊酸乙酯 | 2.1 |
| 辛酸乙酯 | 39.5 | 月桂酸乙酯 | 1.0 | 己酸甲酯 | 0.1 |
| 苯乙酸乙酯 | 1.0 | 肉豆蔻酸乙酯 | 8.7 | | |
| 癸酸乙酯 | 2.0 | 棕榈酸乙酯 | 70.9 | | |
| (二)醇类化合物 | | | | | |
| 名称 | 含量/(mg/L) | 名称 | 含量/(mg/L) | 名称 | 含量/(mg/L) |
| 正丙醇 | 154.7 | 异戊醇 | 430.6 | 正己醇 | 12.2 |
| 异丁醇 | 200.8 | 仲丁醇 | 100.3 | 甲醇 | 124.0 |
| 正丁醇 | 47.9 | 正戊醇 | 10.3 | 2-丁醇 | 172.4 |
| 2-戊醇 | 4.5 | 正庚醇 | 1.8 | 2-甲-1-丁醇 | 95.7 |
| β-苯乙醇 | 9.3 | 糠醇 | 7.2 | 1,2-丙二醇 | 2.0 |
| 2,3-丁二醇(左旋) | 41.0 | 2,3-丁二醇(内消旋) | 12.4 | | |
| (三)有机酸类化合物 | | | | | |
| 名称 | 含量/(mg/L) | 名称 | 含量/(mg/L) | 名称 | 含量/(mg/L) |
| 乙酸 | 820.5 | 己酸 | 133.1 | 棕榈酸 | 24.6 |
| 丙酸 | 69.1 | 庚酸 | 54.5 | 亚油酸 | 8.1 |
| 丁酸 | 73.2 | 辛酸 | 12.4 | 油酸 | 4.8 |
| 异丁酸 | 5.2 | 壬酸 | 0.2 | 苯甲酸 | 0.3 |
| 戊酸 | 58.3 | 癸酸 | 0.8 | 苯乙酸 | 0.5 |
| 异戊酸 | 6.0 | 乳酸 | 369.8 | 硬脂酸 | 0.5 |
| 异己酸 | 1.2 | 十三酸 | 0.2 | 肉豆蔻酸 | 2.8 |
| 十五酸 | 0.2 | 棕榈油酸 | 0.4 | | |

## (四)羰基化合物

| 名称 | 含量/(mg/L) | 名称 | 含量/(mg/L) | 名称 | 含量/(mg/L) |
|---|---|---|---|---|---|
| 乙醛 | 166.8 | 正丙醛 | 3.5 | 糠醛 | 37.6 |
| 乙缩醛 | 481.0 | 2-辛酮 | 0.4 | 苯甲醛 | 4.3 |
| 异戊醛 | 55.1 | 2-甲基丁醛 | 14.0 | 壬醛 | 0.3 |
| 2-庚酮 | 0.3 | | | | |

## (五)烷基类化合物

| 名称 | 含量/(mg/L) | 名称 | 含量/(mg/L) | 名称 | 含量/(mg/L) |
|---|---|---|---|---|---|
| 1,1-二乙氧基乙烷 | 239.7 | 1,1-二乙氧基异丁烷 | 1.7 | 1,1-二乙氧基异戊烷 | 24.4 |
| 1,1-二乙氧基-丙氧基乙烷 | 0.2 | 1,1-二乙氧基-异戊氧基乙烷 | 0.3 | 1,1-二乙氧基-2-甲基丁烷 | 5.3 |

## (六)含氮杂环类化合物

| 名称 | 含量/(μg/L) | 名称 | 含量/(μg/L) | 名称 | 含量/(μg/L) |
|---|---|---|---|---|---|
| 2-甲基吡嗪 | 46 | 3-异丁基-2,5-二甲基吡嗪 | 15 | 3-乙基-3,3-二甲基吡嗪 | 59 |
| 2,5-二甲基吡嗪 | 59 | 吡啶 | 198 | 3-异丁基吡啶 | 89 |
| 2,6-二甲基吡嗪 | 123 | 吡嗪 | 13 | 噻唑 | 121 |
| 2,3-二甲基吡嗪 | 61 | 2-乙基-6-甲基吡嗪 | 86 | 三甲基噻唑 | 51 |
| 4-甲基吡嗪 | 603 | 2-乙基-5-甲基吡嗪 | 3 | | |
| 2-甲基-3,5-二乙基吡嗪 | 31 | 三甲基吡嗪 | 246 | | |
| 2-乙基-3-异丁基-6-甲基吡嗪 | 12 | 2,6-二乙基吡嗪 | 7 | | |

## (七)含硫化合物

| 名称 | 含量/(μg/L) | 名称 | 含量/(μg/L) | 名称 | 含量/(μg/L) |
|---|---|---|---|---|---|
| 二甲基二硫 | 161 | 二甲基三硫 | 156 | | |

① 特香型酒富含奇数碳的脂肪酸乙酯,其含量是各类香型白酒相应组分之冠。这些奇数碳的乙酯包括了丙酸乙酯、戊酸乙酯、庚酸乙酯和壬酸乙酯。

② 四特酒中正丙醇含量较多,这与丙酸乙酯和丙酸的高含量相关。

③ 四特酒中有特别高含量的高级脂肪酸及其乙酯,它是其他各类香型白酒无法比拟的。这一类化合物主要是指14～18个碳的脂肪酸及其乙酯。如肉豆蔻酸、棕榈酸、油酸、亚油酸、硬脂酸及其乙酯等,这些高级脂肪酸及其乙酯对四特酒的口味柔和与香气持久起了相当大的作用。

典型的特香型酒的风味特征是:闻香以酯类的复合香气为主,酯类香气突出以乙酸乙酯和己酸乙酯为主体的香气特征,入口放香有较明显的似庚酸乙酯气味的酯类香气,闻香还有轻微的焦烟香气,口味柔和而持久,甜味明显。

## 七、芝麻香型白酒的香味成分特点及风味特征

芝麻香型白酒在风味特征上有别于清香、浓香、酱香和米香型白酒。它与浓香、清香和酱香型白酒的定性成分大致相同，主要是一些特征组分的差异。国井、一品景芝酒的香气特征并不是其酯类香气有什么独特之处，而是在它的香气中具有一种类似焙炒芝麻的香味特点，这种特殊的香气与其他类香气组合，形成了芝麻香型白酒特有的香气风格（表4-9、表4-10）。在芝麻香型白酒中，总酯含量及己酸乙酯的含量相对较低，吡嗪类化合物又有相当的绝对含量，它相对酯类组分或己酸乙酯的含量所占的比例增加，因此，在芝麻香型白酒香气中吡嗪类化合物的香气作用必然会突出表现出来。含氧的呋喃类化合物也呈现出类似吡嗪类化合物的特点。它低于酱香型白酒，略低于兼香型白酒，而明显高于清香型和浓香型白酒。呋喃类化合物大多具有甜样的焦香气味，极易与吡嗪类化合物的气味混合，形成独特的焦香香气。它在酯类香气较淡雅的芝麻香型白酒香气中的作用也不容忽视。另外，初步认定，二甲基三硫、3-甲硫基丙醇、3-甲硫基丙酸乙酯是芝麻香型白酒中很特殊的特征组分。

表4-9　国井酒主要香味组分含量

| 信号 | 保留时间/min | 类型 | 面积(pA * s) | 含量/面积比率 | 含量/(mg/L) | 名称 |
|---|---|---|---|---|---|---|
| 1 | 1.311 | MF m | 72.01829 | 499.68534 | 401.61641 | 乙醛 |
| 1 | 1.506 | MM m | 0.51482 | 365.44520 | 2.09967 | 正丙醛 |
| 1 | 1.570 | MF m | 5.58594 | 497.90633 | 31.03958 | 异丁醛 |
| 1 | 1.596 | FM m | 6.97508 | 89.60411 | 6.97508 | 丙酮 |
| 1 | 1.626 | FM m | 9.39594 | 570.13070 | 59.78426 | 甲酸乙酯 |
| 1 | 1.933 | MF m | 522.61119 | 269.99773 | 1574.74726 | 乙酸乙酯 |
| 1 | 2.038 | FM m | 25.42034 | 1738.59969 | 493.23401 | 乙缩醛 |
| 1 | 2.108 | FM m | 16.81675 | 1098.10466 | 183.09047 | 甲醇 |
| 1 | 2.880 | FM m | 0.87634 | 133.25763 | 1.30328 | 2-戊酮 |
| 1 | 3.387 | VB+I | 87.66797 | 1.02208 | 1.00000 | 内标1 |
| 1 | 3.643 | BV | 19.03465 | 175.26519 | 37.23167 | 仲丁醇 |
| 1 | 3.762 | VP | 39.10836 | 245.57816 | 157.18436 | 丁酸乙酯 |
| 1 | 3.949 | PP | 211.50666 | 193.81995 | 457.50366 | 正丙醇 |
| 1 | 4.622 | MF m | 2.13752 | 316.59176 | 7.55235 | 2-甲基丁烷 |
| 1 | 4.742 | FM m | 13.35009 | 270.87170 | 40.35710 | 3-甲基丁烷 |
| 1 | 5.682 | MM m | 108.86127 | 162.49353 | 197.41563 | 异丁醇 |
| 1 | 6.062 | MM m | 2.30318 | 99.75767 | 2.56417 | 乙酸异戊酯 |

| 信号 | 保留时间/min | 类型 | 面积(pA＊s) | 含量/面积比率 | 含量/(mg/L) | 名称 |
|---|---|---|---|---|---|---|
| 1 | 6.459 | PP | 5.26357 | 284.25277 | 16.69772 | 戊酸乙酯 |
| 1 | 6.891 | MM m | 1.83467 | 187.78717 | 3.84500 | 2-戊醇 |
| 1 | 7.704 | BV | 48.30804 | 154.62182 | 83.36087 | 正丁醇 |
| 1 | 7.958 | VP＋I | 70.26586 | 1.27522 | 1.00000 | 内标2 |
| 1 | 9.767 | BB | 288.94890 | 135.27001 | 436.20902 | 异戊醇 |
| 1 | 10.157 | BB | 121.87952 | 205.24485 | 379.17406 | 己酸乙酯 |
| 1 | 11.226 | FM m | 11.69224 | 111.71188 | 14.57704 | 正戊醇 |
| 1 | 12.276 | MM m | 12.96227 | 291.96502 | 42.23612 | 醋镝 |
| 1 | 13.585 | FM m | 2.38166 | 230.46184 | 6.12562 | 庚酸乙酯 |
| 1 | 14.226 | BV | 294.02755 | 325.41804 | 1167.82898 | 乳酸乙酯 |
| 1 | 14.482 | VP | 12.69261 | 178.12620 | 25.23195 | 正己醇 |
| 1 | 15.766 | FM m | 0.71523 | 259.65768 | 2.07261 | 己酸丁酯 |
| 1 | 16.287 | FM m | 3.22225 | 244.82844 | 8.80428 | 辛酸乙酯 |
| 1 | 16.773 | MM m | 0.62025 | 213.33678 | 1.47675 | 己酸异戊酯 |
| 1 | 16.913 | MM m | 150.01840 | 700.89859 | 1173.46939 | 乙酸 |
| 1 | 17.159 | MM m | 37.71292 | 380.74186 | 160.24810 | 糠醛 |
| 1 | 18.471 | FM m | 24.38840 | 221.54563 | 60.30018 | 2,3-丁二醇(左旋) |
| 1 | 18.512 | FM m | 3.34680 | 578.41359 | 21.60429 | 丙酸 |
| 1 | 18.931 | MM m | 3.13328 | 347.96762 | 12.16775 | 异丁酸 |
| 1 | 19.069 | MM m | 5.37840 | 514.99840 | 30.91227 | 2,3-丁二醇(内消旋) |
| 1 | 19.834 | MF m | 21.63270 | 318.32028 | 76.85057 | 丁酸 |
| 1 | 20.331 | MF m | 3.30117 | 313.74111 | 11.55876 | 糠醇 |
| 1 | 20.406 | FM m | 5.24802 | 293.53712 | 17.19216 | 异戊酸 |
| 1 | 20.464 | FM m | 1.34893 | 144.20785 | 2.17095 | 丁二酸二乙酯 |
| 1 | 21.042 | FM m | 0.25789 | 283.76191 | 0.81670 | 3-甲硫基丙醇 |
| 1 | 21.307 | MM m | 2.72251 | 293.72698 | 8.92453 | 戊酸 |
| 1 | 21.549 | BB＋I | 89.60411 | 1.00000 | 1.00000 | 内标3 |
| 1 | 21.912 | MM m | 1.50620 | 226.76866 | 3.81186 | 苯乙酸乙酯 |
| 1 | 22.510 | MM m | 1.63017 | 291.19421 | 5.29770 | 十二酸乙酯 |
| 1 | 22.619 | MM m | 61.15003 | 227.26143 | 155.09380 | 己酸 |
| 1 | 23.446 | MM m | 9.90851 | 165.95973 | 18.35199 | β-苯乙醇 |

| 信号 | 保留时间/min | 类型 | 面积(pA * s) | 含量/面积比率 | 含量/(mg/L) | 名称 |
|------|------------|------|------------|-------------|------------|------|
| 1 | 23.849 | MM m | 1.13176 | 294.01169 | 3.71356 | 庚酸 |
| 1 | 24.806 | MM m | 1.37515 | 89.60411 | 1.37515 | 十四酸乙酯 |
| 1 | 24.996 | FM m | 1.70327 | 275.85023 | 5.24359 | 辛酸 |
| 1 | 26.880 | MM m | 4.36011 | 152.31198 | 8.41145 | 棕榈酸乙酯 |
| 1 | 28.971 | MF m | 1.61480 | 170.86147 | 4.07918 | 油酸乙酯 |
| 1 | 29.427 | MM m | 3.20895 | 204.67775 | 8.33004 | 亚油酸乙酯 |

表 4-10　一品景芝主要香味组成含量

(一)醇、酸、酯、羰基化合物

| 名称 | 含量/(mg/L) | 名称 | 含量/(mg/L) |
|------|-----------|------|-----------|
| 正丙醇 | 170.7 | 乳酸 | 52.0 |
| 仲丁醇 | 88.0 | 乙酸乙酯 | 1600.0 |
| 异戊醇 | 332.0 | 丁酸乙酯 | 179.0 |
| 异丁醇 | 194.0 | 己酸乙酯 | 324.0 |
| 正丁醇 | 155.5 | 乳酸乙酯 | 572.0 |
| 甲酸 | 11.0 | 乙醛 | 203.0 |
| 乙酸 | 466.0 | 乙缩醛 | 163.0 |
| 丙酸 | 21.0 | 糠醛 | 50.0 |
| 丁酸 | 69.0 | β-苯乙醇 | 4.6 |
| 己酸 | 78.0 | 丁二酸二乙酯 | 4.0 |
| | | 总量 | 4736.8 |

(二)吡嗪类及其他杂环类化合物

| 名称 | 含量/(μg/L) | 名称 | 含量/(μg/L) |
|------|-----------|------|-----------|
| 吡嗪 | 23 | 4-甲基吡嗪 | 156 |
| 2-甲基吡嗪 | 154 | 2-甲基-3,5-二乙基吡嗪 | 17 |
| 2,5-二甲基吡嗪 | 57 | 3-异丁基-2,5-二甲基吡嗪 | 12 |
| 2,6-二甲基吡嗪 | 341 | 三甲基噻唑 | 49 |
| 2,3-二甲基吡嗪 | 48 | 2-乙基-3-异丁基-6-甲基吡嗪 | 33 |
| 2-乙基-6-甲基吡嗪 | 244 | 3-异戊基-2,5-二甲基吡嗪 | 7 |
| 2-乙基-5-甲基吡嗪 | 21 | 3-丙基-5-乙基-2,6-二甲基吡嗪 | 26 |
| 三甲基吡嗪 | 217 | 3-异丁基吡嗪 | 3 |
| 2,6-二乙基吡嗪 | 40 | 吡啶 | 101 |
| 3-乙基-2,5-二甲基吡嗪 | 31 | 噻唑 | 49 |
| 2-乙基-3,5-二甲基吡嗪 | 93 | 总量 | 1722 |

芝麻香型酒风味特征：闻香有以乙酸乙酯为主要酯类的淡雅香气，焦香突出，入口放香以焦香和煳香气味为主，香气中带有似"炒芝麻"的气味，口味醇厚、爽口。

## 八、豉香型白酒的香味成分特点及风味特征

豉香型白酒是以大米为原料，小曲大酒饼为糖化发酵剂，半固态半液态边糖化边发酵，釜式液态蒸馏得基础酒（斋酒），再经陈肥肉浸酝、储存、勾兑而成的一种白酒。"豉香"与一般食品中的豉香概念不同，也不是习惯上所称的蛋白质发酵、水解物的香气，它是斋酒的米香型白酒香气与后熟肥肉浸酝工艺产生的特殊气味所组成的复合香气。玉冰烧酒是其代表。

豉香型白酒的斋酒香味组分整体结构与一般的米香型白酒组分特点相类似。但由于豉香型白酒的斋酒在蒸馏接酒工艺中要求酒度较低，因此，它的各个组分的绝对含量与一般的米香型白酒相比含量较低（表 4-11）。在豉香型斋酒组分中 $\beta$-苯乙醇的含量相当高，居各类香型白酒之首，比米香型白酒高出近 1 倍，这是它组分的一大特点。

**表 4-11　豉香型斋酒主要香味组分含量**

| 名称 | 含量/(mg/L) | 名称 | 含量/(mg/L) | 名称 | 含量/(mg/L) |
|---|---|---|---|---|---|
| 甲酸 | 4.7 | 正丙醇 | 367.4 | 乳酸乙酯 | 91.7 |
| 乙酸 | 182.1 | 异丁醇 | 292.1 | 乙醛 | 27.3 |
| 己酸 | 6.6 | 异戊醇 | 658.3 | 正丁醇 | 25.3 |
| 乳酸 | 58.4 | 乙酸乙酯 | 227.3 | $\beta$-苯乙醇 | 71.0 |

斋酒经浸酝后，由于肥肉的一些成分的溶出和作用，使斋酒的一些组分发生了变化。最显著的特点是，经浸肉后含有相当数量的高沸点的二元酸酯，其主要组分为壬二酸二乙酯、辛二酸二乙酯，相应的壬二酸、辛二酸含量也较高，这是玉冰烧酒的特征组分。

典型的豉香型白酒的风味特征：香气有以乙酸乙酯和 $\beta$-苯乙醇为主体的清雅香气，并带有明显脂肪氧化的陈肉香气（豉香），口味绵软，柔和，落口甘爽润滑，余味较长。

## 九、兼香型白酒的香味成分特点及风味特征

所谓"兼香"是指浓香型和酱香型白酒的风味特点兼而有之，具体的代表产品是湖北的白云边、安徽的口子窖。兼香型的白云边酒，在标志浓香和酱香型白酒特征的一些化合物组分含量上恰恰落在了浓香与酱香型白酒之间，较好地体现了它浓、酱兼而有之的特点。然而，它的某些组分含量并不是完全介于浓、酱之间，有些组分比较特殊，其含量高出了浓香与酱香型白酒相应组分许多倍，这也表明兼香型白酒除浓、酱兼而有之以外的个性特征组分，如庚酸、庚酸乙酯、$\alpha$-辛酮、乙酸异戊酯、乙酸-$\alpha$-甲基丁酯、异丁酸、丁酸等均高于酱香和浓香型酒许多。

随着科学技术的发展和市场的变化，市面上出现了不少"兼香"型酒，不受上述"兼香"型的约束，颇受消费者的喜爱。

典型的兼香型酒其风味特征：体现出设计的特色，香气柔和，复合自然，口味绵甜，醇和谐调。

## 十、药香型白酒的香味成分特点及风味特征

药香型白酒以董酒为代表。它采取大曲与小曲并用，还在制曲配料中添加了数十味中药。它的酿酒工艺是小曲发酵酿酒、大曲发酵制成香醅，并采用串蒸的独特蒸馏方式进行。

这类白酒的香气有浓郁的酯香并有舒适的药香，在香味组分上有如下特点（表4-12）：

① 总酸含量非常高，其中乙酸含量最高。非常突出的是这类白酒的丁酸含量，超过了任何一种香型白酒，相应的丁酸乙酯含量也较高。

② 总醇含量超过总酯，与米香型白酒组分特点相似。

③ 总酯含量低于总酸含量。

④ 含一定量的己酸乙酯、丁酸乙酯和己酸，具有浓香型的一些香气特点。

⑤ 尚有许多香味成分，特别是药香成分，还有待探索。

表4-12  董酒主要香味组分含量

| 组分 | 含量/(mg/L) | 组分 | 含量/(mg/L) |
|---|---|---|---|
| 正丙醇 | 1470.0 | 乙醛 | 205.0 |
| 仲丁醇 | 1328.0 | 异戊醛 | — |
| 异丁醇 | 432.0 | 乙缩醛 | 96.0 |
| 正丁醇 | 348.0 | 双乙酰 | 4.0 |
| 异戊醇 | 929.0 | | |
| 正戊醇 | 47.0 | 甲酸 | 32.0 |
| | | 乙酸 | 1321.0 |
| 甲酸乙酯 | 32.0 | 丙酸 | 206.0 |
| 乙酸乙酯 | 1211.0 | 丁酸 | 462.0 |
| 丁酸乙酯 | 280.0 | 戊酸 | 97.0 |
| 戊酸乙酯 | 19.0 | 己酸 | 311.0 |
| 己酸乙酯 | 431.0 | 乳酸 | 487.0 |
| 乳酸乙酯 | 752.0 | | |

药香型白酒闻香有较浓郁的酯香，药香舒适，带有丁酸及丁酸乙酯的复合香气，入口能感觉出酸味、醇甜，回味悠长，具小曲酒和大曲酒的风味。

# 第五章 白酒勾兑材料

## 第一节 白酒勾兑用水处理技术

白酒勾兑用水的处理方法是较复杂的，首先要考虑水质和工厂条件、经济合理性等问题。

白酒生产中保持质量稳定最关键的一环是勾兑，勾兑用水的质量不仅影响白酒的内在质量，如杂质含量高使酒产生沉淀，还影响白酒的外观质量。近几年，白酒的国家标准中增加了固形物含量项目。酒中的固形物大部分来自勾兑用水。

### 一、酒勾兑用水的要求

勾兑用水是引起白酒固形物超标的一个重要因素。为此，勾兑用水必须事先处理，可采用离子交换树脂法、电渗析法、反渗透膜法等，原水硬度在 20mol/L 以上，经过处理的软化水硬度在 0.04mol/L 以下，水质达到无色无味无悬浮物等要求。在水处理过程中，严格按工艺流程操作，及时检查设备运转情况，及时化验水的理化指标，切实保证勾兑用水质量。

勾兑用水应使用软化水，有条件的最好使用纯净水。

### 二、白酒勾兑用水处理技术

#### （一）离子交换处理技术

用离子交换树脂制备无离子水在化工方面已是十分成功并广泛应用的技术，但配酒用水不必达到无离子水的水平，可按要求控制。

离子交换膜是一种有离子交换作用的薄膜，阳离子交换膜只能让水中阳离子通过，而阴离子交换膜只能让水中阴离子通过。如将阳膜、阴膜、阳膜依次交替排列，并在两端设置电极，通直流电，使需处理的水通过阳膜和阴膜的隔室内，水中的正负离子就向两极迁移。

离子交换是水处理技术中最常用的一种。离子交换器是利用阴阳离子交换树脂对离子的选择性平衡反应原理，去除水中电解质离子的一种水处理装置。它在水处理的应用方面最为广泛，是高纯水制取的必备设备，如图 5-1。

**1. 钠离子交换软化流程**

钠离子交换软化流程就是用 $Na^+$ 置换水中易结垢的 $Ca^{2+}$、$Mg^{2+}$。离子交换

图 5-1 大型阴阳离子交换系统

树脂失效时可以用食盐溶液再生，流程如下：

$$原水 \rightarrow 钠离子交换器 \rightarrow 软化水箱$$

交换时反应式为：

$$Ca^{2+} + 2NaR \longrightarrow CaR_2 + 2Na^+$$

$$Mg^{2+} + 2NaR \longrightarrow MgR_2 + 2Na^+$$

再生时反应式为：

$$2Na^+ + CaR^{2+} \longrightarrow 2NaR^+ + Ca^{2+}$$

$$2Na^+ + MgR^{2+} \longrightarrow 2NaR^+ + Mg^{2+}$$

该法只能降低水的硬度，不能降低水的碱度，水的含盐量基本不变，因此，只适用于碱度和含盐量不高的原水。分为单级钠离子交换和双级钠离子交换串联软化两种流程，前者适用于原水硬度较小的水，后者适用于硬度较大的水。对硬度大的原水，如果采用单级钠离子交换流程，势必使运行周期变短，出水水质达不到规定标准。用水量较小的单位（在 10t/h 以下），如锅炉用水不能均匀连续，且无中间储水池，根据经验，水的软化建议采用固定床逆流再生设备；如用水量大，并且有中间储水池，则可采用流动床软水处理设备。若软化水碱度超标，可加硫酸处理，同时注意除去 $CO_2$。一般软化后的水残留碱度应控制在 $0.5 \sim 0.7mmol/L$ 范围内。

**2. 弱酸阳离子树脂氢钠串联流程**

软化除碱的流程较多，石灰钠离子交换流程便是其中一种。该流程适用于碳酸盐含量比较高、过剩碱度不很高的原水。石灰处理成本低，但劳动强度大，劳动条件差。比较常用的软化除碱流程是弱酸阳离子树脂氢钠串联流程：

$$原水 \longrightarrow 弱酸氢离子交换器 \longrightarrow 除碳器 \longrightarrow 钠离子交换器 \longrightarrow 软化水$$

其中，弱酸阳离子交换器内填装弱酸阳离子树脂（如 D111），以交换碳酸盐硬度，钠离子交换器内填装强酸阳离子树脂（如 001×7），以交换非碳酸盐硬度和泄漏的碳酸盐硬度。当原水经过弱酸阳离子交换器后，水中的碳酸盐硬度大部分转化为二氧化碳。反应式为：

$$2HR + Ca(HCO_3)_2 \longrightarrow CaR_2 + 2CO_2 \uparrow + 2H_2O$$
$$2HR + Mg(HCO_3)_2 \longrightarrow MgR_2 + 2CO_2 \uparrow + 2H_2O$$

二氧化碳可以用除碳器除去。

该流程利用了弱酸阳离子树脂，具有交换容量高、再生容易、再生剂耗量低的特点。再生时采用理论量酸，具有酸耗低、运行周期长、再生废液接近中性、出水有一定的残余碱度、不会出酸性水等优点。但该流程只能降低水中碳酸盐浓度和同其相对应的那部分碱度，与石灰处理相同，但该流程的劳动条件、劳动强度等都优于石灰处理流程，可作为软化除碱的首选流程。

**3. 改进的氢钠离子交换串联、并联流程**

碱性水经上述流程处理后如碱度仍然超标，可采用传统的氢钠离子交换串联、并联流程来处理。它是以 $H^+$ 床出水中生成的强酸同原水的碱度中和，或同钠离子交换器出水中生成的碱性水中和，并除去产生的 $CO_2$，以达到降低原水中的硬度和碱度的目的。但这两种流程都存在酸耗高、混合效果不好、出水不稳定和酸水排放的问题。改进后的氢钠离子交换串联、并联流程能够解决这些问题。

其串联流程如下：

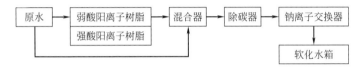

其并联流程如下：

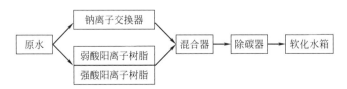

反应为：

$$2HR + Ca(HCO_3)_2 \longrightarrow CaR_2 + 2CO_2 \uparrow + 2H_2O$$
$$2HR + Mg(HCO_3)_2 \longrightarrow MgR_2 + 2CO_2 \uparrow + 2H_2O$$
$$HR + NaHCO_3 \longrightarrow NaR + CO_2 \uparrow + H_2O$$
$$2HR + Na_2SO_3 \longrightarrow 2NaR + H_2SO_4$$
$$HR + NaCl \longrightarrow NaR + HCl$$

在混合器内发生的反应为：

$$2NaHCO_3 + H_2SO_4 \longrightarrow Na_2SO_4 + 2CO_2 \uparrow + 2H_2O$$
$$Ca(HCO_3)_2 + H_2SO_4 \longrightarrow CaSO_4 + 2CO_2 \uparrow + 2H_2O$$
$$Mg(HCO_3)_2 + H_2SO_4 \longrightarrow MgSO_4 + 2CO_2 \uparrow + 2H_2O$$

（重碳酸盐与 HCl 的反应式略）

在以上流程中，氢离子交换器内装填两种树脂。逆流再生固定床的上层装填弱酸阳离子树脂，下层装填强酸阳离子树脂，即所谓的阳双床。阳双床充分利用了弱酸型树脂交换容量高、再生容易、再生剂耗量低的特点。其中弱酸阳离子树脂交换碳酸盐阳离子，强酸阳离子树脂交换非碳酸盐阳离子和其他阳离子。再生时，再生液先通过强酸阳离子树脂，再通过弱酸阳离子树脂；强酸阳离子树脂得到充分再生，弱酸阳离子树脂的再生充分利用强酸阳离子树脂的再生废液。这样，不但酸耗低、废液排放少，而且大幅度降低碱度，废液几乎呈中性。上述流程其水量在混合器中的分配都应以使系统出水保持一定的残余碱度为原则，只要水量分配适当，都可将出水碱度降到符合标准的范围。需要说明的一点是，如果原水的溶解固形物严重超标或相对含盐量过高，可先进行预脱盐。

### （二）电渗析技术

电渗析技术是利用正负离子的电吸附原理除盐。电渗析技术处理水，对原水要求透明，有机物少，含铁量低，水温不超过 40～50℃。

#### 1. 工作原理

由于地下水是长期存在于地下岩石间的，它很容易溶进一些矿物质，而这些物质大部分都是以离子形式存在的。阴离子有 $Cl^-$、$SO_4^{2-}$、$CO_3^{2-}$、$HPO_4^{2-}$ 等，阳离子有 $K^+$、$NH_4^+$、$Ca^{2+}$、$Mg^{2+}$、$Fe^{2+}$ 等。这些阴、阳离子在直流电场的作用下，向正、负两极板移动，使水中的阴、阳离子浓度减少，含盐量降低，电导率减小，称为淡水。淡水中固形物也降低，达到勾兑用水的标准。而靠近极板的水，由于富集较多的阴、阳离子，水中含盐量增多，电导率很大，称为浓水，被弃掉。所用设备为电渗析器，如图 5-2。

图 5-2  电渗析器

生产低度酒，对配制用水要求非常严格，使用电渗析器处理配制用水，可使水质明显改善，达到最软水标准，口感爽甜，无色透明，无沉淀物、悬浮物。用该水加浆降度，酒质柔和度提高，固形物下降，杜绝了白酒货架期沉淀现象的发生。

其操作流程如下：

深井水→砂滤→石英砂柱→电渗析器→水罐→合格水

进入电渗析器的水应经预处理，浑浊度在 2mg/L 左右，水中不含铁、锰，有机物尽量少。

**2. 电渗析器的再生**

当电渗析器进水压力明显上升（达 0.15MPa），必须经过酸洗。采用浓度 2%～3% 的稀盐酸（每台设备 500kg），用泵循环打入电渗析器进行酸洗，待酸液打完后，用水冲洗至 pH6～7，即可重新使用。

**3. 处理水固形物浓度的控制**

为了保证产品的固形物含量达到国家标准，产品设计人员首先要根据产品的组成，如各种基酒的比例和它们的固形物以及添加剂造成的固形物，通过计算找到合适的水的固形物含量。

**4. 电渗析法的特点**

电渗析法较离子交换树脂法酸碱耗量大大降低，连续运行时间长，生产耗费低，离子交换膜的使用寿命比离子交换树脂的使用寿命长得多，除盐效果很好。但是，电渗析法处理水，只能除去水中溶解盐类和离子态杂质，对分子杂质、不带电杂质（如游离残余氯、酚类化合物、有机杂质、农药残留等）几乎在处理前后变化不大，而离子交换树脂处理，可依靠树脂多孔的特点机械吸附，除去一部分上述杂质。

电渗析法处理水，不能制备无离子纯水，随着水中离子的减少，水电阻的增加，致使电耗迅速上升。制备纯水时，可作为离子交换法的前处理。

配酒用水不需要达到纯水程度，仅是对含溶解盐太多（如总含量在 500～1000mg/L），总硬度在 9°～22°的硬水可经电渗析法除盐，水中含盐量可降低到 10～50mg/L，总硬度降低到 0.1°～0.5°，每吨水电耗不到 1kW·h。此法是比较经济适用的方法。但是，如果原水水质污染严重，含微生物和有机杂质太多，则应配合适当的前处理，如机械过滤、活性炭过滤等，才能满足配酒用水的要求。

电渗析技术的优点：

① 能量消耗低；

② 药剂耗用少，环境污染小；

③ 对原水含盐量变化适应性强；

④ 操作简单，易于实现机械化、自动化；

⑤ 设备紧凑耐用，预处理简单；

⑥ 水的利用率高。

电渗析技术也有缺点：在运行过程中易发生浓差极化而产生结垢；与反渗透处理技术（RO）相比，脱盐率低。

**5. 水处理设备的性能特征**

见表 5-1。

表 5-1 水处理设备的性能特征

| 项目 | H$^+$ 离子交换柱 | 电渗析器 |
|---|---|---|
| 工作原理 | 阴、阳树脂对阴、阳离子的化学吸附 | 正负电极板对阴、阳离子在电力线作用下进行富集,使水纯净分离 |
| 操作的难易程度 | 复杂,烦琐 | 简单 |
| 运行成本 | 高 | 较高 |
| 得水率/% | 90 | 约 50 |
| 保养维修情况 | 一般不损坏,只需补加少量树脂 | 需定时修理,换膜 |
| 配酒后的固形物 | 能达标 | 能达标 |
| 投资费用 | 自制 4 万~6 万元,购国产 8 万~10 万元,购全自动进口约 80 万元 | 8 万~10 万 |

**6. 电渗析技术的最新发展趋势研究**

在膜分离技术领域里,反渗透技术的出现对电渗析技术提出了重大的挑战,但随着对离子交换膜和传统电渗析装置的不断革新和改进,电渗析技术进入一个新的发展阶段。

（1）无极水电渗析技术　无极水电渗析是传统电渗析的一种改进形式,它的主要特点是除去了传统电渗析的极室和极水。图 5-3 所示是无极水电渗析装置的示意图,该装置的电极紧贴一层或多层阴离子交换膜,它们在电气上都是相互连接的,这样既可以防止金属离子进入离子交换膜,同时又防止极板结垢和延长电极的使用寿命,由于取消了极室,无极水排放,极大地提高了原水的利用率。无极水电渗析器自 1991 年问世以来,在应用中不断改善,装置在运行方式上采用频繁倒极,全自动操作,水质数字显示,自动报警,以城市自来水为进水,单台多极多段配置,脱盐率可达 99％以上;由于取消了极水水路,无极水排放,原水的利用率可达 70％以上;吨水耗电较常规电渗析节省 1/3 左右。目前,无极水全自动控制电渗析器已在国内 20 个省、市使用,还远销东南亚国家。

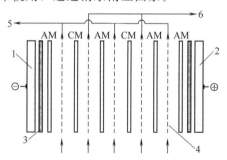

图 5-3　无极水电渗析器的结构示意图

AM—阴离子交换膜;CM—阳离子交换膜;

1—阳极;2—阴极;3—非金属导电层;

4—隔板;5—浓水出口;6—淡水出口

（2）无隔板电渗析器　电渗析器自发明以来，一直采用浓淡水隔板、离子交换膜和电极等部件组装而成。1994年，江维达设计出了无隔板电渗析器（如图5-4），它主要是用新设计的双马来酰亚胺树脂（JM）离子交换网膜构件取代离子交换膜和隔板，同时此新构件具有普通离子交换膜和隔板的功能。无隔板电渗析器是一种不需要配置隔板，直接由JM离子交换网膜和电极为主要部件组装而成的新型电渗析器。现已研制成220mm×150mm样机，该机在相同条件下与有隔板的电渗析器比较，脱盐速率快，电耗可降低20%以上。

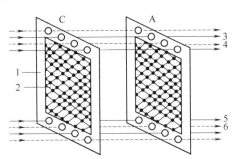

图5-4　无隔板电渗析器的内部结构
C—阳离子交换网膜；A—阴离子交换网膜；
1—网膜密封周边框；2—凹凸不平网膜；
3,5—淡水进口方向；4,6—浓水进口方向

（3）卷式电渗析器　卷式电渗析器是一种类似卷式反渗透组件结构的电渗析器，它的阴阳离子交换膜都放在同心圆筒内，并卷成螺旋状。

图5-5所示是卷式电渗析器的结构示意图，阳极在圆筒的中心，阴极安放在圆筒的外壳上，淡液和浓液沿膜间通道流动，管道与图平面垂直，淡液通过管道而进出。在电渗析过程中，减少扩散层电阻（主要是淡水室扩散层）具有重要意义，因为它占总电阻的很大比例，特别是接近和发生浓度极化时，它约占总电阻的90%。

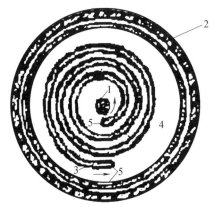

图5-5　卷式电渗析器示意图
1—阳极；2—阴极；3—淡水进口；4—浓缩室；5—淡液进出口

扩散层电阻主要受流体力学条件的约束。流体力学上的滞流层与电渗析过程的浓度扩散层有密切联系，滞流层厚度的减少将引起扩散层厚度的减少。卷式电渗析器中液体的流体状态为螺旋流，它能使滞流层厚度大大减少，相应的扩散层厚度也将显著减少，因此，它能强化传质过程，提高脱盐效果和降低能耗。

卷式电渗析器结构的优点是能够使用像布匹那样长的离子交换膜，可把膜组装成受厂商和用户欢迎的箱式组件。但卷式电渗析器至今没有应用实例，其主要缺点是螺旋膜堆难以密封，特别是圆筒中心管既作电极用，又要作集水管用，由于存在电极反应，使得离子交换膜与中心管黏结的部分不易密封。

（4）填充床电渗析技术　填充床电渗析，国外称为电去离子（EDI），是将离子交换膜与离子交换树脂有机地结合在一起，在直流电场的作用下实现去离子过程的一种新型分离技术。它的最大特点是利用水解离产生的 $H^+$ 和 $OH^-$ 自动再生填充在电渗析器淡水室中的混床离子交换树脂，从而实现了持续深度脱盐。

图 5-6 所示是填充床电渗析过程示意图。这是一种将电渗析和离子交换优点巧妙结合的脱盐方法，离子交换树脂颗粒填充在电渗析器的淡水室内，同时主要发生三个过程：在外电场的作用下，发生电渗析过程；离子交换树脂上的 $OH^-$ 和 $H^+$ 与水中的电解质离子进行离子交换过程；电渗析的极化过程所产生的 $OH^-$、$H^+$ 及离子交换树脂本身的水解作用对交换剂进行的电化再生过程。

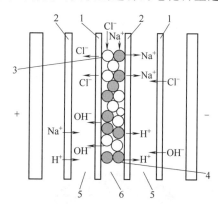

图 5-6　填充床电渗析器结构示意图

1—阴离子交换器；2—阳离子交换器；3—阳离子交换树脂；

4—阴离子交换树脂；5—浓水室；6—淡水室

（5）液膜电渗析　液膜电渗析是用具有相同功能的液态膜代替固态离子交换膜，其实验模型是用半透性玻璃纸将液膜溶液包制成薄层状的隔板，然后装入电渗析器中运行。

利用萃取剂作液膜电渗析的液态膜，可能为浓缩和提取贵金属、重金属、稀有金属等找到高效的分离方法。因为提高电渗析的提取效率直接与寻找对这种形式离子具有特殊选择性的膜有关，而这种选择最有可能在液膜领域中找到。液膜电渗析的研究对象以分离无机物为主，但规模均处于小实验阶段，已有关于液膜电渗析在浓缩、提取化合物、合成高纯物质、脱盐等方面应用的报道。液膜电渗析把化学反应、扩散和电迁移三者结合起来，开拓了液膜应用研究的新领域，具有广阔的发展前景。

（6）双极膜电渗析技术　双极膜是一种新型离子交换复合膜，它一般由阴离子交换树脂层和阳离子交换树脂层及中间界面亲水层组成。在直流电场作用下，从膜外渗透入膜间的水分子即刻分解成 $H^+$ 和 $OH^-$，可作为 $H^+$ 和 $OH^-$ 的供应源。

双极膜电渗析原理以三室电渗析器（如图 5-7）制备酸碱为例，两极间的膜堆由一张阴膜、一张双极膜和一张阳膜依次排列而成。$Na_2SO_4$ 或其他盐溶液通入阴膜与阳膜之间，通直流电后，$Na^+$ 和 $SO_4^{2-}$ 分别进入两侧的隔室中，与双极膜生成的 $OH^-$ 与 $H^+$ 分别生成 $NaOH$ 和 $H_2SO_4$。实验结果表明，利用双极膜电渗析法生产 $NaOH$ 的成本仅为传统电解过程的 $1/3 \sim 2/3$。

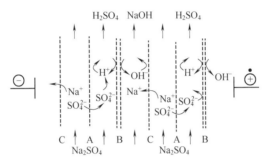

图 5-7　双极膜电渗析原理
A—阴膜；B—阳膜；C—双极膜

双极膜自 20 世纪 80 年代开发成功后，迅速发展，国外已形成多个双极膜制备方面的专利，双极膜水解离电渗析技术已进入实用阶段。由于阴、阳膜层的复合，给双极膜的传质性带来了很多新的特性，用具有不同电荷密度、厚度和性能的膜材料在不同的复合条件下，可制成不同性能和用途的双极膜。将双极膜和单极膜巧妙地组合，可使双极膜应用于化工、环保、生物化工、海洋化工等不同领域。双极膜是很有发展前途的新型离子交换复合膜，用其制备酸和碱及其水解离技术已成为电渗析技术发展的新的生长点。

### （三）活性炭吸附过滤

活性炭吸附过滤水的基本原理是活性炭表面和内部布满了微孔，孔直径从不及 1nm 到几百纳米不等，当杂质的分子直径接近活性炭微孔直径时，就很容易被吸附，它还可借助巨大的比表面积吸附作用及机械过滤作用除去水中多种杂质。

活性炭过滤结构和一般管柱式树脂离子交换器相似，过滤柱底部装填经酸洗后的石英砂层作为支持层，上面装 1/2 柱高的活性炭层。原水由顶部导入，顺流自然下降过滤。

活性炭过滤器运行一段时间后，因截污量过多，会暂时失去活性，此时应进行反洗排污再生。

活性炭使用期随水质而异，正常运转下可使用 3 年，当用再生法无法恢复其能力时，应进行更新。

活性炭吸附过滤广泛应用于除去水中有机杂质和分子态胶体微细颗粒悬浮杂质，否则很容易堵塞微孔。

# 第二节　基酒及基础酒的质量评价

## 一、基酒及基础酒的来源

所有参加组合的各类各种产品酒，在组合中统称为基酒，组合完成后，准备用作调味的酒称基础酒。

基础酒是成品酒的骨干，它的品质是大批量成品酒质量标准的关键。基础酒是由合格酒（经过验收符合质量标准的酒）组成的，因此，首先要确定合格酒的质量标准及类型。例如剑南春合格酒的感官要求是香气正，尾味净；理化标准是将各种微量香味成分划分为 86 个指标和 20 个比例关系。入库前按制定和划分的范畴验收合格酒。这样做，较过去按常规仅靠感官印象验收合格酒准确得多，可靠得多。由过去"只可意会，不可言传"的抽象化、神秘化感官指标变成标准化、数据化指标，这对提高名优酒的合格率和培养勾兑人员等都起到积极的作用。

## 二、酒的质量选择

由于受各地水、土、气候、粮食等因素影响较大，导致微生物的种类及数量有很大的差异，因而最终导致基础酒中的各种微量香味物质的多寡及种类悬殊较大。白酒中的臭、苦、酸、辣、涩、油味等与白酒众多成分如酸、酯、醇、醛、酮、酚类等物质的含量多少、相互间的比例有着极为密切的关系；而其他怪杂味则是由于不同窖池设备、不同的技术工人的技术业务素质不一致、发酵条件控制不当、工艺操作及其管理不善、各种用具及生产场所不洁而造成的。白酒中的异杂味较严重时，就会影响到产品质量，那么在基础酒和成品酒相比较之下，自然存在着某种缺陷，要提高产品质量，提高酒类产品在消费群体中的适应度和市场的竞争能力，应认真在白酒生产管理中加以防范、解决。

### （一）各等级基础酒的基酒比例

经过广泛的探索和试验，一般使用比例为：

（1）优级酒　固态法白酒为 40％左右，其中浓香单一粮食酒为 25％左右，多种粮食酒占 10％，酱香粮食酒占 5％左右；串香酒为 50％左右，其中第一次串香酒占 30％，第二次串香酒占 15％，第三次串香酒占 5％；液态法白酒为 10％左右。

（2）一级酒　固态法白酒为 20％，其中浓香单一粮食酒为 10％，多种粮食酒为 5％，酱香粮食酒占 5％；串香酒为 60％左右，其中第一次串香酒占 35％，第二次串香酒占 15%，第三次串香酒为 10%；液态法白酒占 20%。

（3）二级酒　固态法白酒为 10%，其中浓香单一粮食酒为 6%，多种粮食酒为 2%，酱香型酒为 2%；串香酒为（一、二次串香酒综合样）50%，其中酱香综合串香酒占 10%；液态法白酒占 40%。

（4）三级酒　液态法白酒占 80%；串香酒占 20%。

在组合时，可把浓香单一粮食和多种粮的串香酒、酒头、酒尾、尾水等分别使用，有一定经验后，可采用混合使用的方法。在整个基酒的组合中，可根据情况进行适当的调整，找出更理想的组合比例。

## （二）精品酒的基酒组合比例

在固态法白酒的组合实践中，发现加入 10%～20% 的液态法白酒或串香酒，会使全固态法白酒的口感更加完美。可以除掉轻微的杂味、涩味，增加醇甜、柔和的感觉，质量超过了全固态法组合的白酒，并更加适合消费者的需要。所以许多厂家都用这种方法来生产精品酒，降低了成本，提高了质量，开拓了市场，增加了效益。此酒各类基酒的比例关系一般为，固态法白酒占 80%～90%，其中浓香单一粮食酒为 50%～60%，多种粮食酒占 30%～40%；液态法白酒占 10%～20%。然后进行组合，可以根据酒体设计的风格要求，调整基酒的组合比例。

## （三）指标（包括卫生指标）要求及制作标样

要规定各等级酒的香味微量成分的量比关系，在组合阶段主要是掌握各种酯的量比关系。

在这个基础上，勾调人员会同质检人员共同制定各等级酒的组合标准实样。这样在组合基础酒时有明确的标准又有实物对照，有利于组合工作。

### 1. 各级基酒酯含量的量比关系的要求范围

精品酒和优级酒己酸乙酯含量，高、中度酒 2.2～2.5g/L；低度酒 1.6～2.0g/L。一级酒己酸乙酯含量，高、中度酒 2.1～2.4g/L，低度酒 1.5～1.9g/L。二级酒己酸乙酯含量，高、中度酒 1.6～2.3g/L，低度酒 1.5～1.8g/L。三级酒己酸乙酯含量同二级酒。其他等级酒酯类含量基本上是一致的。组合低度酒时可取较高的比例；组合高度酒时可取较低的比例。

### 2. 制作实物标样

制作各等级基酒的实物标样由质检部门会同勾调室共同进行。通常是由勾调室提供，质检部门认定。勾调室在组合基础酒时，要善于发现突然出现的理想组合的基酒，即配方简单、质量优良的基础酒，把它放大到一定数量，作为基础酒实物标样的种子酒。有了 3 个这种标样的种子酒后，可送质检部门确定；当然也可制作 5 个实物标样进行选定。实物标样半年左右更换一次，这样可以不断从实践中总结经验，提高组合基酒的技术水平，改进配方，对改善酒质和特征具有重要作用和深远意义。

## 三、基础酒的选择

清香型酒因含风味物质较少，降低酒度后风味变化较大，尤其是酒度降至40°时，口味淡薄，失去了原酒风味；酱香型酒，因高沸点成分较多，酒度降到40°便酒味淡薄，38°便出现水味；液态法白酒，所含风味物质更少，随着酒度的降低而显得十分淡薄，甚至呈较重的水味；浓香型酒即使降到31°，基本上还能保持原酒风味，并具芳香醇正、后味绵甜的特点，其原因在于降度后酒中的酸、酯含量依然丰富。不同香型酒降度前后的理化指标可见表5-2。

表5-2　不同香型酒降度前后的理化指标　　　　单位：g/100mL

| 项目 | 浓香型酒 | | 清香型酒 | | 酱香型酒 | | 液态法白酒 | |
|---|---|---|---|---|---|---|---|---|
| 酒度 | 62° | 38° | 65° | 38° | 55° | 35° | 60° | 35° |
| 总酸 | 0.1338 | 0.1028 | 0.047 | 0.0296 | 0.1603 | 0.0965 | 0.0067 | 0.0036 |
| 总酯 | 0.5082 | 0.2899 | 0.1308 | 0.0753 | 0.2572 | 0.1537 | 0.02 | 0.016 |

## 四、组合的类型

### （一）原度酒组合和降度组合

这两种方法均在采用，各有各的优、缺点。

原度酒组合，是将选用的各类基酒编号后，不调酒精含量，即开始进行搭配组合，组合完成后，再按所需的酒精含量降度，降度后需进行必要的微调。大多数情况下不需再微调，即成为合格的基酒。

降度组合是将选用的各类基酒分别降到高出所需酒精含量的0.5%~1%，然后才进行搭配组合，直到合格为止。

### （二）口感组合

将选用的各类基酒分别进行尝评，认识各自的香和味，然后确定所选酒是否能组合成功，若感到个别酒质量较差或有异杂味和怪味，可更换较差的基酒或重新选择。在组合过程中，发现上述基酒没有问题，也可采取同样措施。开始组合时，再细致地品尝一次实物标样，加深认识，然后拟订1~4个各类基酒的搭配组合方案。按拟订方案组合几个基酒，分别与实物标样比较，找准各个基础酒的优、缺点，再进行必要的补加微调，或重新组合，然后与实物标样比较。按此反复进行，直到符合基础酒要求标准为止，即组合完成。

### （三）数据组合

在选用各类基酒时，首先考虑各类基酒的己酸乙酯含量以及己酸乙酯与乙酸乙酯、乳酸乙酯、丁酸乙酯和戊酸乙酯的量比关系，再品尝各类基酒的风格和特点，挑选基酒。按规定比例把挑选好的各类基酒的酯类分析数据输入计算机，进行运算组合，组合 1～3 个符合该实物标样中酯类含量及量比关系所规定范围标准的方案，得出各类基酒用量。按此用量组合 1～3 个基础酒酒样，再与实物标样作对比品评和比较，若其中有 1 个符合实物标样的感官要求，组合即完成；若有 2 个以上均符合感官要求，则可在其中选用 1 个；若 3 个均不符合口感要求，就应重新选择酒样，把分析数据输入计算机，再作运算。按此反复进行，直到其中有一次有一个方案所组成的基础酒符合标准要求为止。这种组合方法，能使每批酒的香味微量成分的含量、主要酯类的量比关系基本保持稳定，并给今后开展微机组合打下基础。

### （四）分析调整

组合成功的基酒，都要送样到检测室进行色谱分析，即对总酸、总酯、固形物等进行常规分析，勾调人员要把分析结果进行登记备案，并对照所有结果是否符合卫生指标和各等级酒香味成分的规定范围，若不符合还需进行微调，乃至重新再行组合，直到达到标准要求为止。通常化验分析结果都会符合要求，最多进行微调。分析调整合格后即书面通知库房管理人员，进行规定数量的大样组合，组合好后再取样两瓶到勾调室进行口感和理化指标的复查，合格后即可作为调味用基础酒。

### （五）特殊酒样的组合

根据市场需求的变化和开发新品种的要求，重新研究试验各类基酒用量比例，调整口感，或根据市场上畅销产品的风格特征来进行设计。

#### 1. 定风格和特征

选择市场上畅销的某一产品的风格和特征，或自己设计某一风格特征的新品种进行开发，如开发浓、酱、清三种合并为一体的新型酒，或在浓香、浓酱酒中增加某种药香而形成新风格的新型酒等。都应首先把特殊酒样的风格特征确定，然后再展开研发工作。

#### 2. 确定特殊酒样的香味微量成分含量的量比关系，进行仿制

可购买 2 瓶以上的拟仿制品原样进行理化分析，将分析结果经充分讨论研究，结合其风味特征，确定该产品的香味微量成分的含量范围和量比关系范围；若为新设计产品，则应根据该产品的档次、风格特征等要求，制定己酸乙酯的含量范围和其他酯酸量比关系，以及酯、醇、醛、酸的比例范围，或这 4 大类中，突出哪一类或某类成分中的某一两种物质，以确保风格特征的形成和稳定。

#### 3. 制定各类基酒的用量范围

根据新设计酒的风格、特征、档次，来研究制定各类基酒的用量比例以及是否需要特别的基酒等，通过实验，确认它们的用量和比例。这是一项比较细致的基础工作。

#### 4. 制定表样

仿制酒开始可用市售酒为标准，逐步定型后改用自制标准，新开发的产品，要按上述 1～3 的要求，自制标样。标样的制作方法、审批程序、管理和使用如前所述。

**5. 组合基础酒**

参看前面所讲基础酒的组合方法。

## （六）组合中应注意的问题

组合基础酒是勾调工作中的重要环节，使产品酒成型，基本上达到出厂酒的标准。所以基酒组合得好，调味工作就比较容易，相反就会给调味带来困难。过多地使用调味酒或调味液，反而达不到理想目的，造成返工重组。

**1. 严格要求，精心组合**

在实践操作中不断总结经验和教训，从而提高组合基酒的技术水平。要认真作好组合中的原始记录，并在此基础上反复分析对比，不断总结经验。发现了好的或差的基酒以及基酒的变化情况要及时反馈库房，使库房管理人员了解信息，以便总结调整基酒质量的经验，以保证组合基酒工作的顺利进行。

**2. 注意研究酱香型调味酒的添加**

经验表明，若基础酒的香味冲或大，口味辣糙，尾味短，或酱香气陈味不足，这时应添加酱香型酒；若香放不出来，带酸味，或酱香气陈味过重，则应减少酱香型酒。对酱香型酒添加要有正确的认识和了解才能使用、搭配好基酒。酱香型酒含酸类较高，有促进酒体丰满、味长、压辛辣等作用，但同时也压香、压爽。酱香型基酒，酱香和糟香气浓，有增加基酒陈香和糟香的作用。

**3. 须先进行小样组合**

组合是一项非常细致的工作，若选酒不当，一坛酒就会影响一大罐酒的质量，后果是很严重的，既浪费了好酒，也影响了组合的效果。因此，进行小样组合是必不可少的。同时，还可以通过小样组合，逐渐认识各种酒的性质，了解不同酒质的变化规律，不断总结经验，提高组合技术水平。

**4. 掌握合格酒的各种情况**

各坛酒必须配有卡片，卡片上记有产酒日期、车间和小组、级别、酒度、重量和酒质情况（如醇、香、甜、爽或其他怪杂味等应分别注明）。组合时应清楚了解各坛合格酒的情况，便于组合。

**5. 作好组合的原始记录**

不论小样组合还是正式组合，都应作好原始记录，以提供分析研究的数据，通过大量的实践，找出其中的规律，有助于提高组合的技术水平。

**6. 对杂味酒的处理**

带杂味的酒，尤其是带苦、酸、涩、麻味的酒，要进行具体分析，视情况进行处理。

（1）带麻味的酒　是因发酵期过长（1年以上），加上窖池管理不善而产生的。这种酒在组合时，若使用得当，可以提高组合酒的浓香味，甚至可以作为调味酒使用，但不能一概而论，要具体情况具体分析。

（2）带苦、酸、涩的酒　后味带苦的酒，可以增加组合酒的陈味；后味带涩的酒，可以增加基础酒的香味；后味带酸的酒，可增加基础酒的醇甜味。因此，有人认为带苦、酸、涩的酒不一定是坏酒，使用得当可以作为调味酒。但如酒带煳味、酒尾味、霉味、倒烧味、香精味，胶臭味等怪杂味，一般都认为是坏酒，只能作为搭酒。若怪杂味重，只能另作处理。

（3）丢糟黄水酒　在人们的传统观念里，丢糟黄水酒是不好的酒，只能回窖再发酵或复蒸，不能作为半成品酒入库。但近年来在实践中，人们发现丢糟黄水酒如果没煳味、尾酒味、霉味等怪杂味，在组合中可以明显地提高组合酒的浓香和糟香味。

总之，组合是调味的基础。基础酒质量的好坏，直接影响调味工作和产品质量。如基础酒质量差，增加了调味的困难，势必增大调味酒的用量，而且会造成反复多次都调不好。基础酒组合得好，调味容易，且调味酒用量少，调味成功后的产品质量既好又稳定，所以，组合工作是十分重要的。

**7. 组合基础酒中的名词解释**

（1）基酒和基础酒　所有参加组合的各类各种产品酒，在组合中都统称为基酒；组合完成后，准备用作调味的酒称为基础酒。基础酒是由基酒组成的，是基本达到了某一产品酒质量要求的酒。

（2）酱香型基酒和酱香型酒　按酱香型白酒生产工艺所生产的粮糟酒、酒头酒、酒尾酒、尾水酒以及用此工艺糟醅进行串香的一、二、三次酒为酒基，在调香时，根据酱香型白酒的香味微量成分的量比关系进行调制的酒，称酱香型基酒。酱香型酒是指酱香突出，幽雅细腻，醇厚丰满，余香悠长，空杯留香持久，风格典型的成品酒。

（3）浓香型酒　按浓香型白酒生产工艺所生产的不同等级、不同口味的各种酒为酒基，用浓香型白酒的香味微量成分的量比关系进行调制的酒统称为浓香型酒。

（4）液态法白酒　用酒精来调制的新型白酒，统称为液态法白酒，包括单一粮食和多种粮食的浓香液态法白酒、酱香液态法白酒（按酱香型白酒的香味微量成分和量比关系进行调香而制成的）。

## 五、严格选择基础酒、调香酒及调味酒

前面已经述及，低度白酒因酒精含量较低，易造成香气"漂浮"、口味"寡淡"等方面的问题。白酒中存在有低沸点、相对分子质量较小、水溶性较好的化合物；还有沸点居中，相对分子质量居中，在水中有一定溶解度，香气较持久的一类化合物；还有高沸点，相对分子质量较大，在水中溶解度较小，香气很持久的一类化合物。后者是低度白酒中主要的不稳定因素，在除浊中应考虑除去一部分。为了确保低度白酒在香气上有一定的持久性，在口味上有一定的刺激性（即常说的低而不淡）；同时，在一定条件下又有相对的稳定性（不浑浊、不失光）。在选择原酒及调香、调味时，应遵循尽可能选取沸点居中，相对分子质量居中，香气较持久，并有

一定水溶性化合物的原酒或调香、调味酒进行香气和口味的调整。此外，还应该选择一些相对分子质量小，具有一定刺激性的化合物的调味酒进行味觉调整，弥补酒度低而产生的"淡薄"问题。

当然，选择含高沸点化合物的调香、调味酒进行调香、调味，会使酒体重新产生浑浊或失光现象，或者因为高沸点物质过饱和而被除去。因此，选择高沸点物质进行调香、调味来增加持久性时，应该更偏重选择水溶性较好的高沸点物质进行定向调香、调味，这样可以避免再产生浑浊或增加不稳定因素。所以，低度酒的勾兑与调味，选择合适的原酒及恰当的调香、调味酒是很关键的。一般低度白酒勾兑所选用的原酒应该储存期稍长一些（如陈酒），发酵期较长（如双轮底酒等），以香气和口味较好的酒基进行勾兑。因为这类酒中含有的香气和呈味物质总量及种类较多，含有沸点居中、相对分子质量居中、有一定溶解性（水中）、有一定的香气持久性的化合物较多。在调香、调味酒的选择上，应该选取老酒、酒头和酒尾等。这些调香、调味酒，一方面小分子化合物含量较高，如醇类、醛类及酸类化合物，它们可以提高酒的酸刺激感或醇、醛刺激性，解决"水味"问题；另一方面，它们还可以增加入口的"喷香"（顶香），并且与酒体香相互协调。此外，一些不挥发酸或挥发性居中的酸类物质，在水中有一定的溶解度，可以使酒体的香气和口味更持久。

# 第三节　酒　　精

## 一、酒精的质量与分类

新型白酒以酒精作为酒基，因此，必须使用合格的酒精作酒基，方能保证成品质量。我国过去（1981 年 12 月 1 日以前）将生产的酒精分为四类：高纯度酒精、精馏酒精、医药酒精和工业酒精。高纯度酒精和精馏酒精专供国防工业、电子工业使用，国内生产此类酒精的厂家为数不多。许多厂皆以生产医药酒精为主，其中医药用酒精标准基本上是沿用 1928 年美国酒精质量标准，而现在美国的酒精质量标准已大大提高。因此，经国家轻工业部提出，委托哈尔滨酒精一厂、山东酒精厂起草，重新制定了酒精的质量标准，从 1981 年 12 月 1 日实施。这个标准将酒精分为优级、一级、二级、三级、四级，在 1981～1989 年生产新型白酒须使用二级以上酒精。1989 年国家又制定了食用酒精标准，即 GB 10343—89，将食用酒精分为优级和普通两个等级，各有 12 项指标，其中甲醇、杂醇油含量都大大低于二级酒精标准。1989 年之后，生产新型白酒须按食用酒精标准，即 GB 10343—89 采购酒精。但如采用两塔蒸馏而又不在工艺上采取措施并同时对设备加强改造，要生产出符合要求的食用酒精是不可能的。2002 年国家轻工部又提出了最新的国家标准，即 GB 10343—2002，现将三个酒精标准列出（如表 5-3～表 5-5），供参考比较。

表 5-3　GB 394—81 酒精国家标准

| 指标名称 | | 指标 | | | | |
|---|---|---|---|---|---|---|
| | | 优级 | 一级 | 二级 | 三级 | 四级 |
| 外观 | | 透明液体 | | | | |
| 色度/号 | ≤ | 10 | | | | |
| 气味 | | 无异臭 | | | | |
| 酒精(体积)/% | ≥ | 96.00 | 95.50 | 95.00 | 95.00 | 95.00 |
| 硫酸实验/号 | ≤ | 10 | 15 | 100 | — | — |
| 氧化实验/min | ≥ | 30 | 25 | 15 | 2 | — |
| 醛(以乙醛计)/% | ≤ | 0.0004 | 0.0010 | 0.0030 | — | — |
| 杂醇油(以异丁醇、异戊醇计)/% | ≤ | 0.0004 | 0.0025 | 0.01 | 0.04 | — |
| 甲醇/% | ≤ | 0.06 | 0.12 | 0.16 | 0.25 | — |
| 酸(以乙酸计)/% | ≤ | 0.0025 | 0.0038 | — | — | — |
| 酯(以乙酸乙酯计)/% | ≤ | 0.0025 | 0.0038 | — | — | — |
| 不挥发物/% | ≤ | 0.0020 | 0.0020 | 0.0025 | 0.0025 | — |

表 5-4　GB 10343—89 食用酒精国家标准

| 项目 级别 | | 优级 | 普通 |
|---|---|---|---|
| 外观 | | 透明液体 | |
| 色度/号 | ≤ | 10 | |
| 气味 | | 无异臭 | |
| 乙醇/%(体积分数) | ≥ | 95.0 | |
| 硫酸实验/号 | ≤ | 10 | 80 |
| 氧化实验/min | ≥ | 30 | 15 |
| 醛(以乙醛计)/(g/100mL) | ≤ | 0.0003 | 0.0030 |
| 杂醇油(以异丁醇、异戊醇计)/(g/100mL) | ≤ | 0.0002 | 0.0080 |
| 甲醇/(g/100mL) | ≤ | 0.01 | 0.06 |
| 酸(以乙酸计)/(g/100mL) | ≤ | 0.0010 | 0.0020 |
| 不挥发物/(g/100mL) | ≤ | 0.0020 | 0.0025 |
| 重金属(以 Pb 计)/(mg/L) | ≤ | 1 | 1 |

表 5-5　GB 10343—2002 食用酒精（乙醇）国家标准

| 项目 | 特级 | 优级 | 普通级 |
|---|---|---|---|
| 外观 | 无色透明 | | |
| 气味 | 具有乙醇固有的香气,无异味,无异臭 | | |

| 项目 | | 特级 | 优级 | 普通级 |
|---|---|---|---|---|
| 口味 | | 纯正 微甜 | 纯正 微甜 | 较纯正 |
| 色度/号 | ≤ | 10 | 10 | 10 |
| 乙醇/% | ≥ | 96.0 | 95.5 | 95.0 |
| 硫酸试验/号 | ≤ | 5 | 10 | 60 |
| 氧化时间/min | ≥ | 40 | 30 | 20 |
| 醛(以乙醛计)/(mg/L) | ≤ | 1 | 3 | 30 |
| 甲醇/(mg/L) | ≤ | 2 | 50 | 150 |
| 正丙醇/(mg/L) | ≤ | 2 | 35 | 100 |
| 异丁醇+异戊醇/(mg/L) | ≤ | 1 | 2 | 30 |
| 酸(以乙酸计)/(mg/L) | ≤ | 7 | 10 | 20 |
| 酯(以乙酸乙酯计)/(mg/L) | ≤ | 10 | 18 | 25 |
| 不挥发物/(mg/L) | ≤ | 10 | 20 | 25 |
| 重金属(以 Pb 计)/(mg/L) | ≤ | 1 | | |
| 氰化物[1](以 HCN 计)/(mg/L) | ≤ | 5 | | |

① 以木薯为原料的产品。

## 二、酒精质量对酒质的影响

新型白酒的酒基必须符合食用酒精的标准，如将高纯度酒精与二级酒精或食用酒精的普通级用 2 倍水稀释后品尝，前者只有轻微的香气和回甜的感觉，而后者则有令人不愉快之感。人们说的"酒精味"，实际是酒精中杂质所形成的异杂味。酒精中很多杂质的感觉阈值是很低的，常规分析方法不易检出，但人的口感可以察觉，所以常规分析不能鉴定酒精中呈味物质的变化。在实际生产中，有时出现理化指标无变化而感官指标显著下降的情况。两个级别食用酒精如氧化实验达不到要求，即规定的优级大于或等于 30min，普通级大于或等于 15min，否则将影响食用酒精的质量。氧化实验，或称高锰酸钾实验，是定性酒精中所含还原性杂质多少的一种简单易行的试验方法，是衡量酒精质量的一项主要指标。氧化试验不合格，说明酒精中所含有的还原性杂质和其他一些影响氧化试验的杂质多；氧化试验合格，说明酒精中所含有的这些杂质少。酒精中杂质对氧化性的影响见表 5-6。

表 5-6 酒精中杂质对氧化性的影响

| 杂质名称 | 感觉阈值和气味 | 对氧化性的影响 | 常规分析能否检出 |
|---|---|---|---|
| 丙醇 | 有乙醚味，无烧灼味。阈值：在水溶液中味觉 0.2%，嗅觉 0.4%；在酒精中味觉及嗅觉均为 0.3% | 乙醇中加入 0.002% 时不影响 | 否 |
| 丁醇 | 有烧灼味。阈值：在水溶液中 0.002%；在酒精中 0.004% | 有剧烈的影响 | 能 |

| 杂质名称 | 感觉阈值和气味 | 对氧化性的影响 | 常规分析能否检出 |
|---|---|---|---|
| 戊醇 | 有肉桂酸味及窒息性嗅感。阈值:在水溶液中 0.005% | 降低 | 能 |
| 己醇 | 有特有的强烈的嗅感,对黏膜有刺激性。阈值:在水溶液中 0.002% | 无 | 否 |
| 庚醇 | 有烧灼味。阈值:在水溶液中 0.0001% | 降低 | 否 |
| 辛醇 | 强烈的腐败奶油气味和烧灼味。阈值:在水及稀酒精中均为 0.00005% | 降低 | 否 |
| 壬醇 | 有特有的不快嗅感,蓖麻油味很持久。阈值:在水及稀酒精中均为 0.00002% | 降低 | 否 |
| 乙酸 | 有强烈的酸气味。阈值:水溶液中嗅觉 0.005%,味觉 0.02%;稀酒精中 0.01% | 降低 | 能 |
| 丁酸 | 似乙酸但有腐败的热油回味。阈值:在水及稀酒精中均为 0.00005% | 无 | 否 |
| 己酸 | 有腐败油的嗅感。阈值:在水溶液中 0.0003% | 降低 | 否 |
| 辛酸 | 腐败的油味。阈值:在水溶液中 0.0005%;稀酒精中 0.001% | 降低 | 否 |
| 月桂酸 | 强烈的腐败油味。阈值:在酒精中 0.001% | 无影响 | — |
| 肉豆蔻酸 | 腐败脂肪气味,酒精中含有 0.01%,即令人感到不愉快 | 降低 | 否 |
| 棕榈酸 | 腐败脂肪气味,酒精中含有 0.0001%,即可感到水果香 | 几乎不降低 | 否 |
| 乙酸乙酯 | 水果香。阈值:水中 0.0002%;稀酒精中 0.005% | 降低 | 否 |
| 丁酸乙酯 | 水果香。阈值:在水及稀酒精中均为 0.00005% | 无影响 | 低浓度时不检出 |
| 己酸乙酯 | 稳定的水果香。阈值:在水中 0.00005%;在稀酒精中为 0.00002% | 不明显 | 与水杨酸醛有轻度反应 |
| 辛酸乙酯 | 爽快的白兰地香。阈值:在水及酒精中均为 0.0001% | 无影响 | 未测定 |
| 壬酸乙酯 | 爽快的不明确香气 | — | 未测定 |
| 月桂酸乙酯 | 花香 | — | — |
| 肉豆蔻酸乙酯 | 紫罗兰香气 | — | — |
| 萜烯 | 根据化学结构不同,有不同的气味,如松节油香、花香、水果香。阈值:在稀酒精中为 0.0008% | 无影响 | 否 |
| 萜松醇 | 气味淡,是由萜烯和蒎烯生成的产物,有松节油味。阈值:在稀酒精中为 0.0008% | 无影响 | 否 |
| 吡啶 | 有剧烈的异味。阈值:在水中为 0.0025%;在稀酒精中为 0.005% | 轻微影响 | 否 |

　　表 5-6 所列杂质气味虽有二十余种之多,但并不完全。这些杂质的感觉阈值是很低的,用常规分析方法不易检出,但人的感觉可以察觉。

　　尽管大多数酯类呈令人愉快的香味,但它们往往和产生异杂味的其他杂质同时存在于酒精中，现在人们还未找到只排除酒精中的异杂味而保留香味的方法，所以只能将香味和臭味一起除去。

由于常规分析不能检出酒精中呈味物质的变化，所以在实际生产中经常出现理化指标无变化而感官指标显著下降的情况。例如，用甜菜糖蜜制得的酒精，尽管理化指标合格，但却有一种不愉快的异杂味。又如，在加工严重霉变的谷物时，成品酒精中会存在难以排除的正丁醛。

糖蜜酒精之所以有怪味，是含硫的各种化合物所造成的，已检定出的有二氧化硫、硫化氢、硫酸等，这些含硫杂质能降低酒精的氧化性实验指标。

巴豆醛、丙烯醛均可严重恶化酒精的感官指标，缩短氧化时间。巴豆醛和异丙醇一起积聚在精馏塔中，在倒数 17 块塔板的液体中，巴豆醛的含量达 1.3～1.4g/L。

酒精中的杂质不单只是几种醛、醇和酯，而是十分复杂多变的。

# 三、提高酒精质量的措施

国外对饮料酒精质量的要求，一般都高于我国酒精质量标准。例如，日本酒精质量标准的官能实验是无异味、无异臭、无异物、光泽良好、氧化时间 30min 以上。这一标准已超过我国精馏酒精的标准。多年来液态白酒多用医药酒精配制，目前虽有食用酒精标准，但感官质量仍然难以达到理想程度。世界上有名的蒸馏酒伏特加使用的酒精纯度较高，有害杂质少，但产品仍要经过桦木炭精制，或用活性炭、木炭过滤。前苏联生产的伏特加，一般要求使用酒精浓度不低于 95.05%（体积分数）的精馏酒精。为了生产高档伏特加，则使用桦木炭过滤精制。其他国家如法国、日本早就以多塔萃取蒸馏的流程生产优质酒精，供食品工业及香料工业使用。法国的酒精产品中有一种"精过滤酒精"，即所产酒精是已经过活性炭除杂的优质酒精。因此，要想提高液态白酒的质量，首先要提高酒基的质量。

## （一）酒精的降度

一般的酒精为 95%～96%，在处理过程中会挥发散失一部分，所以在把酒精加水降度时，要把酒度调到比使用酒度高 0.5°～1.5°为宜。

酒精加水，其总体积会减少，也就是说酒精加水的混合液体积有收缩量。一般采用量体法。

量体法是用量酒精和水体积的方法，通过计算调配酒基浓度，使之基本上适合所需要的酒度。运用此法，首先要明确知道所用酒精的酒度是多少，其次要了解所配制的酒基要求为多少酒度，再通过酒精稀释表得到基础加水数，计算后便可调配成一定酒度的酒基。

## （二）酒精处理的方法

### 1. 氢氧化钠处理法

取要处理的而且有代表性的已稀释为 60°的酒精 50mL，准确加入 0.1mol/L 氢氧化钠溶液 10mL，加热回流 30min（或静置 24h），待冷却后加入 0.1mol/L 硫酸 10mL，以酚酞作指示剂，再用 0.1mol/L 氢氧化钠滴定至终点（微红色），根据滴定用去的氢氧化钠体积（mL），即可计算出 60°酒精所需的氢氧化钠的用量。

**例** 有 60°酒基样品 50mL，滴定时耗用了 0.1012mol/L 氢氧化钠 2.2mL，1L 这种酒基需用氢氧化钠多少克？

**解** 1L 酒基需加氢氧化钠量（$G$）：

$$G = 2.2 \times 0.1012 \times 0.004 \times 0.178$$

式中　0.004——1mL 0.1mol/L 标准液中氢氧化钠的质量，g；

　　　0.1012——换算成 0.1mol/L 标准氢氧化钠的系数；

　　　0.178——1L 酒基所耗用氢氧化钠的质量，g。

注意：过量的氢氧化钠会使乙醇变为乙醛，使酒带苦涩味，影响酒的风味。氢氧化钠的用量一般为酒基量的 0.01%～0.02%。采用此法时也可用高锰酸钾。

**2. 活性炭法**

活性炭是一种吸附剂，性能稳定，抗腐蚀，故广泛用于食品、石油化工、轻工等行业的脱色、脱臭、"三废"处理，并用作催化剂的担体。它是将含碳的有机物加热碳化，除去全部挥发物质，经药品（如 $ZnCl_2$）或水蒸气活化，制成多孔性碳素结构吸附剂。其孔径分布为：碳分子筛 10Å（1Å = 0.1nm）以下；活性焦炭 20Å 以下；活性炭 50Å 以下。依照原料和制作方法的不同，一般经过加压、成型、炭化、破碎和活化等工序制成。按照不同的原料，活性炭可分为果实壳（椰子壳、核桃壳等），即木材系、泥炭褐煤系、烟煤系等几个系统。

用活性炭作吸附剂的吸附作用，是一种分子较小的物质附着在另一种物质表面的过程。自从 1913 年席勒发现"木炭-气体"体系以来，吸附方法已广泛应用在化学、食品等工业部门。如布和纤维染色，就是在染缸里（盛有染料水溶液）纤维吸附了染料分子而着色的；在净水处理中，往往在沙缸里放一些木炭，目的是用木炭吸附水中的杂质；电冰箱用的除臭剂，就是活性炭，用于吸附空气中的杂质，达到冰箱内除臭的目的。

吸附的定义：当两相组成一个体系时，其组成的界面与两相内部是不同的，处在两相界面处的成分产生了积累（或浓缩），这种现象称为吸附。两相指的是两种性质不同的物理状态，如气体-液体、气体-固体、液体-另一液体、液体-固体等。界面指的是这两个不同相之间接触的表面，如果已被固相吸附的原子或分子返回到液相或气相中，这种现象称之为解吸。

物理吸附时，被吸附的分子（吸附质）和吸附剂活性表面端的作用力属于范德华力，此力很小，吸附时放出的热量也较少，多数在较低温度下进行。化学吸附是由化学键作用而引起的。

活性炭的水溶液中吸附有机物的特点如下：

① 在同系列的有机物中，分子量越大，则吸附量越多。

② 溶液浓度越小的有机物，即疏水性越高的有机物越容易被吸附。

③ 一般来说，当分子量大小相同时，芳香族化合物比脂肪化合物更容易被吸附。

④ 有支链的化合物比直链化合物更容易被吸附。

⑤ 在有机物中，因交换基团的位置不同，或者对于同分异构体，活性炭对它们的吸附力也有差别。

用炭来处理酒精已有很长的历史，长期实践证明，对改善酒精感官指标的作用是肯定的。最早处理酒精是用桦木炭，炭塔一般高 4m，塔数 4～7 个，串联，待处理的酒精先稀释到一定的浓度，以接触时间为 24h 计算流速。至今不少酒厂仍采用此种方法。

后来改用活性炭处理酒精。活性炭的吸附表面比桦木炭大 80～100 倍，脱臭效果也大于桦木炭，但其作用机理不十分明确。而且因炭的质量和处理酒精的质量不同，加上使用方法的差异，结果也有出入，故没有一种适用于任何条件的方法，应根据酒精质量和炭的品种等具体条件来确定工艺。

（1）活性炭对酒精的作用机理　通常认为，活性炭对酒精的作用机理是吸附，但研究结果表明不仅限于此。有人曾研究酒精在通过塔前后所含酸及酯的变化，先将试验浓缩，然后用纸色谱及紫外分光光度法进行分析，结果如表 5-7。

表 5-7　50%高纯度酒精活性炭处理前后分光光度计测定结果

| 波长 | 透过率/% | | 波长 | 透过率/% | |
|---|---|---|---|---|---|
| | 处理前 | 处理后 | | 处理前 | 处理后 |
| 230 | 100.0 | 91.4 | 300 | 100.0 | 92.3 |
| 250 | 100.0 | 89.7 | 310 | 100.0 | 94.3 |
| 260 | 100.0 | 86.8 | 320 | 100.0 | 96.7 |
| 270 | 100.0 | 88.2 | 330 | 100.0 | 98.0 |
| 280 | 100.0 | 92.7 | 340 | 100.0 | 98.0 |
| 290 | 100.0 | 92.7 | 350 | 100.0 | 98.2 |

活性炭处理前后，稀酒精中只有甲酸、乙酯、丙酸、丁酸和戊酸，而处理以后，则增加了分子量大于戊酸的游离酸。处理前组成酯的有机酸只有分子量小于辛酸的有机酸，处理后又检出了分子量大于壬酸的一群酸。总之，由于活性炭的作用，使酒精中酸和酯的组分发生了变化，而变化的趋势是增加了高分子量的酸和酯。

从表 5-7 中可以看出，用活性炭处理以后的酒精，对紫外光的吸光物质增加了，如果以处理前的透光率为 100%，则处理后的透光率在不同的波长下分别降为 86.8%～98.2。因此可以认为，活性炭起了催化剂的作用，促进某些高分子酸和酯的组分发生了变化，而变化的趋势是增加了高分子量的酸和酯。

关于活性炭的作用较容易证明，将用过的炭用蒸汽加热使其再生时，所得的馏出液有突出的令人不快的气味，将这种馏出液用苯萃取蒸馏之，可以得到一种黏稠树脂状物质，它的气味像脂肪放置日久而形成的"哈喇味"，这说明酒精中有甘油酯分解而生成的脂肪酸。有人证实，杂醇油中含有脂肪酸，其中包括棕榈酸。酒精中混入微量脂肪酸是不足为怪的。未与酒精接触的新炭，用同样的蒸汽加热，则馏出液中除乙酸外并不含其他脂肪酸，则更进一步证实了炭确实吸附了酒精中的脂肪酸。

（2）活性炭的使用方法　桦木炭脱臭法，一般是将炭装在塔内，而让酒精连续通过。改用活性炭时，认为活性炭过多，接触时间太久，反而会起反作用。所以，每10L 40%的稀酒精用活性炭16g，时间30min。但是，有人得出相反的结果，用大量活性炭装在塔内连续过滤酒精，也改善了酒的质量。过滤塔高4m，塔数2～3个，过滤速度3～5m³/h。上述结果互相矛盾的原因，可能与活性炭和稀酒精的质量有关。

因此，要提高活性炭的脱臭效果，首先应选择活性炭的品种，然后根据试验来确定脱臭的工艺。除了采用活性炭的连续过滤的方法外，有人提出用粉末活性炭的方法。

在用炭连续过滤的情况下，通常采用粒状（直径为1～3.5mm）活性炭，此种炭由于颗粒大，炭粒内部不能有效发挥作用，所以将活性炭粉碎至下列细度：

> 0.5mm 筛孔的筛上物＝0
>
> 0.25mm 筛孔的筛上物＝18％～24％
>
> 0.11mm 筛孔的筛上物＝23％～28％
>
> 0.10mm 筛孔的筛上物＝50％～56％

（3）活性炭处理的操作方法　小型生产厂家可在陶坛中进行，将酒精加水稀释到比需要高出约1°。按100L酒基加入30～50g活性炭，充分搅拌约1h（分3～4次），约24h后用滤布过滤，过滤液应清澈透明，口尝酒精味淡、醇和，略有甜味。

大、中型酒厂可在10t、20t、50t配酒桶中进行，把所用的活性炭准确称重后投入酒基中，用酒泵循环抽酒或用空气（无油空压机送出）搅拌2h。静置24h后，可用砂芯过滤器过滤之。如无过滤器，只要静置5～7天后取上清液即为处理好的酒基。处理好的酒基通过感官鉴定，应为无色透明，口感醇和。另外，也可测定处理前后酒基氧化性的差数，一般应不低于3min。

**3. 高锰酸钾和活性炭法**

使用高锰酸钾时，应先用热水溶解，并分2～3次缓慢加入。每次加入后剧烈搅动30min左右，起协助氧化的作用，待高锰酸钾溶液加完并充分作用后（红色全部退去），再加活性炭处理，搅动30min左右，然后让其静置澄清，取上层清酒液即可。

# 四、用于生产新型白酒的食用酒精的质量控制

用于串香型的酒精，一般不进行处理，如果酒精质量太差，可用活性炭和高锰酸钾进行吸附和氧化处理，以除去杂质，去掉异杂味和酒精臭味，然后即可使用。

直接用于调制新型白酒的酒精，要使用优级以上的酒精，如果需要处理，不能

采用加入活性炭和高锰酸钾的方法，以避免给成品酒带来不良影响。为避免产生残留的锰和活性炭，影响卫生指标或使酒产生黑色沉淀，处理时，只能使用过滤的方法。有些厂家，因使用不当，已经造成不良后果。

## （一）酒精的预处理

### 1. 酒精发酵成熟醪的蒸馏

蒸馏是利用液体混合物中各组分挥发性的不同而分离组分的方法。在酒精生产中，将酒精和其他所有的挥发性杂质从发酵成熟醪中分离出来的过程，称为蒸馏。蒸馏的结果便得到粗酒精，所用的设备为醪塔，也称粗馏塔。除去粗酒精中杂质，进一步提高酒精浓度的过程则称为精馏。精馏的结果得到医药酒精或精馏酒精，所用的设备称为精馏塔。

发酵成熟醪的化学组成与杂质分类：

发酵成熟醪的化学组成是随原料的种类、加工方法、菌种性能不同而变化的。例如，在甘薯和马铃薯中含果胶质较多，因而成熟醪中甲醇含量就较多，为乙醇含量的 2% 左右；而在亚硫酸盐纸浆废液的发酵成熟醪中，甲醇含量往往高达酒精含量的 8% 左右。在谷物原料的发酵成熟醪中，由于原料含蛋白质较多，所以杂醇油的含量就高一些。用糖蜜制酒精由于通风的影响，乙醛含量较高。

发酵成熟醪中除上述挥发性杂质外，还含有不挥发性杂质。例如甘油、琥珀酸、乳酸、脂肪酸、无机盐类、酵母以及其他各种夹杂物，如不发酵性糖、植物体中的皮壳、纤维等。

发酵成熟醪中的不挥发性杂质容易和酒精分离，在醪塔的底部排出，称之为废糟或酒糟，其中干物质的含量随原料与加工工艺的不同而异，一般为 5%～7%。成热醪中的挥发性杂质则随酒精一起从醪塔的顶部排出，因此必须在精馏过程中使这些杂质与酒精分离。

从醪塔出来的酒精，由于含有许多挥发性杂质，故称为粗酒精。挥发性杂质的种类和数量也与原料、加工方法有密切关系。在各种来源的粗酒精中，发现的挥发性杂质已超过 50 种，按其化学性质可将它们大致归纳为四大类：醇类、醛类、酯类和酸类。此外，还有一些微量的含硫物质和不饱和化合物等。由于这些杂质具有挥发性，因此容易进入成品酒中，影响酒的质量。酒精蒸馏的任务之一"提纯"，就是分离挥发性杂质。

### 2. 酒精蒸馏的基本原理

蒸馏过程之所以能将成熟醪中所含的酒精完全分离出，并得到高浓度的酒精，基本原因为：成熟醪所含的各种物质的挥发性不同。将两种或两种以上挥发性不同的物质组成混合溶液，加热至沸腾，这时液相组分与空气组分往往不同，气相比液相含有较多的易挥发性组分，剩下的液相就含有较多的难挥发性组分。如加热酒精-水溶液至沸腾时，蒸气中酒精含量就较溶液中的高。在常压下测得的结果见表5-8。

表 5-8　乙醇-水溶液沸腾时，蒸气与溶液中的乙醇含量

| 沸腾液中乙醇的含量 /% | 沸点 /℃ | 蒸气中乙醇的含量 /% | 蒸气中和液体中乙醇含量之比（挥发系数 $K$） |
|---|---|---|---|
| 0 | 100.0 | 0 | |
| 5 | 95.90 | 35.75 | 7.15 |
| 10 | 92.60 | 51.00 | 5.10 |
| 15 | 90.20 | 61.50 | 4.10 |
| 20 | 88.30 | 66.20 | 3.31 |
| 25 | 86.90 | 67.95 | 2.72 |
| 30 | 85.56 | 69.26 | 2.31 |
| 35 | 84.80 | 70.60 | 2.02 |
| 40 | 84.08 | 71.95 | 1.80 |
| 45 | 83.40 | 73.45 | 1.63 |
| 50 | 82.82 | 74.95 | 1.50 |
| 55 | 82.30 | 76.54 | 1.39 |
| 60 | 81.70 | 78.17 | 1.30 |
| 65 | 81.20 | 79.92 | 1.23 |
| 70 | 80.80 | 81.85 | 1.17 |
| 75 | 80.40 | 84.10 | 1.12 |
| 80 | 79.92 | 86.49 | 1.08 |
| 85 | 79.50 | 89.05 | 1.05 |
| 90 | 79.12 | 91.80 | 1.02 |
| 95 | 78.75 | 95.05 | 1.001 |
| 97.6 | 78.15 | 97.60 | 1.00 |

正如拉乌尔定律指出的，混合溶液中，蒸气压高（沸点低）的组分，在气相中的含量总是比液相中高；反之，蒸气压低（沸点高）的组分，在液相中含量总是比气相中高。按表 5-8 所示，经过多次反复气化与冷凝，即可将混合溶液分成两组纯组分。

从表 5-8 数据可知，酒精与水的混合液加热沸腾时，所产生的蒸气中，酒精含量都是高于原混合液，而且溶液中酒精含量越低，则蒸气中的酒精含量增加越高。若以 $A(\%)$ 表示蒸气中的酒精含量，它在溶液中的含量以 $Q$ 表示。

$$A/Q = K$$

$K$ 即为挥发系数，表示乙醇在该溶液中的挥发性能强弱。溶液中乙醇浓度越低，则其比值（即挥发系数）$K$ 越大；反之，则 $K$ 越小；$K$ 为 1 时，即溶液中酒精浓度与蒸气中酒精浓度相等。

在 $K=1$ 时，其混合液与蒸气中所含酒精浓度均为 95.57%（质量分数）或 97.60%（体积分数），此时的沸点为 78.15℃。该沸点较纯酒精沸点（78.3℃）、水的沸点（100℃）都低，故蒸馏到此浓度时，蒸气中的酒精含量就不会再增加了。该沸点称之为最低恒沸点，该组分的混合物称恒沸混合物。酒精蒸馏设备虽然设计得很科学，然而在常压下，还是得不到无水酒精。

在一定的气压下，恒沸混合物有一定的准确成分，过去曾误认为它是一种化合

物，后来有人发现，改变气压可以改变恒沸点，也可以改变恒沸物的组成，因此才证明它只是在两相中具有相同成分的混合物，而不是化合物。表 5-9 为在不同气压下，酒精和水恒沸混合物的组成。

表 5-9　不同气压下酒精和水恒沸混合物的组成

| 压力/mmHg① | 沸点/℃ | 恒沸混合物中的酒精含量/% |
|---|---|---|
| 70.0 | 27.96 | 100 |
| 94.9 | 33.35 | 99.50 |
| 129.7 | 39.20 | 98.7 |
| 198.4 | 47.63 | 97.3 |
| 404.6 | 63.04 | 96.25 |
| 760.0 | 78.15 | 95.57 |
| 1075.4 | 87.12 | 95.35 |
| 1451.7 | 95.35 | 95.25 |

① 1mmHg＝133.322Pa。

表 5-9 中指出，在常压下酒精与水的恒沸点为 78.15℃，在恒沸混合物中酒精含量为 95.57%，而当压力为 70mmHg 时，沸点为 27.96℃，恒沸点已不存在。这就是真空蒸馏方法运用减压越过恒沸点而能得到无水乙醇的原理。

**3. 酒精精馏的基本原理**

若酒精发酵成熟醪中所含的挥发性物只有酒精，则利用具有相当塔板数的蒸馏塔即可获得高纯度的纯净酒精。但是成熟醪中还含有酒精以外的 50 多种挥发性杂质，它们也随酒精进入了粗酒精中，除去这些杂质的过程在酒精行业中称为精馏。这些杂质基本上在发酵过程中产生，也有的是在蒸煮与蒸馏过程中生成的（见表 5-10）。

表 5-10　粗酒精中的主要杂质来源

| 杂质来源 | 名称 |
|---|---|
| 原料蒸煮过程中产生的 | 甲醇、烯萜 |
| 酵母生命活动而产生的 | 杂醇油、乙醛、甘油、有机酸 |
| 由于粗酒精组分间相互作用而产生的 | 如醇与酸所生成的酯类 |
| 因醇类与空气氧化而产生的 | 醛类 |
| 在蒸馏中由于成熟醪过热及分解产生 | 硫化氢、糠醛 |

粗酒精中这些杂质的化学性质各不相同，见表 5-11，按化学性质分为醇、醛、酸、酯四大类。而从精馏酒精除去杂质时的动态看，这些杂质又可分为三类，即头级杂质、中间杂质和尾级杂质。这只是大致的区分法，因为杂质的活动还依操作情况不同而有改变。

比酒精更易挥发的杂质称为头级杂质，这些杂质的沸点多数比酒精低，故亦称低沸点杂质，如乙醛、乙酸乙酯、甲酸乙酯等。中级杂质的挥发性与乙醇很接近，所以很难分离完全，如异丁酸乙酯、异戊酸乙酯、乙酸异戊酯等。尾级杂质的挥发性比乙醇低，它们的沸点多数比乙醇高，故亦称高沸点杂质。如高级醇、脂肪酸及其酯类。它们出现在白酒蒸馏的酒尾中，呈油状漂浮在液面，故称杂醇油。

表 5-11　含于粗酒精中的杂质

| 杂质名称 | | 沸点/℃ | 化学式 |
|---|---|---|---|
| 醛类 | 乙醛 | 20.8 | $CH_3CHO$ |
| | 缩醛 | 102.9 | $CH_3CH(OC_2H_5)_2$ |
| | 糠醛 | 162 | $C_4H_3OCHO$ |
| 酯类 | 甲酸乙酯 | 54.15 | $HCOOC_2H_5$ |
| | 乙酸甲酯 | 56 | $CH_3COOCH_3$ |
| | 乙酸乙酯 | 77.15 | $CH_3COOC_2H_5$ |
| | 异丁酸乙酯 | 110.1 | $(CH_3)_2CHCOOC_2H_5$ |
| | 丁酸乙酯 | 121 | $CH_3CH_2CH_2COOC_2H_5$ |
| | 异戊酸乙酯 | 134.3 | $(CH_3)_2CHCH_2COOC_2H_5$ |
| | 乙酸异戊酯 | 137.6 | $CH_3COOCH_2CH_2CH(CH_3)_2$ |
| | 异戊酸异戊酯 | 196 | $(CH_3)_2CHCH_2COOCH_2CH_2CH(CH_3)_2$ |
| 醇类 | 异丙醇 | 82 | $CH_3CH(OH)CH_3$ |
| | 丙醇 | 87.2 | $CH_3CH_2CH_2OH$ |
| | 异丁醇 | 107 | $(CH_3)_2CHCH_2OH$ |
| | 丁醇 | 117 | $CH_3CH_2CH_2CH_2OH$ |
| | 活性戊醇(2-甲基丁醇) | 129.8 | $CH_3CH_2CH(CH_3)CH_2OH$ |
| | 异戊醇 | 132 | $(CH_3)_2CHCH_2CH_2OH$ |
| | 戊醇 | 137.8 | $CH_3(CH_2)_3CH_2OH$ |
| | 甘油 | 290 | $CH_2OHCHOHCH_2OH$ |
| 酸类 | 甲酸 | 101 | $HCOOH$ |
| | 乙酸 | 118 | $CH_3COOH$ |
| | 丁酸 | 162 | $CH_3CH_2CH_2COOH$ |
| | 己酸 | 205.8 | $C_6H_{12}O_2$ |
| 其他 | 烯萜 | 167~170 | $C_{10}H_{16}$ |
| | 水化烯萜 | 206~210 | $C_{10}H_{18}O$ |

　　头级杂质和尾级杂质都比较容易与乙醇分离,较难除净的是中级杂质。当酒精浓度高时,它们的挥发系数接近于1,均匀分布在蒸气与液体之中。这类杂质的量很少。

### (二) 酒精精馏的基本理论

　　只有设法除去上述各种杂质,才能获得医药酒精或精馏酒精。为此须在理论上弄清楚各种杂质在不同浓度酒精-水溶液中的分布情况,即杂质在各层塔板上的活动规律,这首先要了解挥发系数与精馏系数。

#### 1. 挥发系数与精馏系数

　　杂质和酒精的挥发性不同,这是分离它们的理论基础。假定各种杂质在水-酒精溶液中的挥发性不受其他杂质存在的影响,这就得到了一个由水-酒精-某种杂质组成的三元体系。事实上杂质相互之间是有一定影响的,因此这一假定会造成某些影响不大的误差,另外,如果杂质含量超过 2%,则数据也有偏差。

　　挥发系数:以酒精为例,$a\%$ 表示酒精-水溶液中的酒精含量,沸腾溶液平衡的蒸气中酒精含量以 $A$ 表示,则 $A/a = K_A$ 是酒精的挥发系数。举例来说,如酒精-

水混合液中的酒精浓度为 10%（容量），与其平衡的蒸气中酒精含量为 51.0%（体积分数），则 $K_A=51.0/10=5.10$，即酒精的挥发系数为 5.10。它意味着酒精在气相中的浓度增加了 5.1 倍。

对于杂质来说也是一样的，可用 $\alpha$ 表示蒸气中某杂质的含量，以 $\beta$ 表示它在液相中的含量，则其挥发系数为：

$$K_a=\alpha/\beta$$

表 5-12 所示为酒精浓度与其中杂质的挥发系数的关系，从表中数据可看出三个重要的规律：

① 一切杂质（包括乙醇在内）的挥发系数随着乙醇浓度的增加而减少。

② 当乙醇浓度低于 55%（体积分数）时，一切杂质的挥发系数 $K$ 都大于 1。

③ 有些杂质的挥发系数始终大于 1，有些则在酒精浓度高时，$K$ 由大于 1 变成小于 1。

表 5-12　酒精与其杂质的挥发系数（$K$）的关系

| 酒精浓度/% | 醇类 | | 酯类 | | | | | | | 醛类 |
|---|---|---|---|---|---|---|---|---|---|---|
| | 酒精 | 异戊醇 | 异戊酸异戊酯 | 乙酸戊酯 | 异戊酸乙酯 | 异丁酸乙酯 | 乙酸乙酯 | 乙酸甲酯 | 甲酸乙酯 | 乙醛 |
| 10 | 5.10 | | | | | | 29.0 | | | |
| 15 | 4.10 | | | | | | 21.5 | | | |
| 20 | 3.31 | 5.63 | | | | | 18.0 | | | |
| 25 | 2.72 | 5.55 | | | | | 15.2 | | | |
| 30 | 2.31 | 3.0 | | | | | 12.6 | | | |
| 35 | 2.02 | 2.45 | | | | | 10.5 | 12.5 | | |
| 40 | 1.80 | 1.92 | | | | | 8.6 | 10.5 | | |
| 45 | 1.63 | 1.50 | | 3.5 | | | 7.1 | 9.0 | | 4.5 |
| 50 | 1.50 | 1.20 | | 2.8 | | | 5.8 | 7.9 | | 4.3 |
| 55 | 1.39 | 1.00 | | 2.2 | | | 4.9 | 7.0 | 12.0 | 4.15 |
| 60 | 1.30 | 0.80 | 1.30 | 1.7 | 2.3 | 4.2 | 4.3 | 6.4 | 10.4 | 4.0 |
| 65 | 1.23 | 0.65 | 1.05 | 1.4 | 1.9 | 2.9 | 3.9 | 5.9 | 9.4 | 3.9 |
| 70 | 1.17 | 0.54 | 0.82 | 1.1 | 1.7 | 2.3 | 3.6 | 5.4 | 8.5 | 3.8 |
| 75 | 1.12 | 0.44 | 0.65 | 0.9 | 1.5 | 1.8 | 3.2 | 5.0 | 7.8 | 3.7 |
| 80 | 1.08 | 0.34 | 0.50 | 0.8 | 1.3 | 1.4 | 2.9 | 4.6 | 7.2 | 3.6 |
| 85 | 1.05 | 0.32 | 0.40 | 0.7 | 1.1 | 1.2 | 2.7 | 4.3 | 6.5 | 3.5 |
| 90 | 1.02 | 0.30 | 0.35 | 0.6 | 0.9 | 1.1 | 2.4 | 4.1 | 5.8 | 3.4 |
| 95 | 1.00 | 0.23 | 0.30 | 0.55 | 0.8 | 0.95 | 2.1 | 3.8 | 5.1 | 3.3 |

从表 5-12 中数据还可以看出：溶液中的乙醇挥发系数与该溶液所含的杂质挥发系数不同。在酒精精馏过程中，由于酒精在水溶液中浓度不同，不同杂质的挥发系数也不同，因此才有可能利用蒸馏的方法分别除去这些杂质。采用测定的方法可测得杂质在不同酒精浓度下的挥发系数 $K$，这可帮助了解杂质在精馏设备中移动的情况，便于采取措施排除杂质。

某种杂质的挥发系数 $K>1$，表明它在蒸气中的含量比在液体中大，也就是说它在塔内的移动方向是上行的，它在塔内的分布是愈往上浓度愈高，于是便集中在塔顶部。如果某种杂质的挥发系数 $K<1$，则情况相反，它向塔下行方向移动，愈往下浓度愈高，便集中在塔底部。如果某种杂质在酒精浓度低时 $K>1$，随着酒精浓度的增加，$K$ 逐渐减小，在某一酒精浓度时其 $K=1$，以后又变得小于1，这种杂质的运动方向在酒精浓度低时是向上移动，在酒精浓度高时向下移动，最后它便在塔中部的 $K=1$ 处集聚。

从表5-12中数据可知，典型头级杂质的挥发系数始终大于1，因此它们在塔顶的浓度最高，有些杂质在酒精浓度低时其 $K>1$ 的，但是随着酒精浓度升高，它们相继变为 $K=1$，最后变成小于1。如杂醇油的主要代表异戊醇在酒精浓度为55%（体积分数）时 $K=1$，即在这种酒精浓度时杂醇油最集中；有些杂质如异戊酸、异戊酯、乙酸戊酯等在酒精浓度大于70%（体积分数）时，才由 $K>1$ 转变为 $K<1$。

无论是头级杂质还是尾级杂质，都是较容易分离的，较难除去的是中级杂质，如异丁酸乙酯。当酒精浓度高时它的挥发系数接近于1，因此这类杂质便均匀地分布于蒸气及液体之中。当要求酒精质量很高时，只有在塔顶滴加碱液，借助化学方法精制。

从上述杂质挥发系数能分析出杂质在塔内的移动和分布情况。杂质的挥发系数与酒精浓度有很密切的关系，它随着沸腾液体中酒精含量的增加而不断降低。有时单凭挥发系数还不能说明杂质在精馏过程中与酒精的可分离程度，这是由于蒸气中酒精含量总是高于液体中酒精含量，因此还必须与酒精的挥发系数相比较，才可以更明确地表明杂质的动态与酒精的可分离程度。为此，引进精馏系数 $K'$ 的概念，它可以更明确地表明杂质的动态与酒精的可分离程度（表5-13）。

表5-13　粗酒精中杂质的精馏系数 $K'$

| 酒精含量（体积分数）/% | 异戊醇 | 异戊酸异戊酯 | 乙酸戊酯 | 异戊酸乙酯 | 异丁酸乙酯 | 乙酸乙酯 | 乙酸甲酯 | 甲酸乙酯 | 乙醛 |
|---|---|---|---|---|---|---|---|---|---|
| 1 | 3.26 | | | | | | | | |
| 10 | | | | | | 5.67 | | | |
| 25 | 2.02 | | | | | 5.43 | | | |
| 30 | 1.30 | | | | | 5.43 | | | |
| 40 | 1.05 | | | | | 4.77 | 5.83 | | |
| 50 | 0.80 | | 1.866 | | | 3.86 | 5.26 | | 2.68 |
| 60 | 0.615 | 1.0 | 1.307 | 1.76 | 3.23 | 3.3 | 4.92 | 8.0 | 3.08 |
| 70 | 0.44 | 0.7 | 0.94 | 1.45 | 1.96 | 3.07 | 4.61 | 7.26 | 3.05 |
| 80 | 0.36 | 0.463 | 0.74 | 1.20 | 1.30 | 2.77 | 4.25 | 6.6 | 3.34 |
| 90 | 0.26 | 0.343 | 0.683 | 0.882 | 1.07 | 2.37 | 4.01 | 5.68 | 3.34 |
| 95 | 0.22 | 0.299 | 0.548 | 0.797 | 0.897 | 2.09 | 3.78 | 5.08 | 3.29 |

将杂质的挥发系数 $K_n$ 和酒精的挥发系数 $K_A$ 相比较，这就是精馏系数 $K'$。

$$K' = K_n / K_A$$

通过杂质与酒精挥发性的比较来判断，杂质在气相中究竟是增加还是减小，以便确定它在塔内集聚的区域。

$K'>1$，表示杂质较酒精更易挥发，在蒸气中的杂质含量较溶液中增加较多，它们将在气相中集聚。

$K'=1$，表示杂质和酒精的挥发性能在该条件下相等，分离较困难。

$K'<1$，表示杂质比酒精难挥发，杂质在液体中积聚，并随回流液流至塔底部。

用精馏系数来说明甲醇的动态，较为清楚。

表5-13为酒精中各种杂质的精馏系数 $K'$，可以看出，头级杂质、尾级杂质与中级杂质在精馏中的运动规律与在塔内聚集的区域，以便在精馏的过程中有效地分离它们。

头级杂质都聚集在塔顶，最后从冷凝器排出。杂醇油一般在与其 $K_n=1$ 相应的塔层取出，即在进料层附近塔板处。中级杂质含量虽少，成品质量要求高时应采用辅助方法-化学处理来排除。

表5-12、表5-13中所列的系数 $K$ 及 $K'$，是在实验基础上获得的，而没有考虑到在混合液中有许多杂质共同存在时的影响。因此，在生产中测定 $K$ 及 $K'$ 数值时会有一些偏差。这两个系数均反映出在复杂系统中同种分子间及异种分子间的分子吸引力和排斥力间的复杂关系。应该指出，杂质的沸点并不决定挥发性的强弱，沸点比酒精、水高的杂质，其挥发性可能比酒精、水大。例如，当酒精浓度低时，异戊醇的挥发系数比酒精的挥发系数大，虽然在常压下异戊醇的沸点为132℃，而酒精的沸点只有78℃。

可见，虽然酒精在游离状态时的蒸气压大，但是在稀溶液中异戊醇的挥发性却比酒精大，这是因为在这种情况下水和酒精间的结合力较大的缘故。当混合液中水的量减少时，分子之间结合力的关系又发生了变化，酒精的挥发系数便大于异戊醇的挥发系数了。

**2. 从粗酒精中分离酯醛杂质的基本理论**

乙醛、乙酸乙酯、乙酸甲酯、甲酸乙酯在酒精水溶液中其挥发系数与精馏系数始终大于1，即此类杂质在气相中的含量始终比液相中含量多。也就是说，这类杂质在酒精精馏时比酒精更易挥发。因此，它们将聚集在精馏设备的最高层。生产中利用这一特性来将其排除。在生产医药酒精时，采用提高第二冷凝器温度和在第三冷凝器取工业酒精、第三冷凝器尾端设置排醛管的方法，这是最简单的排醛方式，可使产品达到医药酒精质量标准。若对酒精质量要求更高，可在精馏塔之前安装一个排醛塔来分离酯醛杂质。

排醛塔的任务是分离头级杂质，如醛类和低沸点酯类，由进料位置将塔分为两段。上段为聚醛段，下段为提馏段。各种杂质在排醛塔内活动的情况可见表5-14。

在提馏段中酒精浓度较低，各种杂质的挥发系数都大于1，而且数值较大，因此各种杂质都是挥发的，只是挥发程度不同。在提馏段中不仅乙酸甲酯这类低碳链酯能从酒精水溶液中分离出来进入塔的上段，而且乙酸异戊酯及戊醇这类杂质也进入提馏段的上段。

在聚醛段中，乙酸甲酯等这类头级杂质仍有很强的挥发性，当上层塔板酒精浓度增高时，乙酸甲酯的挥发系数虽然下降，但它的数值总大于1，所以在塔的顶部乙酸甲酯等仍能浓缩起来。然后用冷凝器的排醛管与取醛酒的办法排除低碳链酯、醛类等头级杂质。

为了使头级杂质更好地分离，有的工厂加水将粗酒精稀释。即在排醛塔中部进料层处加水。这是考虑到酒精浓度较低时，头级杂质的挥发系数较大。但是无论从理论上还是在生产实际中都已证实，只要操作稳定，在较高的酒精浓度下也能很好地排除头级杂质，如不加水稀释，不但能排除掉头级杂质，而且对杂醇油亦能更有效地阻拦。因为酒精浓度增大时，杂醇油的精馏系数将小于1，这样混入头级杂质中的杂醇油就较少，便于积聚杂醇油进入精馏塔排除。

乙酸异戊酯与戊醇在进入聚醛段下面几块塔板之后，便开始被阻留，尤其是戊醇，因为在聚醛段各层塔板上有酒精浓度很高的回流液，当酒精浓度升高时它们的挥发系数都减小，精馏系数 $K' < 1$，这样在蒸气中这些杂质的含量便减少而被阻留下来，随着脱醛液进入精馏塔。

下面用表 5-14 总结上面的论述。

表 5-14　杂质在排醛塔的动态

| 分布 | 塔板数（由上往下数） | 酒精浓度 | | 杂质的挥发系数 | | |
|---|---|---|---|---|---|---|
| | | 质量分数/% | 体积分数/% | 乙酸甲酯 | 乙酸异戊酯 | 戊醇 |
| 聚醛段 | 1 | 90.5 | 93.5 | 4.0 | 0.6 | 0.27 |
| | 2 | 89.5 | 93.0 | 4.0 | 0.6 | 0.27 |
| | 3 | 88.3 | 92.0 | 4.0 | 0.6 | 0.28 |
| | 4 | 87.0 | 91.0 | 4.0 | 0.6 | 0.28 |
| | 5 | 84.3 | 89.0 | 4.0 | 0.6 | 0.30 |
| | 6 | 81.0 | 86.0 | 4.2 | 0.7 | 0.32 |
| | 7 | 77.5 | 83.5 | 4.5 | 0.7 | 0.33 |
| | 8 | 73.5 | 80.0 | 4.6 | 0.8 | 0.34 |
| | 9 | 66.0 | 73.0 | 5.2 | 0.9 | 0.49 |
| | 10 | 52.0 | 60.0 | 6.4 | 1.7 | 0.80 |
| | 11 | 30.0 | 36.0 | 12.5 | 4.9 | 2.45 |
| 提馏段 | 1 | 30.0 | 36.0 | 12.5 | 4.9 | 2.45 |
| | 14 | 27 | 33.0 | 13.0 | 4.9 | 2.70 |

表 5-14 详细地列出了杂质在聚醛段与提馏段中挥发系数随酒精浓度与塔板层数而变化的情况。乙酸甲酯为头级杂质的代表，乙酸异戊酯为中级杂质的代表，戊

醇为尾级杂质的代表。从表5-14可看出各类杂质在排醛塔各层塔板上分布的情况。由于这些杂质在进料层都有很大的挥发系数，所以它们都挥发上升。头级杂质一直上升到聚醛段顶层仍然很易挥发，能继续上升。中级杂质和尾级杂质则挥发上升不到2～3层塔板便被截留而回流至提馏段，而且尾级杂质还比中级杂质截留得更早。

与分离醛酯杂质有关，从精馏塔中采取成品的位置应如何确定？

假若粗酒精中没有头级杂质，那么就可在精馏塔的分凝器取冷凝液作为成品。然而粗酒精是含有头级杂质的，因此不能这样提取成品。精馏塔顶层板上的酒精浓度最高，这样头级杂质的精馏系数便减小，即头级杂质的挥发性减弱，在液相中相对地浓度较大。顶层以下几层虽然酒精浓度稍低，但头级杂质的精馏系数要大些，即头级杂质的挥发性较强。在液相中含量相对要低些，所以塔顶层液相中所积聚的头级杂质比顶层以下的4～6层所积聚的要多。正因为如此，生产中在第4～6层塔板上引出液体，经过冷却作为成品。用这种方法提取的成品质量较高，两塔式流程可得到医药酒精，在三塔式流程可得到精馏酒精。

**3. 从粗酒精中分离杂醇油的理论基础**

在酒精发酵过程中，由于酵母对糖和氨基酸利用的结果，常常产生少量的杂醇油。

杂醇油并不是单一的化合物，而是由多种高级醇化合物组成的，它的主要成分为异戊醇。所以讨论杂醇油分离时，可以用异戊醇作为代表。

异戊醇在水中的溶解度很低。在酒精精馏过程温度区域内，异戊醇在水中的含量不会大于3%，否则将会出现漂浮在液面的油层，因为异戊醇在水中的溶解度很小。在讨论分离异戊醇时，宏观上把异戊醇看成不溶于水的物质，而它可以按任何比例溶于酒精。把异戊醇与水混合，并充分搅拌，可以使其乳化但不能互溶，将混合液体加热至沸点后的蒸气压与溶液浓度是没有关系的，它们具有各自独立的蒸气压。当这种混合溶液的蒸气压之和与大气压相等时，混合液便沸腾。水和异戊醇乳浊液的沸点为93℃，在93℃时，水的蒸气压为589mmHg，异戊醇的蒸气压为171mmHg，蒸气压之和760mmHg，相当于外界压力，所以乳浊液在此温度时沸腾。按道尔顿分压定律，在蒸气中异戊醇的浓度为171/(171＋389)×100%＝22.5%（摩尔分数）。所以蒸馏时只要溶液中异戊醇不大于22.5%，它在塔中总是随蒸气上升，直到其浓度达到22.5%为止。

异戊醇同酒精是互溶的，因此溶液组分与蒸气压关系符合拉乌尔定律。酒精同异戊醇蒸馏时，它们是同系物。由于异戊醇分子量大，挥发性小，亦即气相中异戊醇的含量总是小于液相中异戊醇的含量，因此异戊醇流向塔之下部。酒精越蒸越浓，即气相中的酒精总大于液相中酒精的摩尔分数（%）。

在整个精馏塔的各层塔板上，酒精的浓度是不相同的，因此异戊醇的挥发性亦随着酒精的浓度而变（表5-15）。

表 5-15　不同酒精浓度液体中异戊醇的 $K_n$ 和 $K'$

| 酒精浓度/% | 挥发系数 $K_n$ | 精馏系数 $K'$ | 酒精浓度/% | 挥发系数 $K_n$ | 精馏系数 $K'$ |
|---|---|---|---|---|---|
| 1 | | 3.26 | 55 | 0.98 | |
| 10 | | | 60 | 0.80 | 0.615 |
| 15 | | | 65 | 0.65 | |
| 20 | | | 70 | 0.54 | 0.44 |
| 25 | 5.55 | 2.02 | 75 | 0.44 | |
| 30 | 3.00 | 1.30 | 80 | 0.34 | 0.36 |
| 35 | 2.45 | | 85 | 0.32 | |
| 40 | 1.92 | 1.05 | 90 | 0.30 | 0.26 |
| 45 | 1.50 | | 95 | 0.23 | 0.22 |
| 50 | 1.20 | 0.8 | | | |

　　在精馏塔的下部，水分较多，酒精浓度低，异戊醇不溶于水，基本上进行水蒸气蒸馏，因而挥发系数大，异戊醇随蒸气上升，液体中的异戊醇含量小于气相中的含量。反之，在塔上部，各塔板上有高浓度的酒精回流液，由于酒精浓度很高，基本上符合拉乌尔定律，异戊醇的挥发系数小，并且小于 1，因此液体中异戊醇含量大于气体中的含量，异戊醇随回流液下降，这样便大量积集于塔的中部，酒精浓度为 55%（体积分数）[约 25.8%（摩尔分数）]之处。

　　在实际生产中，因为塔板上的蒸气压力不很均匀，杂醇油又是多种高碳链醇的混合物，所以杂醇油集中分布在几块塔板上，一般液相提取杂醇油的位置是在塔进料层以上的第 2、4、6 层塔板上，温度为 86～93℃，酒精浓度 55%～60%（体积分数）之处。倘若从汽相中提取杂醇油，则应该在进料层以下几层塔板上，一般在进料层以下的第 2、4、6 层塔板上，酒精浓度为 42%（体积分数）附近。当然具体塔板层数要根据所用精馏塔的板效率来决定，这里指的是泡罩塔。油的聚集区，还受回流比的影响。

　　不论从液相还是气相中提出的粗杂醇油，冷却到室温后，虽然可能分离成油层和水层，但由于其中酒精含量较多，使杂醇油的溶解度很大，油水很难分层。为了更好地分离出较高浓度的杂醇油，可以将粗杂醇油加水稀释。一般稀释到水层中水的含量为 90%左右，酒精在水中的含量为 6%～8%之间，而杂醇油的含量只有2%～3%，接近于纯水中杂醇油的溶解度。

　　表 5-16、表 5-17 给出了室温下（15℃）杂醇油、酒精、水三者互溶的有关数据。

　　表 5-16、表 5-17 分别指出了在油层或水层中，水、酒精、杂醇油三者互溶的可能性，从表中可以看出，分离出来的油层其浓度一般不可能超过 90%，倘若要使其浓度高于 90%，可用间接加热的杂醇油塔进行浓缩。分离出来的水层，可以回到醪塔蒸馏或回到精馏塔相应浓度的塔板上。

表 5-16　油层成分

| 杂醇油/% | 酒精/% | 水/% | 杂醇油/% | 酒精/% | 水/% |
|---|---|---|---|---|---|
| 40 | 27.5 | 32.5 | 65 | 17.6 | 17.4 |
| 45 | 26.4 | 28.6 | 70 | 14.8 | 15.2 |
| 50 | 24.6 | 25.4 | 75 | 13.6 | 13.4 |
| 55 | 22.6 | 22.4 | 80 | 8.1 | 11.9 |
| 60 | 20.3 | 19.7 | 85 | 4.5 | 10.5 |

表 5-17　水层成分

| 水/% | 酒精/% | 杂醇油/% | 水/% | 酒精/% | 杂醇油/% |
|---|---|---|---|---|---|
| 40 | 28.2 | 21.8 | 70 | 23.2 | 6.8 |
| 45 | 28.0 | 27.0 | 75 | 20.6 | 4.4 |
| 50 | 27.5 | 22.5 | 80 | 16.8 | 3.2 |
| 55 | 26.8 | 18.2 | 85 | 12.1 | 2.9 |
| 60 | 26.0 | 14.0 | 90 | 7.2 | 2.8 |
| 65 | 24.8 | 10.2 | 95 | 2.0 | 3.0 |

**4. 从粗酒精中分离甲醇的理论基础**

酒精发酵成熟醪中含有的甲醇不是发酵产物，而是原料在发酵前加工处理中，如淀粉质原料的蒸煮、亚硫酸法制浆时的蒸解等，由于果胶质、甲基戊糖的水解生成了作为甲醇主要来源的甲氧基（—$OCH_3$），它还原的结果便形成了甲醇。

甲醇在水-乙醇溶液中的挥发性是很特殊的，为了研究甲醇的分离过程，首先要了解它在水-乙醇溶液中组分与蒸气压的关系。

甲醇可以以任何比例与水互溶，它的蒸气压基本上符合拉乌尔定律，但具有正偏差，气液平衡时气相组成中甲醇的含量总是大于液相中的。表 5-18 为甲醇-水二元系常压下的气液两相平衡数据。

表 5-18　常压下甲醇-水二元系的气液两相平衡数据

| 甲醇含量/% | | 甲醇在水中的挥发系数 | 沸点温度/℃ |
|---|---|---|---|
| 液相中 | 气相中 | | |
| 0.0 | 0.0 | | 100.0 |
| 2.0 | 13.4 | 6.70 | 96.4 |
| 4.0 | 23.0 | 5.75 | 93.5 |
| 6.0 | 30.4 | 5.07 | 91.2 |
| 8.0 | 36.5 | 4.56 | 89.3 |
| 10.0 | 41.8 | 4.18 | 87.7 |
| 15.0 | 51.7 | 3.45 | 84.4 |
| 20.0 | 57.9 | 2.90 | 81.7 |
| 30.0 | 66.5 | 2.20 | 78.0 |
| 40.0 | 72.9 | 1.82 | 75.3 |
| 50.0 | 77.9 | 1.56 | 73.1 |

| 甲醇含量/% | | 甲醇在水中的挥发系数 | 沸点温度/℃ |
|---|---|---|---|
| 液相中 | 气相中 | | |
| 60.0 | 82.5 | 1.38 | 71.2 |
| 70.0 | 87.0 | 1.24 | 69.3 |
| 80.0 | 91.5 | 1.14 | 67.6 |
| 90.0 | 95.8 | 1.06 | 66.0 |
| 95.0 | 97.9 | 1.03 | 65.0 |
| 100.0 | 100.0 | | 64.5 |

乙醇也可以以任何比例与水互溶，它的蒸气压比拉乌尔定律的计算值高得多。因此在乙醇蒸馏时，当乙醇浓度不高时，它的挥发系数较大。在常压下气液两相平衡数据如表 5-19 所示。

表 5-19　常压下乙醇-水二元系的气液两相平衡数据

| 乙醇含量/% | | 乙醇在水中的挥发系数 | 沸点温度/℃ |
|---|---|---|---|
| 液相中 | 气相中 | | |
| 0.0 | 0.0 | | 100.0 |
| 2.01 | 18.68 | 9.29 | 94.95 |
| 4.16 | 29.92 | 7.19 | 91.3 |
| 5.98 | 35.83 | 5.99 | 89.2 |
| 8.02 | 40.18 | 5.01 | 87.7 |
| 9.93 | 43.82 | 4.41 | 86.4 |
| 14.95 | 49.77 | 3.33 | 84.5 |
| 20.00 | 53.09 | 2.65 | 83.3 |
| 29.80 | 57.41 | 1.93 | 81.7 |
| 40.00 | 61.44 | 1.53 | 80.75 |
| 50.16 | 65.34 | 1.30 | 80.00 |
| 59.55 | 69.59 | 1.17 | 79.55 |
| 70.63 | 75.82 | 1.07 | 78.85 |
| 79.82 | 81.83 | 1.01 | 78.40 |
| 89.41 | 89.41 | 1.00 | 78.15 |
| 100.0 | 100.0 | | 78.30 |

当乙醇与甲醇组成二元混合液体时，彼此可以按任何比例互溶，蒸气压基本符合拉乌尔定律，在常压下气液两相平衡数据见表 5-20。

分析上列诸表数据可看出，当甲醇和乙醇分别在水中溶解而浓度不高时 [10%（摩尔分数）以下]，乙醇在水中的挥发系数要大得多；而当浓度高时，则甲醇的挥发系数比乙醇高。同时还可看出，甲醇溶解于乙醇中时，不论其比例如何，蒸馏时气相中的甲醇含量总是大于液相，也就是说，甲醇在乙醇溶液中挥发系数总是大于 1。因此，可以设想在水-甲醇-乙醇的三元混合液中，当水的含量占绝大多数时，即乙醇与甲醇在溶液中含量都很少的时候，在蒸馏时乙醇与甲醇间相互的影响很小。它们的挥发系数 $K_m$ 和 $K_A$ 与在甲醇-水、乙醇-水二元系中的数据

表 5-20 常压下甲醇-乙醇二元系的气液两相平衡数据

| 甲醇含量/% | | 甲醇在乙醇中的挥发系数 | 甲醇含量/% | | 甲醇在乙醇中的挥发系数 |
| --- | --- | --- | --- | --- | --- |
| 液相中 | 气相中 | | 液相中 | 气相中 | |
| 0.00 | 0.0 | | 63.0 | 74.0 | 1.18 |
| 5.4 | 10.1 | 1.87 | 67.0 | 78.0 | 1.16 |
| 11.7 | 19.0 | 1.62 | 72.0 | 83.0 | 1.14 |
| 20.0 | 26.0 | 1.30 | 76.5 | 85.0 | 1.14 |
| 25.0 | 34.0 | 1.36 | 82.0 | 87.5 | 1.07 |
| 30.5 | 41.5 | 1.36 | 85.7 | 90.0 | 1.05 |
| 37.0 | 48.5 | 1.31 | 89.0 | 93.0 | 1.05 |
| 43.0 | 55.0 | 1.23 | 90.0 | 95.2 | 1.02 |
| 48.0 | 62.5 | 1.30 | 96.3 | 98.0 | 1.02 |
| 53.0 | 66.0 | 1.25 | 100.0 | 100.0 | |
| 59.0 | 70.5 | 1.20 | | | |

很接近，且 $K_A > K_m$。因此可以得知，在酒精浓度低时，甲醇的精馏系数小于1，多数甲醇随回流液向下流。当三元混合物中水的含量很少时，基本上可视为乙醇与甲醇的溶液，水在这时对它们的影响很小。此时不论乙醇与甲醇的相对浓度如何，气液两相平衡时，在气相中甲醇的含量总是比液相中多，亦即甲醇的精馏系数大于1。

有人曾总结指出，甲醇、乙醇、水的三元系统中，甲醇的精馏系数最大值在乙醇浓度94%~96%（体积分数）的区域中，而在乙醇低于30%（体积分数）时，精馏系数均小于1。在采用两塔蒸馏流程精馏乙醇时，精馏塔的进料浓度一般在20%~30%（摩尔分数）之间 [0~50%（质量分数）]，此时甲醇的精馏系数约为1，所以部分随回流液下降，部分则随乙醇蒸气上升，一同进入冷凝器中而混入乙醇中。

甲醇对乙醇的质量影响很大。要除去甲醇的简单方法是利用它在高浓度乙醇中精馏系数较大的特点，提高第二冷凝器温度，在第三冷凝器中多取工业酒精。这样一部分甲醇随排醛管排至大气，还有部分进入工业酒精中。若对酒精质量要求很高，可在精馏塔后加一后馏塔除去甲醇。

甲醇的沸点为 64.5℃，乙醇的沸点为 78.3℃，杂醇油的代表异戊醇沸点为132.0℃。多组分的混合溶液蒸馏时，各组分的挥发性和分离情况并不是由它们在纯组分时的沸点来决定的，而是决定于组分间分子的引力。

异戊醇与乙醇相比较，两者都具—OH基团，都是一元醇，是同系物，都存在氢键作用力，异戊醇的分子量大于乙醇，它的分子间作用力也大于乙醇，因此异戊醇的沸点高于乙醇。也就是说，在没有水存在时，异戊醇难挥发；有大量水存在时，例如发酵醪含乙醇8%~10%（体积分数），水含量在80%以上，情况就不同了，水分子有较强的氢键作用力，这时水分子同时对乙醇和异戊醇分子有氢键吸引力，但是异戊醇的空间结构比乙醇大，妨碍了它与水分子的氢键缔合强度，这样水分子与乙醇的缔合能力就比异戊醇强，于是异戊醇比乙醇容易挥发。同理，当有大量水存在时，水分子对甲醇的氢键作用力大于对乙醇的。这样甲醇沸点虽低，却比乙醇难挥发。当水分减少，这种作用力也随之减弱，甲醇与乙醇的挥发难易程度取决于它们的分子量大小，当水分很少时，甲醇就比乙醇易挥发。在生产中表现为异戊醇向酒度适中区靠拢，甲醇则相反，向高酒度和低酒度两端聚集。

**5. 粗馏酒精的化学处理**

为了制备高纯度的酒精，当蒸馏糖蜜发酵醪和亚硫酸盐废液发酵醪时，为加强精馏，进一步排除杂质，可利用化学精制法来辅助精馏操作，或在精馏过程前进行化学处理，以达到精制的目的。

粗酒精中含的杂质种类很多，化学精制还只能处理一部分杂质。化学处理的任务就是排除酸、酯、醛和不饱和物质。清除这些杂质所用的化学药品是根据这些杂质的性质进行选择的，同时又不能对酒精的质量产生影响，一般采用氢氧化钠溶液和高锰酸钾溶液。

氢氧化钠的作用在于：

（1）皂化酯类

$$CH_3COOC_2H_5 + NaOH \longrightarrow CH_3COONa + C_2H_5OH$$

将挥发性的乙酸乙酯变成不挥发性的乙酸钠，随回流液而排除，并生成乙醇，使损失减少。

（2）中和挥发酸变成不挥发性盐

$$CH_3COOH + NaOH \longrightarrow CH_3COONa + H_2O$$

（3）缩合乙醛生成红色沉淀　氢氧化钠的稀溶液与乙醛共煮沸，还可缩合乙醛生成红色沉淀，排除乙醛对成品的干扰。

$$nCH_3CHO \longrightarrow (CH_3CHO)_n \downarrow (NaOH 煮沸)$$

高锰酸钾的作用在于氧化醛类和不饱和物质，但是为了防止氧化酒精，如用稀高锰酸钾溶液必须在碱性环境中进行。例如：

$$4KMnO_4 + 6CH_3CHO + 2NaOH \longrightarrow 4CH_3COOK + 2CH_3COONa + 4MnO_2 + 4H_2O$$

该反应使挥发性醛类转化成不挥发性的盐类。但是多余的氢氧化钠会使酒精变成醛，高锰酸钾也会使酒精氧化。因此，氢氧化钠和高锰酸钾用量都应事先进行测定。一般酒精厂生产精馏酒精是用氢氧化钠的酒精水溶液，在精馏塔中由上向下数第七层塔板上适量注入，氢氧化钠用量为酒精产量的 $0.03\% \sim 0.05\%$。

目前高锰酸钾多已不采用，只采用 NaOH。

粗酒精的化学处理也可以在塔外进行，即将粗酒精化学处理后再送去精馏。

# 第四节　常用白酒勾兑添加剂

在基础酒中添加特殊发酵作用所形成的微量芳香物质，以改善基础酒的微量香味成分结构，含量增加了，酒体变浓了，其风味也就改变了。

基础酒中如果含有某种芳香物质较少，达不到其放香阈值，则香味显示不出来。若在其中加入这种芳香成分，达到其阈值，就能散发出令人愉快的香味，遂使酒体的香气和口味变得较为谐调和丰满，突出了酒体的特殊风格。白酒中微量芳香成分的阈值一般在1～0.1mg/L范围内，因此，在基础酒中稍微添加一点微量芳香成分，就可达到或超过它们的放香阈值，从而呈现出单一或综合的香韵来。

## 一、食用添加剂的要求

白酒中的食用添加剂包括增味剂、酸味剂、甜味剂和增香剂等。它们的使用必须符合中华人民共和国食品添加剂使用卫生标准 GB 2760—1996，最好使用定点厂家生产的添加剂。

酸味剂选择的一个先决条件就是必须既溶于酒精，又溶于水，还要在勾兑成品酒放置过程中不易产生沉淀。酸味剂是混合酸，相应的纯度低，因此挑选要严格，要做小试，并进行检测，如有条件最好选用纯度高的单体酸。

添加酯类要求纯度高，不含或少含杂质，勾兑成品酒储存时不易产生沉淀。要从正规厂家定点购进，不可经常改变香料购进货源。一旦添加香料勾兑好成品酒，沉淀多，固形物超标，要及时采取措施。可直接进行串蒸，或与固形物低的勾兑成品酒混合。

## 二、添加剂的风味特征及阈值

### （一）常用添加剂风味特征

常用添加剂中，有机酸类是产出酸味的物质基础，也是形成香味的主要物质，更是形成酯类的前体。酯类是具有芳香性气味的挥发性化合物，是曲酒的主要呈香、呈味物质，对各种名优酒的典型性起到决定性作用。醇类是各种名优白酒的醇甜剂和助香剂，亦是酯的前体。醛类也与名优白酒的香气有密切关系，对构成曲酒的主要香味物质较为重要。酮类是名优白酒产生优良风味的重要化合物，具有类似蜜蜂的香甜口味，可使酒的风格变好。芳香族化合物中 $\beta$-苯乙醇具有玫瑰香，4-乙基愈创木酚也是重要的呈味物质，可使白酒入口时具有浓厚感，并带甜味。含氮化合物中，4-甲基吡嗪具有甜味，并使酒具有浓厚感，氨基酸类在酒中虽然很少，但也是呈味物质或前体。

### （二）常用添加剂的阈值

呈香呈味物质由感官检出的最低值（浓度）称为阈值。闻香称为嗅阈值，尝味称为味阈值。它是指感官检出的食品中单体成分的呈香呈味的最低浓度，即阈值越低的成分其呈香能力越强。通过阈值测定可确认各种成分在组成的酒香味中所占的地位。阈值不但是测定食品的需要，而且食品检验人员及环保人员的嗅力、味感也需要用阈值来确定。所以，阈值不单用于检测食品，同时也用于测定人的嗅觉、味觉。

阈值分为两种：一种是检知阈值，只检出有味或无味；另一种是认知阈值，检出是什么味（粗放），甚至是什么成分。在实践中，这两种阈值的测定结果往往存在很大的差异，所以在文献上经常出现同一种物质的阈值有很大差异的情况。除检知阈值和认知阈值不相等之外，测定方法和测定条件不同，也会给测定结果带来很大的差异。

味阈值测定方法比较简单，可配制不同的浓度，以一种评酒方法进行测定。嗅阈值测定方法比较复杂。在1L容器的空气中，分别加入不同含量的某特定香味物质，6个品评员分别测评，以最低含量平均值为该香味物质的嗅阈值。嗅阈值一般以1L空气中气味物质的质量（g或mg）为基础，而味阈值则以1L液体内呈味物质的质量（g）为基础，两者一般都用mg/L表示。个别情况下，有在嗅阈值上采用500mL空气中的呈味物质的相对分子质量来表示的，但此法采用者不多。

### （三）常用添加剂风味特征及香味阈值

微量成分在白酒中的含量相同时，其滋味有强有弱，甚至有的没有感觉，这主要是由于各种微量成分的香味阈值大小不同。所谓香味阈值，是指酒中的某种微量成分，以刺激味蕾被人们所感觉到的最低浓度，即最低呈味浓度，也称香味界限值。某种香味物质在白酒中的含量若低于它本身的阈值，则不会对酒的风味产生影响，只有超过它的阈值时才会显露出该成分的香味来。

常用添加剂风味特征及香味阈值如表 5-21 所示。

表 5-21　常用添加剂风味特征及香味阈值　　　　　　　　单位：mg/L

| 添加剂 | 风味特征 | 香味阈值 |
| --- | --- | --- |
| 甲酸 | 微酸味,微涩,较甜 | 1 |
| 乙酸 | 强刺激性气味,味似醋。常温时为无色透明液体 | 2.6 |
| 丙酸 | 嗅到酸气,进口柔和,微涩 | 20 |
| 丁酸 | 略具奶油臭,有大曲酒香 | 3.4 |
| 异丁酸 | 闻有脂肪臭,似丁酸气味 | 8.2 |
| 乳酸 | 馊味,微酸涩,适量有浓厚感 | 350 |
| 戊酸 | 脂肪臭,微酸,带甜 | 0.5 |
| 异戊酸 | 有脂肪臭,似丁酸气味,稀时无臭 | 0.75 |
| 己酸 | 较强脂肪臭,有酸刺激感,较爽口 | 8.6 |
| 庚酸 | 有强脂肪臭,有酸刺激感 | 70.5 |
| 辛酸 | 脂肪臭,稍有酸刺激感,不易水溶 | 15 |
| 壬酸 | 有轻快的脂肪气味,酸刺激感不明显 | 71.1 |
| 癸酸 | 愉快的脂肪气味,有油味,易凝固 | 9.4 |
| 油酸 | 较弱的脂肪气味,油味,易凝固,水溶性差 | 1.0 |
| 甘油 | 味甜,黏稠,能柔和酒体,并使酒具有浓厚感 | 0.1～1.0 |

| 添加剂 | 风味特征 | 香味阈值 |
|---|---|---|
| 甲酸乙酯 | 似桃样果香气味,刺激,带涩味 | 150 |
| 乙酸异戊酯 | 似梨、苹果样香气,味微甜,带涩 | 0.23 |
| 丙酸乙酯 | 菠萝香,微酸涩,似芝麻香 | 4.0 |
| 戊酸乙酯 | 似菠萝香,味浓,刺舌 | 1.0 |
| 甲酸甲酯 | 似桃子香,味辣,有涩感 | 5000 |
| 乙酸乙酯 | "香蕉""苹果"香气,味辣带涩 | 17 |
| 己酸乙酯 | 似菠萝香,味甜爽口,有大曲酒香 | 0.076 |
| 乳酸乙酯 | 具有特殊的朗姆酒、水果和奶油香气 | 10.0 |
| 丁酸乙酯 | 似菠萝香,爽快可口 | 0.15 |
| 庚酸乙酯 | 似果香气味,带有脂肪臭 | 0.4 |
| 辛酸乙酯 | 水果样气味,明显脂肪臭 | 0.24 |
| 癸酸乙酯 | 明显的脂肪臭,微弱的果香气味 | 1.10 |
| 油酸乙酯 | 脂肪气味,油味 | 1.0 |
| 双乙酰 | 馊饭味 | 0.02 |
| 乙缩醛 | 水果香气,味甜带涩 | 0.001 |
| 甲醇 | 似酒精气味,但较温和可口 | 100 |
| 乙醇 | 酒精气味,冲、刺、辣 | 14000 |
| 丙醇 | 似醚臭,有苦味 | 50～800 |
| 丁醇 | 溶剂的刺激臭,具苦味 | 75 |
| 戊醇 | 似酒精气味,具药味 | 80 |
| 己醇 | 强烈芳香,味持久,有浓厚感 | 5.2 |
| 异丙醇 | 酒精味 | 1500 |
| 异戊醇 | 杂醇油味,刺舌,稍涩,有芳香 | 6.5 |
| 异丁醇 | 微弱的戊醇味,具苦味 | 75 |
| 庚醇 | 葡萄样果香气味,微甜 | 2.0 |
| 辛醇 | 果实香气,带有脂肪气味,油味感 | 1.5 |
| 癸醇 | 脂肪气味,微弱芳香气味,易凝固 | 1.0 |
| 2,3-丁二醇 | 有甜味,稍带苦 | 4500 |
| 丙三醇 | 无气味,黏稠,微甜 | 1.0 |
| 甲醛 | 刺激臭,辣味 | 0.1 |
| 乙醛 | 似绿叶味,辛辣 | 1.2 |
| 丙醛 | 有刺激性气味,辣味,有窒息感 | 2.0 |
| 丁醛 | 绿叶气味,微带弱果香气味,味略涩,带苦 | 0.028 |
| 戊醛 | 青草气味,带弱果香,味刺激 | 0.1 |
| 庚醛 | 果香气味,味苦,不易溶于水 | 0.05 |
| 异丁醛 | 微带坚果气味,味刺激 | 1.0 |
| 异戊醛 | 苹果芳香,甜味 | 0.12 |
| 糠醛 | 糠香,糠味,焦苦,似杏仁 | 5.8 |
| 苯甲醛 | 有苦杏仁味 | 1.0 |
| 丙酮 | 溶剂气味,带弱果香,微甜,带刺激感 | 200 |
| 丁酮 | 溶剂气味,带果香,带甜,味刺激 | 80 |

另外，表 5-22 列出了不同浓度的常用添加剂的风味特征

表 5-22  不同浓度的常用添加剂的风味特征

| 名称 | 浓度/(mg/L) | 风味特征 |
|---|---|---|
| 乙酸 | 1000 | 有醋的味道和刺激感 |
| | 100 | 稍有醋的气味和刺激感,进口爽口,微酸,微甜 |
| | 10 | 无气味,接近界限值 |
| 丙酸 | 1000 | 有酸味,进口柔和稍涩,微酸 |
| | 100 | 无酸味,进口柔和稍涩 |
| | 10 | 接近界限值 |
| 丁酸 | 1000 | 似大曲酒的糟香和窖泥香气,进口有甜酸味,爽口 |
| | 100 | 似有轻微的大曲酒的糟香和窖泥香气,进口微酸甜 |
| | 10 | 接近界限值 |
| 戊酸 | 1000 | 有脂肪臭味和不愉快感 |
| | 100 | 有轻微脂肪臭味,进口微醋涩 |
| | 10 | 无脂肪臭味,进口微酸甜 |
| | 1 | 无脂肪臭味,进口微酸甜,醇和 |
| | 0.1 | 接近界限值 |
| 乳酸 | 1000 | 微酸,微涩 |
| | 100 | 微酸,微甜,略带浓厚感 |
| | 10 | 微酸,微甜,微涩 |
| | 1 | 接近界限值 |
| 己酸 | 1000 | 似大曲酒气味,进口柔和,带甜,爽口 |
| | 100 | 似大曲酒气味,微甜爽口 |
| | 10 | 微有大曲酒的气味,略带甜味 |
| | 1 | 接近界限值 |
| 乙酸乙酯 | 1000 | 似香蕉气味,味辣带苦涩 |
| | 100 | 香味淡,味微辣,带苦涩 |
| | 10 | 无色无味,接近界限值 |
| 丙酸乙酯 | 1000 | 似芝麻香,味微涩 |
| | 100 | 味香,入口涩,后尾麻 |
| | 10 | 微香,略涩 |
| | 1 | 无色无味,接近界限值 |
| 戊酸乙酯 | 1000 | 似菠萝香,味较涩 |
| | 100 | 似菠萝香,进口微涩,带菠萝味 |
| | 10 | 进口稍有菠萝味,略涩带苦 |
| | 1 | 接近界限值 |
| 丁酸乙酯 | 1000 | 似大曲窖泥香味,进口香气浓厚,有脂肪味 |
| | 100 | 有窖泥香味,较爽口,微带脂肪臭,稍麻口 |
| | 10 | 微带窖香气,尾较净 |
| | 1 | 微带窖香气 |
| | 0.1 | 无气味,接近界限值 |

| 名称 | 浓度/(mg/L) | 风味特征 |
|---|---|---|
| 己酸乙酯 | 1000 | 闻似浓香型曲酒味,味甜,爽口,糟香气味,浓厚感,似大曲香 |
| | 100 | 闻似浓香型曲酒的特殊芳香味,香短,有苦涩味 |
| | 10 | 微有曲酒香味,较爽口,稍带回甜 |
| | 1 | 稍有香气,微甜带涩 |
| | 0.1 | 稍带甜味,略苦 |
| | 0.01 | 无气味,接近界限值 |
| 乳酸乙酯 | 1000 | 香弱,稍甜,有浓厚感,带点涩味 |
| | 100 | 香弱,微涩,带甜味 |
| | 10 | 无气味,接近界限值 |
| 辛酸乙酯 | 1000 | 闻似菠萝香或梨香,进口有苹果味,带甜 |
| | 100 | 闻有菠萝香,后味带涩 |
| | 10 | 闻无香味,进口稍有菠萝味,略涩 |
| | 1 | 接近界限值 |
| 庚酸乙酯 | 1000 | 闻似苹果香味,进口有苹果香,味浓厚,爽口,微甜,尾净 |
| | 100 | 闻有苹果香味,进口有苹果味,微甜,带涩 |
| | 10 | 稍有苹果味,微带涩 |
| | 1 | 稍有苹果味,微甜,爽口 |
| | 0.1 | 无气味,接近界限值 |
| 丙三醇 | 1000 | 味甜,有浓厚感,细腻柔和 |
| | 100 | 味甜,有浓厚感,细腻柔和 |
| | 10 | 进口带甜味,柔和,较爽口 |
| | 1 | 微甜,爽口 |
| | 0.1 | 无气味,接近界限值 |
| 丁醇 | 1000 | 有刺激臭,带苦涩味 |
| | 100 | 有刺激臭,有苦涩麻味 |
| | 10 | 稍有刺激臭,微有苦涩,带刺激感 |
| | 1 | 无气味,接近界限值 |
| 戊醇 | 1000 | 微有刺激臭,似酒精味 |
| | 100 | 有闷人的刺激臭,稍似酒精气味 |
| | 10 | 略有奶油味,烧灼味少于酒精味 |
| | 1 | 略有奶油味 |
| | 0.1 | 无气味,接近界限值 |
| 丁二酮 | 1000 | 闻有奶油味,味浓厚,进口后微苦 |
| | 100 | 有奶油香,爽口,有木质味 |
| | 10 | 微有奶油香,稍有木质味 |
| | 1 | 稍有奶油香,带有酒精味 |
| | 0.1 | 稍弱的奶油香,酒精味突出 |
| | 0.01 | 无气味,接近界限值 |

| 名称 | 浓度/(mg/L) | 风味特征 |
|------|------------|---------|
| 乙醛 | 1000 | 有绿叶味 |
| | 100 | 微有绿叶味,略带水果味 |
| | 10 | 稍有水果味,较爽口 |
| | 1 | 无气味,接近界限值 |
| 乙缩醛 | 1000 | 有羊乳干酪味,略带水果味 |
| | 10 | 稍有羊乳干酪味,爽口 |
| | 1 | 稍有羊乳干酪味,爽口 |
| | 0.1 | 稍有羊乳干酪味,柔和爽口 |
| | 0.01 | 稍有羊乳干酪味,有刺激感 |
| | 0.001 | 接近界限值 |

# 第六章　调味酒的生产

## 第一节　窖香味酒

### 一、制曲

#### （一）制曲原料

曲料成分决定着微生物的生育、代谢，对其生长形态、色泽、酶活力及代谢产物都有影响。例如黑曲霉在不同氮/碳（N/C）比例下，可以制曲酒，或生产有机酸；黄曲霉在米麦上培养可制酒曲，培养在大豆上便成为酱曲了。根霉培养在生米粉上生长得比生麦上好，所以用于小曲留种；培养在生麦粉上，酶的生成量高，所以用于酿酒用曲。因此，要对曲料的主要成分及其作用有所了解，才能有效地掌握制曲条件。

**1. 制曲原料的主要成分及其作用**

（1）碳源　碳源主要可供应微生物在生长过程中的热能，热能是由菌将原料中碳水化合物等分解而生成的。菌的生长、酶的生成都需要消耗蛋白质及其他营养，如果碳源不足，不能生成足够的热量，则微生物就不能摄取营养了。利用不同碳源，霉菌生成的淀粉酶活力也大不相同。其顺序是：淀粉＞糊精＞麦芽糖。所以用淀粉原料作为制曲碳源最好。菌对葡萄糖可以直接利用，用不着淀粉酶糖化，但结果是曲长得好看而糖化力却很低，其原因即在于此。然而淀粉用量也不能过高，若淀粉过剩，会导致生酸量过多，则淀粉酶活力反而下降，并造成升温过猛而品温难以控制。利用不同碳源培养霉菌时的菌体质量及糖化力的测定结果见表6-1。

表6-1　利用不同碳源培养霉菌时的菌体质量及糖化力的测定结果

| 项目 | | 碳源 | | | | | |
|---|---|---|---|---|---|---|---|
| | | 大米淀粉 | 可溶性淀粉 | 糊精 | 麦芽糖 | 葡萄糖 | 蔗糖 |
| 菌体 | 质量/mg | 220 | 250 | 170 | 64 | 30 | 12 |
| | 等级 | 2 | 1 | 3 | 4 | 5 | 6 |
| 糖化力 | 糖化力/(U/g) | 1960 | 450 | 110 | 410 | 0 | 0 |
| | 等级 | 1 | 2 | 4 | 3 | 5 | 6 |

在外观上，曲霉培养在单糖及双糖培养基上时，其成长状况远不及高分子淀粉及糊精。因为低分子糖能直接利用，就不需要生成淀粉酶，所以没有淀粉酶的积累，故在麦芽糖培养基中培养霉菌时，淀粉酶活力低于糊精。因霉菌缺乏蔗糖酶，不能利用蔗糖，所以在蔗糖培养基上生长不好，也不产糖化酶。若用可溶性淀粉作基质，则菌丝长得很好，但淀粉酶活力较低，说明菌体量与酶活力并不是成正比的，也就是说好看的曲子不一定顶用，曲子的质量单纯从外观来鉴定是靠不住的。

（2）氮源　在培养曲霉菌时，不同氮源的消化率亦不相同。如添加硝酸钠、硫酸铵、蛋白胨三种氮源制液体曲时，曲霉菌首先消化蛋白胨。待蛋白胨利用尽之后，只消化少量硫酸铵即停止了，根本不消化硝酸钠。如果开始时只投入硝酸钠作氮源，曲霉却利用得很好，淀粉酶生成量也高，说明微生物对氮源有极强的选择性。

再如在萨氏培养基中，将硝酸钠和酪素进行比较试验时，结果硝酸钠培养的菌体虽小，但糖化力却很高；相反，用酪素培养的菌体量虽大，但糖化力却很低。这说明不同氮源对微生物生长及代谢起到诱导作用，也说明了菌体量与酶活力并不是一致的，再次证实"好看的曲子不一定顶用"的正确性。

表 6-2　在萨氏培养基中添加硝酸钠、酪素氮源培菌，比较试验结果

| 添加物 | 添加量/g | 相当氮量/g | 菌体重/g | 糖化力/(U/g) | 液化力/(U/g) |
|---|---|---|---|---|---|
| 硝酸钠 | 0.8 | 0.132 | 0.7225 | 42.75 | 142.6 |
| 酪素 | 0.8 | 0.132 | 1.1064 | 1.85 | 18.83 |

表 6-2 表明，硝酸钠培养基的淀粉酶活力比酪素培养基高数十倍，但酪素培养基的菌体重却大 65.3%，说明营养过于丰富，制曲效果不一定好。

（3）无机盐　制曲时，所需无机盐虽少，却是必需的。原料中的灰分即代表制曲无机盐。制曲原料中的无机盐已足够使用，没有再添加的必要。

表 6-3　主要制曲原料、无机盐及 B 族维生素含量参考值

| 原料 | 干物质/% | 磷/% | 钙/% | 微量元素/(mg/kg) | | | | B 族维生素/(mg/kg) | | | | |
|---|---|---|---|---|---|---|---|---|---|---|---|---|
| | | | | 铁 | 铜 | 锰 | 锌 | $VB_1$ | $VB_2$ | $VB_3$ | $VB_5$ | $VB_{11}$ |
| 大米 | 87.5 | 0.13 | 0.01 | 24 | 2.2 | 23.4 | 17.2 | 2.2 | 0.6 | — | 18.0 | — |
| 小麦 | 91.8 | 0.33 | 0.07 | 50 | 5.5 | 45.2 | 15.0 | 4.8 | 1.2 | 12.8 | 48.4 | 0.3 |
| 大麦 | 88.8 | 0.35 | 0.09 | 50 | 7.6 | 16.3 | 15.3 | 5.0 | 2.0 | 64 | 57.2 | 0.4 |
| 豌豆 | 80.0 | 0.35 | 0.10 | 160 | 6.3 | 12.0 | 7.3 | 7.3 | 1.5 | — | 22.0 | 0.4 |

表 6-3 表明，小麦中的无机盐及 B 族维生素含量与其他原料相比稍占优势。而豌豆中的铁、锌及维生素 $B_1$、维生素 $B_2$ 都极高。这些成分在制曲中的作用目前尚不了解。

菌体的构成必须有磷盐存在，磷脂及维生素是微生物生活中不可缺少的成分，微生物孢子形成时需要有磷，酶的生成与作用都需要磷存在。主要是无机磷形成磷酸酯，确切地说是核酸在起作用。在微生物培养及制曲时，磷十分重要，但需用量很少，磷多时霉菌体内酶活力强，磷低时体外酶活力强，但从酶活动总和上看差别不大。

表 6-4　在萨氏培养基中添加不同量磷酸二氢钾对淀粉酶生成量影响的试验结果

| $K_2HPO_4$ 添加量/% | 体内酶活力/(U/g) | 体外酶活力/(U/g) | 合计/(U/g) |
|---|---|---|---|
| 0.5 | 126.53 | 32.01 | 158.54 |
| 0.03 | 40.45 | 122.77 | 162.42 |

从表 6-4 看，磷添加量 0.5% 与 0.03% 的淀粉酶合计结果基本相同，说明磷量不需过多。

镁盐则是淀粉酶基质水解作用的激活剂，当制曲原料无镁盐时，酶含量明显下降。在培养基内除去镁盐后，曲霉孢子几乎失去萌发能力。

钙盐在制曲和用曲上的作用不大，经测定，钙盐仅能使 $\alpha$-淀粉酶活力不易遭到破坏，即对 $\alpha$-淀粉酶起到保护作用。

据冈崎的试验结果，在增殖速度上，氮成分越多，则增殖比也越大。在发芽诱导期内，氮、钾越多，则发芽期越短。磷、钾含量高时，菌体重最大。原料中磷、钾越高，酶活力越强。酸性羧基蛋白酶和酸性蛋白酶与菌体增殖成正比关系，而磷对此有相乘的效果。

**2. 制曲原料的选择**

制曲的各种原料成分决定着微生物的生育及酶的代谢。大曲原料占主要地位的是小麦、大麦、豌豆三种。小麦的营养成分丰富，有较多的无机元素和维生素含量，最适宜酿酒微生物的生长繁殖，并且黏着度适宜，无疏松失水之弊，是理想的制曲原料。大麦疏松不黏，豌豆黏重成块，均难以协调水分和热量，其养分不能很好利用，微生物难以充分繁殖。将二者或与小麦三者配合使用，取长补短，可收到良好效果。有的厂在制曲配料时添加部分麸皮或酒糟，也取得了较好的效果。制曲原料的主要成分如表 6-5。

表 6-5　制曲原料的主要成分　　　　　　　　单位：%

| 原料 | 大麦 | 小麦 | 豌豆 | 麸皮 | 酒糟 |
|---|---|---|---|---|---|
| 水分 | 11.5～12 | 12.8 | 10～12 | 12.5 | 65.33 |
| 粗淀粉 | 61～62.5 | 61～65 | 45～51.5 | 44.4 | 5.71 |
| 粗蛋白 | 7.2～9.8 | 11.21～12.5 | 25.5～27.5 | 14.3 | 4.73 |
| 粗脂肪 | 1.89～2.8 | 2.5～2.9 | 3.9～4.0 | 3.04 | 3.24 |
| 粗纤维 | 7.2～7.9 | 1.2～1.6 | 1.3～1.6 | | |
| 灰分 | 3.44～4.22 | 1.66～2.9 | 3.0～3.1 | 4.72 | 4.72 |

从表 6-5 可以看出，大麦的蛋白质含量低于小麦，在用大麦制曲时添加豌豆可以弥补其不足。小麦淀粉含量高，制高温大曲时，使用小麦有助于生成热量。

麸皮是制曲的好原料。根据采用各种不同原料培养曲霉的对比结果，以麸皮制曲的效果为最好。采用相同方法，从各种原料中抽提出有效成分，进行培养曲霉的试验，结果仍然是以麸皮制曲效果为最好。将从麸皮得到的抽出液加入薯干粉内制曲时，其糖化力成倍地提高；再将被提取后的麸皮用来制曲，其糖化力较原麸皮大幅度下降。这些实验说明，麸皮中的有效物质是水溶性的，并证明了麸皮制曲的优越性。故有人推测，麸皮除表 6-5 中所列物质外，可能还有其他促进霉菌生长的物质存在。麸皮是曲料中最理想的原料。

因小麦与大麦原料本身都具有大量麸皮，从而提高了小麦及大麦的制曲效果。

制曲时添加少量酒糟可以调节曲坯酸度，增加酵母菌自溶后的微量成分，调节曲坯空隙等。

粮谷种皮中含有丰富的谷蛋白（面筋），能使菌旺盛生长。冈崎用大米原料进行制曲试验时，发现大米精白度越低，即附着的米糠越多，则曲子糖化力越高，然而 $\alpha$-淀粉酶及酸性蛋白酶却相对降低。总之，使用混合曲料，可优势互补，应该说比使用单一曲料效果要好一些。

## （二）制曲模式

生产窖香型调味酒所用大曲应为中高温大曲。制曲原料为纯小麦或小麦为主补充部分大麦。

小麦面筋丰富，黏着力强，含有丰富的碳水化合物。大麦，性质疏松、营养丰富、上温快，木聚糖含量高，能有效地供给酵母繁殖的最佳营养物质。两者互补，有助于提高曲的糖化力及调节曲的疏松度。

当原料选择好以后，一定要考虑到使原料尽量适宜于微生物生长。为了促进有益于白酒生产的微生物在曲块中良好的生长繁殖，必须使原料中含有相应的水分，来供给微生物生长，还要使原料与空气有一定的接触，供给微生物生长所需要的氧气，促使好氧菌生长。微生物在曲块中产生的热量既要及时散发出去，又要使原料表面积增大，有利于和微生物接触，以便充分地吸收营养。为了满足以上要求，就必须考虑原料粉碎程度。

### 1. 粉碎

在原料粉碎时，一定要注意粉碎的粗细度，如果原料粉碎过粗，制成的曲坯不易吸水，黏性小，不好压模，不易成型。而且由于坯中物料空隙大，水分迅速蒸发，热量散失快，培曲过程中曲坯过早干裂，表面粗糙，微生物不易繁殖，曲坯上火快，成熟也快，断面心心，微生物生长不好。如果粉碎过细，则压制好的曲块黏性大，坯内空隙小，水分、热量均不易散失，霉菌易在表面生长，引起曲的酸败，曲子升温慢，成熟也晚，出房后水分不易排尽，甚至还会造成曲坯"沤心""鼓肚""圈老"等现象。因此，控制大曲原料粉碎是十分必要的。用纯小麦制曲应提前润料，粉碎成烂心不烂皮的梅花瓣，方不至于窝水。用小麦、大麦混合制曲，可分别粉碎。小麦要粉碎为过20目筛细粉占50%，无整粒，粗细均匀。大麦应粉碎成麦皮呈片状，麦心粉碎成细粉状。这样，既可利用麦皮的透气性、疏松性，又能使麦心营养成分与微生物充分接触，吸收营养，有利于微生物在大曲上生长，还能使曲料吸水性好，水分适中，压模光滑，曲块成型好。

**2. 加水**

在曲料中加水，就是为了曲坯中有足够的水分供给微生物生长、繁殖、代谢。另外，加水后，曲坯易成型，便于工艺操作。一般原则是原料粉碎较细，夏季应适当多加水；粉碎较粗，冷天、阴天则可适当少加水。加水过多或过少，都会直接影响成曲质量，也会影响培曲工艺的管理。水多，曲块过软，升温快易长毛霉，也不易成型和翻曲；水分过少，曲块会过早干涸，微生物生长不好，成曲质量偏低。由生产经验知，水分含量控制在36%～38%为宜。前期必须保持水分以供霉菌和酵母生长所需；中期保持水分逐步减少，使霉菌停止生长，而使细菌生长；到后期逐步干燥，使微生物长成熟后处于静止状态。

**3. 拌料**

拌料方式一般用机械连续拌料。机械拌料用料准确，批次之间质量稳定。

**4. 压曲**

机械制曲一般采用多次压模，以保持曲块密实、平整、光滑。

曲模尺寸一般为40cm×25cm×7cm。曲模不能太小，小了制成的曲皮多曲心少；也不宜太厚，厚了菌丝不易长透。

**5. 定曲**

曲室地面可用砖铺平（不宜用水泥地面），上面盖席子，席子上洒一层稻壳，其厚度以不现出地面为宜。

曲的安放一般排成一字形，侧面立放，曲间距以能左右摆动为宜，行距以能插手翻曲为宜，一般摆放2～3层，层间用芦苇相隔，上面覆盖稻草（稻草要潮湿，但不能滴水），再覆盖席子。根据季节不同，夏季可做包包曲，以利散热。曲间有一定距离，有保温、保湿、排潮、散热等调节作用和功能。

在气温较高、天气比较干燥的情况下，为了增大环境湿度，曲室内可安装喷淋装置，并根据季节、气温的高低确定喷雾的时间和频率。喷雾时要均匀地喷在室内空间，切记不要喷在曲坯上。曲坯入房完毕后，将门窗关闭，同时作好记录，此时曲坯进入发酵阶段。

**6. 培菌管理**

培菌是决定曲药质量好坏的关键环节，曲药制作的核心技术就在于此。曲药的培菌管理，就是调节空气、水分和温度，为环境中的微生物在曲坯上生长繁殖创造适宜的条件，从而使各种有益于糖化发酵和生香的菌类储存于大曲之中，以利于酿酒发酵，得到我们所需要的产品。

（1）翻曲

① 定曲后约 3～4 天，曲块发酵透过曲心，即翻第一次曲。第一次翻曲后还要覆盖部分湿稻草，开闭门窗调节温湿度，根据情况大约每隔 5 天翻曲一次。

② 为了达到在培养中品温均衡，因近墙和门窗的曲坯容易受外界气温的影响，会出现同室不均匀的现象，所以翻曲时必须将曲块里转外、外转里进行调换，并随着翻曲的次数逐渐增加层数。曲药的培菌规律是"前缓""中挺""后缓落"，翻曲的目的是为了使微生物生长健壮而曲药质量优良。

（2）收堆、合房　20 天左右，将两房相同入房时间的曲合为一房进行烧堆，其目的是使已培育好的麦曲尽快干润。30～40 天，待曲全干、品温下降至室温时即可收堆、码曲，但要求码曲的四周略能通风，避免潮湿，以免发热潮烧。

掌握气温变化情况，作好记录，保证曲药质量。一般入库 3～6 个月后，即可用于生产。

### （三）制曲水分与温度

水分和温度是制曲的两项最重要的指标。曲块的温度高低又和曲块所含水分有密切的关系。水分少，升温慢，升温幅度不是很大；水分多，曲块的升温快，而且升温极限高。温度的高低，决定着微生物的品种和数量。

由于水分与微生物之间存在着密切关系，所以，在整个制曲过程中，其操作程序与措施都是围绕着水分这个中心来进行的。水分既是制曲的原料之一，又与品温有着密切关系。当原料粉碎后与水混合，入房后，在适宜的温度及水分条件下，野生菌在曲坯上生长繁殖，并生成霉和白酒香味成分的前驱物质。它的代谢产物对酒的质量及产量有极大的影响。

微生物与水的关系，"水分活性"是以水含量、渗透压、水活性三项指标组成的。"水分活性"是表示微生物可利用水的比例，是表示溶液中纯水即自由水所占的比例。在平衡状态下，由相对湿度的测定求出水分活性。用水分活性来表示水分与微生物的关系有着普遍的意义。

**1. 制曲水分与菌的发芽关系**

霉菌孢子接触到大曲坯上，在发芽之前，首先是吸水膨胀。例如米曲霉孢子体积增长 2～6 倍，孢子量也相应增加。在吸水膨胀过程中，将孢子内物质溶解，酶开始活动，为孢子发芽创造条件。孢子发芽时，其呼吸作用需要一定湿度，此时要求相对湿度达到 75% 以上才能发芽。曲霉孢子发芽时，要求相对湿度不能低于90%。湿度在制曲前期尤为重要。湿度的来源，除曲室及在覆盖物上的水分以外，主要来自曲坯水分的蒸发。

**2. 制曲水分与菌生育的关系**

待孢子进入适应期及迟滞期之后，在水分充足的情况下，是霉菌的发芽期。迟滞期则主要受温度所支配。据菌苔成长期直径的测定，此时菌的生育与水分活性有着密切的关系。菌在成长过程中，更受温度控制。菌种生长的温度范围 25～35℃，在此范围内随温度升高，生长期变短。在接种后的 24h 之内，如果温度<30℃、水

分活性在 0.95 以下，则肉眼根本看不出菌体的增殖；菌株在 30～35℃、水分活性在 0.95 以上时，在 24h 内即能看出菌苔的生长。菌的生育速度呈直线增加时，品温超过 40℃便不能生长，45℃ 则完全停止生长。如能及时将品温降下来，则仍可恢复生长力。这充分地说明了翻曲降温的重要性，也说明了在制曲前期进行保温保潮的重要性。

表 6-6 表明，菌苔随着水分的增加而增长，在水分含量 33.3％时最为适宜。水分若不足，则势必影响发芽与繁殖；但当水分超过一定范围时，亦极为不利。制曲初期，在水分含量偏大时，菌株发育旺盛，散热量大，若掌握不好则容易导致失败，其旺盛程度因菌类不同而异。

**表 6-6　水分对米曲霉生育的影响**

| 水分/% | 菌苔生长直径/cm | 最大吸氧速度/($\mu$L/min) | 水分/% | 菌苔生长直径/$\mu$m | 最大吸氧速度/($\mu$L/min) |
| --- | --- | --- | --- | --- | --- |
| 24.4 | 0.24 | 1.81 | 42.2 | 0.28 | 1.87 |
| 33.3 | 0.29 | 1.85 | 51.1 | 0.28 | 1.77 |

霉菌一般在水分含量 28.5％时仍能发育，酵母菌在水分含量 30％～35％之间时，经 6～7h，其生长状况即能达到高峰。一般细菌在水分含量 34％以下时，其繁殖能力即受到严重阻碍。所以在制曲后期，随着曲坯水分的散失，细菌数呈直线下降趋势，而霉菌的生长量却仍在上升。

在制曲过程中，随着曲水分因蒸发而减少，呈现了各种不同的菌相，以致出现了微生物种群间盛衰交替的局面。

**3. 制曲水分与酶生成的关系**

在一般情况下，霉菌菌丝生长的适宜温度略低于酶的生成温度。然而菌生育的适宜水分却略高于酶生成的水分。当菌丝在猛长时，代谢极为旺盛。此时酶生成量虽高，但因菌体需要而将一部分酶消化，致使基质中积蓄的酶量不多。当菌过了生育旺盛期之后，菌对酶的消化量减少，酶的积蓄量就开始大幅度地上升。由于菌体量与酶的积蓄量通常并不是成正比关系的，所以不能单纯从曲的外观来判断大曲的质量。

大曲跟踪测定结果表明，当大曲的水分蒸发到含水量 25％左右（约 10 天左右）时，酶的积蓄量可达到高峰，唯有酸性蛋白酶在水分继续降低的情况下，仍能继续增长。应特别注意：当水分含量过大时，能促进细菌大量繁殖，品温猛升，造成管理上的困难。这说明制曲水分含量过高也是不可取的。

中温曲入房水分一般控制在 36％～38％，比低温曲大，比高温曲小。故低温曲的淀粉酶活力高，发酵力强；高温曲则酸度大，酸性蛋白酶活力高；而中温曲则适中。

**4. 制曲水分与细菌的关系**

水分与温度是互为因果的，既相辅相成，又相互制约。水分含量高则曲升温高，水分含量低则升温低，运用得当则菌生育旺盛，酶活力高；反之，水分含量高则温度高，会潜入大量细菌，造成曲子质量下降，并影响产酒量。

若污染了枯草芽孢杆菌，则随温度升高而加大增殖速度：25℃＜30℃＜35℃＜40℃。同时随水分上升而生长增强，随水分下降而生长减弱。水分和温度决定着微生物群落的品种和数量。不同类型的曲，对微生物的要求各不相同，控制适宜的水分和温度是关键。

值得注意的是，在污染细菌的增殖过程中，会受到霉菌的抑制。例如污染菌中的微球菌在出曲时，比开始培养时的菌数还低，居然降到相当于开始时的 1/100～1/1000，说明霉菌对污染细菌有极强的抑制能力。其原因除霉菌自身能产生抗生素以外，还有对颗粒表面占有的优势、营养成分的争夺以及水分下降等因素。一般细菌在曲坯中水分下降到 34％ 以下时很难生长。更重要的是，在制曲过程中，保持功能菌的健壮成长，其本身就有效地抑制了污染细菌的生长。

### (四) 影响大曲微生物的构成因素

大曲中的微生物主要有酵母菌、霉菌、细菌三类，那么影响大曲微生物类群的因素主要有哪些呢？

**1. 制曲温度、曲药 pH 值（酸度）的影响**

制曲温度对曲药微生物群系构成的影响，前已述及。曲药的酸度又对曲药微生物群系构成有怎样的影响呢？

每种微生物都有其最适 pH 值和一定的 pH 范围。在最适范围内酶活性最高，如果其他条件适合，微生物的生长速度也最快。大多数细菌的最适 pH6.5～7.5，在 pH4～10 也可以生长；放线菌一般在微碱性即 pH7.5～8 最适合；酵母菌、霉菌则适于 pH1.5～10。可以看出，每种类的微生物其最适 pH 范围及可以生存生长的 pH 范围是不一样的，即具不同 pH 值的环境，其微生物的种类及数量（微生物群系构成）也有所不同。一旦环境中的 pH 值发生改变，则环境微生物群系构成也必将跟着改变。所以曲药 pH 值（酸度）也是影响曲药微生物群系构成的一个重要因素。

同时，微生物在曲药中生长，由于代谢作用而引起物质的转化，从而改变了基质的氢离子浓度，引起 pH 值的改变。随着环境 pH 值的不断变化，使得部分微生物继续生长受阻，当超过最低或最高 pH 值时，将引起这部分微生物的死亡；而另外一部分微生物却因为得到最适生长 pH 值而开始大量繁殖。所以制曲过程中，曲药微生物群系并不是一成不变的，而是一个动态变化的过程。

**2. 制曲原料的影响**

微生物同其他生物一样，需要不断地从外部环境中吸收所需要的各种营养物质，方能合成本身的细胞物质和提供机体进行各种生理活动所需要的能量，使机体能进行正常的生长与繁殖，保证生命能够维持与延续下去，保持其生命的连续性。在制曲中，我们提供给曲药微生物的营养物质就是制曲原料。

微生物的种类不同，它所能利用的营养物质的种类和能力也不尽相同。以含碳化合物为例，有的微生物能广泛利用各种不同类型的含碳物质；而有些微生物则可以利用碳源物质的能力有限，例如假单胞菌属中的某些种；有些只能利用少数几种碳源物质进行生长，如某些甲基营养型细菌只能利用甲醇或甲烷等碳化合物进行生长。所以，营养物的构成会影响到在其中生长的微生物的种类和数量。制曲原料的组成则会影响曲药微生物的群系构成。

**3. 曲药储存期**

在制曲过程中，除上述因素影响曲药微生物群系构成外，曲药储存期也是一个明显的影响因素。成曲后，由于曲药的水分基本已经干燥至含水量 12％左右。所以随着曲药储存期的增长，大部分曲药微生物会逐渐死亡（少数微生物仍会继续生长）。

由于不同的微生物的生命能力不一样，所以有的死得快，有的死得慢（如芽孢菌比非芽孢菌的存活期长），这必将改变曲药微生物群系的构成。曲药微生物的主要变化趋势为：随曲药储存期的增长，曲药微生物数目及种类逐步减少至消亡。

中温曲的储存期以半年左右较为合适。太短，则杂菌多、杂味重；太长，则曲药微生物群系存在量大量减少，出酒率低，成本增加。

不同储存期的曲药对所产酒的微量香味成分有如下影响：大多数酸类物质在白酒中的含量随曲药储存期的增长而增加；酯类物质除乳酸乙酯在酒中的含量随储存期的增长而增加外，其他酯类物质在酒中的含量都随储存期的增长而减少；醇类物质在酒中的含量大部分都随储存期的增长而增加；大部分酮类物质随储存期的增长而增加。由此可以证明，曲药储存期是影响曲药质量的一个因素，故在生产中选择合适的曲药储存期是十分必要的。

**4. 制曲环境**

制曲环境不同，会导致曲药微生物群系发生较大的改变；而相同的制曲环境会使得曲药微生物群系存在一定程度上的相似性。南方湿热的环境会使曲药中曲霉占优势，北方干热的环境则会使得曲药中根霉占有一定数量。制曲环境是影响微生物群系构成的一个重要因素。

## （五）大曲微生物的变化规律

大曲作为发酵菌种的主要来源之一及发酵的粗酶制剂，其微生物群系有如下变化规律：

**1. 好氧微生物**

曲药好氧微生物在整个制曲的发酵过程中变化趋势为：先下降后上升，出现了一个自然接种的微生物的筛选富集过程。来自于原料、空气、水、工具等的微生物在制曲初期的曲药微环境下（pH 值迅速降低、温度迅速升高），一部分死亡——微生物存在量迅速下降（筛选）；存留下来的微生物适应环境后开始生长繁殖——微生物存在量缓慢回升（富集）。其中值得注意的是，入室后的第 8 天与第 25 天，都出现一个拐点：曲药微生物的存在量略有下降而后又上升。入室后第 8 天左右恰是曲药结束高温延续期，温度开始下降的一个拐点，这一个时段也是曲药含水量从急速下降期转为缓慢下降期的拐点，故推测入室后的第 8 天左右出现了微生物种类的一个更替过程；而 25 天左右恰是曲药发酵期基本结束，曲药进入储存期的一个拐点，此时有可能也出现了微生物种类的一个更替过程。

故制曲过程就是一个酿酒有益微生物的筛选富集过程。制曲期间曲药微生物的总体变化趋势呈"S"形，其生长变化过程与一般纯菌种培养的"S曲线"不完全一致。制曲期间曲药微生物的生长曲线与纯菌种的生长曲药相比，区别在于：曲药微生物的生长曲线在培养初期存在一个明显的菌种死亡过程。

**2. 厌氧微生物**

厌氧微生物在整个曲药发酵期间的变化并不显著：曲药入室之初有一个明显的衰亡过程，然后在第 2～17 天厌氧微生物的存在量一直保持在较低的水平，直到 17 天以后才出现上升的趋势。说明厌氧微生物在制曲之初的生长量很小，对比好氧微生物的生长情况，可以看出，制曲之初（入室第 2 天以后，第 17 天之前）主要是好氧微生物的生长期，入室第 25 天以后，好氧微生物开始衰亡，而厌氧微生物的生长量却出现缓慢的上升趋势。

虽然中国白酒的酿造属于厌氧发酵，但在曲药中好氧微生物大大多于厌氧微生物，仍然是好氧微生物占据着主导地位。

# 二、酿酒

## (一) 酿酒原料

中国名优白酒的生产原料通常是以粮谷为主。在粮谷为主的原料中，高粱占主导地位，其次为大米、小麦、糯米、玉米等。在名优白酒的生产中，原料是基础，不同原料产出的白酒在风味上差别很大。相同的原料因品种、产地不同，其产品质量与出酒多少也大不相同。

**1. 酿制名优白酒粮食的基本标准**

酿制名优白酒多数都是以粮谷为原料。谷物中含有一定量的淀粉和纤维素。

（1）淀粉　淀粉是生物体能量的主要来源，它是自然界供给人类和其他生物最丰富的碳水化合物。淀粉分子是由单一的葡萄糖残基所组成的，葡萄糖残基高达 6500 个，以 $\alpha$-1,4-糖苷键和 $\alpha$-1,6-糖苷键连接而成。淀粉分直链淀粉和支链淀粉两种。直链淀粉为易溶解于热水的可溶性淀粉，与碘反应显深蓝色；支链淀粉不溶于水，但在水中膨胀，支链淀粉与碘反应呈蓝紫色。

淀粉与水加热到 60℃以上便开始糊化，具有黏稠性。糊化后的淀粉其消化吸收率有显著提高。

糊精是淀粉水解的中间产物，其葡萄糖残基数较少，平均由 5 个左右的葡萄糖残基构成。糊精的溶解度比淀粉大。

（2）纤维素　纤维素的化学结构与淀粉相似，是以 $\beta$-1,4-糖苷键相连的直链聚合物。不能被人类肠道淀粉酶所分解。在发酵工业中，纤维素酶能分解纤维素，使其被利用。

粮谷原料一般以糯（黏）者为好，即支链淀粉含量高者为佳。具体为糯高粱和糯米。原料要求颗粒饱满，有较高的千粒重，原粮水分在14%以下。优质的白酒原料要求新鲜、无霉变和较少的杂质，淀粉含量较高，蛋白质含量适当，脂肪和单宁含量少，并含有多种维生素及无机元素，不得有黄曲霉毒素及农药残留物等有害成分。总之，以有利于微生物的生长、繁殖与代谢，有利于酒体形成明显的个性风味特征为标准。

**2. 酿酒主要原料成分的含量**

酿酒主要原料成分含量见表6-7。

表6-7　酿酒主要原料成分含量　　　　　　　　单位：%

| 名称 | 水分 | 淀粉 | 粗脂肪 | 粗纤维 | 粗蛋白 | 灰分 |
|------|------|------|--------|--------|--------|------|
| 高粱 | 11~13 | 56~64 | 1.6~4.3 | 1.6~2.8 | 7~12 | 1.4~1.8 |
| 小麦 | 9~14 | 60~74 | 1.7~4.0 | 1.2~2.7 | 8~12 | 0.4~2.6 |
| 大麦 | 11~12 | 61~62 | 1.9~2.8 | 6.0~7.0 | 11~12 | 3.4~4.2 |
| 玉米 | 11~14 | 62~70 | 2.7~5.3 | 1.5~3.5 | 10~12 | 1.5~2.6 |

（1）高粱　高粱酿酒不仅出酒率高，而且醇厚浓郁，香正甘洌，远胜于其他品类，在酿造名白酒上独占优势。高粱以黏度分为粳、糯两类。北方多产粳高粱，南方多产糯高粱。糯高粱几乎全含支链淀粉，结构较疏松，适于根霉生长。粳高粱含有一定量的直链淀粉，结构较紧密，蛋白质含量高于糯高粱。清香型酒厂用直链淀粉含量高的粳高粱酿酒好；浓、酱香型酒厂用糯高粱出酒率高，酒质好。

高粱按色泽可分为白、青、黄、红、黑高粱几种，颜色的深浅，反映其单宁及色素成分含量的高低。

① 高粱的成分　高粱的内容物多为淀粉颗粒，外包一层由蛋白质及脂肪等组成的胶粒层，易受热而分解。高粱的半纤维素含量约为2.8%。高粱壳中的单宁含量在2%以上，但籽粒仅含0.2%~0.3%。高粱中微量的单宁及花青素等色素成分，经蒸煮和发酵后，其衍生物为香兰酸等酚类化合物，能赋予白酒特殊的芳香；但若单宁含量过多，则能抑制酵母发酵，并会在开大汽蒸馏时被带入酒中，使酒带苦涩味。

除上述主要成分外，高粱的无机元素及维生素含量高于玉米，在满足碳、氮源的前提下，更为微生物良好生长繁殖奠定了物质基础。因为这些物质在发酵过程中供给微生物合成菌体细胞和辅酶，并有调节菌体细胞渗透压的作用，是白酒发酵中微生物生长、代谢必不可少的物质。特别是高粱含泛酸（$VB_3$）和烟酸（$VB_5$）比玉米高出1倍左右，这两种维生素是组成CoA和CoⅠ、CoⅡ的主要物质，而较多的细菌和酵母菌需要从外源供给。CoA在有机酸和酯类形成中起酰基转移作用。

据添加不同物质对己酸发酵的影响试验表明，唯添加 CoA 的己酸产量大于丁酸，且对酯化亦有促进作用。因此，高粱酿酒对酸、酯形成有利。

② 高粱的结构特点　高粱蒸煮后疏松适度，黏而不糊。

（2）玉米　玉米有黄玉米和白玉米、糯玉米和粳玉米之分。

① 玉米的成分　通常黄玉米的淀粉含量高于白玉米。玉米的胚芽中含有大量的脂肪，若利用带胚芽的玉米制白酒，则酒醅发酵时生酸快，升酸幅度大，且脂肪氧化而形成的异味成分带入酒中会影响酒质。故用于制白酒的玉米必须脱去胚芽。玉米中含有较多的植酸，在发酵过程中分解为环己六醇和磷酸。前者使酒呈甜味，后者能促进甘油（丙三醇）的生成，赋予白酒醇甜的风味，故玉米酒较为醇甜。

玉米的半纤维素含量高于高粱，因而常规分析时淀粉含量与高粱相当，但出酒率不及高粱。

② 玉米的结构特点　因淀粉颗粒形状不规则，呈玻璃质的组织状态，结构紧密，质地坚硬，故难以蒸煮。但一般粳玉米蒸煮后不黏不糊，疏松适度，对发酵比较有利，也使糟醅中残余淀粉高。

（3）大米

① 大米的成分　大米的淀粉含量较高，蛋白质及脂肪含量较少，故有利于低温缓慢发酵，成品酒也较净。一般粳米和糯米的成分比较见表 6-8。

表 6-8　粳米与糯米的成分含量比例　　　　　　　　　　单位：%

| 米种 | 水分 | 淀粉 | 蛋白质 | 脂肪 | 粗纤维 | 灰分 |
|------|------|------|--------|------|--------|------|
| 粳米 | 13.8 | 68.12 | 9.15 | 1.61 | 0.53 | 0.92 |
| 糯米 | 13.8 | 70.91 | 6.93 | 2.20 | 0.34 | 0.63 |

由表 6-8 知，粳米的蛋白质、纤维素及灰分含量较高；而糯米的淀粉和脂肪含量较高。

② 大米的特性　粳米淀粉结构疏松，利于糊化，但如果蒸煮不当而太黏，则发酵温度难以控制。大米在混蒸混烧的白酒蒸馏中，可将饭的香味成分带至酒中，使酒质爽净。糯米质软，蒸煮后黏度大，故须与其他原料配合使用，使酿成的酒具有甘甜味。

**3. 辅料**

稻壳是酿制大曲酒的主要辅料，是良好的疏松剂和填充剂。由于稻壳赋予白酒特殊的醇香和糟香。故各名酒厂都喜用稻壳作辅料。谷壳可以调整入窖淀粉含量，冲淡酸度，吸收水分，在母糟中起疏松作用，保持粮糟熟而不腻。稻壳在生产中用量的多少和质量的优劣对成品酒风味影响甚大。稻壳的质量，要求新鲜、干燥、无霉烂、呈金黄色，以粗稻壳为好。但在使用稻壳之前，必须敞蒸 60～90min，以上汽开始计时。因为稻壳含有多缩戊醛和果胶质等成分，在酿酒过程中生成糠醛和甲醇等物质，对酒的质量有很大影响。敞蒸就可以大大减少这些有害物质及其对酒质的不利影响。蒸好的稻壳，要在场子里晾开，不要堆起，且必须鼓风扬冷，不晾冷会有馊臭味。稻壳用量可根据出窖母糟腻糙和水分含量多少等情况而进行增减，一般要求每 100kg 原料在 18%～20%，用量多了造成酒味单调。扳倒井酒味醇甜，它的稻壳用量只有 15%～17%。

### （二）酿酒工艺

生产窖香型酒一般用单一高粱为原料。

#### 1. 粉碎

粉碎的目的是在生产过程中使粮食的表面积增大，充分吸收水分，有利于糊化，最终有利于微生物充分吸收营养进行生长、繁殖和代谢。

原料粉碎的质量要求是：颗粒均匀，细面很少，一般高粱粉碎成四瓣或六瓣。

如果细粉太多，糊化前后不统一，细的熟，粗的生，同时造成母糟黏腻，影响发酵，蒸馏困难，甚至夹花掉尾，影响香味物质的回收，最终影响质量。

#### 2. 配料、拌合

浓香型酒生产的粮食和母糟的比例一般在 1:（4.5～5）之间。投粮的数量根据糟层的不同有所差异，但一经确定，同一糟层的用量是稳定一致的，因此要求配料要准。在生产工艺的整个过程中的"准"是指母糟、粮食、辅料（填充剂）、打量水、加曲药、控制的入窖温度等在计量上要求准确。

在配料准确后就要进行拌合，拌料要均匀，不能有"面粉团"。特别是浓香型酒的工艺特色是粮糟混蒸法生产。所以在拌合时，一定要注意母糟和粮粉混合后，要堆积一段时间，促使粮粉从母糟中吸收水分和酸，有利于蒸煮和糊化。这一过程又称为润料。润料时间长短与淀粉糊化率有一定关系。根据实践结果，如果母糟含水分在 60%，润料时间掌握在 40～60min，出甑粮糟糊化率可达 90% 左右，达到浓香型白酒正常糊化要求。

润料操作是在上甑蒸馏之前 1h，先扒出够一甑用的母糟，将其铺平。再倒上粮粉，翻拌两次，要求低翻快拌，拌好后不见白面，无灰包、疙瘩。然后收成堆，撒上当甑所需的计量熟稻壳，从上至下倒上盖严，润料 1h 左右。装甑前 10min，再将润好的粮糟和稻壳拌合一次收堆，撒上少许谷壳，润料过程就算完成。润料要求是粮粉、母糟和稻壳各部分拌合均匀，以备上甑。润料时，除母糟水分过多外，一般不可将熟稻壳和粮粉同时倒入，以免粮粉进入稻壳，造成糖化困难、发酵不彻底。

#### 3. 上甑技术要求

上甑时要轻撒匀铺，探汽上甑。容积 2m³ 的甑上甑时间为 30～35min，容积 2.8m³ 的甑上甑时间为 40～45min。

#### 4. 蒸馏

蒸馏时，蒸汽大小要均匀适当，既不能大汽跑酒，又不能夹花掉尾，一般蒸汽压力不能大于 0.5kg。接酒时应做到：量质接酒，摘头去尾。恒温蒸馏，按质并坛。接酒温度冬天最高不超过 30℃，夏天最高不超过 35℃，每分钟接酒 2.5～

3.0kg 为宜，但必须保证酒度在 65°以上。酒接完后，可适当开大蒸汽猛蒸粮食和取尽酒尾。然后敞甑盖，大汽蒸粮。从圆汽开始到蒸粮完毕，总的时间不得少于80min，以保证出甑粮糟柔熟无硬心，为发酵打下良好基础。

总之，整个蒸馏过程中的关键要掌握好，即"缓火蒸馏、低温接酒"。因为只有缓火蒸馏，才能使各种成分集中蒸馏出来。蒸汽过大，火太快，酒精先蒸出来了，而酸类和其他高沸点香味成分不能同时蒸馏出来，影响酒质。

一甑糟醅在蒸馏过程中，大致分为四个不同的馏分段。

第一馏分段：流酒后约 2min，该段酒的酒精浓度在 70％以上。最初馏出的2kg 作为酒头另装。这部分的酒，其显著特点是：酒精浓度高，总酯含量较高；口感尝评，香气浓郁，味单调而糙辣。

第二馏分段：在流酒以后 10min 内馏出的酒为第二馏分段的酒，其酒精浓度为 68％～72％，约占总量的 1/4。其特点是酒精浓度较高，总酯含量较高；口感尝评，香气浓郁而醇正，香大于味。

第三馏分段：是第二段流酒后的 8～10min 内馏出的部分，其酒精浓度在66％～68％之间。其特点是酒精浓度比较稳定，酸类物质增多；口感有香气，味醇正，较谐调。

第四馏分段：该段酒的平均酒精浓度在 65％以上，可作为合格酒入库。

最后再接部分酒尾，下甑重蒸。

摘酒时，一般摘取第二馏分段的高酯酒和第三馏段的基础酒，分别储存，其余的酒另行混装。

**5. 出甑、打量水、降温、加曲**

（1）出甑　蒸粮时间已到时，应及时出甑。现一般用吊装设备，将直接粮醅吊至连续打渣机上料斗内。出甑以后，及时掺够底锅水，将甑桶内及上甑场地清扫干净，作好上甑准备。

（2）打量水　蒸煮后的糟醅必须加入一定量温度在 90℃以上的热水，称为打量水。这是因为糊化以后的淀粉物质必须在充分吸收水分以后，才能被酶作用，转化成可发酵性糖，再由糖转化成酒精。

打入一定量的水目的是使糟醅能保持正常的含水量，以促进正常的糖化发酵。正常的出甑糟醅含水量为 50％左右，打入量水后，入窖粮糟的含水量以55％～57％为宜，因此使用水的量应计算准确。

量水必须清洁卫生，水温要达到 90℃以上，这样才能减少杂菌。同时使糟醅中的淀粉粒能充分、迅速地吸水，以保持淀粉粒中有足够的含水量，增加其溶胀水分。如果量水温度低，则水分只能附着于淀粉粒的表面，吸收不到淀粉粒的内部，即仅是表面水分而不是溶胀水分，这就是行家所说的"水鼓鼓的""不收汗"。若使用了这样的量水，则糟醅入窖后，水分很快会渗透沉于窖池底部而造成上层糟醅干燥，下层糟醅水分过大的现象，即"上层干，下层淹"。

（3）降温　所谓降温，就是经高温蒸煮后的糟醅，使其冷却至符合一定温度要求的过程。

打量水降温、加曲在连续打渣机上连续进行，边打量水，边鼓风扬冷，边加曲、入窖。

根据气温高低，调节鼓风机的风量及打渣机运行速度，达到打量水、降温、下曲协调一致。

### 6. 入窖及管理

（1）入窖　边下曲边入窖，并及时检查入窖温度。入窖后的粮糟一定要踩紧，尽量排除空气，避免杂菌感染。

（2）封窖、管窖　封窖时，先将踩柔熟窖泥糊在面糟上面，泥厚要求在8～10cm，泥窖时应将四方窖边露于外面（以便清窖）。泥好后，每天清窖一次，清到不下陷为止。再用泥巴淋以四边，要求不裂口，不跑气，不烧窖，起窖时无霉烂现象。经常检查窖内温度和发酵情况，以便为糖化发酵打下良好的基础。

## （三）工艺条件

窖香型调味酒的特征是具有醇正的芳香、厚实浓甜的酒体，给人以味浓而悠长的感觉。该类型酒的工艺遵循以下工艺原则：陈年老窖万年糟；中温大曲，长期发酵；低温度、高酸度入窖发酵等。

### 1. 陈年老窖万年糟

陈年老窖是指经常不间断地使用的发酵设备，使用的时间越长，里面栖息的适宜酿酒发酵环境的、对产生香味物质有催化作用的微生物就越多越纯。目前检测老窖泥的主要微生物是梭状芽孢杆菌-己酸菌，还有丁酸菌、甲烷菌、放线菌等多种菌类，因此产出的酒更香、更浓郁，使用的时间越长，菌类越纯化，适应性就越强。代谢能力强，酶活力强，催化作用就大，因此产生的主体香味物质多，酒就显得杂味少，醇正浓郁，口感好。这就是老窖与新窖的区别，也可以说是老窖的优势。由实践经验可知，连续使用5～10年人工老窖池产的酒比5年以下窖池产的酒质量和风味明显提高。同样的工艺条件下，10年以上的人工老窖池产的基础酒与几十年的老窖产的酒基本一致，微生物的种类和数量也相近。所以连续使用10年以上的人工老窖就可认为是老窖。

"万年糟"是指本窖发酵后的母糟经投粮蒸馏再次投入这个窖池发酵，长期都是这个窖的糟醅循环使用。它的好处是窖与窖的糟不混杂，易分层，好操作。同时给微生物造成一个固定的生态环境，窖池被感染的机会少，酒质稳定。不足之处在于不好滴窖，也就是排出黄水的时间较短，易造成母糟水分高和酸度大。只要烧酒的头一天打洞滴黄水，第二天再起糟蒸馏，即可解决此问题。"陈年老窖万年糟"为生产窖香型调味酒打下了良好的基础。

### 2. 中温大曲，长期发酵

生产窖香调味酒采用的糖化发酵剂为中温大曲。这是因为中温曲发酵力较强，在保持浓香型酒风格的同时，以较低的用曲量，利于突出窖香，又能促进浓甜味物质的生成，最适合以高粱为原料的大曲酒的生产。

生产调味酒需要长期发酵，一般发酵期在 90 天以上。发酵期长，有利于香味物质的生成和形成浓郁的窖香。

窖香是经十年以上持续生产的陈年老窖中形成的。因经多年周而复始的粮糟发酵，在发酵过程中每次所产的酒液、黄水等不间断地浸泡，窖泥微生物反复筛选富集，达到去杂、老熟，这个多年持续生产的窖池就会产生一种特殊的类似熟泥的香气。在长期发酵过程中，这些窖泥微生物、香气物质与酒醅中的乙醇和其他微量香气物质充分作用，产生优美浓郁的芳香，在蒸馏过程中富集于酒中，形成浓郁的窖香。

发酵期长，有利于酯类物质的生成。因为在窖内除了霉菌、酵母菌外，还有细菌，并且细菌代谢是窖内酸类物质生成的主要途径。传统的固态法产酒属开放式生产，在生产过程中，自然微生物接种的机会多。它们在糖化发酵过程中会产生大量的酸类物质，发酵期长，这种物质就会更多。酸类物质既是呈香呈味物质，又是酯类物质生成的前体物质。所以要生产窖香调味酒，就必须长期发酵。

**3. 低温、高酸入窖发酵**

低温度、高酸度入窖，有利于缓慢发酵和减少并抑制杂菌的感染，有利于窖香风格的突出。

其他严格遵循酿酒工艺。

### （四）酿酒微生物的窖内发酵

粮醅加曲入窖后，在窖内进行糖化、发酵作用。这样一来，粮食原料中的各种物质，配糟中的各种代谢产物、呈香呈味前体物质以及麦曲中的各种呈香物质、酶类、微生物，共同构成了一个异常复杂的体系。因此，曲酒的窖内发酵，除了众所周知的淀粉糖化，酵母发酵生成乙醇这样一个酒精发酵的复杂的酶化学反应体系外，还涉及原料、配糟中各种物质的分解、异构、合成等。大曲、配糟中各种呈香物质的变化，以及窖泥厌氧微生物复杂的代谢活动等，正是由于这样复杂的生化反应，形成了浓香型酒窖香浓郁、绵甜甘洌、香味谐调、尾净余长的独特风格。

**1. 发酵过程中微生物构成及数量变化**

粮糟加入曲粉后入窖，用窖皮泥封窖进行嫌气发酵，在入窖、封窖及发酵第 3、8、15、20、30、40 天取样对发酵糟进行微生物分析。发酵糟中酵母、霉菌、细菌的数量变化规律各异。一般在粮糟入窖后第 3 天，酵母增殖达到高峰，数量从 $10.5 \times 10^4/g$ 达到 $5.05 \times 10^7/g$，即增加了两个数量级以上。以后随着窖中氧气的逐渐减少，酵母的增殖受到抑制，酵母菌数量逐渐减少。发酵 40 天后，酵母数量甚至低于刚入窖时的酵母数量。曲粉中存在大量霉菌，入窖时数量最高。但入窖的嫌气条件不利于霉菌的生长，因而封窖后数量骤减，但在发酵中期又有所增加，然后又复下降。细菌数量变化相对较小，入窖后有所增加，以后稍有下降。到了发酵后期细菌数量均高于酵母和霉菌。说明细菌较适应窖内环境，在发酵中起着一定的作用，特别是在后发酵生香阶段。

对于霉菌中的曲霉、梨头霉、毛霉、青霉、根霉及白地霉的数量变化进行分析，发现在整个发酵过程中曲霉占优势，在发酵初期数量有所减少，发酵中期有所增加，后期又有所减少，但其数量均高于梨头霉、毛霉和根霉。虽然曲粉中有根霉、毛霉、梨头霉存在，但它们均不适应窖内的生长环境，这不仅通过数量上分析证实，还可通过窖外的培养试验验证。取发酵过程中不同时期的发酵糟，接种由曲粉中分离出的曲霉和根霉，分别按最适温度培养，曲霉在不同时期发酵糟内均能正常生长繁殖，而根霉在 20 天的发酵糟上生长已表现极度微弱。上述事实说明，曲霉在浓香型酒糖化中是起主要作用的霉类。此外，白地霉也一直存在于整个发酵过程中，曲粉中一般无青霉存在。发酵过程中微生物盛衰关系支配着代谢产物的质与量的变化，从而形成酒的风格。

**2. 发酵过程中酶活性的变化**

大曲酒发酵中一般用曲量达 20％。如此大量的用曲量，与其说是接种大量微生物入窖发酵，不如说是投入种类繁多、数量庞大的酶制剂以催化窖内的各种生物化学反应。

浓香型大曲酒生产中，糖化和发酵是同时在窖内进行的，即所谓双边发酵。淀粉水解的速度直接与乙醇相关联。工艺中的低温缓慢发酵，是保证酒质醇和、绵软、回甜的前提条件。因此，糖化的速度不仅关系到出酒率，而且影响到酒质。考查窖中淀粉酶活力变化时发现，在封窖后第 3 天液化型淀粉酶和糖化型淀粉酶活力最高，以后逐渐下降，发酵至 15 天为最低值，以后又回升。总的变化趋势是缓慢的，而且在长达几十天的发酵过程中，这两种淀粉酶的活力下降得并不多，可保证缓慢发酵的正常运行。

**3. 发酵过程中温度与物质的变化**

发酵窖中进行的一系列复杂的生化反应必然会反映在物质变化上，这对研究窖内发酵动态是比较方便、简捷的途径。

（1）温度的变化 封窖后酵母利用发酵糟中糖化酶、蛋白酶水解出的糖、氨基酸及窖中尚存的氧气大量繁殖。一些好气性细菌也大量生长，于是窖内温度快速上升。一般在 5～7 天品温上升至最高，比入窖时上升约 10～15℃不等。温度上升糖化发酵作用加速，随着氧气的消耗、$CO_2$ 的增加，酵母由呼吸转为发酵。此时，酵母的生长受到抑制，细胞数量大为减少，发酵速度减慢，品温也逐渐下降。在封窖后 20 天、30 天直到发酵结束，品温缓慢下降。这给曲酒生产的缓慢糖化发酵要求制造了一个有利的环境条件。

（2）酸度及 pH 变化 入窖时发酵糟酸度在 1.8mgNaOH/100g 酒醅左右，随着窖内产酸细菌如醋酸菌、乳酸菌、己酸菌和其他微生物的代谢活动，有机酸逐渐积累，反映出发酵过程中酸度缓慢上升，而 pH 值变化甚微。这说明曲酒发酵糟有一定的缓冲能力，有利于酵母的发酵和酶的催化反应。发酵糟中有机酸的产生和积累，直接关系到各种香味成分的形成。

（3）水分的变化　在入窖时发酵糟水分含量一般为55%～57%，由于发酵初期酵母通过有氧呼吸获得能量，将糖分彻底分解成二氧化碳和水。发酵糟水分含量略有增加，以后随着酵母的发酵，将葡萄糖通过EMP途径进行代谢得到乙醇。在糖酵解的第四阶段，$\alpha$-磷酸甘油酸在烯醇化酶催化下脱去分子水生成磷酸烯醇丙酮酸。因此，在酵母转入发酵后，发酵糟水分仍略有增加，反映在水分曲线上为平稳缓慢增加的形式。

（4）淀粉及还原糖的变化　曲酒生产的主要过程是淀粉水解成单糖，糖再发酵成乙醇。因此，淀粉和还原糖的变化是窖内发酵的主体。入窖的淀粉含量一般在17%～19%。

淀粉原料与配糟一起混蒸后入窖，曲中的$\alpha$-淀粉酶迅速切断淀粉的长链，生成分子量较低的糊精、麦芽糖、麦芽三糖、含多个葡萄糖残基的寡糖及带有$\alpha$-1,6-键的界限糊精。这就给糖化型淀粉酶提供了更多的作用点，它作用于淀粉、糊精等的非还原末端，一个一个地切断$\alpha$-1,4-键，生成葡萄糖，同时还可切开$\alpha$-1,6-键和$\alpha$-1,3-键，但分解能力很弱。与此同时，麦芽糖酶将$\alpha$-淀粉酶所产生的麦芽糖迅速分解成葡萄糖，界限糊精酶切断$\alpha$-1,6-键使异麦芽糖、分支寡糖水解；$\beta$-淀粉酶则从非还原末端按次序两个两个地切断$\alpha$-1,4-键生成麦芽糖。上述各种酶协调作用，使淀粉迅速水解成糖，在入窖后5～7天，淀粉含量下降很快，一般减少4%～6%。此时也正是发酵温度达到最高的时候。以后随着温度的下降，淀粉水解的速度减慢，糖化缓慢进行，在后期，淀粉含量下降约在2%～3%范围。

还原糖的变化则与淀粉相照应。当淀粉含量下降最快时，还原糖量迅速升高。但由于酵母在入窖初期大量繁殖，消耗了淀粉水解生成的糖，接着又转入无氧呼吸（发酵），将糖转化成乙醇和二氧化碳。因此，尽管窖内淀粉在不断水解，但无葡萄糖积累的现象。表现出来的是在入窖后第3天至出窖的漫长时间里，还原糖量变化甚微，这是曲酒生产边糖化边发酵的特点。从酶反应角度来看，由于糖水解产物葡萄糖不断被除去（生成乙醇），解除了产物对淀粉酶的反馈抑制，有利于酶水解反应的进行。

（5）酒精含量的变化　酒精发酵是白酒生产的核心。由于曲酒特有的双边发酵工艺，使酒精发酵受到淀粉糖化的制约，其有别于小曲酒或液态白酒的特点是发酵作用进行得十分缓慢。一般发酵至20天左右，酒精含量才达到高峰，以后又由于酵母酯化酶的作用，催化有机酸与乙醇结合脱水生成酯，即：

$$RCOOH + HOCH_2CH_3 \Longrightarrow RCOOC_2H_5 + H_2O$$

消耗掉一定量乙醇，因此在发酵后期，尽管糖化发酵作用仍在继续，酒精含量增加却甚微。

（6）总酯含量的变化　在浓香型曲酒的香气成分中，各种酯的含量以一定量比关系存在，起着决定性作用。

在窖内，酯的生成受有机酸发酵及乙醇发酵的制约。在曲酒窖内有机酸发酵是缓慢的，在发酵前期基本上看不出酯量的增加，30天后才缓慢上升，到40天后明显增加。这一特点决定了曲酒的窖内发酵时间特别长。

### （五）风格特征的形成

#### 1. 香味物质的来源

窖香调味酒生产采用大曲、老窖，混蒸混烧工艺。酒中各种香味物质的形成与其独特的生产工艺以及特定的微生物和酶有密切的联系。除了原辅料直接带来某些香味物质外，曲酒的绝大多数香味物质来源于微生物，来源于微生物酶所催化的一系列生化反应。

（1）原辅料　各种原辅料本身含有其独特的挥发性物质。当粮食原料、辅料与酒醅拌匀蒸馏时，这些挥发物就直接不同程度地进入蒸馏酒中，另一部分则残留于粮糟进入发酵过程而转化成别的成分，在下一排蒸酒中再部分进入酒中。原酒中悦人的粮香及稻米香就直接与原辅料有关。

（2）微生物　大曲中的微生物除了分泌各种各样的酶以催化窖内发酵产酒生香外，还直接产生一些挥发性芳香物质。窖泥微生物也特别重要。窖泥微生物中最重要的类群是梭状芽孢杆菌，其主要代谢产物为己酸、丁酸、氢，前者再与乙醇酯化形成浓香型酒的主体香己酸乙酯。其次还有各种异养菌、各类发酵菌、多种产甲烷菌等。这些微生物的代谢产物，也是香味物质或前体物质。同时，这些微生物类群在发酵中相互影响、相互制约，形成种类繁多的代谢产物。

（3）微生物酶所催化的生化反应　酿酒原辅料主要含有淀粉、蛋白质、脂肪、纤维素、半纤维素、果胶、单宁和木质素等。在淀粉糖化发酵产生乙醇的同时，由于多种微生物的各种酶作用于上述基质或中间物，发生一系列生物化学反应而产生数量众多的香味物质，这是曲酒香味物质的主要来源。可以说离开了酶，或者说离开了大曲这一糖化发酵兼增香剂，离开了它们所催化的窖内的各种复杂的生化反应，就没有其独特风格的形成。

原料中的淀粉糊化后经曲中的淀粉-1,4-糊精酶、淀粉-1,4-麦芽糖苷酶、淀粉-1,4-葡萄糖苷酶、淀粉-1,6-葡萄糖苷酶、寡糖-1,4-葡萄糖苷酶等协同作用，一步步水解而生成葡萄糖、麦芽糖等可发酵性糖。再经酵母、细菌的一系列生醇发酵酶系催化的生化反应，即经过糖酵解作用，生成丙酮酸。在无氧条件下，酵母菌的醇脱氧酶进一步催化丙酮酸而生成乙醇。这是曲酒发酵的主线。

丙酮酸是一重要的中间代谢产物。由不同微生物中不同酶催化的反应，除生成乙醇外，还可生成乳酸、丙氨酸、琥珀酸、乙酸、丁酸、丁醇等各种香味物质。如戴氏乳杆菌的乳酸脱氢酶可催化生成乳酸。酵母或乳酸菌的酶可使丙酮酸生成2-乙酰乳酸，进而生成丁二酮、3-羟基丁酮，由丁二酮又可还原成2,3-丁二醇。丙酮酸生醇发酵的中间代谢物乙醛，经醇醛缩合酶催化与乙醇反应生成乙缩醛。乙醛氧化可生成乙酸。乙酸在克氏梭菌一系列酶催化下又可生成丁酸、己酸。这些酸在酵母酯酶催化下生成相应的各种酯。由淀粉水解成糖，再由糖在各种酶催化下，生成很多呈香呈味物质。

原料中的蛋白质在蛋白酶催化下水解成各种氨基酸，这些氨基酸在相应的脱羧酶催化下，生成比它少一个碳原子的高级醇类。如缬氨酸生成异丁醇，苯丙氨酸生成 $\beta$-苯乙醇等。同时，氨基酸又是酵母和其他微生物生长的重要氮源之一，而且也影响这些微生物的代谢，因而蛋白质的分解对曲酒香味物质的形成有着直接或间接的影响。

酿酒原料中的脂质量较少，但在发酵过程中也会由于脂肪水解酶的催化而生成各种脂肪酸、甘油。这些高级脂肪酸（如棕榈酸、油酸、亚油酸等）在发酵中由于酯酶的催化而生成相应的乙酯，这就形成了酒中棕榈酸乙酯、油酸乙酯、亚油酸乙酯含量较高的特点。同时原料中脂肪氧化还会给酒带来不愉快的油腥味。

纤维素、半纤维素含量亦不少，在酿酒过程中由于纤维素酶、半纤维素酶的催化水解也会产生少量葡萄糖、纤维二糖、木糖等糖类，这些物质亦会进一步反应生成上述淀粉糖分解生成的一系列产物。

（4）万年糟　浓香型酒生产配料中要加 4.5～5.5 倍的配糟，这一方面可充分利用发酵糟中残留的淀粉提高淀粉利用率，另一方面，更主要的是充分利用发酵糟中的香味物质及前体物。众所周知，浓香型酒的糟是年复一年使用的万年糟。在"稳、准、细、净"操作原则下长期反复发酵，配糟中积攒了大量的微生物代谢产物、微生物菌体自溶物以及原料中各种物质的分解残留物。这些物质的存在为发酵提供了多种呈香呈味物质生成所必需的前体物，也直接为成品酒提供了大量香味物质。因为多数香味物质沸点高，在糟混蒸时，只有少部分香味物质随乙醇的馏出而拖带入酒中，大部分则仍留于糟中。有人分别检测糟子蒸馏前后的总酯含量，发现糟只有 20% 的酯被蒸馏入酒中。

另一方面，浓香型曲酒是采用边糖化边发酵的固态发酵工艺，入窖温度低，糖化发酵均很缓慢。这一缓慢发酵的特点正是为适应各种香味物质的正常合成。由于香味物质种类繁多，它们的合成彼此牵制、影响，因此在通常的一次发酵中，往往还不能完成全部过程。如果没有配糟中前体物的提供，香味物质的合成就需更长的时间；如果没有配糟中香味物质的参与，曲酒香味物质就会量少而单调。

窖香调味酒风格特征的形成，与陈年老窖、万年糟有不可分割的联系。工艺中强调的"以糟养窖，以窖养糟"，正说明了窖糟这两者之间的辩证关系，以及对酒质影响的重要性。配糟香味物质及前体物的来源，归根结底仍主要来源于微生物及酶所催化的一系列生化反应。

**2. 主要风味物质及作用**

（1）醇　醇类包括一元醇、多元醇和芳香醇，它是由霉菌、酵母菌、细菌等微生物利用糖、氨基酸等成分发酵生成的。

醇类物质，特别是高级醇，在名优白酒中既是芳香成分，也是呈味物质。有些醇类物质带甜味，能增加酒体的甜厚感觉，但大多数似酒精气味，持续时间长，有后劲，对名优白酒的风格有一定影响。醇类物质数量过少，常会使名优酒失去传统风味，过多则会导致酒呈辛辣苦涩的味道。

（2）酸　酵母菌在产生酒精的同时，也产生多种有机酸；根霉等霉菌也产生乳酸等有机酸。但大多有机酸是由细菌生成的，通常在发酵前期及中期生酸量较少，发酵后期则产酸较多。一般大曲酒的酸度增加幅度为 $0.7 \sim 1.6 \mathrm{mgNaOH}/100\mathrm{g}$ 酒醅。

酸类物质是感官反应中的主要呈香呈味物质。从单一的香味成分的感官反应结果看，每种有机酸都有不同的气味。酸可以调节口味，使酒体醇和可口，更主要的是酸类物质是形成相对应的乙酯类的香味物质的前体，没有酸就没有相对应的乙酯。酸还可以构成其他香味物质。

（3）酯　白酒中的酯主要是乙酸乙酯、乳酸乙酯、丁酸乙酯及己酸乙酯，称之为四大酯类。酯是由醇和酸的酯化作用而生成的。其途径有二：一是通过有机化学反应生成酯，但这种反应在常温条件下极为缓慢，往往需经几年时间才能使酯化反应达到平衡，且反应速度随碳原子数的增加而下降；二是由微生物的生化反应生成酯，这是白酒生产中产酯的主要途径。存在于酒醅中的汉逊酵母、假丝酵母等微生物，均有较强的产酯能力。

酯类中大多数具有水果样的芳香，是形成白酒香型和构成白酒香味的主要成分。酯的单体香味成分，乙酯族 $1 \sim 2$ 个碳的香气弱，持续时间短，易挥发；$3 \sim 5$ 个碳的酯类具有使人不愉快的感觉，也易挥发，酒中含量不宜过多；$6 \sim 12$ 个碳的酯类香气浓郁，持续时间较长，是构成香型的主要成分，要提高名优酒质量，需采取有效措施增加其在酒中的含量；12 个碳以上的酯类几乎没有香气。乳酸乙酯香弱，但对酒口味同样起着重要作用，它可以增加酒的浓甜感觉。以上结论充分说明，酯类对名优酒的风味特征及香型的构成起着极其重要的作用。

（4）羰基化合物　醛类及酮类，因均含有羰基（C=O），故统称为羰基化合物，其生成途径很多。如醇经氧化、酮酸脱羧、氨基酸脱氨和脱羧等反应，均可生成相应的醛、酮。

醛类物质有强烈的香味，脂肪族低级醛有刺激性气味。醛的碳链长度增加到 $8 \sim 12$ 时香味强度达到最高值，以后急剧下降。醛类物质是名优白酒中不可缺少的香味成分，是构成白酒不同风味特征的重要物质。乙醛是白酒中主要的醛类化合物。乙醛味冲辣，易挥发，也富有较强的亲和性。它可以和乙醇缩合，形成乙缩醛，从而减少乙醛的刺激感觉。

双乙酰、2,3-丁二醇和醋鎓，在名优白酒中起着助香的作用。双乙酰在含量适当的时候，具有蜂蜜一样的香甜滋味，使酒芳香优美而绵长。2,3-丁二醇具有二元醇的特点，有醇、酮的双重性质，微量的 2,3-丁二醇在酒中与多种芳香成分相互调和，产生优良的酒香和醇厚丰满的酒体，是白酒中重要的呈味物质。

（5）芳香族化合物　芳香族化合物是指苯及其衍生物的总称。凡羟基直接连接在苯环上的称为酚，羟基连在侧链上的称为芳香醇。白酒中的芳香族化合物多为酚类化合物。它们主要在小麦或制麦曲过程中由微生物生成；或在制麦曲时形成中间产物，再由酵母菌或细菌发酵而生成，并在发酵过程中相互转化；或由某些氨基酸及高粱中的单宁生成。

芳香族化合物在成品酒中起着烘托主体香的作用，同时使酒味绵长。

# 第二节　酯香味酒

## 一、制曲

### （一）制曲原料

见窖香味酒部分。

### （二）制曲要点说明

酯香调味酒的生产用曲为中高温曲，制曲原料以纯小麦为主。制曲工艺与中温曲大致相同，曲块厚度比一般中温曲厚 1～2cm。

中高温曲的制作是将曲块曲心温度控制在 58～62℃，培养微生物而成。在培养微生物的过程中，除了控制环境条件和工艺操作方式外，曲块的温度高低和曲块所含水分有密切的关系。水分少，升温慢，升温幅度不是很大；水分多，曲块的升温快，而且升温极限高。所以中高温曲的培养水分含量比一般中温曲高 1～2 个百分点，因此在曲块入房后的 3～8 天这段培菌发酵时间，曲心的温度就会上升到58～62℃。在这一时期内，除曲块变硬、颜色深以外，还可以闻到有酿制甜酒时的醪糟的甜香味。曲块内外都生长着大量的霉菌、细菌和酵母菌。此期间是制曲过程中的重要的培菌阶段。微生物繁殖旺盛，并生成大量的热能。除去微生物所需的部分热能外，余下的热能就要采取翻曲的方式使它散发出去，以免造成高温曲的焦香味。制曲温度的相对提高，对中温大曲的微生物区系和酶系都将产生重要的影响。在对中高温曲的检验中发现，曲皮的细菌数明显高于曲心。随着温度的增高，细菌数在增加，45～55℃时达到高峰。说明中高温曲细菌在曲皮中占有相当的数量。曲心的细菌数在 37℃时最多，超过此限，随温度增高而减少，这是供氧不足造成的。在中高温曲培菌过程中，它的品温控制比一般中温曲高 5～8℃，因此它的糖化力比一般中温曲低。

### （三）培菌过程中酶系的变化

浓香型大曲药的 pH 值在入室后迅速下降，第 2 天便达到最低值，此后逐步回升，直到 30 天左右时呈中性。即浓香型大曲药在培制初期酸度迅速上升，之后缓慢下降直至中性。

（1）在制曲之初，原料的糖化力最高，入室后糖化力快速下降；到 10 天左右，糖化力又有缓慢回升；成曲前后，糖化力再次出现一个下降的趋势。制曲之初，原料的液化力为零；入室发酵后，液化力则逐步上升，到 10 天左右达到峰值；此后缓慢下降。

中高温曲的糖化力比中温曲低，但生香效果好。所以糖化力高，曲药质量并不一定好。但是糖化力反映的是曲药酶系将淀粉转化为还原糖的能力，因此，对于菌的糖化力应设一个合理的下限，也不是越低越好。

（2）在曲坯培养过程中，前期酸性蛋白酶增长缓慢，30天达到高峰，然后缓慢下降。制曲前期氨态氮生成量很大，15日左右最高，然后则不断下降，后来竟下降了3倍之多。这是后期微生物代谢少、消耗多的必然结果，同时也受温度及水分的影响所致。酯化酶与酯分解率，在曲坯培养10天时最高，以后随着时间的推移，酯化酶与酯分解的活力同步下降，这也与酵母菌数下降有关。

（3）对大火曲、小火曲的测定结果表明，品温高的大火曲，酸度及酸性蛋白酶含量高；小火曲的品温低，其糖化力、液化力明显提高。这也正是高温曲用于浓香型大曲酒的生产，产出的酒具有芳香浓郁、酒体醇厚丰满、风格典型的特点的主要原因之一。

## 二、酿酒

### （一）酿酒原料
见窖香味酒相关部分。

### （二）酿酒工艺
见窖香味酒相关部分。

### （三）工艺条件
酯香调味酒指酒体芳香多而优美，口味醇厚、丰满而且圆润。生产酯香调味酒的要素有：一是陈年老窖作发酵设备；二是续糟混蒸工艺；三是中高温大曲糖化发酵；四是长期发酵。

#### 1. 陈年老窖
酯香调味酒的生产，是典型的续糟混蒸发酵工艺，酒中的香味成分主要依靠优良窖泥和"万年糟"产出。梭状芽孢杆菌菌群对形成酒中的主体香味成分起着决定性的作用。窖泥既为微生物的生长繁殖提供了良好的生态环境，又为香味物质成分的形成提供了基础。酯香调味酒的产量和质量的优劣在很大程度上取决于窖泥的好坏，因此必须使用质量好的陈年老窖。

#### 2. 原料
酯香调味酒生产用的原料不仅是酿酒微生物生长繁殖的营养物质，而且还同酒的质量和风格有着极其密切的关系。也就是说，白酒中的香味物质除了在发酵中产生外，原料中带来的香味成分也是十分重要的。因此，酯香酒生产对原料及其配比的要求也是特殊的，要形成浓郁丰满的香气，原料应多样化。一般是以高粱为主要原料，辅以小米、大米、糯米、小麦、玉米中的一种或几种，以一定的比例配合。

#### 3. 母糟
酯香酒在生产配料时，粮糟的比例较大，多用中下层的优质母糟。该母糟水分较高、酸度较大，但里面含有较多在白酒中呈香味的前体物质，可赋予成品白酒以特殊的香味。配料中，适量减少母糟用量，还可以起到调节粮糟酸度、水分的作用，也可以起到调节粮糟中淀粉含量的作用。因为入窖糟的淀粉含量和酸度都是影响发酵的主要因素，一般要求入窖糟淀粉含量在 19%～21%。其配料比例为：冬季每 100 千克原料与母糟配比为 1∶4.5，夏季为 1∶5。

**4. 优质大曲**

一是曲药的培养条件，应是中高温曲，即培养时的温度要中偏高。曲心的发酵温度应是 58～62℃，温度升降呈前缓、中挺、后缓落。

二是大曲药要有一定的贮存期。大曲药贮存，实际上是消极的使生酸菌衰退或死亡。经过多次测定，生酸菌活菌数逐月下降。贮存半年以后，生酸菌大减，而酵母菌及酶活性亦有所下降。

生产时一定要用陈曲，不用新曲。因为陈曲放的时间长，杂菌少，其糖化力不高，酵母数相应减少，但其他酿酒发酵的有益菌较多，仍生长繁殖，有利于控制发酵缓慢升温，这样才能酿出好酒。而用新曲是将生酸菌直接植入酒醅中，细菌得以旺盛繁殖，酒醅酸度直线上升，因而产出的酒中乳酸乙酯等含量高。

**5. 粮食的比例**

科学的配料对酒的质量与风味起着非常重要的作用。扳倒井酒生产的粮食配料为：高粱 40%、小米 15%、大米 15%、糯米 15%、小麦 10%、玉米 5%。由于发酵期长，母糟酸度高，因此在配料中要以提高母糟的残余淀粉和入窖淀粉含量来克服酸高不升温的问题，达到既优质又高产的目标。只有保持一定的残余淀粉含量，酒体才丰满浓郁。

**6. 工艺要点**

（1）长期发酵　发酵前期 10～30 天属糖化、发酵产酒阶段，后期属于酯化阶段，产生的酸和醇反应生成酯，所以时间要长。其实质是使母糟与窖泥有更多的接触时间，这样有机酸与醇类再经较长时间缓慢地发酵、富集和酯化，使酒的主体香气成分己酸乙酯含量增多。一般酯香调味的发酵时间长达 5～6 个月，每年的 3～4 月份入窖，10 月份出窖。

（2）适宜的酸度和较高的淀粉含量　生产酯香调味酒的基础母糟要优质高产，残余淀粉在 8%～10%，酸度在 3.5～4.0mgNaOH/100g 酒醅。酸度太低，往往控制不住发酵速度，造成发酵不良，且抑制不住杂菌生长，造成酒的味杂；酸度太高，易造成发酵升温困难，升酸幅度小，产酒淡薄。出池酸度在 3.5～4.0mgNaOH/100g 酒醅，则入窖酸度一般在 1.6～1.8mgNaOH/100g 酒醅。在配料中，适当增加淀粉含量，在发酵过程中经微生物作用随淀粉的转化而使温度呈上升的趋势，保证发酵的正常进行。一般把淀粉含量控制在 20% 左右进行发酵，有利于酒中各种香味物质的生成。

（3）恰当的水分含量、温度和辅料用量　恰当的水分含量是发酵良好的重要因素。入窖水分含量过高，也会引起糖化和发酵作用快，升温过猛，产出的酒味淡；而水分含量过少，会引起酒醅发干，残余淀粉高，酸度低，糟醅不柔和，影响发酵的正常进行，造成出酒率下降，酒味不好。扳倒井酒的入窖水分控制在55%～57%，出窖水分一般在62%～64%，产出酒的己酸乙酯含量高。温度是发酵正常的首要条件，如果入窖温度过高，会使发酵升温过猛，使酒醅酸过高，在增加了己酸乙酯含量的同时，也增加了醛类等成分，使酒质差，口感不好。而低温入窖，虽然对控制杂味物质的生成和提高出酒率有利，但己酸乙酯等香味成分的生成量也会减少。控制18～20℃的入窖发酵温度，更有利于正常发酵、产酯。稻壳是良好的疏松剂和填充剂，在保证母糟疏松的前提下，应尽量减少稻壳的用量，如果稻壳多，就会导致母糟糙，造成酒的味道单调。但稻壳用量太少，会使母糟发腻，同样影响发酵和蒸馏。在使用稻壳之前，必须敞蒸1～1.5h，其用量一般控制在18%～20%。

### （四）风格特征的形成

酯类调味酒除具有一般浓香型大曲酒的风格之外，还具有己酸乙酯含量突出、乙缩醛含量较高的特点。

#### 1. 己酸乙酯的生成

1963年，巴克等在研究甲烷菌时偶然发现产己酸的细菌。该菌与奥氏甲烷菌共栖，能将低级脂肪酸转化成较高级的脂肪酸，被命名为克拉瓦梭菌。它可以将乙酸和酒精合成丁酸和己酸；也可由丁酸和酒精结合成己酸；还能将丙酸和酒精合成戊酸，进而合成庚酸。

生成己酸的途径主要有三：

① 由酒精和乙酸合成丁酸或己酸。当醅中乙酸多于乙醇时，主要产物为丁酸；当醅中乙醇多于乙酸时，主要产物为己酸。

② 由乙醇和丁酸合成己酸。己酸菌将酒精和丁酸合成己酸时，必须先由丁酸菌将乙醇与乙酸合成丁酸。

③ 由葡萄糖生成丙酮酸，丙酮酸再变为丁酸，丁酸再与乙酸合成己酸。己酸在酯化酶的作用下生成己酸乙酯。

#### 2. 乙缩醛

乙缩醛的气味芬芳，绵软净爽，是调节酒体风味和绵软爽洌的重要物质。在优质酯香调味酒中，乙缩醛的含量相对突出。

乙缩醛绝对值含量的高低，取决于制曲原料品种、生产工艺及储存时间的长短。生产工艺中使用储存半年以上的中高温曲作糖化发酵剂，母糟酸度高、发酵时间长、入窖温度高等因素有利于在基础酒中形成较丰富的乙缩醛。

# 第三节　曲香味酒

## 一、制曲

### （一）制曲原料

曲香味酒的制曲原料为小麦、大麦、豌豆。一般原料配比为小麦、大麦、豌豆比例为 6∶3∶1 或 7∶2∶1。

（1）豌豆与其他原料混合制曲时，随豌豆用量的增加，酸度略有下降，糖化力、液化力则明显降低，酸性蛋白酶及氨态氮则呈上升趋势。因此，生产时用曲量大，香味物质丰富。若单纯从出酒率出发，则添加豌豆制曲的意义不大。但随着豌豆用量的增加，曲中的氨态氮明显上升，这对微生物的生长及产香会有帮助。豌豆中有丰富的香兰素等酚类化合物，经制曲发酵后，对白酒产香将有所作为。

（2）大麦制曲有利于出酒率的提高。

酿酒是一个微生物发酵过程，即微生物利用发酵基质提供的各种营养物质，在它们所分泌的特定酶的作用下成酸、酯、醇、醛的过程。人肉眼所能见到的植物组织或器官等（如种子）是由成团的紧密相连的细胞构成的，细胞与细胞之间的紧密连接依赖于细胞间质的作用。如果这些紧密相连的细胞不分散，那么内部的细胞由于得到外部细胞的保护则很难被解离，其营养成分难以被利用。只有将原料颗粒的细胞间质及果胶质等破坏之后，把淀粉释放出来，淀粉酶才能对淀粉起到糖化作用。

要打散植物组织的细胞团，则需要分解细胞间质。另外，植物细胞与动物细胞的主要区别之一是具有细胞壁，细胞壁对细胞有保护作用。要解离细胞，首要的是破坏其细胞壁。微生物要利用各种发酵基质的营养，需要首先解离组成这些物质的细胞。由于木聚糖酶能分解木聚糖等构成细胞壁及细胞间质的物质而使得细胞易于解离，所以发酵体系中木聚糖酶浓度的高低会影响发酵基质的作用进而影响发酵率。木聚糖酶活力的大小与出酒率密切相关，因为大麦中的木聚糖含量高，所以添加大麦制曲，木聚糖酶含量高。

实际上木聚糖本身是一种多糖，没有什么味道，对于酿酒的意义主要在于它对木聚糖酶的诱导作用。木聚糖酶在生物体内的合成存在诱导机制。即促进生成木聚糖酶的微生物，并不是在什么时候都能生成等量的木聚糖酶，只有当环境中存在的木聚糖的含量达到某一浓度水平时，生物体内才开始大量合成木聚糖酶，直到环境中的木聚糖酶达到某一阻遏浓度。

配入一定量的大麦制出的大曲药，在发酵过程中，除了有利于发酵、多产酒以外，同时可能产生与木聚糖酶代谢有关的某些醇类物质，增加酒的醇厚、绵甜之感。

## （二）制曲模式

工艺流程：

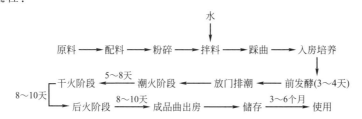

### 1. 粉碎

由于是小麦、大麦、豌豆三种原料混合使用，应按确定比例配料均匀，然后再进行粉碎，有别于用纯小麦制曲（用纯小麦制曲，往往在粉碎前要进行适当的润料，让小麦吸收一定量的水分，然后再进行粉碎）。

### 2. 对加水的要求

加水量多少在制曲工艺上是个关键。加水量过多，曲坯不容易成型，入房后会变形，也不利于有益微生物向曲内部生长，而且表面容易生长毛霉、黑曲霉等。同时曲坯升温过快，容易引起酸败，降低成品曲的质量。若加水量过少，曲坯不易黏结，碎曲抛撒造成浪费，并且还会因水分缺乏而阻碍微生物生长繁殖，使曲质不好。一般来讲，水分多，培养过程升温高而快，延续时间长，降温慢；水分少，则相反。

加水量多少和制曲原料品种有关，混合原料制曲比纯小麦制曲高2%。另外，加水量多少还和原料粉碎细度、原料含水量、季节有关。

加水要求：用量准确，翻拌均匀。

### 3. 曲块成型的要求

压模就是把原料粉碎好后，加入定量水分，拌和均匀，压制成一定大小的砖块形，作为固体培养基，在适当条件下培养酿酒所需的各种微生物。

拌料要求拌细、拌匀、无干面、水团疙瘩。

曲模大小也直接影响着曲的质量，曲坯太小不易保温、保湿；曲坯太大、太厚，制曲不易生长透。一般曲块厚度介于高温曲和中温曲之间。

压模时曲坯的硬度对成品曲的质量有着很大的影响。硬度的大小以手拿曲块不裂不散为宜。如曲块过硬，则制成的曲块颜色不正，曲心还有异味。这主要是因为过硬的曲块往往会有裂纹，引起杂菌生长；另外由于曲块过硬，包含水分减少，在后期培菌过程中会发生水分不足的现象。若太松，则曲块容易松散抛撒，且容易断裂。总之，曲块硬度不同，制成曲的质量也就不一样。这主要是因为曲坯中所含空气量的不同，而引起微生物种类和数量上的变化及代谢产物的不同。

总之，压曲要求首先是用料准确，其次水分要一致，翻拌均匀，无疙瘩、水眼、白眼，在成型时要四面见线，四角饱满，面平光滑，软硬厚薄均匀一致。只有这样的曲块才能很好地生长，成熟一致。

### 4. 入房培养

曲房要求保温、通风、排潮都要好。

入房前房子要打扫干净。地坪上铺3～5cm稻糠，上面再铺柴席，下曲时曲块侧放，排成两高，层与层之间放2～3根芦柴，曲块间距5～10mm，上层更稀一点，行间距2cm。距墙15cm以上，排好后表面和四周盖上温暖潮湿的稻草和芦席。温草厚度视季节、气温及曲室保温条件而定，一般5～10cm左右。曲坯全部入室后封闭门窗，保温，繁殖。

**5. 培养过程的温度要求**

温度是控制微生物生长的重要条件之一，温度的高低决定微生物生长的种类、快慢和死亡的程度。控制温度时，在一般情况下大多是以霉菌的最适温度来进行控制的。微生物在曲坯上生长繁殖是有一定规律的，前期是霉菌和酵母大量繁殖，中期是霉菌从曲坯表面深入到内部繁殖，后期由于温度升高酵母大量死亡。这时细菌特别是嗜热的芽孢杆菌繁殖很快，少量的耐温红曲霉也开始繁殖。

**6. 主发酵阶段**

曲坯入室之后，在很好地保温、保潮的情况下，霉菌和酵母很快自然繁殖起来。1天左右表面就有白色斑点和菌丝出现；约2～3天之后，曲坯表面可达80%～90%都布满白色菌丝，此时曲温随之很快升高，可达50℃以上；3～4天后发酵透，标志是：外皮棕色，有白色斑点和菌丝，断面呈棕黄色，无生面，略带微酸味。

当发酵温度达到55～60℃时，就得立即放门降温排潮，将上下层翻倒一次，把二层改成三层，适当加大曲块的间距，同时揭去湿草换上干草。目的是：降低发酵温度，排除部分水汽，换入新鲜空气，控制微生物生长速度。

及时控制好放门翻曲时间，是制好曲的一个关键。太早发酵不透，太迟温度升得太高，霉菌长得太厚，曲皮起皱，内部水分不易挥发，后期难以控制。

**7. 潮火阶段**

从放门换草开始后的5～7天。此阶段温度控制在55～60℃之间，视温度情况进行翻曲。翻曲时要底转上，上转底，里调外，外调里，由三层改为四层。块间距离、表面加草厚度、是否加苇席，要视温度变化情况而定。在培养过程中既要掌握温度变化情况，还要注意水分挥发的快慢。

此阶段的特点是：由于菌种大量繁殖，并且由表面逐渐深入内部生长，产生很多的热，使曲块中水分蒸发很快，此时曲房内满屋尽是蒸汽，覆盖的草也是潮的。

**8. 干火阶段**

从入房12天左右开始进入干火阶段，一般维持8～10天左右。这期间品温应控制在50～55℃之间。由于菌种在内部生长，外部水分大部散失，很容易引起烧曲，品温要特别注意，视情况翻曲，架高4～5层。盖草已经被烘干，室内湿度显著降低。这期间，要经常通过闭门窗来调节温度。

**9. 后火阶段**

干火后，品温逐渐下降，这时必须把曲块间距逐渐缩小，进行拢火，使温度再次回升，让曲块内部水分蒸发到15%以下。如果后期温度过低，曲内水分挥发不出来，外壳坚硬，会出现断面中心包水、黑圈和生心等现象。后火阶段一般控制在35～30℃，以挤火、排潮为要点。此阶段主要靠保温，使曲温慢慢下降到常温，把曲心中的所有余水充分蒸发干净。

大曲出房后，要经3～6个月的贮存。贮存后，制曲时所潜入的大量产酸细菌，在长期比较干燥的情况下，大部死掉或失去繁殖的能力，这样相对地纯化了大曲的菌种，降低酿酒时的酸度。另外，大曲经适当贮存，其酶活力能有一个稳定过程，一些酶活力很强的酶，在贮存过程中活力会下降，加上酵母数也相对减少，所以陈曲酿酒时，发酵温度上升缓慢，所酿出来的酒香甜醇和。

一般成品曲的糖化力为 $180\sim250mg/(g\cdot h)$。

### （三）微生物酶系变化规律

混合原料培养的中高温大曲，酸度以第 5 天为最高，随着时间的延长而下降。说明首先在生料曲坯上生长的菌类其生酸能力很强，对于调节曲坯 pH 起到一定作用，为以后菌的生长繁殖以及酶的代谢都创造了有利条件。5 天以后，酸度持续下降。因酸不断为微生物所消耗，并因水分下降，不适于生酸菌的生长而使产酸能力自然降低。

曲坯在培养过程中，糖化力、液化力以 10～25 天为最高，在 20 天左右达到最高峰，以后微有下降，但下降幅度不大。酸性蛋白酶前期增长缓慢，30 天达到高峰，此后缓慢降低。制曲前期氨态氮生成量最大，15 日为最高，然后则不断下降。这是后期微生物代谢少、消耗多的必然结果，同时也受温度及水分的影响所致。

升酸幅度虽然没有明显变化，但是发酵力却与日俱增，25 天达到高峰，以后逐渐衰落下去。酯化酶与酯分解酶在曲坯培养 10 天时为最高，以后随着时间的推移，酯化酶与酯分解酶的活力同步下降，这也与酵母的下降有关。

混合原料培养的中高温大曲，呈现糖化力低、酸度及酸性蛋白酶含量高的特点。

## 二、酿酒

### （一）酿酒原料

见前面相关部分。

### （二）酿酒工艺

**1. 工艺特点**

陈年老窖，中、高温混合大曲，混蒸混烧，续渣长期发酵。

**2. 工艺流程**

原料 —→ 粉碎 —→ 预蒸 —→ 配料 —→ 装甑 —→ 蒸酒蒸粮 —→ 原酒入库

出窖 ←— 入窖发酵 ←— 加曲 ←— 通风 ←— 打量水 ←— 出甑

**3. 酿酒原料**

一般采用高粱，或多粮。

高粱粉碎度均匀、无整粒、细面，杂交粮破碎成 6～8 瓣，糯高粱或粮食水分较大（15％以上）破碎成 2～4 瓣，小麦破碎成 2～4 瓣，玉米成细小颗粒，大米、小米、糯米不粉碎。配料比一般原料：糟醅＝1：5.5 左右，蒸煮时间一般 90min。

用曲量 25%～28%，高温曲、中温曲混合使用，比一般浓香型大曲酒用曲量大。辅料用量为 16%～18%，比其他浓香型大曲酒用糠量少。入池温度为 16～18℃，发酵期 70～90 天。

其他见窖香味酒相关部分。

### （三）工艺条件

**1. 原料预蒸**

工艺上采取清蒸混烧，与其他浓香型大曲酒相比，这是其独特之处。原料清蒸的目的是排除原料中的邪杂味，使酒体纯净。清蒸原料，基本上不加水，而且清蒸时间很短，只要排除了原料中生杂味即达到了清蒸的目的。这里适度很重要，清蒸"过头"将影响高粱等原料的香味。清蒸时间长，高粱等原料的饭香丧失，高粱等原料的香味就会逊色。其次，辅料用量宜少。

**2. 用曲**

高酯浓香调味酒生产工艺用曲量较普通浓香型大曲酒生产工艺用曲量大，高温曲、中温曲混合使用，高温曲主要用于增香，中温曲是发酵的动力，特别强调使用热水浆。原因如下：

（1）有使酒质柔软醇甜的作用　发酵过猛，辣苦味大，发酵缓慢，酒质醇甜。发酵过程的快慢与气、液、固三相的存在状况密切相关。在加浆过程中，热水浆易渗入饭醅内部，冷水浆渗入饭醅液相部分，减少了气相的存在部分，从而使发酵过程加快，有碍于酒质提高。因为水是微生物的营养成分溶剂，又是糖化酶等酶类的酶活作用媒介。水多，溶入水中的糖化酶也多，与淀粉粒接触作用的机会多，从而糖化力加速。糖分增加而又缺乏空气，发酵加速。发酵作用快，升温过快，微生物易衰老死亡，酒醅后期发酵就会不足，从而导致糖高，生酸也多，酸度增大。使用热水浆出现的情况相反，发酵缓慢。在发酵过程中，苦味物质是在发酵温度较高、升温较猛的情况下产生的，甜味物质是在低温缓慢发酵情况下产生的，故而热水浆所产的酒柔软、醇甜。

（2）有利于入池前的降酸作用　饭醅中酸有两种：挥发性酸和不挥发性酸。鼓风冷却降温降酸主要是降低挥发性酸含量；而有些水溶性酸，虽不易挥发，但在早期蒸发时也能带出。挥发性酸的挥发性与温度有关，温度高挥发快，温度低挥发慢。

**3. 出甑后的操作要点**

① 及时打热水浆。

② 抓好前期的降温降酸工作。

③ 保持水分、温度、撒曲均匀及入池酒醅疏松。

④ 低温入窖，加强踩窖，有利于减少杂菌和缓慢发酵。

⑤ 长期发酵，生产曲香调味酒一般需要 70～90 天的发酵期。

以上操作实际是围绕减少杂味、保证发酵、突出曲香而进行的。

# 第四节 酱 香 味 酒

## 一、制曲

### (一) 制曲原料

采用纯小麦 (见前文相关部分)。

### (二) 制曲模式

用高温制曲模式生产的曲药，是制作酱香味酒的特殊工艺之一。其特点是制曲培养期间曲坯的曲心温度最高达到 65℃ 以上。高温大曲在发酵过程中既作为糖化发酵剂和营养成分，又是该香型酒的香气成分的主要来源之一。高温曲酱香突出，直接影响到该类白酒的香味和风格特征。

高温曲在制作过程中主要控制的关键因素有三：

① 水分的用量比中高温曲高 2％，一般都要控制在 38％～40％。水分多，曲坯的升温才较快而且高，否则达不到高温的目的。

② 堆积培养。高温曲着重在一个"堆"字上。堆曲是将压制好的曲坯首先"收汗"变硬后进入曲房，再将曲块排列进行堆码。每层间用稻草间隔保温保潮，最高可以码到 5～6 层，然后再用稻草覆盖严密，洒水保潮，以利于升温。

③ 翻曲排潮控温。曲块进房堆积保温保潮培养 7～8 天后，由于微生物生长繁殖，品温逐渐上升到 65℃ 左右，曲坯表面霉衣齐备后就得进行翻曲，上下调换位置，以达到散发大量水分和热量的目的。经三次翻曲，时间在 50 天以后，曲块水分在 13％～15％时，就培养成熟，贮存后用于生产。

曲块入房后，糖化力高达 1595mg/(g·h)。但至第一次翻曲时，糖化力下降很多 (曲心样)，这是开始培养时曲料小麦中的 $\beta$-淀粉酶干扰所造成的。因而使第一次翻曲糖化力下降，直到出房，曲心的糖化力都很低 (表 6-9)。

表 6-9　出房时曲块各个部位的糖化力测定结果

| 取 样 部 位 | 糖化力/[mg/(g·h)] |
| --- | --- |
| 磨碎的小麦粉 | 1588 |
| 白曲干皮表面,基本上是干小麦粉 | 712 |
| 黄曲表皮 | 320 |
| 黑曲表皮 | 122 |
| 白曲和黄曲块内部混合样 | 46 |

一般出房混合曲糖化力在 180～250mg/(g·h) 之间。试验结果表明，曲块糖化力主要来自曲块表层，尤其白曲的表层糖化力最高。其表层因散热而温度偏低，能及时地排出二氧化碳和充分吸氧，故有利于霉菌的生育和代谢。霉菌好氧性强，

嗜水性低，表面生酸菌少。由于霉菌是糖化酶的主要生成者，因此使曲块表层糖化力高。

采用高温曲的用曲量大，主要是使产品增香。曲块进房后 2～3 天，品温可上升到 50～55℃。除曲块变软、颜色变深外，还可闻到有甜酒酿的醇香和酸味。这一阶段，可谓曲升温升酸期。在这一时期内，可在曲块上分离出霉菌和细菌，并分离到酵母菌。此期间是制曲过程的重要阶段。升酸也可抑制某些腐败菌的生长。在众多微生物繁殖旺盛期，生成大量的热量，除去微生物所需的部分热能外，剩余的热量可散发出去，使曲室温度也很高，曲子持续在高温下培养。曲块入房 5～7 天，即可闻到有生酱味。待品温上升到 65℃ 以上，已接近第一次翻曲的时间。

进房后 7～8 天进行第一次翻曲，这时品温最高可达 65～67℃，曲色进一步变深，酱味变浓。少数曲块的黄白交界处可闻到轻微曲香，这一阶段称为曲的酱味形成期。在此期间，微生物中细菌占优势，霉菌受到抑制。由于温度甚高，故曲块中很难检出酵母菌。

高温曲块进房 17～18 天后进行第二次翻曲，这时除部分高温曲块外，大部分曲块可以闻到曲香，但香味尚不够浓。在此期间，仍是细菌占绝对优势。在整个高温期间，细菌中嗜热芽孢杆菌极为活跃，由于它的蛋白质分解力强，故对曲形成酱香起到重要作用。这一阶段可称为酱味上升期。

第二次翻曲后，曲块逐渐进入干燥期，曲块一面干燥，一面形成香气。这一过程对于继续形成曲的酱香也极为重要。从第一次翻曲到出房，可以统称为酱香形成期。

从曲香形成角度看，有三个成香阶段，即升温升酸期、酱味形成期、酱味上升期。三个阶段各有特点，但它们之间的关系紧密。制曲后期的干燥期，对于高温酱香大曲十分重要，不能忽视，必须加强管理。

制曲前期，由于小麦本身具有的糖分和 $\beta$-淀粉酶，以及微生物生成的淀粉酶的作用，曲块中积累 5％的糖分和大量氨基酸，对菌的生长及酶的生成极为有利。在高温培养过程中，发生美拉德反应，形成褐黑色素，使曲块增加色泽，蒸入酒中使酒呈微黄色，并带焦香味，但过量则呈焦苦味。制曲时，温度越高，水分含量越高，曲的颜色越深。

由于培养条件不尽一致，高温大曲可分为黑曲、白曲、黄曲三种，并有少部分红心曲。在三种主体曲中，黄曲的制曲升温程度适中，后期干燥好。三种曲中，以黄曲最香；白曲前期品温偏低，干皮严重，后期水分不易挥发，干燥不好，不仅曲块不香，还常带有较重的霉味；黑色曲在制曲前期升温过猛，虽有香味，但带有煳苦味，有时也有轻微的霉味。

红心曲是指内部有红曲霉，也有极少数红曲霉长在曲块表面。红心曲多产于白曲中，在黑曲和黄曲中很少发现，这与培曲品温有关。因为白曲一般都是位于曲堆最上层和最下层，品温不稳，水分散发快，容易生成红心曲。红曲霉生长速度较一般曲霉慢，只在条件适宜时才能大量生长。用红心曲作为曲母在曲房中培养，在高温制曲时，曲块几乎不形成红心曲，这说明工艺条件是主要的因素。

对于高温曲，在高温转化中，除去微生物自身的代谢和生成其他物质外，关键还在于促进原料中蛋白质的分解，以增加曲香。原因是蛋白质分解的最佳温度是60℃，故高温曲香而不好看，低温曲好看而不香，中温曲则既好看又有一定的香味。因此，大曲的培养就是微生物利用曲料中的水分、营养在各个培养阶段进行代谢，进行产物积累的一系列物质交换过程。经研究表明，在使用小麦为主的大曲培养中，当菌丝发育到最旺盛时，酚类含量状况为最好，此时的阿魏酚占绝大部分；当品温继续上升时，香草醛、香草酸大量生成，所以高温曲有利于香味物质的形成。

### （三）制曲温度与水分

制曲温度的高低，直接影响成曲的质量。尽管影响制曲温度的客观因素很多，但制曲温度与制曲水分轻重、翻曲次数多少有着直接的关系。为了解水分含量、翻曲对成曲质量的影响，进行如下对比试验：

设轻水分曲水分含量为38%，重水分曲水分含量为42%，对照曲水分含量为40%，并做翻曲对比试验。

试验结果，轻水分曲、重水分曲、对照曲在第一次翻曲时，品温升温幅度相差不大，最高温度都在60～63℃。轻水分曲品温略高，对照曲居中，重水分曲略低。第二次翻曲时，轻水分曲品温明显偏低，重水分曲品温猛升至65～67℃，对照曲居中。第二次翻曲后，曲坯处于保温阶段，升温情况亦有明显差别。重水分曲后期长期保持较高温度，直至出房时品温也较高。对照曲仍然居中，轻水分曲后期品温下降，曲坯出房时品温也低。本试验说明了水分含量对制曲品温有着决定性影响。

试验结果表明，轻水分曲第一次翻曲时最高温度高于第二次翻曲温度，对照曲与第二次翻曲时品温极为接近，重水分曲在第二次翻曲时温度高于第一次翻曲。不同制曲条件的成曲外观和香味如表6-10所示。成曲测定结果见表6-11。

表6-10  不同制曲条件的成曲外观和香味

| 曲样 | 外　观 | 香　味 |
|---|---|---|
| 重水分曲 | 黑曲和深褐色曲较多,白曲所占比例少 | 曲块酱香气味好,带有焦香 |
| 轻水分曲 | 白曲约占一半,黑曲较少 | 曲香气味淡,曲色不均匀,部分带有霉味 |
| 只翻一次曲 | 黑曲比例较大,和重水分曲差不多 | 曲块香气好,酱香浓,焦苦味较重 |

表6-11  不同制曲条件成曲测定

| 曲　样 | 水分/% | 酸度/(mgNaOH/100g 酒醅) | 糖化力/[mg/(g·h)] |
|---|---|---|---|
| 重水分曲 | 10.0 | 2.0 | 109.44 |
| 轻水分曲 | 10.0 | 2.0 | 300.00 |
| 只翻一次曲 | 11.5 | 1.8 | 127.20 |

#### （四）大曲中的微生物及酶的变化

大曲入房后，淀粉平稳下降，酸度和糖分逐渐上升，在第二次翻曲前达高峰。由于小麦粉本身含有 $\beta$-淀粉酶，因此起始糖化力高，随着品温上升而显著下降。至第二次翻曲后，水分减少，霉菌增殖，糖化力又有所回升。但高温大曲的糖化力是较低的。大曲中的微生物主要来源为曲母及小麦粉，此外还有水、场地环境、工具及隔绝曲块用稻草。旧稻草带有很浓的曲香，试验说明，旧稻草浸泡制的大曲香气好，有促进曲块早熟生香的作用。

细菌在制曲过程中占有绝对优势。在高温阶段分离到的细菌多数是嗜热芽孢杆菌，它们在 $100℃$ 煮沸 $30\sim60min$ 仍能存活。它们具有分解蛋白质和水解淀粉的能力，能利用葡萄糖发酵产酸，在曲坯入房后第 4 天可以闻到浓郁的酱香味，显示了其在酱香型酒中的重要作用。

当大曲培养开始时，在曲块表面生长的霉菌主要是毛霉类。随着品温的上升，霉菌生长受到抑制。至第二次翻曲时，水分减少，代之以曲霉类（包括红曲霉），直至出房，曲霉经常出现。其中有的霉菌能耐高温。

酵母菌在制曲过程中出现较少，从入房到第 11 天偶尔可分离到假丝酵母和地霉酵母菌。

#### （五）高温曲与中低温曲的比较

（1）从生成的微量香味成分总量上讲，低温曲与中温曲大致相当，而高温曲的微量香味成分总的生成量远低于前两者。从微生物群系上讲，中温曲中的微生物存在总量略低于低温曲，而高温曲则少得多。说明微量香味成分的生成量的确与曲药微生物群系的存在量相关。

（2）醛、酮类物质的生成量：低温曲＞高温曲＞中温曲。

（3）醇类物质的生成量：低温曲＞高温曲＞中温曲。

（4）酯类物质的生成量：高温曲＞中温曲＞低温曲。高温曲的酯类物质总生成量大于中、低温曲的主要原因在于高温曲发酵生成的高级酸酯类物质远多于中、低温曲。

（5）酸类物质的生成量：中温曲＞低温曲＞高温曲。造成这一结果的主要原因在于中温曲的乳酸生成量略高于低温曲，远高于高温曲。

## 二、酿酒

#### （一）酿酒原料

见窖香味酒的相关部分。

#### （二）酿酒工艺

酱香味酒生产工艺特点：高温大曲作糖化发酵剂，两次投料，高温堆积，采用条石筑的发酵窖，多轮次发酵，高温流酒，再按酱香、醇甜及窖底香三种典型体和不同轮次酒分别长期贮存，勾兑成产品。

## 1. 生产工艺流程

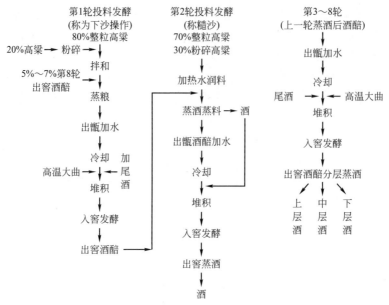

## 2. 工艺操作

酱香型酒的生产工艺较为独特,原料高粱称之为"沙"。用曲量大,粮曲比为1:0.9。一个生产班组一个条石或碎石发酵窖,窖底及封窖用泥土。分两次投料,第一次投料占总量的50%,称为下沙。发酵1个月后出窖,投入其余50%的粮,称为糙沙。原料仅少部分粉碎。发酵1个月后出窖蒸酒,以后每发酵一个月蒸酒一次,只加大曲不再投料,共发酵8轮次,历时8个月完成一个酿酒发酵周期。

(1)下沙操作　取占投料总量50%的高粱,其中80%为整粒,20%经粉碎,加90℃热水(发粮水)润料4~5h,加水量为粮食的42%~48%。继而加入去年最后一轮发酵出窖而未蒸酒的母糟5%~7%拌匀,装甑蒸粮1h至7成熟,带有3成硬心或白心即可出甑。在晾场上再加入为原粮量10%~12%的90℃热水,拌匀后摊开冷散至30~35℃。洒入尾酒及加投料量10%~12%的大曲粉,拌匀收拢成堆,温度约30℃,堆积4~5天。待堆顶温度达45~50℃,堆中酒醅有香甜味和酒香味时,即可入窖发酵。下窖前先用尾酒喷洒窖壁四周及底部,并在窖底撒些大曲粉。酒醅入窖时,同时浇洒尾酒,其总用量约3%。入窖温度为35℃左右,水分42%~43%,酸度0.9mgNaOH/100g酒醅,淀粉浓度为32%~33%,酒精含量1.6%~1.7%。用泥封窖发酵30天。

(2)糙沙操作　取总投料量的其余50%高粱,其中70%高粱整粒,30%经粉碎,润料同上述下沙一样,然后加入等量的下沙出窖发酵酒醅装甑蒸酒蒸料。首次蒸得的生沙酒不作原酒入库,全部泼回出甑冷却后的酒醅中,再加入大曲粉拌匀收拢成堆,堆积、入窖操作同下沙,封窖发酵1个月。出窖蒸馏,量质摘酒,即得第一次原酒,入库贮存,此为糙沙酒。此酒甜味好,但味冲,生涩味和酸味重。

（3）第3～8轮次操作　蒸完糙沙酒的出甑酒醅摊晾，加尾酒和大曲粉，拌匀堆积，再入窖发酵1个月，出窖蒸得的酒也称回沙酒。以后每轮次的操作方法同上，分别蒸得的第3、4、5次原酒，统称为大回酒。此酒香浓，味醇，酒体较丰满。第6次原酒称小回酒，醇和，焦香好，味长。第7次原酒称为追糟酒，醇和，有焦香，但微苦，糟味较大。经8次发酵接取7次原酒后，完成一个生产酿造周期，酒醅才能作为扬糟出售，作饲料。

### （三）工艺特点及微生物

#### 1. 用曲量

酱香味酒的生产用曲，具有接种微生物、提供香味物质前体及酿酒原料的作用。其用曲量之大，在白酒生产中是独一无二的。

#### 2. 堆积

酱香味酒生产的堆积工序，是大曲酒工艺中的独特方式。它直接关系到产品的质量和产量。现已明确堆积的作用主要是吸附野生微生物生长，尤其是酵母菌。堆积前后的微生物变化见表6-12。

表6-12　第2轮堆积微生物种类和微生物的变化

| 堆积时间 | 细菌 | | 酵母菌 | | 总计 | |
|---|---|---|---|---|---|---|
| | 种数 | 数量/($10^4$ 个/g 酒醅) | 种数 | 数量/($10^4$ 个/g 酒醅) | 种数 | 数量/($10^4$ 个/g 酒醅) |
| 0h | 21 | 12290 | 8 | 6400 | 29 | 18690 |
| 48h | 10 | 230 | 11 | 1530 | 21 | 1760 |
| 94h | 30 | 650 | 15 | 1718 | 45 | 2368 |

从表6-12可知，堆积后细菌增加9种，酵母菌增加7种。堆积48h前酵母菌与细菌的量比关系发生较大变化。酵母菌由开始的占总菌数34.24%提高到86.93%；细菌则由65.76%下降为13.07%。至94h后，随着出甑酒醅不断上堆，堆的体积加大，空气不足，酵母菌的比例有所下降，但仍占总菌数的72.55%。在堆积过程中，酒醅中的酵母菌主要来自酿酒操作场地。

虽然在堆积前粮醅中加入了10%左右的高温大曲，但在大曲中97%～99%为细菌，其余为少量的霉菌，不存在酵母菌。酒醅在入窖发酵前经过堆积这一重要工序，微生物的品种、数量、比例都发生了很大的变化。经对比发酵试验，不堆积的酒醅细菌占53.76%，酵母菌占46.24%；堆积的酒醅细菌占5.61%，酵母菌占94.39%。经发酵蒸馏所得酒的质量检验，前者为不合格产品，两者酒质有明显的差别。

堆积还使某些发酵基质——氨基酸的品种和数量发生了变化。

#### 3. 高温发酵

由于酵母菌生理条件及香型的要求，清香型、浓香型采取低温发酵，品温不超过40℃；酱香型则采取高温发酵，品温在40℃以上。经试验，有以下现象：

① 发酵温度达不到 40℃ 以上，出酒率低，甚至不产酒，酒质及风格都不佳。

② 窖内升温至 40~45℃，产酒量高，酱香突出，风格典型。

③ 品温 45℃ 以上，出酒率不高，酱香好，但味杂，冲味大，酸味较重。

从高温发酵角度判断，窖内酒精发酵由细菌参与，即使是酵母菌，也应是在长期高温条件下驯化的耐高温酵母菌。

酱香型窖内酒醅上、中、下三层，酒的风格不同。一般酱香型酒产于窖面，因其品温高，使嗜热芽孢杆菌代谢旺盛，促进了酱香物质的形成。中层主要产醇甜型酒。底部接触窖泥、水分大、酸度高，产出的窖底香酒香气浓郁并带有明显的浓香味。

### （四）风格特征的形成要素

#### 1. 细菌发酵

酱香味酒发酵不同于其他类酒的一个明显特征是细菌参与了发酵。细菌发酵的一个条件是在 pH≥5 的情况下进行。其他类型酒由于配醅量大，酸度高不可能发生，而酱香型酒的配醅小，酸度低，为细菌参与发酵创造了条件。其机理如下：

细菌由 ED 途径将葡萄糖发酵成酒精。ED 途径与 EMP 途径比较：EMP 途径由 1mol 葡萄糖生成 2mol ATP；而 ED 途径只生成 1mol ATP。通常 ATP 的生成量与菌体生成量成比例，故利用细菌发酵产酒精时，生成的菌体量也约为酵母菌之半。因细菌菌体生成量较少，故酒精产率较高。但能产酒精的细菌大多同时生成一些副产物，诸如丁醇、2,3-丁二醇等醇类，甲酸、乙酸、丁酸、乳酸等有机酸，甘油和木糖醇等多元醇，以及甲烷、二氧化碳、氢气等气体。这也正是酱香味酒酸、醇等物质含量高的原因之一。

#### 2. 酱香型酒的特征香味成分

关于酱香型酒的特征香味成分，虽然学派很多，论据不少，目前仍没有定论。归纳起来主要有以下几种观点：

（1）4-乙基愈创木酚说。

（2）吡嗪及加热香气说。该学说认为生成酱香物质的途径有 7 个：①氨基酸的加热分解；②蛋白质热分解；③糖与蛋白质反应；④糖与氨基酸反应；⑤糖与氨的反应；⑥糖裂解物与氨基酸的反应；⑦高温多水条件下微生物的代谢产物。

（3）呋喃类和吡喃类说。该学说认为形成酱香的物质共有 23 种：呋喃酮类 7种，酚类 4 种，吡喃酮类 6 种，烯酮类 5 种，丁酮类 1 种。

（4）美拉德反应说。该学说认为美拉德反应所产生的糠醛类、酮醛类、二羟基化合物、吡喃类及吡嗪类化合物对酱香型酒的风格起着决定性的作用。5-羟基麦芽酚是其特征成分。

笔者通过多年的实践，研究了各香型、流派的工艺特点，发现酱香型酒香味成分与以蛋白质原料为主的酱油酿造有相似之处。酱香型酒之所以区别其他酒，是由于酱香型酒在制曲、酿酒过程中所形成的特定的微生物区系和适宜的发酵环境，促进了蛋白质的降解。从蛋白质到氨基酸的中间产物参与了一系列复杂的反应，从而表现出酱香型酒不同于其他酒的特征。

酱油的特征香气成分：

① 4-羟基-2(5)-乙基-5(2)-甲基 3(2H)-呋喃酮，简称 HEMF，具有强烈的焦糖酱香气；

② 4-羟基-2,5-二甲基-(2H)-呋喃酮，简称 HDMF，呈成熟的萝卜香气；

③ 4-羟基-5-甲基-3(2H)-呋喃酮，简称 HMMF，有炒栗子焦糖香味，也有人造肉的香味；

④ 乙基麦芽酚、5-羟基麦芽酚、环戊烯酮等，呈焦糖香味；

⑤ 4-乙基愈创木酚(4-EG)；

⑥ 4-乙基苯酚(4-EP)。

从以上可以看出，酱油香气成分的分子结构有共同的特征：含有呈酸性羟基或羰基，都是具有 5～6 个碳的环状化合物，其环上大多含有氧原子；分子中具有芳香结构和比活性很强的烯醇类或烯酮结构。显然，这与呋喃类和吡喃类说相吻合。

### （五）酱香风味产生机理

由于酱油酿造是以蛋白质原料为主，这充分说明酱香型酒的特征香味成分与蛋白质的分解利用有关。那么，为什么酱香型酒具有以上特征，而其他香型酒没有呢？笔者认为，这与酱香型酒的高温制曲、高温堆积、高温发酵的特殊工艺有关。

**1. 高温制曲**

酱香型酒的制曲温度是≥65℃，这样高的制曲温度决定了大曲中的微生物以嗜热芽孢杆菌为主，这些细菌具有很强的蛋白质分解能力，为以后的蛋白质降解提供了微生物基础。

再者，酱香型酒大曲为纯小麦制品，用曲量特别大。在利用小麦制曲时曲块升温到 65℃以上，小麦皮能形成阿魏酸。由微生物的作用也能生成大量香草酸及少量香草醛。这些物质在一定条件下能生成 4-乙基愈创木酚。

① 阿魏酸经酵母或细菌发酵生成 4-乙基愈创木酚。

② 香草醛经酵母及细菌发酵生成 4-乙基愈创木酚。

③ 曲子经发酵后，部分香草酸生成 4-乙基愈创木酚。

这也说明了为什么酱香型酒中含有较多的 4-乙基愈创木酚，五粮液、剑南春、扳倒井等用中高温曲的酒中也少量含有，而其他酒中却不含有 4-乙基愈创木酚。

**2. 高温堆积**

酱香型酒配醅少，酸度低，堆积时的品温约为 30℃，堆积发酵 3～5 天，待堆顶品温达 45～50℃时，方入窖发酵。

微生物分泌的蛋白质水解酶系蛋白酶和肽酶，它们的作用最适温度为 40～

45℃。又因蛋白酶以碱性蛋白酶和中性蛋白酶为主，适宜的 pH 值较高，而肽酶适宜的 pH 值较低。因此，堆积作用有利于蛋白质降解生成多肽，但不利于多肽生成氨基酸。

这也说明，酱香型酒醅由于投产时的酸度低，从而有利于蛋白质的降解；浓香型酒醅则因酸度高而不利于蛋白质的降解。

**3. 高温发酵**

酱香型酒的发酵品温为 35～48℃，比其他酒的发酵温度高。

温度、酸度、水分和淀粉含量是控制、调节发酵的四要素，共同构成微生物生长繁殖的外部环境。对微生物的影响作用：温度＞酸度＞水分＞淀粉。因此，酱香型酒的发酵温度显著区别于其他酒，它决定着窖池中的一切变化。

① 淀粉的液化作用相对增强，而糖化发酵作用相对减弱。由于高温制曲，使得大曲液化力强，糖化力弱，发酵力更弱。较高的发酵温度，也有利于液化，而糖化发酵相对减弱，使窖池中产生了一系列糊精、多糖、寡糖、葡萄糖等中间产物。

② 有利于蛋白质分子的分解利用。由于高温发酵，大曲中的嗜热芽孢杆菌活动增强。蛋白酶和肽酶在适宜的温度下也有利于对蛋白质分子的分解作用。并且随着发酵次数的增多，酒醅酸度的升高，从以蛋白酶的活动为主转向以肽酶的活动为主，形成了一系列丰富的中间产物和多量的氨基酸。

③ 有利于丰富的呈香呈味物质的产生。由于淀粉的液化作用和蛋白质的降解作用，使得酒醅中生化反应的物质变得丰富。较高的发酵温度，更有利于各种生化反应的进行，丰富了酱香型酒的呈香呈味。

由于酱香型酒醅中含有丰富的中间产物和多量的氨基酸，为美拉德反应提供了丰富的物质基础，这也增加了酱香型酒的芳香。

总之，酱香型酒的特征香味成分的发成是其特殊的制曲、酿酒工艺形成了特定的微生物区系，对蛋白质分子产生独特的降解作用，生成了种类繁多的多肽及氨基酸，并参与了生化反应的结果。

# 第五节　芝麻香型白酒

以高粱、小麦、麸皮、大米、小米等为原料，经传统固态法发酵、蒸馏、陈酿、勾兑而成的，具有焙炒芝麻香风味的蒸馏酒，即芝麻香型白酒。

## 一、芝麻香型白酒的风格特点

芝麻香型白酒是介于浓香和酱香之间的一个独立香型。质量上乘的芝麻香型白酒具有芝麻香幽雅细腻、口味圆润丰满、回味悠长的风格，呈现"多香韵、多滋味、多层次"的特点。它与浓香、酱香及浓酱兼香皆有明显的区别。它既不是浓香型白酒的衍生，也不是酱香型白酒的延伸，更不是浓、酱的结合。它与浓香、酱香及浓酱兼香的主要区别如下：

（1）芝麻香型白酒摆脱了浓香型白酒赖以生香、产味的基础——窖泥。

众所周知，优质浓香型白酒的酿造离不开陈年老窖，是窖泥中的微生物旺盛的代谢活动，赋予了浓香型白酒良好的风味。若没有功能菌齐全、代谢旺盛的人工老窖，要酿造高质量浓香型白酒是不可能的。优质芝麻香型白酒的酿造，则不需要依托陈年老窖；相反，若窖泥微生物的影响过大，芝麻香型白酒的风格反而不突出。

（2）芝麻香型白酒不具备酱香型白酒酿造的主要特点（大量高温大曲的多轮次复式发酵）。

在酱香型白酒的酿造过程中，淀粉以热的形式大量散失。通过反复的多轮次发酵，原料中的蛋白质逐渐富集并次第降解，与小麦曲中带入的大量苯环结构的化合物一起形成浓郁的酱香。而芝麻香型白酒的酿造则与此不同，它是在边糖化、发酵的同时，边降解原料中的蛋白质成小分子物质，通过生化反应及有机化合反应形成自己独特的风格。也就是说，芝麻香型白酒的酿造是同时开发了淀粉和蛋白质两种资源，产酒、生香、呈味、形成风格同时并交叉进行。

（3）芝麻香型白酒与浓酱兼香有所区别。

在浓酱兼香型白酒生产工艺上，有些厂家是在浓香型工艺的基础上，添加部分酱香型酒工艺；有些厂家是在酱香型白酒工艺的基础上，添加部分浓香型酒工艺。生产的产品或者是浓中带酱，或者是酱中有浓，皆不具备芝麻香的风格特点。

主要原因有二：

① 芝麻香是小分子的氨基化合物与还原糖通过美拉德反应生成的焦香为主，其他焦糊香、酱香等为辅生的复合香气，少量的窖泥功能菌产生的己酸乙酯也是有益的。但无论是浓酱结合工艺还是勾兑工艺，都会使香味成分中的己酸乙酯过分突出，从而冲淡主体香，失去芝麻香型酒固有的风格。

② 芝麻香虽与酱香相似，但却不是酱香，而是一种焦香。在酱香型酒中以酱香为主，焦香、糊香配合谐调。浓中带酱或酱中带浓，都是突出酱香。因此，无论浓酱怎样结合，都不会产生浓郁的芝麻香。

## 二、芝麻香型白酒酿造的原料选择

### 1. 高粱

高粱是酿造芝麻香型白酒的首选原料。因为高粱中除淀粉外，还含有较多的粗蛋白、纤维素、单宁等物质，在发酵过程中会生成芝麻香型白酒香味的前体物质。高粱中的无机元素及维生素含量丰富，在碳源、氮源充足的条件下，有利于微生物良好生成与繁殖。高粱中泛酸（VB$_3$）和烟酸（VB$_5$）比其他原料高出许多，这两种维生素是组成 CoA 和 Co I、Co II 的主要物质，CoA 在有机酸和酯类形成中起酰基转移作用，而较多的细菌和酵母菌需要以外源供给。在配料中，一定比例的高粱有利于酵母菌、细菌的生长代谢及生香产味物质的形成。

但是，单以高粱为原料其氮源不足，风味不够全面。前已述及，焦香是芝麻香型白酒的重要香气组成，是美拉德反应产生的，因此芝麻香型白酒在生产过程中必须有充足的氨基酸参与反应。所以，必须调整原料中的碳氮比，并补充其他微量成分，辅以适量的小麦、麸皮、大米、小米、玉米等，其芝麻香和酱香均较突出，口味丰满、自然、和谐。

**2. 小麦**

小麦中的蛋白质含量也很高，小麦蛋白质的 70％存在于胚乳中，主要是麦胶蛋白和麦谷蛋白，俗称"面筋"。其化学成分中，色氨酸、酪氨酸等具苯环和苯环结构的氨基酸比高粱、玉米等原料蛋白质中氨基酸占优势。麦谷蛋白溶于稀酸，麦胶蛋白溶于酸及乙醇。因此，在发酵环境中，小麦蛋白质易被微生物分解利用。所以，在配料过程中添加部分小麦有利于产生酱香，增加芝麻香型白酒的醇厚感。

**3. 麸皮**

麸皮中蛋白质含量相对较高。加入麸皮的主要目的，多是为了增加配料中蛋白质的含量，调整碳氮比。麸皮中富含阿魏酸，在一定的温度、酸度及微生物的作用下，生成香兰醛、香兰酸等，经氧化生成的酚类化合物，是芝麻香的呈香呈味成分。麸皮中的蛋白质是由许多低分子量的酶蛋白及球蛋白组成的，而焦香是小分子的氨基化合物与还原糖发生美拉德反应产生的，因此在发酵过程中添加麸皮，有助于焦香的形成。

**4. 大米**

大米产酒净。大米蛋白质含量虽低，但在酿酒环境中利用率却相对高。高粱中的蛋白质有 60％以上为碱溶性，小麦中的蛋白质也有 30％～40％为碱溶性的，因此在发酵环境中的利用受到限制。而大米中的蛋白质仅有 5％～10％为碱溶性，因此相对利用率大大高于高粱与小麦。

**5. 小米**

小米等谷物原料中蛋氨酸、半胱氨酸等含硫氨基酸较多。它们是含 S 杂环化合物的前体物质，在生化反应过程中产生强烈的风味，是芝麻香风味形成的重要成分。

采用多种原料酿造芝麻香型白酒已成为业界的共识。传统芝麻香型白酒酿造过程中采用较大比例的高粱，又加高温堆积、高温发酵，使所产芝麻香型白酒大多带有苦涩口感。不经长期的贮存和精心勾兑，难以达到幽雅舒适、醇和细腻的工艺要求。若不采用高温堆积、高温发酵，虽苦涩感弱，但芝麻香型白酒所特有的芝麻香风味又不够突出。多种原料搭配合理，酿造出的白酒无苦涩口感，并且外观清澈透明，酒香幽雅，口味醇厚丰满、谐调自然，回味留香持久，芝麻香风格典型突出。

# 三、芝麻香型白酒酿造的菌系选择

## 1. 河内白曲

在芝麻香型白酒酿造过程中，白曲成为主要菌种的原因在于它的高酸性蛋白酶活力和耐酸性。以米为原料的白曲的酸性蛋白酶活力极高，比米曲高出 13 倍。以麦为原料的酸性蛋白酶活力比米曲高 6 倍。以米为原料的白曲羧基多肽酶的活力，远高于米曲。以米为原料的白曲比以麦为原料的白曲的羧基多肽酶活力高出近 3 倍。

### 2. 米曲霉

米曲霉的酶系丰富，是酱油酿造的重要菌种。它的代谢产物风味好。米曲霉的 α-淀粉酶活力高，这对淀粉原料的液化起到重要作用。米曲霉也含有较多的酸性蛋白酶及羧肽酶，并有较好的耐酸性。在芝麻香型白酒的堆积发酵过程中，米曲霉与白曲霉混合使用，可起协同作用。任何两种或三种菌种之间的协同作用都要好于单一菌种，对分解代谢不同原料中的复杂蛋白质起到意想不到的好效果。

### 3. 红曲霉

在芝麻香型白酒的酿造过程中，红曲霉也起到了重要作用。红曲霉的重要特性之一就是嗜酸。在弱酸性环境中能生长繁殖，并消耗有机酸。红曲霉的另一重要特性是酯化作用，即将酒醅中发酵生成的有机酸转化成相应的酯类。这对维持窖内的动态平衡，保持良好的发酵环境，使微生物代谢发酵的各种酶系保持活性有重要意义。红曲霉次生代谢的氨基酸种类多、含量高，这为白酒中醇、酸、酮、醛、吡嗪等香味物质的形成提供了丰富的前体物质。

### 4. 嗜热芽孢杆菌

嗜热芽孢杆菌在芝麻香型白酒的酿造过程中也有很重要的作用。高温细菌大都有一定的糖化力、液化力和较高的蛋白质分解力。在酱香型白酒的酿造过程中，嗜热芽孢杆菌是产生酱香风味的主要菌种。但这些菌种单体培养，却大多产生芝麻香。笔者认为，这主要与酿酒原料有关，即主要与酿酒原料的蛋白质成分有关。在酱香的形成过程中，小麦蛋白中的"面筋"蛋白质是其风味生成的基础。芝麻香型白酒的原料蛋白主要是高粱蛋白、麸皮蛋白、大米、小米蛋白及部分小麦蛋白，因此不会产生浓郁的酱香。

### 5. 生香酵母

在芝麻香型白酒的酿造过程中，复合生香酵母是除白曲外的第二类重要微生物。芝麻香型白酒的酿造过程中应用的复合酵母主要有：汉逊酵母、假丝酵母、球拟酵母、酒精酵母、地衣酵母及意大利酵母。假丝酵母和汉逊酵母有较强的产酯能力，并且耐高温，在 45℃ 左右的温度下仍不影响其活力。汉逊酵母发酵酒样酱香明显，后味好。球拟酵母发酵酒样焦香较浓，假丝酵母发酵酒样酯香较浓，而酒精酵母发酵酒样味甜并略带高级醇味。地衣酵母、意大利酵母发酵产生各类有机酸、酯类及各类醇、硫甲基丙醇等。各种酵母复合菌株共发酵为芝麻香风味的形成提供了丰富的物质基础。

### 6. 高温大曲

高温大曲中的微生物种类繁多，酶系复杂，呈香呈味物质丰富，是芝麻香型白酒酿造过程中不可或缺的重要微生物来源及呈香呈味的物质基础。没有高温大曲的作用，芝麻香型白酒难以呈现幽雅细腻、口味圆润丰满、回味悠长的典型风格。

## 四、芝麻香型白酒酿造的工艺选择

### （一）窖池

芝麻香型白酒的发酵容器以砖窖为好。砖窖既不像泥窖那样栖息有大量的窖泥微生物，又不像水泥窖、石头窖那样令微生物难以栖息。在发酵的过程中，砖窖中栖息的部分微生物对形成酒体自然和谐的风味是有益的；用泥窖则浓香味突出，冲淡芝麻香；用石头窖则香味成分少，不够丰满。

### （二）原料的配比

扳倒井芝麻香型白酒的配料是：高粱、大米、小米、小麦、麸皮、玉米等。各种原料的作用前已述及。需要说明的是，不仅原料的蛋白质种类对微生物的繁殖、代谢有重要影响；原料的配比不同，从另一方面调节了培养基中的碳氮比，对微生物类群也有较大影响。细菌、酵母菌需要较多的氮素营养物，最适宜的培养基的 C/N 在 5∶1 左右；霉菌则需要较多的碳素营养物，适宜的培养基 C/N 在 10∶1 左右。

因此，原料配比不同，可调节霉菌、酵母菌、细菌的类群。科学的原料配比是扳倒井酒复粮芝麻香典型风格形成的基本条件。

### （三）堆积

堆积是芝麻香型白酒酿造的重要工序。

**1. 堆积的作用**

无论是酱香型白酒、芝麻香型白酒，还是酱油酿造，全料制曲的产品风味，皆优于培菌发酵分开酿造的产品风味。

一是培菌的培养基与发酵的培养基有较大差异，微生物在新的培养基上有一个适应、驯化、重新分布及优胜劣汰的过程。

二是全料培菌制曲，将不同原料、不同种类的蛋白质及其他成分重新分解成为大小不等的一系列中间产物。一部分成为呈香呈味物质或其前体，另一部分则被微生物重新合成利用，转化为动物蛋白。在反复的发酵、蒸馏过程中，动物蛋白不但分解成为丰富、复杂的呈香呈味物质，并且与植物蛋白分解产生的呈香呈味物质起到相乘的好效果。这是任何单一种类的动物蛋白或植物蛋白所无法比拟的。

**2. 堆积条件**

芝麻香型白酒的堆积不同于酱香型白酒的堆积。酱香型白酒酿造的大曲微生物主要是高温细菌，有少量霉菌，几乎不含有酵母菌。酱香型白酒的堆积主要是富集空气中的酵母菌，液化、糖化力较弱。酱香酿造原料中，高粱蛋白质 60% 以上为碱溶性蛋白，小麦结构复杂的大分子面筋蛋白质也需要高温、长时间的酶作用才能降解为系列产物。高温细菌中的蛋白酶也大多为碱性或中性蛋白酶。因此，酱香型白酒的堆积需要高温、长时、低 pH 的环境。

芝麻香型白酒的堆积则不同：首先，芝麻香型白酒酿造用的菌种主要是白曲，白曲除富含酸性蛋白酶外，还有丰富的液化酶、糖化酶系，对淀粉原料的利用率强，若长时间、高温堆积，会生成大量的还原糖，在后发酵中很难控制发酵的速度；其次，麸皮原料中含有较多的氨态氮及低分子量的酶蛋白、球蛋白，易被微生物利用和降解；第三，大米等谷物原料中的蛋白质在偏酸性的环境中易被降解利用；第四，芝麻香型白酒堆积的主要目的是利用酸性蛋白酶有效地降解原料中的蛋白质，形成丰富的呈香呈味物质或其前体物。因此，芝麻香型白酒的堆积应选择适宜的 pH 值，堆积时间以产风味为主，堆积温度不宜超过 45℃。

## （四）发酵

芝麻香型白酒的酿造主要依靠曲中的微生物，这一点像酱香；芝麻香型白酒丰富、复杂的微量成分的生成，则离不开反复发酵的陈年老糟，这一点又像浓香。因此，芝麻香型白酒酿造的窖池应选砖窖或石窖。芝麻香型白酒酿造的发酵期不宜短于 30 天，否则酒粗糙，复合成分少；也不宜超过 45 天，一是没必要，二是出酒率会明显降低，三是发酵期过长，酯化作用生成的较多酯类会掩盖芝麻香的典型性。

较高的发酵温度，是丰富的呈香呈味物质生成的重要条件。但发酵温度不宜过高，这不同于酱香型白酒。酱香型白酒发酵主要依靠细菌产酒，较高的发酵温度对产酒影响不大。但芝麻香型白酒的发酵则主要依靠酵母，因此，需兼顾蛋白质发酵与淀粉发酵两个因素。适宜的堆积时间与温度，避免营养物质的过分消耗，则是保证发酵的重要条件。芝麻香型白酒的发酵规律也符合浓香型白酒的"前缓、中挺、后缓落"的原则。发酵顶温以保持在 40℃ 左右为宜。

## （五）蒸馏、分级、贮存

### 1. 蒸馏

原料菌种的选择，堆积、发酵条件的确立，皆是为芝麻香风味的形成作准备，而蒸馏则是扳倒井酒复粮芝麻香典型风格得以呈现的关键工序。

前已述及，芝麻香是以结构不同的吡嗪类化合物为主体，辅以呋喃类、噻唑、酚类、含硫化合物等，共同构成的复合香气。芝麻中的香气也是在焙炒过程中生成和增加的。

那么，发酵过程中吡嗪类化合物是怎样生成的呢？大多数吡嗪类化合物是由己醛糖和氨基酸经过缩合反应而生成的。缩合后的产物发生 Strecker 降解生成氨基还原酮，然后再经过自身缩合及氧化反应生成吡嗪类化合物。吡嗪类化合物的种类和数量都受氨基酸种类及数量的影响。

在芝麻香型白酒的酿造过程中，多品种、高含量的含蛋白质原料，在酸性蛋白酶及适宜发酵条件下生成了丰富、复杂的氨基酸。在加热蒸馏的条件下可生成丰富、复杂的吡嗪类化合物。

呋喃类化合物主要是原料中五碳糖在加热过程中生成的。原料中的五碳糖主要存在于皮层，如小麦的麸皮中。配料中，相当数量的小麦、麸皮在微生物酶系的作用下，降解成大量的戊糖。在蒸馏条件下，生成了较多的呋喃类。

噻唑具有强烈的风味，是动物性食品风味形成的重要成分。在芝麻香型白酒的酿造原料中，小麦、麸皮、小米等含有蛋氨酸、胱氨酸、半胱氨酸、谷胱甘肽、硫胺素等含硫化合物，它们是产生含硫杂环化合物的前体物质。在微生物酶及加热的条件下，会产生多种噻唑类化合物。

酚类化合物由高温大曲及麸皮中的阿魏酸等生成。已有多种文献述及，不再复述。

**2. 分级**

分级也是芝麻香形成的重要环节。芝麻香风味是某些香味成分的恰当组合，这些成分含量、比例不同，也会导致酒的风味不同。根据酒醅的生香产味特点，一般分为上、中、下三层蒸馏。每层酒醅根据蒸馏规律、产酒风味成分的差异，又各为10个馏分。这样，整窖酒基本分为30个组分，分别贮存。

**3. 贮存**

芝麻香型白酒贮存期较长，类似于酱香。一般基酒贮存3年，特殊风味酒贮存5年以上甚至十几年不等。

# 第六节　陈香味酒

窖香味酒、酯香味酒、曲香味酒、酱香味酒等高质量的基础酒，在陶坛内贮存3年以上使其自然老熟。由于长期的缓慢氧化、酯化、水解、缔合等生化反应，使酒味变得特别醇和、浓厚，有一种使人心情舒畅的特殊的陈香味道，在调味中起陈香和绵柔的作用。

## 一、酒贮存中各类物质的变化

根据对相同质量、不同贮存期的酒的各种成分的检测，发现如下规律：

（1）在酒的贮存过程中，所有的醛类物质、酮类物质都呈下降趋势，而且下降量相当明显。

（2）绝大部分酯类物质在贮存过程中在酒中的含量减少，只有极少数脂肪酸酯含量略有上升，而且上升量很小。所以对于酯类物质而言，其总体含量是随贮存期的延长而减小。

（3）醇类物质中有一部分在贮存过程中呈上升趋势，有一部分呈下降趋势，而且对绝大多数醇类物质而言，无论是呈上升趋势还是呈下降趋势，这种趋势都并不明显。故对总醇含量而言，虽然总体趋势是下降，但下降量很小，证明醇类物质的含量比较稳定。

（4）在酒的贮存过程中，酸类物质整体呈上升趋势。

由于在酒的贮存过程中，在酯类物质含量下降的同时，酸类物质含量上升，说明在贮存过程中的确存在酯类物质的水解反应，即酯类物质水解生成相应的醇与酸。然而醇的总体含量比较稳定，甚至有少量减少，这主要是由于挥发的原因。由于醇类物质在挥发的同时又有酯类物质水解的补充，所以其含量下降的趋势较弱。醛类物质与酮类物质的含量随贮存期的延长而下降，主要原因是挥发。

所以，在白酒的贮存过程中，导致微量香味物质的改变占主导地位的是挥发，其次是酯类物质的水解反应。

## 二、白酒老熟的原理

白酒自然老熟过程中产生变化的因素可分为物理因素和化学因素。物理因素引起的变化有挥发和缔合作用。化学因素有氧化还原反应、酯化反应和缩合反应。其机理如下：

### （一）白酒老熟的物理作用

**1. 温度与挥发对白酒老熟的作用**

刚蒸馏出来的白酒中含有较多的低沸点成分，如硫化氢、硫醇、硫醚、丙烯醛、游离氨等，使白酒带有强烈的刺激性。在自然老熟过程中，由于温度的作用，这些低沸点物质产生分子扩散，逐渐挥发到空间，而使白酒刺激性减弱，口感变得柔和。这些低沸点物质的挥发速度与温度有相关性，随着温度升高，挥发加快。这些变化由低沸点物质本身的物理性质决定。只需较低的能量就能脱离液相扩散到空间，这类物质在较长时间的自然状态下，就能挥发掉。

**2. 乙醇和水分子的缔合作用**

由于乙醇分子和水分子都是极性分子，在极性键的相互作用下，乙醇分子间和乙醇分子与水分子间都会产生缔合作用。如下式：

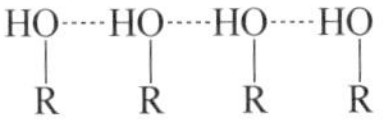

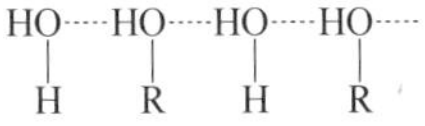

白酒中的乙醇分子和水分子通过以上两种缔合作用构成了大的分子群体，束缚了大量乙醇分子，降低了自由乙醇分子的活性，从而降低乙醇分子的刺激感，使白酒口感变得醇和。这就是白酒在自然状态下能够老熟的原因之一。

### （二）白酒自然老熟的化学变化

**1. 氧化还原作用**

白酒在贮存过程中，空气中的氧气不断进入酒中，进行着一系列的氧化还原反应，可以使酒中醇、醛氧化成酸。

醇氧化成醛的反应如下：

$$RCH_2OH \xrightarrow{[O]} RCHO + H_2O$$

醛氧化成酸的反应如下：

$$RCHO \xrightarrow{[O]} RCOOH$$

**2. 酯化反应**

白酒中的有机酸与乙醇能发生酯化反应。这是由有机酸和乙醇的化学性质所决定的。酸与醇共存时会发生酯化反应，其反应式如下：

$$RCOOH + R'OH \longrightarrow RCOOR' + H_2O$$

酸与醇酯化后，便生成相应的酯和水。这些酯各自具有特殊的香味，这对白酒的品质和风味产生了很大的影响。所以白酒存放越久，香气越浓。

**3. 缩合反应**

白酒中的醛类物质和醇类物质能发生缩合反应生成缩醛，反应式如下：

$$2R'OH + RCHO \longrightarrow RCHC(OR')_2 + H_2O$$

从上式看出，随着缩合反应的进行，降低了白酒中的高级醇和醛类物质的含量，从而减弱了异杂味。

综上所述，白酒自然老熟过程，其实质就是所含物质之间发生了一系列物理化学变化，经过挥发、缩合、氧化、酯化、缩合等变化，减少了酒中刺激性成分，并增加了香味物质，这就是白酒自然老熟的机理。通过老熟过程，能使酒质达到醇和、香浓、味净的要求。

# 三、白酒人工老熟的方法

所谓白酒人工老熟，就是采用设备进行处理，加快白酒的物理、化学变化，缩短其老熟期，从而达到自然老熟要求的过程。主要有以下几种：

## （一）微波老熟白酒的作用

选用波长为1～10nm或频率为300～3000MHz的电磁波，作用于白酒，能促进白酒老熟。其主要作用是自身的高频率振荡引起酒中分子做同样的分子运动，而使酒中的各类极性分子随之运动，这样就加快酒中分子的整齐排列，增强了缔合作用的进行。同时微波高频振荡还能使化合物的化学键断裂，促进氧化、缩合、酯化反应。因此，微波可加速白酒的老熟。

## （二）磁频白酒老熟的作用

磁频的频率为10MHz，它的频率比微波低，实际上也是一种高频振荡，它的作用类似于微波。通过高频振荡，加速白酒中各类极性分子的运动，促进物理化学变化的加快，从而使白酒达到老熟。

## （三）紫外线老熟白酒的作用

紫外线是波长小于4000Å的光波，它具有较高的化学能。在紫外线的作用下，酒中能产生少量的臭氧。在臭氧的作用下，可促进酸和酯发生酯化反应，增加酒中酯的含量。酯是酒中的主要产香成分。

## （四）超声波老熟白酒的作用

超声波处理白酒选用频率为800GHz。它主要是使白酒内部分子产生高频振荡，促进极性分子整齐排列，同时还能增强氧化反应的进行。因此，它的主要作用是促进缔合作用和缩合反应的进行，从而使白酒达到老熟。

以上老熟技术，经用核磁共振、色谱、电导等精密仪器测试证明，具有加速挥发、缔合、氧化、酯化等作用，比自然老熟作用更强。

　　与自然老熟相比，人工老熟可使酒醇和，减少新酒味，但不产生陈香味。陶坛自然老熟产生优美的陈香味，香味自然，口感舒适，酒体醇厚圆润，是最理想的老熟方法。

# 第七章 计算机模拟勾兑技术

## 第一节 计算机模拟勾兑

固态法生产蒸馏酒——中国白酒，是中国劳动人民智慧的结晶，以其历史悠久、有机成分种类多而复杂、关系微妙著称于世。有机成分的含量及其微妙的比例关系决定了香型的不同，也决定了同一香型白酒产品的不同风格特性。虽然各有机成分（不包括乙醇）最多只占产品成分含量的 2%，但却决定了产品的质量优劣。目前，采用气相色谱法（毛细管柱、FID 检测器），大多数厂家能够定量分析的浓香型白酒有机成分一般在 50 种左右，酱香型白酒、芝麻香型白酒与浓香型白酒差不多，清香型白酒所含有机成分有 25 种左右。含量微、阈值低的其他成分（尤其是浓香型白酒、酱香型白酒和芝麻香型白酒），至今不能全部确定，由此可见中国传统白酒的成分复杂性。这种成分复杂性同时也增加了中国传统白酒的神秘感。

白酒勾兑技术是白酒生产的核心技术之一。人工勾兑技术水平的高低虽然与基酒质量关系密切，但很大程度上还取决于评酒员评酒水平以及经验的积累。这些技术在企业中只被少数人掌握，主要原因是该技术对人的基本生理素质要求较高，例如人的视觉、嗅觉、味觉的灵敏度和重复性，以及人的语言表达能力、综合感觉和体会能力等。另外，在评酒技术的交流方面也存在障碍，人的生理感觉有时是无法用语言交流的，只能意会而不可言传，这也是对人的综合感觉和体会能力有特殊要求的原因。人工勾兑技术在企业中只被少数人掌握，有利于企业保守技术秘密，但也极易使这一核心技术流失，"人走技术走"，从而使企业受到巨大损失。

人工勾兑技术过多依赖个人能力，不可复制，对企业保持长久的技术竞争力带来隐患，同时人工勾兑技术在准确性、一次成功率、成本控制、工作效率等方面还存在很大不足。基于此，科研人员、白酒专家和企业有关技术人员为此付出艰苦的努力，开发完成了计算机模拟勾兑技术，并在企业中得到成功应用。这一成果是白酒行业的一大技术革命，必将推动白酒行业稳定、健康发展。

第一，从初期人、机结合的计算机模拟勾兑，到逐步实现完全的计算机模拟勾兑过程，是勾兑技术由个人拥有向企业拥有的过渡过程。这一核心技术的转移，对于企业保持长久的技术竞争力有着重要意义。

第二，在比较完善的色谱分析基础上，计算机可根据控制要求轻松计算各成分含量，形成配方，使更多的成分控制成为可能，增加了质量控制内涵，有利于稳定、提高产品质量。

第三，规范了过程管理，减少了工作随意性，培养了技术骨干。

第四，计算机软件简明的操作界面，使过程简单化和形象化，提高了工作效率，减轻了劳动强度。

第五，提高了一次成功率，并使成本控制变得轻而易举。

中国粮食白酒的整个生产过程都带有神秘的色彩，既有古老的传说又有现代的演绎，如白酒的起源以及生产产地的不可转移等，这固然说明了靠自然微生物发酵的中国白酒工艺特色，但也为白酒的进一步发展戴上了枷锁，似乎使白酒行业永远滞留在"传统"意义上才是正宗流派。传统精华不能放弃，地域的重要性也是明显的，但过于神秘化会阻碍技术发展。我们相信，随着分析技术的不断发展，白酒香、味成分的专业化生产和计算机模拟勾兑技术的应用将会带来白酒生产方式的革命。新型白酒的诞生和越来越被认识、接受，就是一大进步，因此，计算机模拟勾兑技术的应用前景是广阔的。

## 一、计算机模拟勾兑基本原理

计算机模拟勾兑系统采用了白酒行业最具创新性的计算机模拟勾兑理论与人工神经智能网络技术和高性能计算机相结合，以数学模型的建立为基础，实现计算机模拟勾兑。传统的人工勾兑，只利用色谱分析的2～5个理化数据，不仅组合计算十分复杂、可靠性低，而且也是一种资源浪费（大量的分析数据闲置），不可能通过对更多理化指标的控制实现对感官质量的控制，这是传统人工勾兑费时、费力、质量难以长期稳定的主要原因。而计算机模拟勾兑系统，则实现了计算机技术与白酒勾兑理论的完美结合，充分利用了色谱分析的数十种理化数据，即根据计算机模拟勾兑理论和人工神经智能网络技术，采用高性能计算机对这些数据进行科学计算，实现预期目标，完成以前无法完成的工作，如多种基酒、多种成分同时参与计算；实现以前无法实现的功能，如快速、准确地形成产品配方等。

所谓的计算机勾兑，是将基础酒（原度酒）中的代表本产品特点的主要微量成分含量输入电脑，微机再按照指定容器的基础酒中各类微量成分含量的不同，进行优化组合，使各类微量成分含量控制在规定的范围内，达到协调配比的要求。进行微机勾兑后，再品尝、分析，若成分、感官能基本吻合，则说明方案可行、结果可靠，否则应该重新勾兑。

## 二、计算机模拟勾兑的功能特点

（1）稳定提高产品质量。这是计算机模拟勾兑的首要特点。计算机模拟勾兑系统可以分析处理50多种理化数据，使用十几种酒同时参与计算，在使产品具有本企业产品风格特点的前提下，保证感官指标与理化指标符合标准要求，达到稳定提高质量的目的。

（2）经验知识库的管理。计算机模拟勾兑系统的经验知识库的建立，通过对大量感官质量稳定的同规格产品数据进行分析，得到某产品的理化指标数据和感官要求的知识经验，形成经验知识库。随着生产的进行，更多的产品理化数据和感官模拟数据被存放到经验知识库中，从而使经验知识库得到不断完善，为其后的生产提供可快速利用的宝贵资源。通过计算机数据库储存记录，随时调用酒的数据，多人共用一批数据，不仅提高了工作效率，还使勾兑工作更加系统化、科学化。

（3）"人工神经智能网络技术"的应用。"人工神经智能网络技术"可以把几种甚至十几种基酒的理化指标全分析数据、感官指标与经验知识库中的经验配方进行拟合计算，形成理化指标和感官指标均符合要求的最佳配方，快速而准确，提高了工作效率和一次配酒成功率，最大限度地利用不同质量特点的各级原酒，克服了人的感官不足，得到最优化的组合方案，增加了经济效益。

（4）产品成本的有效控制。在稳定提高产品质量（感官、理化）的前提下，通过设定各种基酒的成本和目标产品成本，并进行计算机的运算，从而确定各种基酒的最佳使用比例，使目标产品成本得到有效控制，达到降低产品成本的目的。

（5）酒库管理形象化。酒库所有容器、存量、出入库时间、质量指标（感官和理化指标）以及质量等级等能一目了然，即时了解各种酒的库存现状。小样勾兑管理子系统可同步浏览以上信息，使勾兑用基酒的选择方便快捷。

（6）帮助快速培养勾兑技术人员。在计算机勾兑过程中，各种量比关系和平衡关系在计算机上的即时显示，大大加快勾兑人员对勾兑技术和白酒复杂关系的认识，使勾兑人员短时间内学会和掌握勾兑技术。采用计算机勾兑，可帮助勾兑人员认识酒中香味成分和感官特征的关系，加速提高勾兑员的尝评能力。但应指出，计算机勾兑仍离不开品评，因此要搞好计算机勾兑，还需苦练品评技术。

（7）提高成品批量勾兑的效率和准确性。成品勾兑子系统接收小样勾兑子系统传入的产品配方，计算机控制酒泵、流量计、电磁阀自动完成勾兑，可减少过去人工计算、计量、倒酒的操作，极大地提高勾兑效率，减少人工操作产生的误差。

## 三、计算机模拟勾兑的基本流程

色谱仪可分析出白酒中近百种微量成分，目前研究分析出对白酒的质量产生重要影响的是其中二十余种，这些成分在优质的基酒和成品酒中存在着相对固定的量和量比关系，为实现计算机模拟勾兑奠定了基础。

计算机勾兑基本流程如下：

（1）对色谱分析的原始数据进行归纳分析，认清酒中重要的微量成分及其比例对酒的影响，得出若干套典型性白酒中微量成分含量的标准区间值，从而将勾兑调味归结为数学模型。再将这一数学模型转化为软件管理系统，利用计算机进行勾兑调味，得到风味典型、稳定的基础酒和成品酒。

酒的香味是由酒中总量不足2%的微量香味成分及其比例关系所决定的。品评人员将这些特定的微量成分在感官上反映出来。在充分条件假言判断中，肯定前件（酒中特定的微量成分），就必然肯定后件（特定的感官特点）。所以，软件管理系统的推理与控制，就是围绕着如何推出控制"前件"，以便模拟得到"后件"而进行的。

（2）有了半成品酒微量组分数据后，勾兑系统还要求获得合格基础酒的微量组分的标准数据。这些数据是对人工勾兑出的合格基础酒进行色谱分析形成经验数据库所得到的。

通过对大量人工勾兑的合格基础酒进行色谱分析比较，得到多套勾兑指标数据，按照这些指标数据，利用计算机系统进行勾兑，并进行理化、感官比较，选择出人工勾兑与计算机勾兑口感一致的基础酒。其对应的勾兑指标数据，作为计算机系统勾兑的标准指标数据，录入计算机系统。随着大量标准指标数据的积累，就形成了计算机勾兑基础酒的经验数据库。经验数据库积累的数据越多，计算机勾兑的成功率就越高。

（3）利用计算机系统进行勾兑时，勾兑人员可以根据实际需要并结合工作经验，通过人机对话，对指标数据进行修改与纠正，直至结果满意。

原酒、合格基础酒的储存地点、数量、感官特点、理化指标等数据的建立，是计算机勾兑的基础，有利于原酒的充分利用。

# 第二节　数学模型的建立

计算机模拟勾兑技术在白酒生产中的应用，是建立在数学模型基础之上的，没有数学模型就不能实现计算机模拟勾兑。白酒的香型（浓香型、清香型、酱香型、芝麻香型等）以及同一香型产品的不同风格特性，最终取决于骨架成分和复杂成分的含量及各成分的比例关系。白酒中的有机成分（骨架成分和复杂成分）形成的基础取决于生产工艺、原料的品种和产地、原料配比、大曲的种类和用量、发酵设备（窖池或缸）、储存期的长短以及地理环境条件等，是一个复杂的过程。因此，数学模型的建立要基于企业实际，结合检验能力、数据积累和控制成分的多少等因素，体现产品特点，不能一概而论。

## 一、白酒综合评价分级模型

为能将基础酒的"好""坏"区别开来，以便在勾兑过程中尽量少地使用"好"酒、尽量多地使用"次"酒，首先用综合评价模型来对基础酒进行品评分级。本问题用数学语言描述如下：

设：$X=(X_1, X_2, X_3, \cdots, X_{im})$ 为第 $i$ 个基础酒的 $m$ 个理化指标；$i=1, 2, \cdots, n$（$n$ 为参加勾兑基础酒的个数）。

则记：

$$X = \begin{bmatrix} X_1 \\ X_2 \\ \cdots \\ X_{n-1} \\ X_n \end{bmatrix} = \begin{bmatrix} X_{11} & X_{12} & \cdots & X_{1m} \\ X_{21} & X_{22} & \cdots & X_{2m} \\ \cdots & \cdots & \cdots & \cdots \\ \cdots & \cdots & \cdots & \cdots \\ \cdots & \cdots & \cdots & \cdots \\ X_{n1} & X_{n2} & \cdots & X_{nm} \end{bmatrix}$$

并设：$b = (b_1, b_2, b_3, \cdots, b_m)$，$R$ 为 $m$ 维实空间的任一非零向量。

令：$w = X^{\mathrm{T}} - X$

作泛函：

$$G = b^{\mathrm{T}} W b / b^{\mathrm{T}} b$$

求解无约束最优化问题：

$$\max\{J = b^{\mathrm{T}} W b / b^{\mathrm{T}} b\}$$

其解仍记为 $b$，可以证明 $b$ 是矩阵 $W$ 的最大特征向量。

令 $f(X_i) = b X_i^{\mathrm{T}}$，则称这样的 $f$ 是最优综合评价函数。

对于任意给定的一组评价分级标准：

$$P_j = (P_{j1}, P_{j2}, P_{j3}, \cdots, P_{jm}) \in R^m；j = 1, 2, \cdots, l (l \ 为分级数)$$

将 $f(P_j)$ 进行升序排序，不妨设 $f(P_j) \leqslant f(P_{i+1})$。

$\Omega_i = \{X_i \mid 存在 P_{j0}，使得 f(P_{j0-1}) < f(X_i) \leqslant f(P_{j0})\}$

$\Omega_0 = \{X_i \mid -\infty < f(X_i) \leqslant f(P_1)\}$

$\Omega_{i+1} = \{X_i \mid f(P_1) \leqslant f(X_i) < +\infty\}$

令：$\Omega = \bigcup \Omega_k \quad k = 0, 1, 2, \cdots, n+1$

则对于任意 $i \neq j$，都有：

$$\phi = \Omega_i \bigcap \Omega_j$$

这样的 $\{\Omega_k\}$ 完成了对 $\Omega$ 的化分。若 $X_i \in \Omega_k$，则称 $X_i$ 味 $k$ 级酒。

## 二、勾兑数学模型

设：$C_i = (C_{i1}, C_{i2}, \cdots, C_{im}) \in R^m$

$R^m$ 为理化指标描述向量（$i = 1, 2, \cdots, n$）；$n$ 为基础酒的个数。

记：

$$C = \begin{bmatrix} C_1 \\ C_2 \\ \cdots \\ C_{n-1} \\ C_n \end{bmatrix} = \begin{bmatrix} C_{11} & C_{12} & \cdots & C_{1m} \\ C_{21} & C_{22} & \cdots & C_{2m} \\ \cdots & \cdots & \cdots & \cdots \\ C_{n1} & C_{n2} & \cdots & c_{nm} \end{bmatrix}$$

$C \in R^{N \times M}$，称为白酒的特征描述矩阵；$B_i = (b_{i1}, b_{i2}, \cdots, b_{im})^{\mathrm{T}} \in R^M (i = 1, 2, \cdots, n)$，为约束向量，$B_1$ 为理化指标上限，$B_2$ 为理化指标下限。

白酒勾兑问题可转化成求：

$$X = (X_1, X_2, X_3, \cdots, X_n)^{\mathrm{T}}$$

使得：

$$C^{\mathrm{T}}X - B_1 \leqslant 0$$
$$C^{\mathrm{T}}X - B_2 \geqslant 0$$

同时还应满足其他约束条件（如少用好酒等）。

写成目标规划的形式，并设 $g_i = g_i(\eta, \rho)$ 为理想目标，$i = 1, 2, \cdots, k$，于是得到字典序最小化的简化目标规划问题：

$$\text{Lexming} = \{g_1(\eta, \rho), g_2(\eta, \rho), \cdots, g_k(\eta, \rho)\}$$
$$\text{s. t. } f_i(X) + \eta_i - \rho_i = 0$$
$$X, \rho, \eta \geqslant 0$$

将其线性化，可写成矩阵形式：

$$\text{Lexming} = \{g_1(\eta, \rho), g_2(\eta, \rho), \cdots, g_k(\eta, \rho)\}$$
$$\text{s. t. } A(X) + \eta - \rho = 0$$
$$X, \rho, \eta \geqslant 0$$

式中，$g_1$ 限定为硬约束，反映在本问题中，应为理化指标约束，酒罐重量约束；$g_2 \sim g_k$ 视具体情况分别为"好"酒少用，先用指定的酒，"坏"酒多用等。

$A$ 矩阵的构成形式为：

$$A = \begin{bmatrix} C^{\mathrm{T}} - B_1 \\ C^{\mathrm{T}} - B_2 \\ A_1 \end{bmatrix}$$

式中，$A_1$ 是根据需要生成的，它是除理化指标约束方程外，其他约束方程的系数。

## 三、计算机模拟勾兑系统数学模型

在确定了以线性单纯形法或混合整数分支定界法进行白酒最优勾兑组合计算后，建立勾兑数学模型是研究设计该系统的一项十分重要的工作。一个好的数学模型能够比较全面地描述酒的风味和酒质状况，按照这个数学模型求解出来的勾兑组合方案才能符合实际的需要。在建立数学模型的过程中应着重解决以下几个问题：

**1. 各约束方程约束关系的确定**

基于酸、酯、醇、醛对名优酒风味和质量的影响，确定数学模型中各约束方程的相应约束关系。这些约束方程组只描述了酒中各主要香味成分量值范围，但是各香味成分应有一定的比例关系，才能得到较好的酒质。这也可用一些约束方程来描述，但增加了该数学模型的规模和难度，甚至很难求得一个基本可行解，因为这些香味成分只有一个大致的比例关系。可把这个问题留在标准设计中来考虑。

**2. 各种勾兑标准设计**

在此设计中，一方面要考虑酒中主要香味成分的量值范围，另一方面要着重考虑各成分间比例关系。拥有恰当的比例关系才能使酒体丰满谐调、风格突出；反之，若有某种或某几种香味成分比例失调，则酒质下降，口感欠谐调，严重时酒体偏格。

### 3. 目标函数系统确定

解由酒中主要香味成分约束条件构成的约束方程组，可以得到多组基本解，但不是最优的。我们希望在所设计的勾兑标准上进行最优勾兑组合计算，得出的勾兑组合方案是最优的。也就是说，根据所设计出来的勾兑组合方案，按照勾兑工艺要求勾兑出符合勾兑标准的成品酒，可以用比较少的好酒，而尽量多用稍差的酒。因此，在建立勾兑数学模型时，需要考虑目标函数条件，然后采用单纯形法或混合整数分支定界法对这一数学模型求解，得到目标函数值达到最小。

目标函数系数是评定各坛酒酒质的一种记分表示法。要确定目标函数相应系数有各种方法：一种是根据各香味成分对酒质的色、香、味影响不同，例如在浓香型大曲酒中是以己酸乙酯含量作为评定这种酒酒质的一个重要标志；另一种是以专家们对各香味成分给予一定评分值 $B_i$，在计算机中自动求出这坛酒的目标系数 $C$。

$$C = B_1 + B_2 + \cdots + B_n$$

通常方法是使用 100 分制打分法，但这种打分法有可能超过计算机的有效字长，因此在建立数学模型时建议采用 10 分制。

### 4. 确定多少成分参加最优勾兑组合计算

基于对定量测得酒中 50 余种骨架成分和复杂成分数据的分析计算，选取 14 种主要香味成分参加最优勾兑组合计算，这 14 种微量成分总量已占酒中微量成分总量的 84％左右。根据多年来研究分析，它们是白酒主要的呈香呈味成分，计算结果已能比较全面地描述酒的风味和酒质。考虑到在程序中留有余量，在设计程序时确定最多 24 种成分参加最优勾兑组合计算，基本可以满足各种不同白酒勾兑的需要。

### 5. 按色谱骨架成分进行勾兑

白酒的勾兑，主要是依靠人的味觉和嗅觉，逐坛选取能相互弥补缺陷的若干坛酒组合在一起。自色谱技术普及后，人们认识到不同档次白酒的相应各种成分的含量范围是人的味觉和嗅觉器官无法确定的，需要借助于色谱定量分析技术。以不同酒的色谱定量分析数据为基础，在许多酒中选择性地挑选一批酒，按一定比例混合，使混合后酒的多种成分在预先设定的含量范围内，这就是所谓的色谱成分勾兑。在实际应用中，往往存在着多种组合方式。确定多种组合方式，一是靠人，二是靠白酒的色谱定量分析数据库，三是利用计算机及相关软件系统。后一种方式就是所谓的"计算机色谱成分组合"，其组合的结果能满足设定的多种成分的含量范围要求。

依靠色谱定量分析数据进行的组合，也只包含了或者说只解决了白酒中一部分成分的组合，并没有也解决不了全部成分的组合问题。根本原因在于白酒成分的复杂性。现在常规的色谱定量分析，仅是对含量相对较多（占白酒中 100 多种成分中约 20%）的成分进行了定量分析，即只对色谱骨架成分进行了色谱定量分析。随着检验定性定量技术的发展，白酒微量成分的定量分析也越来越准确，应用计算机色谱成分组合的白酒质量也会更进一步提升。

## 四、微机白酒勾兑调味辅助系统分析与设计

目前白酒生产中主要考虑两类指标：理化指标和感官指标。其中理化指标主要在勾兑组合中使用，采用色谱分析测量酒样的理化数据为数字勾兑提供了精确计算控制的依据。可以通过人工品评打分的方法评定样酒的分类或综合感官等级或分数，还可结合电子鼻来测定感官指标。

### （一）数字化勾兑

数字化勾兑是指利用计算机模拟技术确定各种基酒的合理用量，从而达到科学、高效利用基酒，提高勾兑效率，稳定和提高酒质的目的。各基酒的主要理化指标必须测定，如果要优化口感，则口感值也需测定。另外，基酒库存可用量、对应成品酒标准组合生产量也是必须确定的。其系统模型可简单表示为图 7-1。

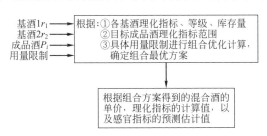

图 7-1　白酒数字勾兑系统模型

在此系统中 $r_1, r_2, \cdots, r_n$ 是组合可用的基础酒，成品酒 $P_i$ 为组合对应的目标酒标准，包括理化指标、口感风格、单价等参数，用量限制是指组合人员根据库存情况等，指定的某些基酒的用量范围。

在勾兑过程中可以建立一个理化指标的数学模型，把勾兑过程看成一个在满足理化指标范围要求以及用量限制的前提下，使勾兑的半成品酒的成本最低、口感最好的优化过程。由于在通常条件下，酒的混合不发生化学反应，因此混合酒的理化指标是输入基酒的理化指标的加权和，即：

$$x = r_i x_i \quad (i = 1, \cdots, n) \tag{7-1}$$

式中，$x$ 为混合酒的理化指标；$r_i$ 为第 $i$ 种基酒的比例；$x_i$ 为第 $i$ 种基酒的理化指标。勾兑的目的是要使混合酒的理化指标满足一定要求，即假设有 $n$ 种理化指标，要求：

$$\underline{x_j} \quad x_j \quad \underline{x_j} \quad (j = 1, \cdots, m) \tag{7-2}$$

$x_j$ 为混合酒的理化指标；$\underline{x_j}$，$\underline{x_j}$ 分别是标准酒的理化指标下限、上限。可以把勾兑看成这样一个优化问题：在满足理化指标的条件下，使勾兑后的半成品酒的

成本最低。由此，可得到下面的线性规划问题：

目标函数：

$$\min(s) = x_1 s_1 + x_2 s_2 + \cdots + x_m s_m \tag{7-3}$$

约束条件：

$$
\begin{aligned}
\underline{C}_1 \,&a_{11} x_1 + a_{12} x_2 + \cdots + a_{1m} x_m \quad \underline{\underline{C}}_1 \\
\underline{C}_2 \,&a_{21} x_1 + a_{22} x_2 + \cdots + a_{2m} x_m \quad \underline{\underline{C}}_2 \\
&\cdots \qquad\qquad\qquad\qquad\qquad\qquad \cdots \\
\underline{C}_n \,&a_{n1} x_1 + a_{n2} x_2 + \cdots + a_{nm} x_m \quad \underline{\underline{C}}_n
\end{aligned}
\tag{7-4}
$$

共有 $m$ 种基酒参与勾兑，共考虑 $n$ 种理化指标值。$x_j$ 表示第 $j$ 种基酒的百分比；$s_j$ 表示第 $j$ 种基酒的单价；$a_{ij}$ 表示第 $j$ 种基酒的第 $i$ 个理化指标值；$C_i$ 表示标准酒的第 $i$ 个理化指标。另外，由于每种基酒的重量是有限度的，也可能由组合人员确定用量限制，因此还应加上以下约束条件：

$$
\begin{aligned}
A x_1 &\cdots b_1 \\
A x_2 &\cdots b_2 \\
A x_m &\cdots b_m
\end{aligned}
\tag{7-5}
$$

式中，$A$ 为要勾兑的酒的重量；$b_j$ 为第 $j$ 种基酒的库存量。该数学模型可用多种线性优化方法实现。

### （二）数字化调味

数字化调味是让计算机选取适当的调味酒，并确定其用量，来弥补勾兑组合出的半成品酒在口感上的缺陷。这需要首先将调味酒、半成品酒的口感值或口感缺陷值量化，以及成品酒口感标准量化。由于影响口感的因素比较复杂，既有个体差异，又有自身主、客观因素的影响，况且口感之间一般不严格满足线性关系，即不能进行简单的加减，因此调味过程难以准确数字化。基于这种情况，提出动态适应策略，采用跟踪人工调味过程来动态维护一组工作参数的方法，以学习勾调专家的知识和经验，即建立一个简单高效的能不断学习调整的专家调味知识系统，用以指导计算机调味过程。因此，这个子系统包括学习过程及工作过程。为了跟踪各种酒的口感风格和模拟人工调味过程，需要输入人工调味的经验数据，程序会据此来比较分析，调整辅助调味模块的工作参数。工作过程则基于这组工作参数，以及待调

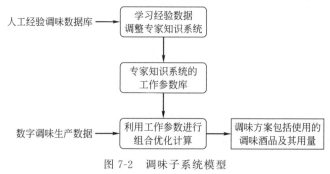

图 7-2　调味子系统模型

味半成品酒的口感数据、成品酒标准中的口感数据，通过优化计算得到符合成品酒口感风格的调味方案，包括选用哪几种调味酒及各自的用量。调味子系统模型见图7-2。

假设考虑待调酒、半成品酒的7种感官指标，以缺陷值表示，为$a$、$b$、$c$、$d$、$e$、$f$、$g$，调味酒的感官指标缺陷值为$a_i$、$b_i$、$c_i$、$d_i$、$e_i$、$f_i$、$g_i$，其中$i \in [1,n]$，即假设共有$n$种调味酒参与调味过程，待调酒的重量为$T$，目标酒的感官指标缺陷值为$x_a$、$x_b$、$x_c$、$x_d$、$x_e$、$x_f$、$x_g$，工作系数$s_a$、$s_b$、$s_c$、$s_d$、$s_e$、$s_f$、$s_g$，则具体数学模型为：

$$a_1 T_1 + a_2 T_2 + \cdots + a_n T_n = (x_a - a)T s_a$$
$$b_1 T_1 + b_2 T_2 + \cdots + b_n T_n = (x_b - b)T s_b$$
$$c_1 T_1 + c_2 T_2 + \cdots + c_n T_n = (x_c - c)T s_c$$
$$d_1 T_1 + d_2 T_2 + \cdots + d_n T_n = (x_d - d)T s_d$$
$$e_1 T_1 + e_2 T_2 + \cdots + e_n T_n = (x_e - e)T s_e$$
$$f_1 T_1 + f_2 T_2 + \cdots + f_n T_n = (x_f - f)T s_f$$
$$g_1 T_1 + g_2 T_2 + \cdots + g_n T_n = (x_g - g)T s_g$$

在学习阶段通过经验数据可确定工作参数$s_a$、$s_b$、$s_c$、$s_d$、$s_e$、$s_f$、$s_g$。在数字调味阶段，利用学习确定的工作参数经过优化计算确定$T_1$、$T_2$。

在数字调味阶段的优化计算由于很可能没有线性解，所以可以采用一些非线性优化方法，来寻求最优解。我们采用了遗传算法的思想来实现这个过程。遗传算法的根本思想是模拟自然界遗传选择、适者生存的优选法则，它具有全局多点并行搜索的特点，适合于该问题的求解。

### （三）计算机白酒勾兑与调味应用系统

计算机白酒勾兑与调味系统主要是基于数字勾兑、数字调味的分析结果，创建系统模型，其主要功能除了能对勾兑及调味过程进行组合计算、优化控制，还能跟踪处理酒过程，有效管理生产过程数据和生成生产数据的单据。计算机勾兑系统结构框图见图7-3。

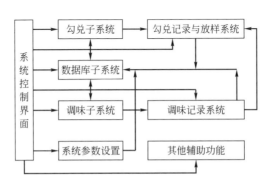

图7-3  计算机勾兑系统结构框图

在勾兑组合子系统，提供了按储存日期粗选基酒，然后以全选、按组名、按等级、任意选的 4 种方式细选基酒，可对基酒指定用量加以限制，可动态指定组合时所要考虑的理化指标。组合目标为在满足用户指定基酒用量限制，符合理化指标要求下，使生产成本大大降低，口感更好，并尽量使基酒用量适合企业生产实际，提供对勾兑组合的结果的指标分析，包括理化指标和口感指标。在确认可行后再进行方案的实施采用。

在调味子系统中提供对各种酒的口感风格的动态学习、动态参数调整，并能基于这组参数进行工作模拟、人工品尝法进行调味酒用量计算。这种方法可以代替购买价格昂贵的电子测量仪器，如电子鼻等，有利于口感风格的变化和新产品的开发。

## （四）用 VB. NET 设计自动勾兑系统介绍

### 1. 主界面用 VB. NET 实现过程

选择"项目"中的"添加 windows 窗体"，在模板中选择"MDI 父窗体"，给父窗体命名为：MDIparent. vb。主窗体主要显示该系统所要实现的功能，并能进入具体的窗体界面。在刚建立的主窗体中去掉原来系统默认的菜单项，通过键入 Tool Strip Menu Item 的文本，添加本系统所需要的菜单项（酒库、感官品评、设计勾兑、新产品开发、知识库、工具、系统维护），并添加各个子菜单项目。为各个子菜单项添加事件代码，以便调用各个窗体。

### 2. 成品酒品尝界面实现过程

见图 7-4。

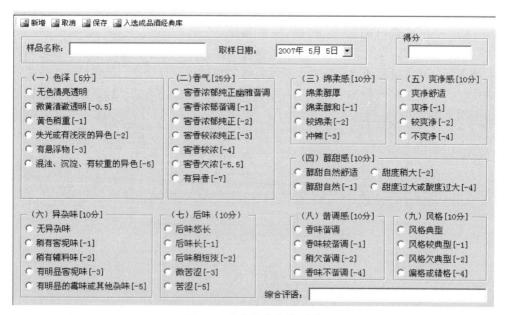

图 7-4　成品酒品尝界面图

新建立一个窗体名为 form7，从工具箱中将 ToolStrip 组件拖到 form7 窗体的顶端，点击"添加 ToolStripButton"的下拉小三角，向窗体中添加四个 ToolStrip-Button 按钮，分别将其 Text 属性设置为：新样品、完成、取消、入选成品酒经验库。右键点击刚建立的"ToolStripButton"按钮，将其显示类型设为文本。

向该窗体中添加 9 个 Groupbox 分别存放色泽、香气、绵柔感、爽净感、醇甜感、异杂味、后味、谐调感、风格等九大参与评分的标准，修改其 Text 属性，分别与九大参与评分的标准相对应。在每个 Groupbox 中使用 RadioButton 控件来组成相应的参评参数，修改其 Text 属性。例如 Groupbox1 的 Text 属性为"（一）色泽［5分］"，在 Groupbox1 中添加的 RadioButton1 其 Text 属性为"无色清亮透明"。其他各参评参数依照类似方法进行设置。

向该窗体中添加 3 个 label 标签，修改其 Text 属性分别为："样品名称""取样日期"和"得分"。

然后向该窗体中添加 3 个 Textbox 控件：Textbox1 用来输入参加品评的成品酒名称，Textbox2 用来输入参加此次品评的综合评语，Textbox3 用来显示此次品评的分数。

该窗体中定义了一个 RadioButton 类型的数组 $b(43)$，用来存储窗体中的 RadioButton。

语句为：

Dim b(43) As RadioButton

该窗体中定义一个整形数组 $a(43)$ 用来保存每一项参评参数对应的要减去的分数 $a(i)$，九大项参评标准中的所有参数和为 $x$，其数值为负数。满分为 100 分，最后在文本框中显示的分数为 $100+x$ 的和。

该窗体中定义一个过程 $c()$，通过 RadioButton 来调用此过程，完成评分。主要代码如下：

（1）定义过程 $c()$

```
Private Sub c()
    y=""
    x=0
    For i=1 To 43
        If b(i) .Checked=True Then
            x=x+a(i)
            y=y+","+b(i). Text

        End If
    Next
    TextBox3. Text=100+x
    TextBox2. Text=Mid(y，2，y. Length-1)
    End Sub
```

（2）单击事件来调用此过程 $c()$

```
Private Sub RadioButton _ Click （ByVal sender As Object，ByVal e As
System. EventArgs）Handles RadioButton2. Click，RadioButton3. Click，RadioButton7.
Click，RadioButton8. Click，RadioButton9. Click，RadioButton4. Click，RadioButton5.
Click，RadioButton6. Click，RadioButton10. Click'，RadioButton1. Click
        Call c()
    End Sub
```

（3）新样品按钮（新增加）　单击新样品按钮时，清空上次品评的数据，可以再次对要参加品评的成品酒进行品评。

```
Private Sub ToolStripButton1 _ Click （ByVal sender As System. Object，
ByVal e As System. EventArgs）Handles ToolStripButton1. Click
    For i＝1 To 43
      b(i) . Checked＝False
    Next
    TextBox1. Text＝""
    TextBox2. Text＝""
    TextBox3. Text＝""
  End Sub
```

（4）取消按钮　单击取消按钮时，清空本次品评的数据，可以再重新进行品评。

```
Private Sub ToolStripButton2 _ Click （ByVal sender As System. Object，
ByVal e As System. EventArgs）Handles ToolStripButton2. Click
    TextBox1. Text＝""
    TextBox2. Text＝""
    TextBox3. Text＝""
  End Sub
```

（5）完成（保存）按钮　单击保存按钮将本次品评的数据存入数据库中的成品酒品评数据表中，并清空界面中的三个文本框中的内容。

（6）入选成品酒经验库　可以将本次品评较好的数据单独保留下来，以备查看。

### 3. 勾兑系统运行界面

勾兑系统运行界面如图 7-5 所示。

### （五）自动勾兑数据模型的训练和学习

自动勾兑模型的训练、学习是根据白酒勾兑原理，用计算机模拟人工勾兑的过程来实现的，本文对自动勾兑模型的训练、学习分以下几步：

（1）将专家品评过的样品数据输入系统作为初始经验数据，建立一个初始约束

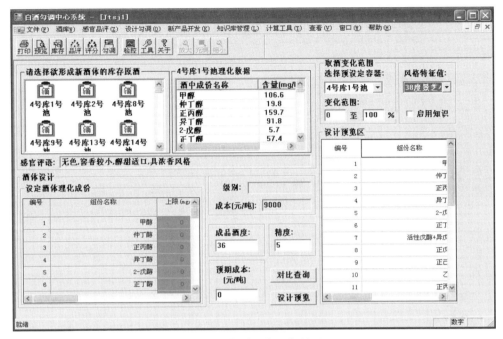

图 7-5　勾兑系统运行界面

条件值（标样酒微量成分含量、基酒取酒范围、单体添加量、收缩精度、加浆量等）上、下限范围。

（2）利用系统设计新的目标样品，即满足约束条件（口感最佳、各种微量成分平衡协调）的最低成本配方。用系统对目标样品数据进行分析、处理，设计出优化配方。

（3）小样勾兑人员根据配方配制出小样后，由评酒专家对小样进行品评。如果品评结果与预期一致，则将该配方设定为经验配方，按照经验配方管理方式自动调整经验配方约束条件值；否则，人工修改经验配方初始约束条件值，重新进行配方设计，直至品评结果与预期一致。

（4）通过选取尽量多的各个质量档次的酒，重复（2）和（3）步骤，可以不断提高系统的适应性和勾兑效率。系统正常运行后也是通过（2）和（3）步骤不断提高系统适应性和勾兑效率的。系统的使用过程同时也是一个训练和学习的过程。

（5）自动勾兑模型的训练成熟后，转入评价子系统，进行评价子系统训练。

白酒生产的数字化与优化控制是采用计算机技术和信息处理技术相结合实现的白酒生产高科技系统。其中勾兑与调味子系统计算出的组合数据与分析数据具有较高的精度与准确度。可以达到控制理化指标、提高产品质量、降低成本、降低生产消耗的目的，从而可以提高白酒企业的生产效率和市场竞争力。应用系统能够找到切实可行的白酒生产数字化和优化控制的方案，而且随着一些指标测定设备的发展，还将显示它更强大的生命力和功能。

# 第三节　各香型白酒的数学模型建立

## 一、浓香型白酒

浓香型白酒是我国固态法粮食白酒的主流，其产量占白酒总产量的70%左右。由于地理环境条件的不同，有人将其分为南、北流派。长江以南气候湿润，四季温差小，没有寒冷季节，微生物群系丰富，数量多；长江以北则恰恰相反，造成了所产酒感官特性的明显区别。即使同一地域的不同企业的产品，其感官特性也有很大不同，门类派别多种多样。

数学模型的建立，如前所述，应基于本企业的实际。建立时要选择感官质量具有典型代表性的产品数批，对检测的各有机成分含量进行统计分析，统计出平均值和极大值、极小值。极大值和极小值作为控制的上限和下限，平均值可作为理想控制值。每一种有机成分的极差（极大值－极小值）设计要适当：过大，虽然从控制理化指标的角度容易实现，但从控制产品感官质量稳定性的角度可能是不利的；过小，对控制产品感官质量的稳定性显然有利，但是在实际应用中是难以做到的。基于各企业的实际情况不一样，即使同种同规格的产品，例如执行GB/T 10781.1—2006（优级）标准，酒度为39%（体积分数）的浓香型白酒，在不同的企业中，其有机成分含量和感官特性也有较大区别。即使其有机成分含量基本相同，感官特性也会有较大区别。在同一个企业中同规格不同批次产品的感官质量即使非常接近，其有机成分的含量和比例也有较大区别。因此，极差设计得当，才能体现产品特性并有利于控制。选择控制有机成分的种类多少要基于检验能力和基酒成分的相对稳定性等因素。现举例说明数学模型建立的步骤：

### （一）分析确定有机成分含量

以五粮液酒为例，测定成分含量（假定为多批同规格典型产品，则取各有机成分的统计平均值），为数学模型的建立提供基础数据。

### （二）计算各有机成分含量量比关系

① 酯、酸、醇、羰基化合物含量量比关系：

酯∶酸∶醇∶羰基化合物＝1∶0.23∶0.18∶0.22

酯类、酸类、醇类和羰基化合物占总有机成分的百分比分别是：酯类61.55%，酸类14.33%，醇类10.83%，羰基化合物13.29%。

② 设己酸乙酯为1，各酯类成分含量量比关系：

己酸乙酯∶乳酸乙酯∶乙酸乙酯∶丁酸乙酯＝1∶0.68∶0.64∶0.10

其中四大酯（己酸乙酯、乳酸乙酯、乙酸乙酯、丁酸乙酯）总量为480.7mg/100mL，占酯类成分总量520.17mg/100mL的92.41%，是最主要的酯类骨架成分。

③ 设乙酸为1，各酸类成分含量量比关系：

乙酸：己酸：乳酸：丁酸＝1：0.64：0.55：0.22

其中四大酸（乙酸、己酸、乳酸、丁酸）总量为112.20mg/100mL，占酸类成分总量121.07mg/100mL的92.67％，是最主要的酸类骨架成分。

④ 设异戊醇为1，各醇类成分含量量比关系：

异戊醇：正丙醇：异丁醇＝1：0.50：0.31

总量为61.70mg/100mL，占醇类总量91.53mg/100mL的67.41％，是最主要的醇类骨架成分。

⑤ 设乙缩醛为1，羰基化合物含量量比关系：

乙缩醛：乙醛：双乙酰＝1：0.76：0.25

总量为94.10mg/100mL，占羰基化合物总量112.34mg/100mL的83.76％，是最主要的羰基化合物骨架成分。

⑥ 酸酯比：

以上第①条中提到的酸酯比例关系是绝对含量比例关系，而白酒行业所说的"酸酯比"是指常规方法检测的总酸和总酯的比例关系，总酸是以乙酸计的总酸，总酯是以乙酸乙酯计的总酯，这与绝对含量比例关系是有区别的，应加以区分。

再如典型浓香型白酒产品剑南春酒，其四大酯的含量的绝对值与五粮液酒差别较小，但比例关系却有较大不同，己酸乙酯：乳酸乙酯：乙酸乙酯：丁酸乙酯＝1：0.62：0.46：0.18。四大酸的相应比例关系：乙酸：己酸：乳酸：丁酸＝1：0.53：0.38：0.28。三大醇的相应比例关系：异戊醇：正丙醇：异丁醇＝1：0.68：0.38。酯、酸、醇类成分构成了相对固定的数学模型，其感官特性令人愉快，且酒体丰满，后味悠长。骨架成分含量和比例关系是构成产品不同感官特性的主要要素，但也受到其他复杂成分的含量和比例关系的影响，这些关系是微妙的。每一个企业的同一规格的产品都有自己相对固定的成分含量和比例关系，或者说每一个企业的同一规格的产品都客观存在着相对固定的数学模型，这也决定了它的感官特性。

### （三）建立数学模型

浓香型白酒中除乙醇以外的有机成分，含量最多的是己酸乙酯，故以己酸乙酯为参照物质，建立数学模型。

设定某目标产品的己酸乙酯平均统计含量为：1K（mg/100mL），则其他各有机成分与己酸乙酯的比例关系分别为：

① 己酸乙酯：乳酸乙酯：乙酸乙酯：丁酸乙酯：…＝1K：0.68K：0.64K：0.10K：…：$ii$K：…：$mi$K

② 己酸乙酯：乙酸：己酸：乳酸：丁酸：…＝1K：0.234K：0.150K：0.130K：0.051K：…：$ii$K：…：$mi$K

③ 己酸乙酯：异戊醇：正丙醇：异丁醇：…＝1K：0.172K：0.085K：

0.053K ：……：$ii$K ：……：$mi$K

④ 己酸乙酯：乙缩醛：乙醛：双乙酰：……＝1K：0.236K：0.179K：0.059K：……：$ii$K：……：$mi$K

以上值可理解为各有机成分的理想数学模型的控制值，其含义代表的是生产控制的绝对一致性，这在实际生产应用中是根本做不到的。在此基础上，只有赋予了适当的范围，即 N（N 的值不能过小，应≥20）批具有典型感官特性的同规格产品的各种有机成分上、下限（统计值），生产应用才有意义。至此，可导出数 $D_i$ 和 $H_i$ 分别为第 $i$ 种有机成分控制的统计下限和上限，则数学模型可用如下公式表达：

$$D_i \leqslant c_i \leqslant H_i$$

$c_i$ 为第 $i$ 种有机成分的数学模型的应用取值，但该取值不能破坏酯类、酸类、醇类、醛类等总成分含量的比例框架，这一点尤其重要。

### （四）数学模型的简化

建立的数学模型是一个有机成分全分析数据的数学模型，可全部作为计算机"控制"的对象，但是考虑到复杂成分（含量≤2～3mg/100mL）的不稳定性（分布分散且极差较大）和检测误差的影响，即使全部"控制"也没有太大意义。因此，对数学模型进行简化是必要的。简化时应根据自身产品风格特点、基酒成分的稳定性及检测能力确定：一般情况下 WAX-57CB 毛细管柱 FID 氢火焰检测器（程序升温）能定量分析 60 种左右有机成分，可选择控制骨架成分 20～25 种；而当采用 DNP 填充柱 FID 氢火焰检测器（程序升温）能定量分析 12～15 种有机成分（主要骨架成分），可全部控制。即使这样，几种、十几种甚至几十种基酒同时参与计算，使目标产品的 20～25 个或 12～15 个理化数据都控制在数学模型设定的范围内，人工计算几乎是不可能的。但计算机计算就变得轻而易举，显示了计算机模拟勾兑的优越性。

### （五）数学模型的另一种表达方式

数学模型也可以用另一种方式表达，即确定了最主要的主体香成分（如浓香型白酒的己酸乙酯）后，以其为参照物质，用百分比表达其他有机成分。如：五粮液酒厂对同一等级、不同批次、感官质量接近的五粮液酒的主要有机成分及比例关系进行分析，得到以己酸乙酯为参照物质，用百分比表达的有机成分含量。

### （六）有机成分与感官特性的关系

在计算机模拟勾兑技术的应用中，控制的首要要素是感官质量指标，控制的理化指标是感官质量满意情况下的理化指标。通过尽量多地控制理化指标最终达到控制感官质量的目的，是一个经验积累的过程。计算机模拟勾兑技术中经验知识库和人工神经智能网络技术的应用就是为实现这一目的而设计的，因此，明确有机成分与感官质量的关系是有现实意义的。对于白酒成分的大类即酯、酸、醇、醛等在白酒中的地位和作用，教授级高级工程师、国家级评酒员曾祖训认为："酯类是白香的主体，酸是味的主体，并起重要的协调作用，醇是香与后味的过渡桥梁，含量恰到好处，甜意绵绵，在酒中起调和作用，醛类主要是协调白酒香气释放和香气的质量。各种香型的色谱骨架成分含量（注：含量≥2～3mg/100mL），是在长期生产合格基础酒的过程中，从统计规律中总结出的一贯风格，是来源于实践的信息资源，而又被应用于指导生产。"这充分说明了白酒骨架成分的重要性，色谱骨架成分是建立数学模型控制的最主要对象。但是白酒成分的复杂性及其微妙关系至今没有完全搞明白，任何一种有机成分不论含量多少，哪怕其含量小于阈值，其在白酒中的作用及对感官质量的贡献也不可忽视。

## 二、清香型白酒

清香型白酒的典型工艺特点是"清蒸二次清"，即"一清到底"的工艺措施。发酵设备为瓷缸，周期只有 28 天左右，这决定了其有机成分种类较少和产品清香、纯净的显著感官特点。

清香型白酒中的酯类成分，乙酸乙酯占酯类含量的 53.57%，占有机成分总量的 35.36%；而乙酸乙酯和乳酸乙酯占了酯类含量的 99.39%，接近 100%，占有机成分总量的 65.61%，由此可见该两大酯在清香型白酒中的地位。醇类成分中异戊醇和异丁醇占醇类总量的 67.83%，是醇类成分的主要骨架成分。酸类成分中乙酸和乳酸占酸类成分的 98.65%，几乎是全部。羰基化合物类成分中乙缩醛和乙醛占羰基化合物类成分的 92.24%。从这些成分的含量及所占的百分比看，有机成分的种类相对集中。酯类、酸类、醇类和羰基化合物类物质占有机成分总量的百分比分别为 66.0%、14.4%、11.3% 和 8.1%；其比例关系是 1：0.22：0.17：0.12。进一步分析，这些关系可准确表述如下：

① 设乙酸乙酯为 1，酯类成分与乙酸乙酯的关系是：

乙酸乙酯：乳酸乙酯：己酸乙酯：丁二酸二乙酯：…
$$=1：0.86：0.007：0.005：…$$

② 设异戊醇为 1，醇类成分与异戊醇的比例关系是：

异戊醇：异丁醇：甲醇：正丙醇：…＝1：0.213：0.320：0.174：…

③ 设乙酸为 1，酸类成分与乙酸的比例关系是：

乙酸：乳酸：丁酸：…＝1：0.301：0.010：…

④ 设乙缩醛为 1，醛类成分与乙缩醛的比例关系是：

乙缩醛：乙醛：丙醛：异戊醛：…＝1：0.274：0.054：0.030：…

⑤ 设乙酸乙酯为 1 时，酯类、酸类、醇类和羰基化合物类物质与乙酸乙酯的比例关系分别为：

酯类（乙酸乙酯：乳酸乙酯：己酸乙酯：丁二酸二乙酯：…）＝1：0.86：0.007：0.005：…

酸类（乙酸：乳酸：丁酸…）＝0.309：0.093：0.0031：…

醇类（异戊醇：异丁醇：甲醇：正丙醇：…）＝0.178：0.038：0.057：0.031

：…

羰基化合物类（乙缩醛∶乙醛∶丙醛∶异戊醛∶…）＝0.168∶0.046∶0.0091
∶0.005∶…

从以上比例关系中可以看出，酯类成分中的乙酸乙酯和乳酸乙酯，醇类成分中的异戊醇、异丁醇，酸类成分中的乙酸和乳酸，羰基化合物类成分中的乙缩醛和乙醛是清香型白酒的最主要骨架成分，应成为数学模型建立时控制的最主要对象。

同浓香型白酒数学模型的建立一样，要选择具有典型感官特性的20批以上产品进行全分析，统计目标产品的拟控制成分的平均含量和上、下限，并确定下来，数学模型就建立起来了。如浓香型白酒一样，可用数学公式表达为：

$$D_i \leqslant c_i \leqslant H_i$$

公式中符号的表达意义同前。

数学模型的计算机控制原理，同浓香型白酒部分。

# 三、酱香型白酒

在中国所有粮食白酒的生产中，以酱香型白酒的生产过程最为复杂。以茅台酒工艺为例，其主要特点是：实行"四高"操作法——高温制曲（最高温度：60～70℃）、高温润料（90℃以上）、高温堆积（45～50℃）、高温流酒（35～40℃）；以高粱为原料，分下沙、糙沙两次投料，其中70%～80%为整粒，20%～30%进行粉碎；同一批原料要经过九次蒸烤，八次发酵，七次蒸酒，发酵周期长达10个月以上；用曲量大（是其他白酒用曲量的3～4倍）；生产过程不加辅料，全程为清蒸清烧；回酒发酵（下曲前和堆积后加酒尾1%～2%）；分层、分部位蒸馏；分型、分级摘酒（酱香、醇甜、窖底香）；窖池为石条池壁、窖泥底；入库酒度低（体积分数55%左右）、酸度高。这些都决定了其感官特性的与众不同，即酱香突出、幽雅细腻、酒体醇厚、回味悠长、空杯留香。

## （一）各有机成分含量量比关系

① 酯、酸、醇、羰基化合物含量量比关系：

酯∶酸∶醇∶羰基化合物＝1∶0.45∶0.42∶0.57

酯类、酸类、醇类和羰基化合物占总有机成分的百分比是：酯类40.92%，酸类18.38%，醇类17.39%，羰基化合物23.31%。

② 设乙酸乙酯为1，各酯含量量比关系：

乙酸乙酯∶乳酸乙酯∶己酸乙酯∶丁酸乙酯∶甲酸乙酯∶…＝1∶0.937∶0.288∶0.178∶0.144∶…

其中含量超过200mg/L的五大酯（乙酸乙酯、乳酸乙酯、己酸乙酯、丁酸乙酯、甲酸乙酯）总量为3745mg/L，占酯类总量3909mg/L的95.8%，是最主要的酯类骨架成分。

③ 设乳酸为1，各酸含量量比关系：

乳酸：己酸：丁酸：乙酸：…＝1：0.206：0.192：0.104：…

其中含量超过 100mg/L 的四大酸（乳酸、己酸、丁酸、乙酸）总量为 1588mg/L，占酸类总量 1756mg/L 的 90.43%，是最主要的酸类骨架成分。

④ 设异戊醇为 1，各醇含量量比关系：

异戊醇：正丙醇：甲醇：异丁醇：第二戊醇：庚醇：…

＝1：0.444：0.423：0.347：0.240：0.204：…

其中含量超过 100mg/L 的六大醇（异戊醇、正丙醇、甲醇、异丁醇、第二戊醇、庚醇）总量为 1318mg/L，占醇类总量 1661mg/L 的 79.35%，是最主要的醇类骨架成分。

⑤ 设乙缩醛为 1，羰基化合物含量量比关系：

乙缩醛：乙醛：糠醛：…＝1：0.453：0.242：…

其中三大羰基化合物（乙缩醛、乙醛、糠醛）总量为 2058mg/L，占羰基化合物总量 2227mg/L 的 92.41%，是最主要的羰基化合物骨架成分。

⑥ 酸酯比。以上①中提到的酸酯比例关系是绝对含量比例关系，而白酒行业所说的"酸酯比"是指常规方法检测的总酸和总酯的比例关系：总酸是以乙酸计的总酸，总酯是以乙酸乙酯计的总酯，这与绝对含量比例关系是有区别的，应加以区分。

**（二）数学模型的建立**

酱香型白酒除乙醇以外的有机成分，含量最多的是乙酸乙酯，故以乙酸乙酯为参照物质，建立数学模型。根据各有机成分含量、量比关系和浓香型白酒"数学模型的建立"思想，设定某目标产品的乙酸乙酯平均统计含量为：1（mg/L），则可以求出其他各有机成分与乙酸乙酯的比例关系。求出的模型为理想模型，统计多批具有典型感官特性的同规格产品各有机成分的上、下限值，作为数学模型的控制上、下限，数学模型就建立起来了。可用数学公式表达为：

$$D_i \leqslant c_i \leqslant H_i$$

式中符号的表达意义同前。

**（三）数学模型的简化和以最主要骨架成分为参照物质的另一表达方法**

参见浓香型白酒部分。

**（四）数学模型的计算机控制**

数学模型的计算机控制原理，同浓香型白酒部分。

## 四、芝麻香型白酒

芝麻香型白酒以景芝酒业的一品景芝为代表，因其具有类似焙烤芝麻的香味而得名。酒味醇厚，酒体爽净，后味有焦香感。工艺特点是高粱原料，清蒸续渣，泥底砖窖，大麸结合，多微共酵，三高一长（高氮配料、高温堆积、高温发酵、长期储存），精心勾调。特征性香气成分吡嗪类、呋喃类杂环化合物含量较高。

## （一）各有机成分的量比关系

① 酯、酸、醇、羰基化合物含量量比关系：

酯：酸：醇：羰基化合物＝1：0.30：0.65：0.22

酯类、酸类、醇类和羰基化合物占总有机成分的百分比分别是：酯类46%，酸类14%，醇类30%，羰基化合物10%。

② 设乙酸乙酯为1，各酯类成分含量量比关系：

乙酸乙酯：乳酸乙酯：己酸乙酯：丁酸乙酯＝1：0.9：0.30：0.10

③ 设乙酸为1，各酸类成分含量量比关系：

乙酸：己酸：乳酸：丁酸＝1：0.24：0.45：0.10

④ 设正丙醇为1，各醇类成分含量量比关系：

正丙醇：异戊醇：异丁醇＝1：0.73：0.28

⑤ 设乙缩醛为1，羰基化合物含量量比关系：

乙缩醛：乙醛：双乙酰：糠醛＝1：0.84：0.35：0.55

## （二）数学模型的建立

芝麻香型白酒中除乙醇以外的有机成分，含量最多的是乙酸乙酯，故以乙酸乙酯为参照物质，建立数学模型。根据各有机成分含量、量比关系和浓香型白酒"数学模型的建立"思想，设定某目标产品的乙酸乙酯平均统计含量为：1（mg/L），则可以求出其他各有机成分与乙酸乙酯的比例关系。求出的模型为理想模型，统计至少20批具有典型感官特性的同规格产品的各有机成分的上、下限值，作为数学模型的控制上、下限，数学模型就建立起来了。可用数学公式表达为：

$$D_i \leqslant c_i \leqslant H_i$$

式中符号的表达意义同前。

## （三）数学模型的简化和以最主要骨架成分为参照物质的另一表达方法

参见浓香型白酒部分。

## （四）数学模型的计算机控制

数学模型的计算机控制原理，同浓香型白酒部分。

# 第四节　参数选择与过程控制

## 一、技术原理

微机白酒勾兑是数字化勾兑，它按照建立的数学模型进行计算，求出白酒的微量成分含量和量比关系。当这些数据达到或趋近标准时，即根据配方由勾兑人员实施勾兑。

酒中微量成分含量是通过色谱仪分离，计算机进行采集、分析、处理后获得的。当色谱仪预热到稳定状态时，计算机开机，经过参数设置进入数据采集待命状态。用微量进样器取 1mL 左右的酒样测试液从进样孔注入，同时在计算机上按回车键，开始采样。从色谱仪送出的微弱电流信号经控制器变换放大后，进入色谱工作站，色谱工作站把数据送入总线。约 45min 后，酒中的微量成分被色谱仪完全分离送出，这时可在计算机上按设置的相应的键结束采样。由于色谱仪存在温度漂移，影响后面的定量分析结果，所以在定性分析之前先要进行基线校正，把基线拉回水平横轴附近，以确保定量分析准确无误。然后就可根据保留时间进行定性，用峰面积法进行定量，把分析结果自动录入数据库，供产品数据库管理和勾兑使用。

组合和调味是本系统白酒勾兑的两个步骤：

① 组合就是把质量参差不齐的酒，按照数学模型计算出的比例混合在一起，相互取长补短，形成初具风格的基础酒。

② 调味是根据组合基础酒质量情况，按照数学模型计算出的比例，把基础酒和调味酒混合，克服基础酒的不足，使其达到自身香型的各种特点。

## 二、计算机模拟勾兑系统的主要技术要求

利用气相色谱仪分析酒中的主要香味成分数据，在计算机上采用计算机软件进行最优勾兑组合计算，得出最优勾兑组合方案。根据这一方案和工艺要求进行酒的勾兑，勾兑出符合本厂质量标准的成品酒。要达到这样的要求，需要对计算机勾兑系统提出一些主要的技术指标和要求，以保证勾兑组合计算的效果。

（1）应用计算机线性规划或混合整数规划程序计算出最优勾兑组合方案，保持酒的质量和风味的统一。

（2）应用线性单纯形法或混合整数分支定界法来完成酒中若干种主要香味成分最优勾兑组合计算，得出最佳勾兑方案，并计算出达到勾兑标准时各主要香味成分的数值。

（3）该计算机勾兑系统既能单独完成勾兑组合计算，又能单独完成调味组合计算，还能同时完成勾兑组合和调味计算，要求它是一个多用途多功能的勾兑组合计算系统。

（4）建立能定量描述酒的风味和酒质状况的数学模型，即线性规划数学模型和混合整数规划数学模型。数学模型的规划，即参加勾兑计算的决策变量个数 $K$ 和约束条件数 $M$，由操作人员根据需要人为地控制。

（5）酒库管理的技术要求：一般曲酒入库需存放 1 年以上才能进行勾兑。利用计算软件进行勾兑组合计算时，须调入相应数据记录，建立适合计算机计算的勾兑数学模型。因此，要建立相应数据库对酒库进行有效管理。要求如下：

① 要求所设的各数据库能对酒库、勾兑标准、各名酒及最优解值库进行有效的管理。

② 要求每条数据记录能完成以下数据项的记录：储酒容器号、感官评语、质

量等级、酒度、香味成分数据。

③ 要求所设计出来的计算软件，能在屏幕即时显示计算结果，能够打印输出。

④ 要求人机对话功能比较强，在运算过程中，操作人员根据计算结果来控制程序进行相应运算，以便得到最优解。

# 第五节  计算机模拟勾兑程序及应用实例

## 一、计算机勾兑程序

### （一）酒体设计

勾兑之前要进行酒体设计，设计前要做好调查工作。

**1. 调查**

（1）市场调查  首先了解国内外市场对酒的品种、规格、数量、质量、风格的需求状况。

（2）技术调查  调查产品生产技术现状与发展趋势。结合本厂技术力量及生产条件，预测本行业可能出现的新情况。综合考虑后，为制定产品的酒体设计方案准备第一手资料。

（3）分析原因  对本厂产品进行感官和理化分析，找质量上的差距及其原因。结合本厂生产能力、技术条件、工艺特点、群众饮酒习惯以及市场要求等，由生产、销售人员共同制定方案，由试产到试销，逐步扩大。

**2. 方案筛选**

（1）用户要求  通过各种渠道掌握用户要求，了解消费者对产品的看法，听取消费者的意见和建议，注意地区性的不同爱好。这就是酒体设计的主要依据。

（2）职工参与  鼓励本企业职工积极参与酒体方案的设计和创新。

（3）发挥科研人员的作用  了解的信息和收集的资料、数据要准确，市场调查要可靠。根据众多材料及意见，充分发挥科研人员的作用，认真分析，综合考虑，筛选出合理方案。

### （二）酒体设计决策

酒体设计决策的任务是对不同方案进行技术经济论证和比较，最后决定其取舍。决定酒体设计的 3 个支柱，即生产上的可能性、成本上的合理性、市场上的接受性，最终体现在企业的经济效益上。一般有五种途径可以提高产品价值：

① 功能一定，成本降低。

② 成本一定，提高功能。

③ 增加一定量的成本，却使功能大为提高。

④ 既降低成本，又提高功能。

⑤ 功能稍有下降，但成本大幅度下降，使企业效益大幅度上升。

酒体设计方案确定之后，即着手研究生产方案。待试制的样品酒出来以后尚需从技术上、经济上作出全面评价，确定是否进入下一阶段的批量生产。鉴定工作必须严格，未经鉴定的产品不得投入批量生产，如此才能保证新产品的质量和信誉，才能有竞争力。

首先将验收入库的原酒逐个容器进行品评和理化成分测定。然后将测定所得数据按定性定量的种类、数据编号，用计算机进行运算平衡，使其最终达到基础酒的质量标准。最后按计算机显示比例混合储存。以计算机代替人工平衡，进行基础酒的组合方法，叫做计算机勾兑法，其具体勾兑程序是：

（1）制定基础酒和合格酒的质量标准。

（2）编制程序。

（3）逐坛进行品评和理化成分的分析鉴定。

（4）将样酒的香味成分标准输入计算机。

（5）平衡运算勾兑基础。

（6）计算机输出结果，复查验收。

（7）进行方案修订，转入新的循环运算。

## （三）最优勾兑组合计算程序设计

由于建立起来的数学模型相当复杂，规模也相当大，只有求助于计算机快速准确的计算，才能在短时间内获得最佳基本可行解，为此需要研究设计出一个计算软件。

### 1. 线性规划程序设计

对于适用于计算机模拟勾兑的线性规划数学模型，采用单纯形法求解。在程序设计中采用了解线性规划问题的两阶段法。

第一阶段设法将人工变量调出来，寻找原始问题的一个基本可行解，即使目标函数值为零。第二阶段是以第一阶段求得的最优解作为第二阶段的初始基本可行解，再按原始问题的目标函数进行迭代，直到达到最优解。根据计算结果和需要，可由操作人员控制进行其他有关的计算。

线性规划法是目前应用最广泛的一种优化配方技术，线性规划可解决具有下列共同特征的优化问题：

① 每一个问题都用一组未知数 $(x_1, x_2, \cdots, x_n)$ 表示某一方案，这组未知数的一组定值就代表一个具体方案。通常要求这些未知数值是非负的，存在一定的限制条件（称为约束条件），这些限制条件都可以用一组线性等式或不等式来表示。

② 都有一个目标要求，并且这个目标可表示为一组未知数的线性函数（称为目标函数）。按研究的问题不同，要求目标函数实现最大化或最小化。

根据上述优化问题的基本特征不难发现，成品酒的配方设计问题可表示为线性规划的优化问题，并可应用线性规划计算满足一定质量标准下的最低成本配方。线性规划最低成本配方优化问题有下列几个基本假定：只有一个目标函数；一般情况下是求配方成本最低；该目标函数是决策变量的线性函数。

决策变量是配方中各原酒的用量，标样酒的各项指标要求可转化为决策变量的线性函数，每个线性函数为一个约束条件所有线性函数构成系统的约束条件集。

最优配方是在满足约束条件下的最低成本配方，线性规划最低成本配方优化问题的数学模式如下：

目标函数：

$$\min(z)=c_1x_1+c_2x_2+\cdots+c_nx_n \tag{7-6}$$
$$a_{11}x_1+a_{12}x_2+\cdots+a_{1n}x_n \geqslant b_1$$
$$a_{21}x_1+a_{22}x_2+\cdots+a_{2n}x_n \geqslant b_2$$
$$\cdots\cdots$$
$$a_{m1}x_1+a_{m2}x_2+\cdots+a_{mn}x_n \geqslant b_m$$
$$x_j \geqslant 0(j=1,2,\cdots,n)$$

式中，$x_1,x_2,\cdots,x_n$ 为决策变量，即各种原酒或调味酒在配方中的用量；$a_{ij}$ $(i=1,2,\cdots,m;j=1,2,\cdots,n)$ 为原酒或调味酒相应的香味成分含量（其中包括某种原酒或调味酒用量的限制系数，通常为1），其中 $n$ 为参与配方的原酒容器数和调味酒的种类数，$m$ 为约束方程数；$b_1,b_2,\cdots,b_m$ 为配方中应满足的各项香味成分指标的常数项值；$c_1,c_2,\cdots,c_n$ 为各种原酒或调味酒的价格。

线性规划的目的是产生一个满足约束条件（即口感最佳、各种香味成分平衡协调）的最低成本配方，它受原酒或调味酒的香味成分、约束条件值（标样酒香味成分含量）、原酒或调味酒价格的影响，线性规划的灵敏度分析可揭示上述因素的变化对优化结果的影响程度，并可计算出在保持配方原酒或调味酒种类不变的情况下，各原酒或调味酒的价格变化范围，约束条件中微量成分指标和用量限制 $b_i$ 值的变化范围，以及各原酒或调味酒香味成分 $a_{ij}$ 值的变化范围。

线性规划最低成本优化技术在解决实际配方问题时，存在一定的局限性，主要有以下几个方面：

① 在应用线性规划解决配方问题时经常遇到由于约束条件之间相互矛盾，从而使约束集成为空集或无限集，线性规划无可行解。

② 在线性规划最低成本配方运算中，存在优化目标单一的问题。线性规划是在满足一定约束条件下以配方成本最低为唯一标准来选择基础酒的种类及其用量。在通常情况下，对白酒的勾兑配方不仅要求价格最低，还要求勾兑出的白酒口感最佳、成分协调性好、卫生指标限量成分最低等。即在配方设计中，往往要求达到多个目标，而且多个目标之间存在着矛盾。

③ 线性规划模型中约束条件是被硬性规定的，缺乏弹性。在优化时约束集的条件必须绝对满足，这种约束称为"硬约束"，由于约束集弹性小，就可能造成配方中的某些微量成分指标过高，另一些则严重偏低。从消费者嗜好的角度，要求的是口感最佳、微量成分平衡，某些微量成分只要接近其指标即可，即约束条件可有一定的弹性。

由于线性规划存在着以上局限性，因而需寻求一种新的优化技术。该优化技术必须能有效地处理约束条件之间以及与目标函数之间的矛盾，并能在这种矛盾的环境中输出满足多方面要求的解。

**2. 混合整数规划程序设计**

求解适合于坛储酒设备的混合整数规划数学模型，采用分支定界法。在程序设计上，运用了线性规划中变量的上下界技术。本程序在进行新的分支时，不需要从头开始求解一个新的线性规划问题，而是从上一个最优解出发，只改变相应分支变量的上下界，即可连续求其最优解。大多数名优酒厂均采用陶坛储酒，运用混合整数规划程序进行最优勾兑组合计算是最合适的。因为在计算过程中参加勾兑计算的各坛酒要么整坛参加，要么不用，这样减轻了各坛酒准确计量的负担，只要入库时比较准确计量各坛酒就行了。但是为了达到勾兑标准，有时会有少数坛的酒还是需要多少取多少，故限制了这种方法的应用。

**3. 目标规划模型程序设计**

目标规划是在线性规划的基础上发展起来的，它克服了线性规划的局限性。目标规划把所有的约束条件均处理为目标，目标之间可采用权重设置其重要程度。目标规划将根据目标重要性程度的不同对所有的目标分别进行优化，尽量满足要求。目标规划的这一特性与勾兑技术的特点相符合，可以有效地应用于成品酒配方的优化技术中。目标规划模型的基本特征是：

① 每个优化目标预先规定了一个目标值；

② 引入了偏差变量的概念；

③ 将目标分为若干个不同的优先级。

在一个目标规划系统中有许多个目标。实际上所有的约束条件都可以看作是目标，称为目标约束。目标规划并不要求绝对满足约束条件，而是尽量满足要求，在这些约束中加入正、负偏差变量，在达到此目标值时允许发生正或负偏差，这种约束也称为"软约束"。利用目标偏离量即可把目标规划系统中的不等式转化为等式。

目标规划的目标函数是按各目标约束的正、负偏差变量和赋予相应的优先因子而构成的。当每一个目标确定后，目标规划的要求是尽可能缩小与目标值之间的偏差，因此其目标函数只能是 $Z_{min} = f(d^-, d^+, \omega)$，目标规划的数学模型为：

目标函数：

$$Z_{min} = \sum_{i=0}^{m} \omega(d_i^- + d_i^+) \tag{7-7}$$

满足约束条件：

$$\sum_{j=0}^{n} c_j x_j + d_0^- - d_0^+ = g \tag{7-8}$$

$$\sum_{j=0}^{n} \alpha_{ij} x_j + d_i^- - d_i^+ = b_i$$

非约束：

$$x_j, d_i^+, d_i^- \geqslant 0 \qquad (7\text{-}9)$$
$$(j = 1, 2, \cdots, n; \ i = 0, 1, \cdots, m)$$

式中，$\omega$ 为权重系数；$d_i^+$ 为过盈偏离量，表示目标的超过值；$d_i^-$ 为不足偏离量，表示目标的不足值；$x_j$ 为第 $j$ 个决策变量，即第 $j$ 种原酒或调味酒；$a_{ij}$（$i = 1, 2, \cdots, m; \ j = 1, 2, \cdots, n$）为各种原酒或调味酒相应的微量成分含量（其中包括某种原酒或调味酒用量的限制系数，通常为1）；$b_i$ 为配方中应满足的各项微量成分指标或重量指标的常数项值；$c_j$ 为每种原酒或调味酒的价格系数；$g$ 为配方的目标价格。

目标规划求解后，对应某个 $d_i^+$、$d_i^-$ 的结果有如下 3 种可能：

① 没有达到指标值　$d_i^+ = 0$，$d_i^- > 0$

② 超过指标值　$d_i^- > 0$，$d_i^+ = 0$

③ 刚好达到指标值　$d_i^+ = 0$，$d_i^- = 0$

这就决定了采用目标规划所得配方结果有两种情况：①配方成本低于线性规划配方成本，这是以牺牲约束条件为代价的；②配方成本等于线性规划配方成本，其结果与线性规划结果相同。

目标规划与线性规划相比，具有下列优点：

① 线性规划只能处理一个目标，而目标规划能统筹兼顾地处理多个目标的关系，求得更切合实际的解。

② 线性规划立足于满足所有约束条件的可行解，而目标规划可以在相互矛盾的约束条件下找到满足解，即满意方案目标规模的最优解是指尽可能地达到或接近一个或若干个指标值。

③ 线性规划的约束条件是不分主次地同等对待，在目标规划中，配方人员可通过对目标设置优先级和权重，观察目标间的相互影响，确定各目标的达成状况，从而获得满足多方要求的优化配方。

由于配方系统中各因素千变万化，配方人员对各目标达成要求也不一致，因此，配方系统中对各目标设置的优先级或权重只是针对某一特定条件而言，没有通用性。要获得高质量的配方，除了准确可靠的原酒或调味酒成分数据外，还取决于配方人员的实际勾兑经验，因此目标规划也存在一定的局限性。另一方面，由于目标规划把线性规划系统中的所有约束条件和目标函数都看作目标来处理，并且有多种优化形态，因而克服了线性规划的局限性，并为系统优化带来了极大的灵活性，但同时也带来了约束条件不严，甚至失去约束的问题，这可能会造成优化配方不合要求的情况出现。

**4. 模糊线性规划程序设计**

普通线性规划只能解决不变常数的问题，其约束条件是硬性的。而在白酒的勾兑中，由于原酒和调味酒中某些微量成分的含量具有一定的模糊性，以及成品酒中某些微量成分的含量在一定范围内浮动对成品酒的质量并无多大影响，因此在配方模型中，采用弹性约束条件，更接近白酒勾兑的实际情况。

针对上述情况，模糊线性规划能更准确地描述白酒勾兑的过程，以便更好地满足实际需要。另外，模糊线性规划也能较好地模拟配方调整过程，解决配方调整难的问题，对于各类酒厂、饮料和食品生产企业具有广泛的适用性。

在前述普通线性规划配方模型的基础上，先求出最低成本 $Z_{min}$，在约束条件中，将"$\geqslant$"模糊化后，则可引入模糊约束集：

设 $A = (a_{ij})(m \times n), B = (b_i)(m \times 1), X = (x_j)(n \times 1), C = (c_j)(n \times 1)$

称 $Z_{min} = CX \leqslant Z_0$ (7-10)

满足 $AX \geqslant B, X \geqslant 0$ (7-11)

为模糊线性规划，$Z_0$ 为模糊线性规划中配方成本的期望值，当第 $i$ 个约束条件完全满足时，隶属函数值为 1；当约束条件超过配方人员确定的伸缩量 $d_i$ 时，隶属函数值为 0；其他则介于 0 与 1 之间。可取第 $i$ 个约束集的隶属函数值为：

$$\mu_{D_i}(x_1, x_2, \cdots, x_n) = \begin{cases} 1, \text{当} \sum_{j=1}^{n} \alpha_{ij} x_j \geqslant b_i \\ 1 + \frac{1}{d_i}(\sum_{j=1}^{n} \alpha_{ij} x_j - b_i), \text{当} b_i - d_i \leqslant \sum_{j=1}^{n} \alpha_{ij} x_j < b_i \\ 0, \text{当} \sum_{i=1}^{n} \alpha_{ij} x_j < b_i - d_i \end{cases}$$

(7-12)

式中，$d_i \geqslant 0 (i = 1, 2, \cdots, m)$，说明约束边界模糊化了。$d_i$ 是标样酒中各微量成分指标及原度酒或调味剂用量约束的伸缩量，是由勾兑专家根据其经验、标样酒各微量成分含量的标准等情况确定的。

对目标函数模糊化之后得模糊约束集 $F$，其隶属函数为：

$$\mu_F(x_1, x_2, \cdots, x_n) = \begin{cases} 0, \text{当} Z \geqslant Z_0 \\ -\frac{1}{d_i}(Z - Z_n), Z_0 - d_0 \leqslant Z \leqslant Z_0 \\ 1, Z \leqslant Z_0 - d_0 \end{cases}$$ (7-13)

其中，$Z_0 - d_0$ 是在式(7-6)中把 $b_i$ 换成 $b_i - d_i$ 后线性规划的最优值，即在原配方标准基础上，根据配方人员给出的伸缩量放松约束条件后的线性规划的最优解。

根据模糊判定，然后用最大隶属原则求 $X^*$，使得：

$$\mu_B(X^*) = \max_{x \in X}[\mu_0(X) \wedge \mu_F(X)] = \lambda$$

这样就将式(7-10)、式(7-11)转化成为在约束条件 $\mu_{D_i}(X) \geqslant \lambda$ 和 $\mu_F(X) \geqslant \lambda$ 之下来求最大的 $\lambda$，即得另一线性规划 $\lambda_{max}$：

$$1 + \frac{1}{d_i}(\sum_{i=1}^{m} \alpha_{ij} x_j - b_i) \geqslant \lambda$$

$$-\frac{1}{d_0}(\sum_{j=1}^{n} c_j x_j - Z_0) \geqslant \lambda$$

$$(0 \leqslant \lambda \leqslant 1; \ x_j \geqslant 0; \ i=1,2,\cdots,m; \ j=1,2,\cdots,n)$$

用单纯形法解此线性规划方程，得最优解也就是目标函数式(7-6)在模糊约束式(7-11)下的模糊最优解，即模糊线性规划的最低成本配方。

模糊线性规划是在解原线性规划及加入伸缩量之后的线性规划的基础上，构造一新的线性规划，它能根据原线性规划各项微量成分，以及原酒或调味酒的价格，自动给出伸缩量并调整配方，从而能得到一个成本低且又满足要求（微量成分平衡协调、口感最佳）的合理配方。模糊线性规划的这一求解过程模拟了勾兑人员用线性规划求配方时的调配过程。因为勾兑人员在用线性规划求解配方时，如所得结果不理想，必然要根据线性规划所给出的影子价格对各约束条件进行调整，其过程烦琐，初学者不易掌握。而采用模糊线性规划则简单多了，只需要勾兑人员事先给出各约束条件的伸缩量，模糊线性规划能自动调整、计算，给出一个较理想的结果，从而减少配方调整次数和勾兑配方设计人员的工作量。

模糊线性规划这一优化方法对初学者来说比较简单，易操作。由于初学者缺乏经验，他们提出的约束条件往往不太合理，采用线性规划很容易造成无解。虽然系统为他们提供了一个参考解，可以此为依据调整配方，但调整过程复杂，对于初学者不易掌握，特别是对于不懂线性规划的配方设计人员来说尤为困难。而用模糊线性规划进行配方设计，具有自动调整配方的功能，给初学者带来极大方便，这是模糊线性规划优于其他方法的主要特征。

用模糊线性规划计算配方时，必须事先确定各约束方程的伸缩量。如前所述，伸缩量是由勾兑专家根据其勾兑经验、标样酒微量成分的标准等情况确定的，可以保存在配方软件的模型库中，以便用户随时调用。因此，采用模糊线性规划设计配方还能将专家的经验融入配方设计中。也可根据用户的需要修改伸缩量，如对样酒微量成分的标准其约束较紧，一般希望尽可能达到要求，则其伸缩量必须取得很小；而对原酒或调味酒用量的约束一般较松，其伸缩量可取大些，则模糊线性规划有较多的调整余地。

另外，用模糊线性规划计算配方时，配方中各项微量成分含量一般不会超出勾兑配方员所给出的约束值的浮动范围，因此其计算结果易控制，配方调整较方便，而目标规划根据权重系数来求最接近目标值的配方，这必然导致某些微量成分含量偏高，某些微量成分含量偏低，使计算结果不易控制，配方调整难。由此可见，模糊线性规划是一种较理想的优化设计方法。

模糊线性规划不仅能模拟配方调整过程对约束条件自动进行调整，同时它也能够解决配方设计中原酒或调味酒中微量成分含量变异的问题，通过将系数矩阵 $A$ 模糊化，即可得到带有模糊系数的模糊线性规划模型，从而解决原酒或调味酒微量成分含量的变异问题。

### （四）用计算机设计白酒勾兑配方的步骤

配方模型实际上是产生一个成品酒配方所需的原始数据，其内容包括选用的原酒和调味酒、配方所依据的成品酒微量成分标准及配方指标等。配方模型建立后可反复调用和修改，直到产生满意的配方为止。这一过程可用图 7-6 的配方设计框图来表示。

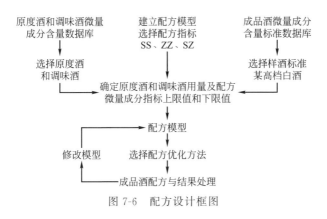

图 7-6　配方设计框图

在设计白酒的勾兑配方时，建立配方模型是关键，其具体步骤如下：

（1）在成品酒微量成分含量的标准数据库中选择参与配方的成品酒标准，并确定成品酒中各微量成分的上、下限。原度酒和调味酒数据库中选择参与勾兑配方设计的原度酒和调味酒，并可根据实际需要确定原度酒和调味酒用量的上、下限。

（2）优化配方设计方案，即采用线性规划法、目标规划法或模糊线性规划法，将计算机设计的配方与标样酒的微量成分进行对比，如不满足要求，再修改配方模型，重新计算，直到得到满意的结果为止。

（3）由计算机计算出的配方必须先进行小样勾兑试验及尝评，结果令人满意后，才能进行大样勾兑。

### （五）白酒勾兑配方实例分析

表 7-1、表 7-2 为某名优酒厂的高、低档白酒配方模拟实例。下面结合实例，用勾兑软件进行配方设计，分别采用线性规划、目标规划及模糊线性规划 3 种优化方法进行计算，通过对比 3 种优化方式的计算结果，总结出不同优化方法的优缺点。

表 7-1　某高档白酒勾兑配方模型

| 名称 | 原度酒 0301 | 原度酒 0302 | 原度酒 0403 | 原度酒 0406 | 约束值 |
|---|---|---|---|---|---|
| | X1 | X2 | X3 | X4 | |
| 甲酸$_{(SO1)}$ | 3.930 | 3.940 | 5.000 | 3.065 | ≥2 |
| 乙酸$_{(SO2)}$ | 31.813 | 26.137 | 32.486 | 22.383 | ≥20 |

| 名称 | 原度酒 0301 X1 | 原度酒 0302 X2 | 原度酒 0403 X3 | 原度酒 0406 X4 | 约束值 |
|---|---|---|---|---|---|
| 乙酸 (SO2) | 31.813 | 26.137 | 32.486 | 22.383 | ≤50 |
| 丙酸 (SO3) | 4.917 | 3.936 | 1.861 | 1.320 | ≥0.5 |
| 异丁酸 (SO4) | 0.154 | 0.220 | 0.179 | 1.146 | ≥0.5 |
| 丁酸 (SO5) | 30.515 | 21.439 | 27.780 | 15.222 | ≥6 |
| 戊酸 (SO7) | 4.287 | 3.040 | 6.453 | 2.373 | ≥3 |
| 乳酸 (SO8) | 25.231 | 15.482 | 26.321 | 18.936 | ≥20 |
| 己酸 (SO9) | 8.722 | 5.852 | 5.087 | 17.026 | ≥10 |
| 庚酸 (S10) | 1.307 | 1.059 | 0.312 | | ≤3 |
| 总酸 (SS) | 87.2 | 65.200 | 83.800 | 62.200 | ≤120 |
| 总酯 (ZZ) | 584.9 | 547.700 | 235.100 | 614.500 | ≥350 |
| 乙醛 (Q01) | 40.7 | 47.000 | 51.100 | 46.300 | ≥45 |
| 乙醛 (Q01) | 40.7 | 47.000 | 51.100 | 46.300 | ≤60 |
| 乙缩醛 (Q02) | 55.100 | 62.700 | 61.600 | 78.200 | ≥45 |
| 正丙醇 (CO2) | 33.200 | 24.300 | 26.100 | 26.100 | ≥15 |
| 仲丁醇 (CO3) | 9.100 | 9.400 | 8.800 | 5.600 | ≥3 |
| 异丁醇 (CO4) | 8.200 | 11.900 | 6.100 | 9.700 | ≥5 |
| 正丁醇 (CO5) | 24.300 | 21.000 | 17.500 | 18.600 | ≥8 |
| 异戊醇 (CO7) | 34.00 | 46.00 | 30.200 | 38.600 | ≥25 |
| 异戊醇 (CO7) | 34.00 | 46.00 | 30.200 | 38.600 | ≥40 |
| 乙酸乙酯 (ZO1) | 131.400 | 117.400 | 43.900 | 1.731 | ≤90 |
| 丁酸乙酯 (ZO2) | 69.700 | 74.400 | 21.300 | 70.600 | ≥20 |
| 戊酸乙酯 (ZO3) | 22.800 | 27.100 | 0.4 | 6.100 | ≥5 |
| 乳酸乙酯 (ZO4) | 245.500 | 204.600 | 174.7 | 314.400 | ≥100 |
| 己酸乙酯 (ZO5) | 328.100 | 330.000 | 70.900 | 240.900 | ≥195 |
| 总酸/总酯 (SZ) | 0.149 | 0.119 | 0.357 | 0.101 | ≥1 |
| 乙酸乙酯/己酸乙酯 (Z15) | 0.400 | 0.356 | 0.619 | 0.719 | ≤0.5 |
| 乙酸乙酯/己酸乙酯 (Z15) | 0.400 | 0.356 | 0.619 | 0.719 | ≤1 |
| 丁酸乙酯/己酸乙酯 (Z25) | 0.212 | 0.225 | 0.300 | 0.293 | ≥0.1 |
| 乳酸乙酯/己酸乙酯 (Z45) | 0.748 | 0.620 | 2.464 | 1.305 | ≥1 |
| 配比 | 1.00 | 1.00 | 1.00 | 1.00 | ≤1.00 |
| 单价/元 | 5.00 | 7.75 | 4.10 | 4.10 | 求解目标 |

### 表 7-2 某低档白酒勾兑配方模型

| 名称 | 原度酒 0301 X1 | 原度酒 0302 X2 | 原度酒 0403 X3 | 原度酒 0406 X4 | 约束值 |
|---|---|---|---|---|---|
| 甲酸(SO1) | 3.334 | 2.291 | 4.165 | | ≥1 |
| 乙酸(SO2) | 49.204 | 29.697 | 23.725 | 50.000 | ≥10 |
| 丙酸(SO3) | 5.247 | 1.170 | 1.407 | | ≤2 |
| 异丁酸(SO4) | 0.181 | 0.221 | 0.454 | | ≤2 |
| 丁酸(SO5) | 40.566 | 20.317 | 11.944 | 42.00 | ≥5 |
| 异戊酸(SO6) | 3.054 | 0.100 | 0.122 | | ≤2 |
| 戊酸(SO7) | 4.665 | 3.364 | 3.480 | | ≤4 |
| 乳酸(SO8) | 45.063 | 24.098 | 9.672 | | ≥5 |
| 己酸(SO9) | 7.592 | 3.209 | 9.034 | 120.00 | ≥4 |
| 庚酸(S10) | 1.880 | 1.205 | 0.997 | | ≤2 |
| 总酸(SS) | 124.900 | 68.000 | 52.500 | | ≥60 |
| 总酯(ZZ) | 333.100 | 20.900 | 33.200 | | ≤150 |
| 乙醛(Q01) | 56.800 | 7.800 | 5.4 | | ≥3 |
| 乙缩醛(Q02) | 69.100 | 4.400 | 3.600 | | ≥3 |
| 正丙醇(CO2) | 26.300 | 0.5 | | | ≤6 |
| 仲丁醇(CO3) | 12.500 | | | | ≤2 |
| 异丁醇(CO4) | 7.800 | | | | ≤2 |
| 正丁醇(CO5) | 18.400 | | | | ≤2 |
| 异戊醇(CO7) | 34.00 | 46.00 | 30.200 | 38.600 | ≥40 |
| 乙酸乙酯(ZO1) | 56.700 | | | 7000.00 | ≥15 |
| 乙酸乙酯(ZO1) | 56.700 | | | 7000.00 | ≤70 |
| 丁酸乙酯(ZO2) | 27.400 | | | 220.00 | ≤30 |
| 戊酸乙酯(ZO3) | 1.300 | | | | ≤2 |
| 乳酸乙酯(ZO4) | 263.500 | 24.900 | 44.200 | | ≥20 |
| 乳酸乙酯(ZO4) | 263.500 | 24.900 | 44.200 | | ≤70 |
| 己酸乙酯(ZO5) | 92.500 | 3.600 | | 9880 | ≤20 |
| 己酸乙酯(ZO5) | 92.500 | 3.600 | | 9880 | ≤60 |
| 总酸/总酯(SZ) | 0.375 | 3.247 | 1.578 | | ≤1.5 |
| 丁酸乙酯/己酸乙酯(Z25) | 0.296 | | | | ≥0.1 |
| 乳酸乙酯/己酸乙酯(Z45) | 2.849 | | | | ≥0.5 |
| 配比 | 1.00 | 1.00 | 1.00 | 1.00 | =1.00 |
| 单价/元 | | 2.950 | 1.150 | 1.000 | 求解目标 |

在求解线性规划最低成本配方时，还可进行各种原度酒和约束值的影子价格分析，也称理论价格分析及灵敏度分析，能在得到最优解后计算出各参数变化的有效范围及原度酒的实际经济价值。影子价格信息为用户调整原度酒用量和约束值，进一步降低配方成本，提供了导向和辅助决策作用。

表 7-3 列出了 3 种优化方式的计算结果及手工配方结果。下面就将这 3 种优化的方法以及手工勾兑优缺点作一简单的比较。

表 7-3 某高档白酒原料配比

| 优化方式 | | 原度酒<br>0301<br>5.00 元/kg | 原度酒<br>0302<br>5.00 元/kg | 原度酒<br>0403<br>4.10 元/kg | 原度酒<br>0406<br>4.10 元/kg | 合格 |
|---|---|---|---|---|---|---|
| 手工配方 | 原料用量/kg | 100.00 | 700.00 | | 200.00 | 1000.00 |
| | 成本/元 | 500.00 | 3500.00 | | 820.00 | 4820.00 |
| | 配比/% | 10.00 | 70.00 | | 20.00 | 100.00 |
| 线性规划 | 原料用量/kg | 256.5 | 169.05 | 5.68 | 568.71 | 999.94 |
| | 成本/元 | 1282.50 | 845.25 | 23.29 | 2331.71 | 4482.75 |
| | 配比/% | 25.65 | 16.91 | 0.57 | 56.87 | 100.00 |
| 目标规划 | 原料用量/kg | 248.00 | 165.00 | 71.00 | 516.00 | 1000.00 |
| | 成本/元 | 1240.00 | 825.00 | 291.10 | 2115.60 | 4471.70 |
| | 配比/% | 24.80 | 16.50 | 7.10 | 51.60 | 100.00 |
| 模糊线性规划 | 原料用量/kg | 188.99 | 221.207 | | 589.799 | 1000.00 |
| | 成本/元 | 944.95 | 1106.03 | | 2418.18 | 4469.16 |
| | 配比/% | 18.90 | 22.12 | | 58.98 | 100.00 |

## （六）各种优化方式与手工勾兑配方比较

如前所示，采用手工计算白酒勾兑配方存在很多问题，计算过程复杂，配方中所考虑的因素很少，而且采用这种手工计算方法也不可能对原度酒种类进行筛选，因而无法获得最优配方或最低成本配方。

表 7-3 采用线性规划、目标规划以及模糊线性规划方法计算的配方，其成本明显低于手工计算的配方成本，而且各项微量成分的含量也基本达到或接近标准值。

采用线性规划、目标规划及模糊线性规划设计配方，还具有对参与配方的原度酒种类进行筛选的功能，因此，在参与配方的原度酒种类较多的情况下，更能显示其优越性。

## （七）各种优化方式的比较

### 1. 目标规划与线性规划的比较

线性规划的求解结果是目标规划求解结果中的特殊情况，线性规划的最优解是满足所有约束条件的最低成本配方，而目标规划的最优解是求偏离所有约束条件值为最小的白酒勾兑配方。根据权重的设置不同，配方结果不同，权重高的约束条件优先满足，因此这就决定了该配方具有两种不同的结果：当目标规划配方成本低于线性规划的最低成本时，是以牺牲某些条件为代价的；当配方成本等于线性规划的最低成本时，其计算结果与线性规划相同。

若其成本低于线性规划的最低成本，这是以破坏约束条件为代价的，而对于一个最优配方的评价不仅要求其成本低，同时还要满足微量成分平衡和口感最佳的要求。因此，要求配方设计人员要兼顾两方面的利益，设计出高质量的配方。

线性规划在一般情况下可求得满足所有约束条件的最低成本配方，目标规划在相同的条件下也能求得线性规划的最低成本配方，同时还可根据权重的设置得到多个不同的配方，从而可使勾兑配方员设计出成本低、微量成分平衡协调、口感佳的高质量配方。

线性规划在求解具有相互矛盾的约束条件的配方时会出现无解的情况，这时配方软件能给出一个参考解，以揭示勾兑配方员如何调整配方；而目标规划能在这种矛盾的约束条件下求出一组最接近约束值的解，并按优先等级来满足约束条件，从而能有效地指导勾兑配方设计人员调整配方。

目标规划根据勾兑配方员提出的配方成本、微量成分平衡关系、口感要求等来设计配方，这是目标规划的一大优势

虽然线性规划是目标规划的一个特例，但这并不意味着目标规划能代替线性规划，因为目标规划的求解结果依据权重设置的不同而不同，即目标规划有多个解，这就使得用户难以寻求到一个最低成本的配方，需要经过多次调整才有可能求得最低成本的配方。这正是目标规划求解的难点所在，从而决定了线性规划并不因为是目标规划求解的特殊情况而被目标规划所代替。事实上，线性规划方法一直在优化配方领域承担着重要的角色。

**2. 模糊线性规划与线性规划比较**

线性规划的求解结果也是模糊线性规划求解结果中的特殊情况。模糊线性规划的最优解是根据实际情况对约束条件引进了一定的模糊浮动值，从而得到比普通线性规划更好的结果，因为在白酒的勾兑中，由于原酒和调味酒中某些微量成分的含量具有一定的模糊性，以及成品酒中某些微量成分的含量在一定范围内浮动对成品酒的质量并无多大影响，因此在配方模型中，采用弹性约束条件更接近白酒勾兑的实际情况，并且配方模型的各项约束条件均可由白酒勾兑专家根据其经验、产品的实际标准、产品的质量、市场的销售情况以及客户对产品质量的要求等因素提出一个上下浮动值，并保存在配方模型库中，以便其他勾兑人员能随时调用修改。这是模糊线性规划方法优于其他方法的主要特点。

比较线性规划与模糊线性规划的结果，可看出采用模糊线性规划得出的配方成本低于线性规划，但这并不意味着这就不是一个质量好的配方。因为白酒的微量成分是非常复杂的，有时白酒中某些微量成分略低于标准，对白酒的质量及口感等并没多大的影响，而配方成本却能降低很多，给生产厂家带来巨大的经济效益。

**3. 模糊线性规划与目标规划比较**

比较目标规划与模糊线性规划的结果，可看出模糊线性规划计算出的配方成本低于目标规划。目标规划配方的某些微量成分含量较低，且根据权重设置不同其结

果不同。因此，用目标规划计算配方，其计算结果不易控制，需经过多次调整才能得到较理想的结果，而模糊线性规划配方的某些微量成分含量也略低于标准值，但其差额一般不会超出用户所给的浮动范围。由以上分析可知，采用目标规划进行配方设计，虽然能通过权重的设置来确定达成目标的先后顺序，但其结果没有模糊线性规划好控制，配方调整工作量大。

### （八）根据使用勾兑软件设计配方的经验归纳得出的结论

线性规划为硬约束，虽能求出满足所有约束条件的最低成本配方，但其成本较目标规划和模糊线性规划高，且配方调整不方便，需要有经验的配方人员使用。

目标规划和模糊线性规划均为软约束，目标规划通过权重系数来确定达成目标值的先后顺序，因此某些权重系数低的微量成分含量及比例关系不易达到或接近其目标值，这就必然导致采用目标规划设计配方必须经过多次调整才能得到满意的结果。

模糊线性规划与目标规划不同，它是通过勾兑人员给出的伸缩量来调整配方，并通过求最大隶属度来求出一个最接近原标准的配方，即微量成分平衡协调、口感最佳、最能满足市场消费者需求和嗜好的产品，在实际操作中调整方便，易控制。

应用计算机优化配方系统虽然能设计出高质量的配方，但它必须是勾兑配方设计人员与该系统结合的产物，即计算机优化配方系统只能计算出成本最低、微量成分平衡协调的配方，需经勾兑人员根据其经验及小样勾兑试验，对配方进行分析、尝评、调整，才能得到高质量的配方。

### （九）极性相似相容原理在白酒勾兑中的应用

利用分子极性相似相容原理，确定各类微量成分最佳添加顺序和添加方法，在白酒勾兑工艺中的应用前景广阔。在白酒的勾兑过程中，除利用模糊数学理论建立的计算机模型进行各种微量成分的平衡外，还必须考虑各种微量成分的分子极性（酸＞醇＞醛、酮＞酯），建立合理的勾兑工序，以使各种微量成分，特别是酸、酯、醇、醛、酮尽快达到较稳定的动态平衡，形成一个稳定的缔合体，从而使酒体口感醇和、香气浓郁。白酒中呈香呈味的微量有机物成分大部分具有极性基团，如醇基（—OH）、酮基（R—CO—R′）、醛基（—CHO）、羧基（—COOH）、酯类（R—COOR）等，极性有强有弱，其添加微量成分顺序是影响香味的重要环节，根据相似相容原理，确定出需补加半成品酒或单体的添加顺序，即酒中微量成分极性大小顺序为：酸＞醇＞醛＞酮＞酯等。

酒中各类微量成分的极性大小排序如下（由大到小顺序排列）：

酯类：乳酸乙酯、甲酸乙酯、乙酸乙酯、丙酸乙酯、丁酸乙酯、戊酸乙酯、乙酸异戊酯、己酸乙酯、庚酸乙酯、辛酸乙酯。

醇类：正丙醇、异丁醇、仲丁醇、正丁醇、异戊醇、正己醇、正庚醇、辛醇、$\beta$-苯乙醇。

酸类：乳酸、乙酸、丙酸、异丁酸、正丁酸、异戊酸、戊酸、己酸、庚酸、辛酸。

羰基化合物类：乙醛、2,3-丁二酮、乙缩醛、糠醛。

由于白酒中微量成分的多样性和复杂性，已发现的微量成分有 350 多种，各种成分的极性大小、相容性等，这些都是今后有待深入研究和探讨的课题。

## 二、生产应用

### （一）计算机勾兑工艺流程说明

（1）各生产车间的生产班组，应按生产工艺要求，量质摘酒，分级暂存，作好标识，明确标明生产车间、班组、级别、生产日期和池排号等，送酒库。

（2）酒库收酒后，应及时测量酒度和数量。按要求对每一个原酒定量取样，样品一式两份，作好样品标识，送规定部门进行感官品评和快速分析。样品的标识要有唯一性，不要和产品标识相混淆：产品名称是相对固定的，如双轮优级酒可标识为"双轮优级"；而样品名称是变化的，同一产品在不同的时间取样品，要通过时间区别开来，以便计算机识别。

（3）感官品评结果和快速分析结果，分别输入酒库管理子系统，进行自动分级。酒库管理子系统的自动分级是根据预先设定的感官标准和理化标准为依据，进行自动拟合计算完成的。预先设定的感官和理化标准是可以修改的，具有灵活的适应性。分级标准可能有变化，变化的分级标准可以用不同年份或其他方式区别，输入计算机以便随时调用。

（4）分级完成以后，结果可以快速浏览。当分级结果有偏差时，可做人工校正，经确认无误后，分级入库，分级储存，作好标识。

（5）各级原酒经长期储存达到规定储存时间后方可使用。使用前要对各级酒取样（样品要有代表性）作好样品标识，分别进行感官品评和理化指标全分析，并将结果分别导入勾兑管理子系统。勾兑管理子系统依据经验知识库积累的经验批数据，将选定的各级原酒的感官和理化指标全分析数据进行科学计算，形成小样配方。

（6）小样配方形成后，可快速浏览该配方的所有理化数据，并与标准要求对照。配方的理化数据与标准要求的理化数据的差距一目了然，为其后的基酒选择、配方再计算以及技术处理提供了准确依据。

（7）小样配方验证。小样勾兑人员（一般情况下又是评酒员）要组织专职评酒员共同验证配方的可靠性，即依据小样配方的比例配制小样，品评小样的感官质量，分析理化指标是否符合标准要求。感官质量和理化指标不能满足标准要求时，可做人工调整或重新选择基酒，再计算形成配方。经验批积累越多，形成配方越快也越准确。经验知识库的经验批达到一定数量后，计算机自动计算形成的配方会相当准确。

（8）小样配方确认。小样配方经验证符合要求，评酒员进行签字确认，传递酒库，由酒库管理人员根据配方要求按比例放大，进行批量配制。批量配制时，使用计算机控制酒泵、电磁阀、流量计自动完成，没有条件的可沿用老办法。

（9）入经验知识库的批产品数据，要选择感官质量理想的批，以确保以后形成的配方更理想，并达到不断优化配方和不断提高产品质量的目的。一批产品是否作为经验批，应组织最具权威的评酒员确定。

（10）不能入选经验知识库的批产品，并不说明这些批产品的质量不好，其感官质量和理化指标均在控制的波动范围内，是完全合格的。不入选经验知识库是为了保持经验知识的高水平，达到不断优化配方的目的。保存的图谱、全分析数据可为判定假酒服务。

### （二）原酒分级入库标准的控制

**1. 原酒分级入库感官指标的控制**

（1）设定固定的感官评语　对每一种原酒要设定感官评语，以实现人机对话。以浓香型酒为例，原酒的色、香、味、格常用评语如下，可供选择：

① 色：无色、晶亮透明、清亮透明、清澈透明、无色透明、无悬浮物、无沉淀、微黄透明、稍黄、较黄、发黄、灰白色、白色、乳白色、微浑、稍浑、浑浊、有悬浮物、有沉淀、有明显悬浮物、沉淀等。

② 香：窖香浓郁、窖香较浓郁、窖香不足、窖香较小、窖香醇正、窖香较醇正、具有窖香、窖香不明显、窖香欠醇正、窖香带酱香、窖香带焦煳香、窖香带异香、窖香带泥臭气、余香长、余香较长、有余香等。

③ 味：绵甜醇厚、香甜甘润、醇厚丰满、醇和味甜、醇甜爽净、醇甜柔和、香味谐调、醇甜适口、香醇甜净、绵柔醇厚、醇甜、醇和、绵柔、香味欠谐调、入口绵、入口平顺、淡薄、入口冲、冲辣、刺喉、糙辣、有焦煳味、稍涩、稍苦、后苦、稍酸、较酸、酸味大、口感不快、欠净、稍杂、有异味、有杂醇油味、酒梢子味、邪杂味较大、回味悠长、回味长、回味较长、后味淡、后味短、后味杂、生料味、霉味、爽净、较爽净、较绵软、糠杂味较严重、泥醒味较严重、邪杂味严重、霉味严重等。

④ 格：浓香型酒风格典型、浓香型酒风格明显、风格尚好、风格尚可、具浓香型酒风格、风格一般、典型性差、偏格、错格、典型双轮酒风格、双轮酒风格明显、有双轮酒风格等。

在实际工作中这些常用评语基本能满足使用要求。对每一个原酒品评后要根据品评的感受，选择适当的评语组合，给予恰当的描述。如，双轮优级酒的感官指标可设定为：窖香浓郁，醇厚丰满，回味悠长，具有典型双轮酒风格等。感官不合格的原酒，也要设定感官评语，如糠杂味较重、泥腥味等。

（2）统一认识　所有的专职评酒人员，对每一种原酒（包括成品酒）的感官指标要形成统一的认识，达成共识，力求消除人为因素造成的偏差。具体方法是：组织专职评酒人员对每一种典型样品（包括成品产品）进行反复训练，相互讨论、交流，直至达到对同一样品或产品有同一描述的目的。当评酒员的基本素质还没有达到要求之前，应积极参加白酒协会或具有相应资格的机构的培训，经考核合格后持证上岗，以便掌握评酒基本知识、评酒技巧、评酒注意事项等，并通过经常的实践和锻炼，提高和保持嗅觉和味觉灵敏度。

（3）确定感官品评分数　感官指标确定后，分别赋予品评分数，如双轮优级酒的品评分数设定为93～94分等。分数的设定不是绝对的，每一个企业都有自己的实际情况，可根据实际情况设定。掌握的基本原则是，各级酒之间的品评分数要设立适当的分数梯度，分数的设定是一个范围。这样同时有利于对生产班组的考核。

（4）输入　感官评语和品评分数确定后，输入计算机作为原酒分级入库的标准内容之一。

**2. 原酒分级入库理化指标的控制**

（1）为实现快速分级入库，原酒分级入库控制的理化指标，浓香型酒通常控制己酸乙酯、总酸以及己乳比（己酸乙酯∶乳酸乙酯），芝麻香型酒通常控制总酸、总酯、3-甲硫基丙醇。

（2）酒度的设定不是分级入库的主要指标，利用计算机实现自动分级时，酒度可不作为分级依据。设定酒度的目的是控制班组按质摘酒，避免为了产量掐酒过多，降低质量。

将确定的各种原酒的理化指标输入计算机，作为分级入库的标准内容之一。

**3. 原酒分级入库标准的形成**

设定的感官指标和理化指标，共同形成分级入库标准。分级入库标准每年可能会有所改变，改变后的分级入库标准可按版本的不同（按年号区分），分别输入计算机，供选择使用。

**4. 原酒分级、储存**

原酒的分级是根据原酒分级入库标准，由计算机根据快速分析结果（己酸乙酯和己乳比等）进行模拟计算自动进行的。计算机的分级会有误差，对误差可进行人工校正。

分级结果可快速查看，也可以打印后交酒库管理人员，由酒库管理人员按分级结果分别存入指定的储酒容器，达到分级入库、分级储存的目的。

应及时对实物进行标识。标识的主要内容应包括：产品名称、数量、酒度、理化指标含量、感官特征、日期等。这些内容输入计算机供随时浏览。

每一种原酒都要规定储存时间。未达到规定时间的酒不能使用。原酒的储存一般是原度储存；浓香型原酒要储存1年以上；芝麻香型原酒要储存3年以上；调味酒的储存时间要长些，3～10年不等，甚至更长。要根据调味酒的性质不同规定不同的储存期，如酒头调味酒、酒尾调味酒、双轮调味酒、酱味调味酒、陈味调味酒、特味调味酒、酸味调味酒、糟香调味酒等的储存期各有不同。

**5. 勾兑**

（1）准备工作，确定成品产品技术要求　国家标准或行业标准规定的产品技术要求包括感官要求、理化要求和卫生要求。这些都是最基本的要求。实际生产控制中，一般都要制定严于国家或行业标准的企业内控标准，内控标准的制定要根据企业的产品特点和技术水平确定。

① 感官要求的确定　感官要求按色、香、味、格确定。采用国家或行业标准的产品，最起码要符合相应国家或行业标准的感官要求，同时要考虑自己的产品特点，强调香、味、格的特异性，以突出自己的产品特点。采用企业备案标准的产品，感官要求的确定在标准制定、备案前就要充分考虑原酒或基酒的感官特点和技术处理水平，不能盲目确定或模仿确定，也就是说要充分体现自己的产品特点。

一种产品必须确定感官评语和感官品评分数，以使感官质量量化，这是质量控制必不可少的。在计算机模拟勾兑应用中，将感官质量量化是为计算机进行配方计算提供模拟数据。以浓香为例，目前白酒行业采用的感官评语和分数如表7-4，供选择使用，为产品打出质量分数。

表 7-4　白酒行业的感官评语和分数

**▲ 色泽(5分)**

| | |
|---|---|
| 无色透明(-0) | 微黄清澈透明(-0.5) |
| 黄色稍重(-1) | 失光或有浅淡的异色(-2) |
| 有悬浮物(-3) | 浑浊,沉淀,有较重的异色(-5) |

**▲ 香气(25分)**

| | |
|---|---|
| 窖香浓郁、醇正、优雅、谐调(-0) | 窖香浓郁、醇正、优雅、谐调(-0) |
| 窖香浓郁、醇正(-2) | 窖香浓郁、醇正(-2) |
| 窖香较浓(-4) | 窖香较浓(-4) |
| 有异香(-7) | 有异香(-7) |

**▲ 味(60分)**

| 绵柔感(10分) | 爽净感(10分) | 醇甜感(10分) |
|---|---|---|
| 绵柔醇甜(-0) | 爽净舒畅(-0) | 醇甜自然舒适(-0) |
| 绵柔醇和(1) | 爽净(-1) | 醇甜自然(-1) |
| 较绵柔(-2) | 较爽净(-2) | 甜度稍大(-2) |
| 冲辣(-3) | 不爽净(-4) | 甜度或酸度过大(-4) |
| 谐调感(10分) | 异杂感(10分) | 后味(10分) |
| 香味谐调(-0) | 无异杂味(-0) | 后味悠长(-0) |
| 香味较谐调(-1) | 稍有窖泥味(-1) | 后味长(-1) |
| 稍欠谐调(-2) | 稍有辅料味(-2) | 后味较短淡(-2) |
| 香味不谐调(-4) | 有明显窖泥味(-3) | 微苦涩(-3) |
| 有明显霉味或苦涩(-5) | 其他异味(-5) | |

**▲ 格(10分)**

| | |
|---|---|
| 风格典型(-0) | 风格较典型(-1) |
| 风格欠典型(-2) | 偏格或错格(-4) |

使用时，根据品评的感受选择恰当的评语，色、香、味、格评语选择完毕，分

数自动累计，形成产品的感官品评分数。最后综合给出评语，输入"综合评语"区，作为该批产品的综合评语。该综合评语不是打质量分数时的对应评语的简单相加，打质量分数时的相应评语较多，但综合评语较精炼。

② 理化指标要求的确定　采用国家或行业标准的产品，最起码要符合国家或行业标准规定的理化指标。但在实际生产控制中，为了体现自己产品的突出特点，在满足国家或行业标准规定指标的前提下，要选择较理想感官特性产品的实际检测数据，确定合理的内控指标范围，如 GB/T 10781.1—2006（优级）规定的低度酒己酸乙酯指标是 0.70～2.20g/L，范围很大。考虑到低度酒酯的水解特性以及分析设备（气相色谱仪）的系统误差，设定内控指标的上、下限时要充分考虑风险性。基于此，可设定己酸乙酯的内控标准为 1.20～1.50g/L。其他内控指标的确定也是如此。其他内控指标与己酸乙酯的比例关系的设计也是极其重要的工作。再如酸酯比的确定一定要恰当，酸酯比过小，会降低醇厚和醇甜感，过大会压抑香气，产生闷感，尾也欠净。例如比较理想的浓香型白酒的酸酯比是 1：（4～4.5）。

采用企业备案标准的产品，理化指标的确定与感官要求的确定一样，在标准制定、备案前，就要设计好。同样要考虑感官特异性并根据产品的实际检测数据，确定合理的指标范围，这取决于基酒的成分含量和技术处理方法的不同。例如，采用淀粉吸附法、活性炭吸附法、淀粉活性炭结合处理法、树脂处理法以及冷冻处理法等，其处理后的结果是不同的。这些处理方法都对香味物质造成不同程度的损失，即使是采用同一种技术处理方法，在不同的企业微量成分的损失也会不同，损失的多少取决于处理技术参数的不同。因此，理化指标的确定一定要基于实际，经过反复试验后确定。

与标准匹配的酒度往往是一个范围，确定理化指标时要考虑最大和最小酒度的兼容性。建议标准的酒度区间尽可能小。如每差 3°～5°确定一个理化指标标准。

（2）基酒或原酒感官品评、全分析　储存到期的基酒或原酒在使用前，要进行感官品评和理化指标全分析，为计算机模拟计算形成配方提供依据。这是非常关键的一步，要做到以下几点：

① 为使感官品评结果和全分析的数据准确可靠，每一容器的酒在取样前都要进行充分搅拌，使上下均匀。

② 理化指标全分析。全分析项目的多少取决于检测设备的性能，如安捷伦公司的 6820、7890 等气相色谱仪，配备 WAX-57CB 毛细管柱、FID 检测器，能定量分析 50 种成分以上，对于控制产品特性能够满足要求。

在浓香型白酒中能定量分析的微量成分如下：

烷类：二乙氧基甲烷、1,1-二乙氧基-2-甲基丁烷、1,1-二乙氧基异戊烷等。

醇类：甲醇、仲丁醇、正丙醇、异丁醇、正丁醇、异戊醇、正戊醇、正己醇、2,3-丁二醇（左旋）、2,3-丁二醇（内消旋）、1,2-丙二醇、糠醇、$\beta$-苯乙醇等。

醛类：乙醛、乙缩醛、正丙醛、异戊醛、糠醛等。

酸类：乙酸、己酸、乳酸、丁酸、丙酸、异丁酸、异戊酸、戊酸、庚酸、辛酸、月桂酸等。

酮类：2-戊酮、3-羟基-2-丁酮等。

酯类：己酸乙酯、乙酸乙酯、乳酸乙酯、丁酸乙酯、甲酸乙酯、乙酸异戊酯、戊酸乙酯、庚酸乙酯、己酸丁酯、辛酸乙酯、己酸异戊酯、壬酸乙酯、癸酸乙酯、月桂酸乙酯、肉豆蔻酸乙酯、丁二酸二乙酯、苯乙酸乙酯、棕榈酸乙酯、硬脂酸乙酯、油酸乙酯、亚油酸乙酯等。

吡嗪类：三甲基吡嗪、4-甲基吡嗪等。

呋喃类：2-乙酰基呋喃等。

对这些有机成分（包括色谱骨架成分和复杂成分）进行分析后，可以根据实际情况（如基酒或原酒实际含量的稳定情况）确定控制的种类，有选择性地控制，如控制15～23种等，作为计算机模拟勾兑的控制目标。确定控制的种类，一般情况下要种类尽可能多，复杂成分尽管含量很少（小于2mg/100mL），但其阈值也可能很低，对骨架成分起很大的烘托作用。在其作用尚不明确的情况下进行"控制"，是一个积累过程，以便"经验"积累，有利于人工智能神经网络系统发挥作用。否则，将来需要控制时须从零开始积累"经验"，或需要查阅以往大量批产品分析的数据资料，做大量的数据输入工作。

③ 感官品评和全分析后，全分析数据保存于色谱管理子系统工作站，并通过局域网导入勾兑管理子系统。作为计算机模拟计算确定各种酒使用量的依据。

④ 经验批的积累过程是一个配方优化过程，也是对人工智能神经网络系统的刺激过程。经验批的积累是通过大量分析具有典型感官特性的批产品，并将分析的批产品数据输入计算机经验知识库。每一产品的理化指标数据和感官模拟数据积累后，计算机会将其分类处理并予以记忆。配酒时，计算机利用每一种基酒或原酒的理化指标全分析数据和感官品评结果，以积累的最佳经验批数据作为目标，发挥人工智能神经系统作用，对这些数据进行模拟计算，从而确定每一种基酒或原酒的使用比例，形成产品配方，达到感官指标最优、理化指标符合要求的目的。

经验批的积累途径有三条：

一是收集以往的全分析数据和感官品评结果。

二是分析、品评保存的样品，得到全分析数据和品评结果。分析、品评保存的样品时，要注意的问题是样品的保存时间不要过长，以总酯降解幅度不超过10%、感官质量没有明显变化为宜，如总酯降解幅度过大会使数据失真，造成错误的经验数据积累。

三是正常生产情况下的批产品的全分析数据和感官品评结果。

（3）产品勾兑

① 配方的形成

a. 基酒或原酒的选择　储存到期后，通过计算机浏览基酒或原酒情况，根据目标成品酒的质量要求选择采用。选择采用的各种酒的质量等级或酒种数量取决于目标成品酒的质量。如选择糟酒（优、一、二级等）、双轮酒（优、一、二级等）、调味酒（酒头、酒尾、双轮、酱味、陈味、酸味、特味、糟香味）等，若调味酒的用量很少，可不选择该调味酒参与配方计算，配方形成后加入调味酒即可。同一种酒的选择还要考虑储存时间的长短及生产季节的不同等因素。有经验的人员一次或两次即能成功，没有经验的可能要经过几次反复才能成功，但与人工操作比较其优越性是显而易见的。

b. 重点基酒或原酒比例的确定　当初期经验批数据还不够多时，要设定重点基酒或原酒比例，以提高配方一次成功率。例如，糟优选择45%、双轮优级酒选择20%等，要根据以往人工勾兑经验确定。当经验批积累到一定量，只要选定了适当的基酒或原酒后，计算机即能进行科学计算自动形成配方。

c. 配方的必要修正　配方形成后，通过浏览配方的各控制指标值与标准要求值的差值，可给予直观的帮助并进行配方修正，重新选择基酒或原酒进行配方的再计算，或进行其他的技术调整方案，直至达到理想的要求。配方的修正要考虑低度酒技术处理方法的不同所造成的微量成分的损失。

d. 配方的验证　主要是验证小样的感官质量和理化指标，同时也是对计算机软件性能的验证，这一步在初期的应用中是不可缺少的。小样的勾兑量应不少于500mL，小样勾兑量过少易使误差过大造成小样与大样的不一致。

② 批产品勾兑　按配方确定的各种酒的比例，准确计量后进行勾兑、调味并进行处理。批产品勾兑时，各种酒的使用量一定要准确控制。使用计算机（PLC工控机）控制流量计、电磁阀、超声波液位计可实现准确的输酒与计量。控制系统具备扩展性，可将数据传至监控调度中心，集中控制，集中管理，便于生产，便于生产数据统计。

③ 批产品验证　即感官质量和理化指标的再检验，确保符合标准要求。

④ 注意的问题　在计算机模拟勾兑应用中，批产品勾兑完成后要进行感官指标和理化指标的品评和全分析验证，主要的目的是再度验证配方和勾兑过程的正确性，确保万无一失。

为使批产品之间有连续的稳定性，原酒或基酒的储存容器的设计要大一些，具体容积要看每种基酒或原酒使用量的多少而定。

a. 色谱工作站的选择　工作站的灵敏度性能指标参差不齐，要比较选择。与已经应用的单位以及研究检验机构进行比对交流是一条捷径。

b. 人员培训　包括酒库管理人员、勾兑人员、专职评酒人员以及相关行政管理人员等，应进行培训，达到统一认识、规范操作、相互配合的目的。

c. 系统的安全性　要由相应的专业技术人员做出系统的安排，确保系统安全，如信号的保真传输、防雷电、系统独立性、防病毒及其他管理措施等。

（4）人工检验　白酒标准要求的质量指标和卫生指标的试验方法，在国家标准中均有明确的规定。现将有关国家标准列出如下：

GB/T 601—2002　化学试剂　标准滴定溶液的制备

GB/T 603—2002　化学试剂　试验方法中所用试剂及制品的制备

GB/T 10345—2007　白酒分析方法（包括感官评定、酒度、总酸、总酯、固形物、乙酸乙酯、己酸乙酯、乳酸乙酯、丁酸乙酯、丙酸乙酯、正丙醇、β-苯乙醇、3-甲硫基丙醇等的检验方法）

GB/T 10346—2006　白酒检验规则和标志、包装、运输、贮存

GB/T 5009.48—2003　蒸馏酒及配制酒卫生标准的分析方法

GB/T 5009.12—2010　食品中铅的测定

有些香型白酒的特殊指标或例行检验指标的试验方法，虽然没有相应的国家标准可直接采用，但在这些产品的产品标准"附录"中都给出了试验方法。

检验中，检验标准虽然是一致的，但检验结果的正确性却受到各种因素的影响，包括人、测量设备、测量过程的环境条件、检测方法等。只有这些因素得到了控制，才能确保检测结果的正确性。

人员方面，主要是评酒员和检验人员，一是应经过严格的培训考核合格后持证上岗，掌握必需的岗位技能；二是应具备认真负责的敬业爱岗精神；三是掌握岗位管理要求（包括工作程序、安全要求）和设备、试剂、溶液的性能，养成按规程操作的良好习惯。

测量设备方面，一是应保证测量设备的计量要求满足测量要求；二是用前检定或校准，并按规定的检定或校准间隔进行检定或校准，确保在有效期内使用；三是作好日常维护和重要测量设备的使用记录，保持测量设备性能良好。

测量过程的环境条件方面，应根据测量设备的要求确定环境条件，如温度、湿度、防震动、防电磁干扰、电源要求等。

检验方法方面，如气相色谱分析的内、外标法和程序升温条件等，同一标准中的试验方法可能有两个以上，应选择一个使用并保持方法的一致性。

对测量过程影响因素的控制，是一个过程方法，对于减少测量误差是非常重要的。为保证测量结果的正确性，还应该定期采用核查标准法、比对法（与上级检验机构比对或企业内部组织进行）及数据分析等方法对测量过程进行控制，以便发现测量过程的不稳定因素，并及时进行纠正。

# 第八章　白酒的质量分析

## 第一节　白酒的感官质量分析

白酒的感官质量分析就是评酒员利用自己的感觉（视觉、嗅觉和味觉）来鉴别白酒质量优劣的一门检测技术。对白酒质量的鉴评是一看色泽、二闻香气、三尝味道、四定风格，进行综合判定。到目前为止，尽管受地区、民族、习惯以及个人爱好和心理等因素的影响，但还没有任何分析仪器能替代人的感官评品。

### 一、评酒员的条件

（1）要熟知各类香型白酒的标准，正确运用评语，掌握各类香型白酒的生产工艺特点，典型香型酒的感官风格特点及香味组成等方面的知识，具备较熟练的评酒技巧。

（2）身体健康，并保持感觉器官的灵敏。注意锻炼身体，尽量少吃或不吃口味重的辛辣刺激性食品。

（3）工作态度认真，实事求是，以酒论酒，坚持质量第一的原则，不受权力和利益的驱使。

（4）树立为社会服务的宗旨。

### 二、评酒的标准方法

评酒员严格按 GB 10345.2—1989 白酒感官评定方法进行品评。

**1. 色泽**

将样品注入洁净、干燥的品评杯中，在明亮处观察，记录其色泽清亮程度、沉淀及悬浮物情况。

**2. 香气**

轻轻摇动酒杯，然后用鼻嗅闻，记录其香气特征。

**3. 口味**

喝入少量样品（约 2mL）于口中，以味觉器官仔细品尝，记下口味特征。

**4. 风格**

通过品尝香与味，综合判断是否具有该产品的风格特点，并记录其强、弱程度。

白酒品评记录表见表 8-1。

表 8-1　白酒品评记录表

轮次　　　　　　　　　　　　　　　年　　月　　日

| 酒样编号 | 评酒记分 | | | | | 评语 |
|---|---|---|---|---|---|---|
| | 色 5 分 | 香 25 分 | 味 60 分 | 格 10 分 | 总分 | |
| | | | | | | |
| | | | | | | |
| | | | | | | |
| | | | | | | |

评酒员：

## 三、各类香型白酒的风格描述及特征性成分

**1. 浓香型白酒**

浓香型白酒分"川派"和"江淮派"。川派酒特点是"浓中带陈"，窖香浓郁，具明显的粮香，它又有单粮酒和多粮酒之分，风格各不相同。"江淮派"亦称纯浓派，香气淡雅清爽，曲香较突出，柔顺。

主体香味成分是以己酸乙酯为主体的复合香味。

其风格描述为：窖香浓郁，绵甜爽冽，香味谐调，尾净味长。

品评要点：

（1）看其窖香浓郁程度，并细分出窖香、陈香、糟香、粮香、酯香的独特之处。

（2）品评其绵甜度，甜度不能过大，亦不能太小。业界常有"不甜非泸"之说，甜度的把握很关键。

（3）香与味要谐调，不能己酸乙酯香过浓出现浮香，还要求各香及香与味谐调统一，不能出现喧宾夺主现象。

（4）抓住酒的缺陷，要求不能出现泥臭、新酒味、糠味、霉味等。

**2. 清香型白酒**

清香型白酒以汾酒为代表。其主体香味成分为以乙酸乙酯为主体的复合香味。

品评要点：

（1）一清到底，没有杂味。

（2）醇甜自然，给人以舒适的感觉。

风格描述：清香醇正，醇甜柔和，自然谐调，余味爽净。

**3. 酱香型白酒**

酱香型白酒以茅台酒为代表。综合各方面资料认为，其特征成分有：①呋喃化合物；②芳香族化合物；③吡嗪类化合物。

其中5-羟基麦芽酚为酱香型白酒的特征组分,其他成分起着助香呈味作用。

品评要点:

(1) 酱香、焦香、果香、轻微的煳香组成的幽雅细腻的香气。

(2) 由于其酸度高,酸味明显,这也是品评其特点的一个方面。

(3) 空杯留香:好酒空杯留香持久;差酒空杯留香则差,或变味。

风格描述:酱香突出,幽雅细腻,酒体醇厚,回味悠长,空杯留香持久。

### 4. 米香型白酒

米香型白酒以桂林三花酒为代表,根据已测定的数据推论,乳酸乙酯、乙酸乙酯和β-苯乙醇是米香型白酒的特征成分。

品评要点:

(1) 突出β-苯乙醇味的玫瑰香气,香味清雅。

(2) 有品酒精的感觉,后味净且短。

(3) 口感突出"柔""净"。

风格描述:蜜香清雅,入口柔绵,落口爽净,回味怡畅。

### 5. 凤香型白酒

凤香型白酒以西凤酒为代表,其特征性成分:

① 乙酸乙酯与己酸乙酯比值为1:(0.12～0.37),绝对含量乙酸乙酯80～180mg/100mL,己酸乙酯10～50mg/100mL;

② 醇酯比为0.55:1;

③ 丙酸羟胺和乙酸羟胺为特征性成分。

品评要点:

(1) 醇香突出,带类似异戊醇等醇类的香气。

(2) 清香中带浓香味道,与清香型白酒比较,可以对比出己酸乙酯的味道来。

(3) 口感挺拔,有上冲的感觉。

风格描述:醇香秀雅,甘润挺爽,诸味谐调,尾净悠长。

### 6. 药香型白酒

药香型白酒以董酒为代表,其特征性成分可概括为"三高一低",即丁酸乙酯高、高级醇含量高、总酸含量高、乳酸乙酯含量低。

品评要点:(1) 药香味明显,类似霉味。

(2) 带丁酸及丁酸乙酯味。

(3) 酸味突出。

### 7. 芝麻香型白酒

芝麻香型白酒以国井、一品景芝为代表,确认3-甲硫基丙醇为其特征成分。

品评要点:

(1) 有一种轻微的酱香感,类似轻炒的芝麻香气。

(2) 醇厚丰满。

风格描述:焦香幽雅,纯净回甜,醇厚丰满,余味悠长。

**8. 兼香型白酒**

兼香型白酒分为以白云边酒为代表的酱中带浓型和以口子窖为代表的浓中带酱型。

品评要点：可找出浓香型和酱香型酒两种味道来，在浓香型酒可找酱味，在酱香型中可辨别浓香。

风格描述：浓酱谐调，醇厚丰满，余味悠长。

**9. 特香型白酒**

特香型白酒以四特酒为代表，其主要的特征性成分：

① 富含奇数碳脂肪酸乙酯，包括丙酸乙酯、戊酸乙酯、庚酸乙酯和壬酸乙酯，其量为各酒之冠；

② 含有多量的正丙醇，且正丙醇与丙酸、丙酸乙酯之间有极大的相关性；

③ 高级脂肪酸乙酯高。

品评要点：

（1）该酒带有明显的庚酸乙酯味道。

（2）甜度较大。

（3）带有一种特殊的糟香味。

（4）浓、清、酱三型似而不同，兼而有之。

风格描述：醇香舒适，诸味谐调，柔绵醇和，回甜味长。

**10. 豉香型白酒**

豉香型白酒以玉冰烧为代表，其特征成分特点如下：①酸、酯含量低；②$\beta$-苯乙醇含量为白酒之冠；③$\alpha$-蒎烯、庚二酸和壬二酸及其二乙酯为特征性成分。

品评要点：

（1）酒带蛤味。

（2）酒度特别低，口味上就能表现出来。

风格描述：玉洁冰清，豉香独特，醇厚甘润，余味爽净。

# 四、白酒中各香味物质的感官特征

白酒中的香味成分众多，由于其阈值大小不同、含量的多少不同，所呈现的香和味又有很大的差别。为了准确地鉴别白酒的优劣，搞好勾兑调味工作，还必须掌握和了解微量香味成分的单体香气特征。

**1. 香味成分阈值和强度**

所谓阈值就是指人们对某种香味成分能感觉到的最低浓度。也就是说，阈值越小，呈味作用越大；反之，阈值越大，呈味作用则越小。

香味强度是指白酒中各种香味成分的强弱程度，其大小是用该香味成分的浓度与该香味成分阈值之比来表示的。因此，白酒中各种香味成分的香味强弱，不仅和它的浓度有关，而且还与阈值大小有关。

**2. 香味成分的特征**

在白酒中的各种香味成分，既有各自的香味特征，又存在着相互复合、平衡和缓冲的作用。

各种香味物质受浓度、温度、溶剂、移位等因素的影响，呈香呈味特征亦不同。尤其是白酒由几百种香味组成的集合体，其表现出来的不仅仅是单体香气，更重要的是复合香气。

酒中口味物质存在着以下相互作用：

（1）中和　两种不同性质的物质相混合，它们失去各自独有的味道。

（2）抵消　两种不同性质的物质相混合，它们各自的味道被减弱。

（3）抑制　加入一种物质，从而使得另一种物质味道减弱或消失的现象，叫抑制。

（4）加强　加入一种物质，从而使整体味道增加的现象，叫加强。

（5）变味　同一物质在人的舌头上随停留时间长短不同而味觉发生变化的现象叫变味。

（6）综合　各物质通过相互中和、抵消、抑制和加强等作用，给人一种综合的味感。

# 五、通过品评指导生产

品评不仅仅是为鉴评酒而鉴评，应该是通过品评找出酒中的缺陷，以指导日常生产。现对酒中的有关缺陷及解决措施分述如下：

**1. 白酒中的臭气**

（1）臭气主要成分　硫化氢、硫醇、乙硫醚、丙烯醛、游离氨、丁酸、戊酸、己酸及其酯类。

（2）防止及解决措施

① 控制蛋白质　蛋白质不足时，发酵不旺盛，产酒香味淡薄；过剩时，促使窖内酸度上升，进而产生多量杂醇油及硫化物。因此，蛋白质过剩是有害的。

② 加强工艺卫生　卫生差，杂菌大量侵入，使酒醅生酸多，而有些杂菌（如嫌气硫化氢菌）生成硫化氢能力很强，给酒带入极重的邪臭味。

③ 掌握正确的蒸馏方法　如蒸馏时火力强，使酒醅中的含硫氨基酸在有机酸的影响下产生大量硫化氢，同时，一些高沸点物质（如番薯酮）也被蒸入酒中，使酒臭味增加。

④ 合理贮存　合理贮存，使之挥发掉新酒臭，是目前行之有效的方法。

**2. 白酒中的苦味**

（1）苦味成分　主要有糠醛、酪醇、丙烯醛、某些酚类化合物。

（2）防止及解决措施

① 加强辅料的清蒸，借以排除其邪杂味，并除去发霉原、辅料。

② 合理配料。用曲量不能过大，如果过量则蛋白质含量必然高，会产生酪醇、

杂醇油等苦味物质。

③ 控制杂菌。搞好蒸馏，减少杂味的生成及馏出量也是很重要的一环。

④ 加强勾兑。酒中的苦味物质是客观存在的，只是量的多少不同而已。通过勾兑使香味保持一定平衡，苦味就不明显了。

**3. 白酒中的酸味**

白酒饮时酸气突出，主要是乙酸量大，产生的原因主要是生产卫生条件差，或配料淀粉浓度高，蛋白质过多，下窖温度过高，曲子、酵母杂菌过多，发酵期过长，糊化不彻底所致。

**4. 白酒中的辣味**

（1）辣味成分　主要有糠醛、杂醇油、硫醇和乙硫醚，还有微量的乙醛、丙烯醛、丁烯醛。

（2）解决方式

① 正确使用辅料，避免在酿酒过程中生成糠醛和甲醇而影响质量。

② 工艺上严格卫生管理及工艺管理，防止酒醅大量杂菌感染。否则大量的乳酸菌与酵母共栖，产生的甘油变成丙烯醛、丁烯醛。另外，工艺条件控制不当，酒醅入池后，升火猛、落火快，发酵期长，使酵母早衰，产生较多的乙醛，也会导致酒的辣味增强。

③ 合理贮存，酒的辛辣味会减少。

**5. 白酒中的涩味**

（1）涩味成分　主要有乳酸和乳酸乙酯、单宁、糠醛及杂醇油。

（2）控制方式

① 降低酒醅内单宁的含量，除去多余的高粱外壳。

② 严格工艺，减少糠醛及杂醇油的生成，降低乳酸及其酯的生成。

**6. 其他异杂味**

窖池管理不善，上层粮糟由霉菌高温发酵产生倒烧味；糠壳用量过多，会产生糠腥味；滴窖不净，酒带黄水味；曲、原料、糟子发霉，酒会带霉味；底锅水不清洁或烧干，酒带煳味；摘酒不当，酒会带尾子味等。

# 六、评酒技巧

（1）鼻子和酒杯的距离要保持一致，一般在1～3cm。

（2）吸气量不要忽大忽小，吸气不要过猛。

（3）嗅闻时只能对酒吸气，不要呼气。

（4）酒样尽可能布满舌面。因为舌尖对甜敏感，舌两侧对酸敏感，舌尖到舌两侧对咸敏感，舌根对苦敏感。

（5）每次入口量要保持一致，以0.5～2.0mL为宜。

（6）品尝次数不宜过多，一般不超过3次，每次品尝后用凉开水漱口，防止味觉疲劳。

（7）要注重第一感觉，更不要猜酒，要独立思考。

（8）酒质香的和有异杂味的差酒要少品，且放在最后尝，重点对口味相近的酒仔细把握。

（9）随时作好特性点的品评记录。

（10）注意防止和克服顺序效应、后效应和顺效应。

① 顺序效应是指评酒时产生偏爱某种酒的现象。可以对此类酒进行正、反多次比较，以减弱偏爱心理。

② 后效应是指品评前一个酒样后，影响后一个酒样的现象。采取的措施是品完一个酒样后一定要漱口。

③ 顺效应是指在评酒过程中，经长时间的刺激，使嗅觉和味觉变得迟钝的现象。防止的办法是每轮次不宜过多，以 5 个为宜，每评完 1 轮次酒要休息半小时以上，以上下午各安排 2～3 轮次为好。

（11）注意把握酒的独特风味。可对香细分为窖香、陈香、粮香、曲香、糟香、酯香等方面来把握，对味从醇甜度、柔和度、爽净度、协调度、后味及有无缺陷（异杂味）上来重点把握。在风格上，根据香和味看该酒有无独特的个性。

# 第二节　理化卫生指标分析

白酒的理化卫生指标包括酒度、总酸、总酯、固形物、己酸乙酯（或乙酸乙酯）、等，具体化验方法见附录二。

另外，还有酸杂油、甲醇、铅、锰、氰化物等指标分析，本书从略（参见 GB/T 5009.48—2003《蒸馏酒及配制酒卫生标准的分析方法》）。

# 第三节　白酒的微量成分剖析

白酒中香味成分以醇、酯、酸类为主，还有羰基化合物，含硫、含氮化合物等，已检测出成分 300 余种，常规分析只能对化学基团起反应，如总酸、总酯，测出的是一类物质的总量，而对白酒的质量控制不仅需要这几项指标，更重要的是对各微量成分进行量化控制、科学分析。

色谱分析是一种物理分离方法，使混合物中各组分在两相间进行分配，其中一相是不动的，组成固定床，叫做固定相；另一相是推动混合物流过此固定相的流体，叫做流动相。当流动相中所含有的混合物经过固定相时，就会与固定相发生相互作用。由于各组分性质与结构不同，相互作用的大小、强弱也有差异，因此在同一推动力作用下，不同组分在固定相中的滞留时间有长有短，从而按先后次序从固定相流出。这种借两相间分配（或吸附）原理而使混合物中各组分获得分离的技术，称为色谱分离技术。

目前白酒行业常用的色谱柱有 DNP 混合柱、PEG 柱及毛细管柱。

## 一、DNP 混合柱直接进行分析

DNP 混合柱是邻苯二甲酸二壬酯和吐温以 20∶7 混合的混合柱，它以乙酸正丁酯为内标，一次进样可定量白酒中的醇、醛、酯等主要香味成分约 20 种，适用于日常生产分析。

参考操作条件：

柱温 95～100℃，汽化、检测温度均为 150℃。对 $\phi$2mm、柱长 2m 柱，$N_2$ 20mL/min；对 $\phi$3mm 柱，$N_2$ 50mL/min。$H_2$ 50mL/min，空气 500mL/min。

白酒中主要醇、酯等组分的相对校正因子见表 8-2。

表 8-2　白酒中主要醇、酯等组分的相对校正因子（$f$ 值）

| 组分 | 以乙酸正丁酯为内标 | 组分 | 以乙酸正丁酯为内标 |
|---|---|---|---|
| 乙醛 | 1.81 | 异丁醇 | 0.81 |
| 甲醇 | 1.45 | 正丁醇 | 0.78 |
| 乙酸乙酯 | 1.50～1.70 | 丁酸乙酯 | 1.00 |
| 正丙醇 | 0.90 | 异戊醇 | 0.75 |
| 仲丁醇 | 0.93 | 乳酸乙酯 | 1.65 |
| 乙缩醛 | 1.25 | 糠醛 | 1.20 |
| | | 己酸乙酯 | 0.89 |

## 二、PEG 20M 柱直接进样分析

10% PEG（聚乙二醇）涂于 80～100 目 Chromosorb W（AW）载体上，用乙酸正丁酯为内标定量。

参考操作条件：

柱温 60℃ $\xrightarrow[\text{3min, 恒温}]{\text{5℃/min}}$ 125℃，汽化，检测器温度均为 150℃。

$N_2$ 60mL/min，$H_2$ 60mL/min，空气 1L/min。

相对校正因子见表 8-3。

表 8-3　相对校正因子（$f$ 值）

| 组分 | 以乙酸正丁酯为内标 | 组分 | 以乙酸正丁酯为内标 |
|---|---|---|---|
| 乙酸乙酯 | 1.58 | 己酸乙酯 | 0.90 |
| 异丁酸 | 1.00 | 正己酸 | 0.95 |
| 正丁酸 | 1.14 | 乙酸异戊酯 | 1.03 |
| 异戊酸 | 0.92 | 第二戊醇 | 1.13 |
| 乳酸乙酯 | 2.27 | 正戊醇 | 1.10 |
| 糠醛 | 1.45 | 庚醇 | 0.92 |

## 三、FFAP 毛细柱直接分析酸、醇、酯等

FFAP 柱是 PEG 20M 的改性柱（是 PEG 20M 与 2-硝基苯二酸的反应物），交

换后使用温度可达 260～270℃，更适用于白酒香味成分的分析和研究。其中澳大利亚 SCE 公司的 FFAP 柱 (SP-21)，内径 0.32mm，柱长 25m，液膜厚 0.25$\mu$m，用 $\beta$-苯乙醇测得理论塔板数为 2744 块/m。

分析参考条件为：

柱温 50℃ $\xrightarrow{30℃/min}$ 200℃，检测器及汽化温度均为 250℃。$N_2$ 气柱前压 30kPa，柱体积流速为 1.14mL/min，平均速度为 19.5cm/s；空气体积流速为 400mL/min；氢气 30mL/min，尾吹 30mL/min；分流比 42∶1。采用三重内标，内标 1 为叔戊醇，内标 2 为乙酸正戊酯，内标 3 为 2-乙基正丁酸。

在 FFAP 柱上各组分定量校正因子见表 8-4。

表 8-4　在 FFAP 柱上各组分定量校正因子（$f$ 值）

| 采用叔戊醇作内标(1) | | 采用乙酸正戊酯作内标(2) | | 采用 2-乙基正丁酸作内标(3) | |
|---|---|---|---|---|---|
| 组分名称 | $f$ 值 | 组分名称 | $f$ 值 | 组分名称 | $f$ 值 |
| 甲　醇 | 2.18 | 乙醛 | 1.80 | 醋鎓 | 4.14 |
| 2-丁二醇 | 1.29 | 正丙醛＋异丁醛 | 1.64 | 乳酸乙酯 | 1.60 |
| 正丙醇 | 1.23 | 甲酸乙酯 | 1.49 | 4-甲基吡嗪 | 0.75 |
| 异丁醇 | 1.08 | 异戊醛 | 1.46 | 糠醛 | 1.14 |
| 2-戊醇 | 1.12 | 2-戊酮 | 0.96 | 乙酸 | 4.50 |
| 正丁醇 | 1.14 | 丁酸乙酯 | 1.17 | 苯甲醛 | 0.61 |
| 活性戊醇 | 0.99 | 乙酸异戊酯 | 1.12 | 丙酸 | 2.11 |
| 异戊醇 | 0.99 | 戊酸乙酯 | 1.18 | 异丁酸 | 1.32 |
| 正戊醇 | 1.06 | 己酸乙酯 | 0.98 | 2,3-丁二醇 | 3.22 |
| 正己醇 | 1.06 | 庚酸乙酯 | 1.08 | 丁酸 | 1.57 |
| | | 辛酸乙酯 | 1.04 | 糠醇 | 1.14 |
| | | 己酸异戊酯 | 0.92 | 丁二酸二乙酯 | 1.27 |
| | | | | 异戊酸 | 1.06 |
| | | | | 戊酸 | 1.26 |
| | | | | 苯乙酸乙酯 | 0.73 |
| | | | | 己酸 | 1.23 |
| | | | | $\beta$-苯乙醇 | 0.89 |
| | | | | 庚酸 | 1.21 |

# 第九章　微量成分与酒质的关系

白酒的主要成分是酒精和水，占总量的98%～99%，但决定白酒质量和风格的却是许多微量的呈香呈味有机化合物及其量比关系，该类物质占总量的1%～2%。从微量成分总体上看，酯类是重要的呈香物质，是形成酒体浓郁香气的主要因素；有机酸是酒中重要的呈味物质；醇类对形成酒体的风格，促使酒醇厚丰满起着重要的作用。

## 第一节　不同香型白酒香味成分比较

中国白酒与其他著名蒸馏酒相比，在香味成分上酸高、酯高、醛酮高，但高级醇低，它是由原料、酿造微生物、发酵工艺及设备、蒸馏方式、贮存设备等因素造成的，具体的成分见表9-1。

表 9-1　不同香型白酒香味成分比较

| 成分 | 香型 | | | | | | | | | |
|---|---|---|---|---|---|---|---|---|---|---|
| | 浓香型 | 酱香型 | 清香型 | 米香型 | 药香型 | 兼香型 | 凤香型 | 芝麻香型 | 特香型 | 豉香型 |
| 总量 | 855 | 800 | 839 | 308 | 895 | 808 | 465 | 634 | 938 | 205 |
| 总酸 | 134 | 176 | 124 | 85 | 291 | 137 | 60 | 69 | 290 | 40 |
| 总酯 | 520 | 297 | 570 | 126 | 309 | 351 | 191 | 202 | 342 | 41 |
| 总醛 | 65 | 83 | 14 | 11 | 38 | 74 | 20 | 70 | 12 | 4 |
| 总醇 | 97 | 179 | 80 | 83 | 220 | 188 | 114 | 277 | 271 | 120 |
| 己酸乙酯 | 198.4 | 23.3 | 2.2 | 1.7 | 34.5 | 71.6 | 23 | 32.4 | 25 | — |
| 乳酸乙酯 | 135.4 | 110.7 | 261.6 | 48.2 | 96.2 | 126.3 | 42.4 | 57.2 | 204.4 | 13.1 |
| 乙酸乙酯 | 126.4 | 105.8 | 305.9 | 42.1 | 150 | 127.8 | 122 | 95 | 109.4 | 27.4 |
| 丁酸乙酯 | 20.5 | 21.2 | — | 0.6 | 24.9 | 25.9 | 3.9 | 17.9 | 3.2 | — |
| 戊酸乙酯 | 5.7 | 2.9 | — | 0.1 | 3.9 | — | — | — | — | — |
| 己酸 | 29.6 | 10.2 | 0.2 | — | 31.1 | 13.4 | 7.2 | 7.8 | 7.2 | 0.85 |
| 乙酸 | 46.5 | 76.3 | 94.5 | 33.9 | 132.1 | 59.3 | 36.1 | 46.6 | 73 | 30.9 |
| 乳酸 | 24.4 | 62.3 | 28.4 | 48.7 | 48.7 | 44.2 | 1.8 | 5.2 | 158.5 | 7.1 |
| 丁酸 | 6.5 | 6.8 | 0.7 | 0.17 | 46.2 | 11.4 | 7.2 | 6.9 | 22.9 | — |
| 乙缩醛 | 47 | 52 | 51 | 4 | 37 | 58 | 80 | 16 | 23 | |

从表9-1可以看出：

（1）香味成分总量除豉香型、米香型、凤香型较低外，浓香、酱香、清香、药香、兼香、特香、芝麻香型都比较接近。

（2）总酸以药香、特香型为最高，其次是酱香型，其余依次是清香、浓香、药香、兼香、米香、芝麻香、凤香型，最低为豉香型。

（3）总酯以浓香型较高，其次是清香、酱香、兼香、特香、药香、芝麻香、米香，最低是凤香型和豉香型。大曲酒中含量较高的酯是乙酸乙酯、乳酸乙酯、己酸乙酯、丁酸乙酯四大酯。

（4）醇类在白酒中的含量，无论从总醇量来看，还是从各种醇量来看，不同的酒基含量差异不大，规律性不强，但某些差别却是造成各种酒口味不同的重要原因。

（5）醛酮总量相差悬殊，以酱香型最高，其次是浓香、清香、米香，其他香型因种类不同，不便比较。

（6）酚类物质在白酒中含量很少，但呈香作用大，此类物质的研究还不够深入，尚需努力。

# 第二节　香味成分的阈值

名酒都有其独特的风格，这种风格是由所含芳香物质的种类、含量和比例而决定的，酒中各种微量物质通过它们相互的缓冲、协调、烘托来达到平衡作用，从而具备不同的香型风格和风味特征。

相同含量的微量成分在不同香型的白酒中，其滋味也有大有小，甚至有的没有感觉，究其原因是各种微量物质的香味界限值强度受到其他香味物质的影响。所谓香味界限值是指酒中某种微量成分刺激味蕾，为人们所感觉到的最低浓度的数值，也称为滋味阈值。白酒中各种香味成分的强弱程度，称为该香味成分的香味强度。其大小用该香味成分的含量与阈值之比来表示，称为香味单位。

通过对滋味阈值和香味强度的研究，有以下启示：

①　如果酒中某种香气成分在它的阈值以下发生浓度变化，不管浓度如何改变，不会引起人们在感官品评时的明显反应。

②　在白酒中，有许多芳香成分，虽然其滋味阈值较小，但由于它在酒中的浓度未达到阈值，仍然不能明显地觉察到它的香味。而有些芳香成分，虽然在酒里含量较高，但由于它的阈值较大，它在酒整体呈香中也不能发挥出明显的作用；反之，某种香气成分在酒中含量虽少，但因其阈值更小，则这种香气的强度就高，它对酒的香味影响作用就大。

③　各种白酒的香气主体成分，大多数是酯类物质，酯类在白酒中的含量较高，但各种酯的阈值不大一样，因此出现不同风格的各种香型白酒。如在浓香型白酒中，虽然乙酸乙酯和己酸乙酯的含量有时差不多，但是由于乙酸乙酯的阈值比己酸乙酯的阈值大很多倍，因此就突出了己酸乙酯的香味。

④　白酒中所含的酸类，以乙酸的阈值较小，它对酒的主体香起到衬托作用。羰基化合物的乙醛、双乙酰的阈值低于它们在酒中的浓度，因此，对酒的风味也有

较大的影响。在酒基处理时，应预先对酒中过多的醛类进行排除，使醛去掉大部分和减少到不妨碍酒体香味的程度。

⑤ 几种具有不同阈值的芳香物质混合后，会产生新的复合香味和混合味的阈值，所以调味调香时，用相同品种的芳香物质试调它们的不同用量，找到最佳的混合香味及混合香味的阈值。这种试验是寻找优良调味、调香的重要途径。

白酒中有机酸的风味特征见表 9-2。

表 9-2　白酒中的有机酸风味特征

| 名　称 | 分　子　式 | 沸点/℃ | 味阈值/(mg/L) | 风味特征 |
|---|---|---|---|---|
| 甲　酸 | HCOOH | 100～101 | 1 | 微酸味，进口微酸，微涩，较甜 |
| 乙　酸 | CH₃COOH | 118.2～118.5 | 2.6 | 闻有酸味和刺激感，爽口，微酸甜 |
| 丙　酸 | CH₃CH₂COOH | 140.7 | 20 | 闻有酸味，进口柔和稍涩，微酸 |
| 异丁酸 | (CH₃)₂CHCOOH | 154.7 | 8.2 | 类似正丁酸气味 |
| 正丁酸 | CH₃(CH₂)₂COOH | 163.55 | ＞3.4 | 轻微的大曲酒糟香和窖泥味，微酸甜 |
| 正戊酸 | CH₃(CH₂)₃COOH | 185.5～186.6 | ＞0.5 | 有脂肪臭，似丁酸气味，稀时无臭，微酸甜 |
| 异戊酸 | (CH₃)₂CHCH₂ | 176.5 | 0.75 | 同正戊酸 |
| 乳　酸 | CH₃CHOHCOOH | 122(2kPa) | | 微酸，甜，涩，略有浓厚感 |
| 己　酸 | CH₃(CH₂)₄COOH | 205.8 | 8.6 | 强脂肪臭，有刺激感，似大曲酒气味，爽口 |
| 庚　酸 | CH₃(CH₂)₅COOH | 22.3 | ＞0.5 | 强脂肪臭，有刺激感 |
| 辛　酸 | CH₃(CH₂)₆COOH | 239.7 | 15 | 脂肪臭，微有刺激感，置后浑浊 |
| 壬　酸 | CH₃(CH₂)₇COOH | 255.6 | ＞1.1 | 特有脂肪气息及其气味 |
| 苯甲酸 | ⬡—COOH | 249 | | 几乎无气味，或呈微香(酯)气，有甜酸的辛辣味 |

# 第三节　香味成分在白酒中的作用

## 一、微量成分对酒质的影响

### 1. 主体香的绝对含量及其他助香成分的比例

主体香的多寡是决定酒质优劣的标志，主体香是通过助香成分烘托、缓冲、平衡形成的复合香味而成就酒的典型风格的。如浓香型白酒要求四大酯的一般排序为：己酸乙酯＞乳酸乙酯＞乙酸乙酯＞丁酸乙酯，如果乳酸乙酯过高则酒发闷，乙酸乙酯过高则酒偏格。可见，如果比例不当，会使酒出现各种缺陷，甚至影响风格。

### 2. 各类成分对酒质的作用

（1）醇类　是醇甜和助香剂的主要物质来源，适量的高级醇是构成白酒香味的物质，它起到烘托主体香的作用，但含量过多，则导致酒味苦、涩、杂。多元醇在白酒中呈甜味，主要有丙三醇、2,3-丁二醇、甘露醇等，在酒中起缓冲作用，它使白酒增加绵甜、回味和醇厚感。

（2）酯类　是中国白酒香味的主要来源，其量比关系及含量决定着白酒的不同典型风格。且乳酸乙酯和乙酸乙酯是白酒中重要的香味成分，在所有酒中含量都不少。如乳酸乙酯对保持酒体的完整性起到很大的作用，过少酒体不完整，过多则主体香不突出，甚至造成香气发闷或酒体不爽，所以其量比关系非常关键。

（3）酸类　是白酒中关键的呈味成分，它对协调各香味的关系非常重要。如果酸量少，酒味寡淡，后味短；酸过量，则酒体粗糙，失去香与味的平衡。适量的酸可使酒体醇厚、丰满。

（4）羰基化合物（醛酮类）　是构成白酒香味的重要成分。如乙醛在白酒中有携带作用，可以提高酒的香气。酮类物质香气较为绵柔细腻，如2,3-丁二酮、3-羟基丁酮能使酒体产生愉快的香气，在名优酒中含量较多。

缩醛类随白酒的贮存时间增长而不断增加。白酒中的乙缩醛能赋予白酒清香、柔和感。

（5）芳香族化合物　如4-乙基愈创木酚、香草醛等是酱香型白酒的重要物质，含量甚微，主要起助香作用，同时增加酒味的绵长感。另外，$\beta$-苯乙醇具有蜜香味，是米香型白酒的主体香气，在豉香型白酒中含量也颇多。

（6）其他　吡嗪、呋喃类含氮、含氧杂环化合物是酱香型、芝麻香型及兼香型白酒的重要香味成分。

## 二、各种香型酯、酸、醇、醛酮的含量关系

### （一）清香型

① 酯类：乙酸乙酯＞乳酸乙酯＞己酸乙酯＞丁酸乙酯［1∶（0.7～0.9）∶0.007∶极微量］

② 酸类：乙酸＞乳酸＞丁酸＞己酸(1∶0.3∶0.95∶0.002)

③ 醇类：异戊醇＞丙醇＞异丁醇＞丁醇(1∶0.6∶0.4∶0.04)

④ 醛酮类：乙缩醛＞乙醛＞糠醛＞双乙酰(1∶0.4∶0.008∶极微量)

### （二）酱香型

① 酯类：乙酸乙酯＞乳酸乙酯＞己酸乙酯＞丁酸乙酯(1∶0.95∶0.3∶0.2)

② 酸类：乙酸＞乳酸＞丁酸＞己酸(1∶0.95∶0.2∶0.18)

③ 醇类：异戊醇＞异丁醇＞丁醇＞正丙醇(1∶0.82∶0.51∶0.12)

④ 醛酮类：乙缩醛＞乙醛＞双乙酰＞糠醛(1∶0.45∶0.27∶0.24)

### （三）浓香型

① 酯类：己酸乙酯＞乳酸乙酯＞乙酸乙酯＞丁酸乙酯［1∶（0.6～0.7）∶（0.5～0.6）∶0.1］

② 酸类：乙酸＞己酸＞乳酸＞丁酸［（1.1～1.6）∶1∶（0.5～1.0）∶（0.5～1.0）］

③ 醇类：异戊醇＞正丙醇＞异丁醇＞丁醇［（2.6～2.9）∶1.5∶1∶0.6］

④ 醛酮类：乙缩醛＞乙醛＞糠醛＞双乙酰(2.78∶1∶0.04∶0.0051)

### （四）米香型

① 酯类：乳酸乙酯＞乙酸乙酯(1：0.28)

② 酸类：乳酸＞乙酸＞丁酸(1：0.72：0.003)

③ 醇类：异戊醇＞异丁醇＞正丙醇＞正丁醇(1：0.35：0.26：0.0055)

④ 醛酮类：乙醛＞糠醛＞乙缩醛(1：0.42：0.39)

### （五）凤香型

① 酯类：乙酸乙酯＞乳酸乙酯＞己酸乙酯＞丁酸乙酯(1：0.35：0.19：0.03)

② 酸类：乙酸＞己酸＝丁酸＞乳酸(1：0.2：0.2：0.05)

③ 醇类：异戊醇＞异丁醇＞正丙醇＞正丁醇(1：0.38：0.3：0.16)

④ 醛酮类：乙缩醛＞乙醛＞糠醛＞双乙酰(1：0.25：0.05：0.005)

### （六）药香型

① 酯类：乙酸乙酯＞己酸乙酯＞乳酸乙酯＞丁酸乙酯(1：0.6：0.5：0.2)

② 酸类：乙酸＞丁酸＞己酸＞乳酸(1：0.4：0.18：0.07)

③ 醇类：正丙醇＞异戊醇＞异丁醇＞正丁醇(1：0.6：0.29：0.23)

④ 醛酮类：乙缩醛＞糠醛＞乙醛＞双乙酰(1：0.6：0.5：0.01)

### （七）芝麻香型

① 酯类：乙酸乙酯＞乳酸乙酯＞己酸乙酯＞丁酸乙酯(1：0.9：0.3：0.1)

② 酸类：乙酸＞乳酸＞己酸＞丁酸(1：0.4：0.2：0.1)

③ 醇类：正丙醇＞异戊醇＞异丁醇＞正丁醇(1：0.7：0.3：0.2)

④ 醛酮类：乙缩醛＞乙醛＞糠醛＞双乙酰(1：0.8：0.5：0.3)

## 三、微量成分与酒质的关系

据相关科研报道，白酒香味成分分析已达到了一个全新的高度。酱香型白酒检测出香味成分873个，出峰数963个；清香型白酒703个；凤香型白酒826个。微量成分囊括了醇类58种，醛类19种，缩醛类10种，酮类38种，酯类124种，脂肪酸类31种，吡嗪类12种，酚类27种，芳香族化合物91种，萜烯类41种，吡啶吡咯类8种，呋喃类22种，内酯类10种，硫化物16种，氨基类7种，烷烃类38种，其他化合物11种，未知类若干。

研究香味与分子结构的关系，丰富对微量成分的感官认识，对进一步摸清白酒中各类微量成分的呈香呈味功能有重要意义。

根据对芝麻香型白酒香味成分的分析研究，烷基吡嗪和乙酰基吡嗪是其香气的主要组分。大多数杂环化合物和含硫化合物均具有强烈的放香作用，是主要的助香成分。吡嗪类的单体多数是焙烤香，有些具有爆米花香、焦香。呋喃类具有甜香，酚类具有烟味，噻唑具有坚果香，含硫化合物具有葱香……因此，对各香型白酒研究，从香味与分子结构的关系来判定微量成分的感官作用，具有较强的现实指导意义。

**1. 在食品风味中，香味与分子结构的关系**

① 焦糖香味：麦芽酚、乙基麦芽酚、4-羟基-2,5-二甲基-3(2$H$)-呋喃酮、4-羟基-5-甲基-3(2$H$)-呋喃酮、4-羟基-2-乙基-5-甲基-3(2$H$)-呋喃酮、甲基环戊烯酮醇（MCP）等。

② 焙烤香味：2-乙酰基吡嗪、2-乙酰基-3,5(6)-二甲基吡嗪、2-乙酰基吡啶、2-乙酰基噻唑等。

③ 肉香味：3-呋喃硫化物、$\alpha,\beta$-二硫系列、3-巯基-2-丁醇、$\alpha$-巯基酮系列、1,4-二噻烷系列、四氢噻吩-3-酮系列等。

④ 烟熏香味：丁香酚、异丁香酚、愈创木酚、4-乙基愈创木酚、香芹酚、对甲酚、对乙基苯酚、2-异丙基苯酚、4-烯丙基-2,6-二甲氧基苯酚、4-甲基-2,6-二甲氧基苯酚等。

⑤ 葱蒜香味：带有丙硫基或烯丙硫基基团的化合物，如烯丙硫醇、烯丙基硫醚、丙硫醇等。

**2. 浓香型白酒中香味成分与酒质之间的关系**

利用 GC-MS 和 MDGC-MS 分析，结合感官评价进行分析，浓香型白酒香味成分与酒质之间存在着以下关系：

① 浓香型白酒的重要化合物为：己酸乙酯、丁酸乙酯、己酸丁酯、1,1-二乙氧基-3-甲基丁烷、3-甲基丁酸乙酯、辛酸乙酯、己酸、戊酸乙酯、丁酸、戊酸、辛酸、乙缩醛、乙酸乙酯、环己羰酸乙酯、庚酸乙酯、3-甲基丁酸、3-甲基丁醇、甲基吡嗪、糠醛、4-乙基愈创木酚、香草醛、2-苯乙醇、乙酸-2-苯乙酯等。

其中 4-乙基愈创木酚、4-甲基愈创木酚、4-乙基苯酚，赋予白酒丁香、甜香及烟熏香等香气；1,1-二乙氧基乙烷、1,1-二乙氧基-2-甲基丙烷、1,1-二乙氧基-3-甲基丁烷等，能赋予白酒水果香和花香。

这些复杂成分的幽雅香气，也是优质白酒品质高雅，与一般白酒有所区别的重要原因所在。

② 己酸乙酯与适量的丁酸乙酯、戊酸乙酯、庚酸乙酯、辛酸乙酯、乙酸乙酯共存，有助于前香和喷香，是酒香馥郁的重要因素之一。

③ 戊酸乙酯、戊酸、甲酸、丁酸、庚酸、辛酸、丙醇等，对白酒的陈味贡献较大。其中，酸的变化是研究陈味的重要途径之一。

④ 醛类物质如乙醛、乙缩醛等，对酒的"香""爽"贡献较大。适量的异戊醛、异丁醛呈坚果香，其含量过多则糙辣、劲大。

⑤ 酸类物质是白酒中重要的呈香呈味物质。甲酸、戊酸对白酒的陈味有一定贡献，丁酸、己酸、戊酸、乳酸、庚酸对绵甜贡献较大，但其含量过多，则使白酒出现杂味。乙酸对白酒的爽净贡献很大，过多则压香。

⑥ 酯类物质中己酸乙酯与戊酸乙酯对白酒的陈味贡献较大。乳酸乙酯和戊酸乙酯对白酒的绵甜贡献较大。

⑦ 醇类物质中，正丙醇对白酒的陈味和绵甜贡献较大；多元醇对香气和绵甜贡献较大，过多则易使酒体糙辣、劲大及味杂。

白酒中的微量成分复杂而含量甚微，各微量成分的绝对含量和它们之间的量比关系是影响白酒质量和风格的关键，也是一个非常复杂的问题。随着分析技术的不断发展和研究的不断深入，有助于进一步探明微量成分的来源以及与白酒品质的关系。

# 第十章 白酒品评

白酒品质优劣的鉴定，通常是通过理化分析和感官检验的方法来实现的。所谓理化分析，就是使用各种现代仪器，对组成白酒的主要物理化学成分，如乙醇、总酸、总酯、高级醇、甲醇、重金属、氯化物等进行科学分析（统称卫生指标测定）。所谓感官检验，就是人们常说的品评、尝评、鉴评等，它是利用人的感觉器官——眼、鼻、口，来判断酒的色、香、味、格的方法。具体说，就是用眼观察白酒的外观、色泽和有无悬浮物、沉淀物等，简称为视觉检验；用鼻闻白酒的香气，检验其是否有酸败味及异味等，简称为嗅觉检验；将酒含在口中，使舌头的味觉与鼻子的嗅觉对白酒形成综合感觉，简称为风味（又称风格）检验。白酒是一种味觉品，它的色、香、味、格的形成不仅取决于各种理化成分的数量，还决定于各种成分之间的协调平衡、微量成分衬托等。而人们对白酒的感官检验，正是对白酒的色、香、味、格的综合性反映，这种反映是很复杂的，仅靠对理化成分的分析不可能全面地、准确地反映白酒的色、香、味、格的特点。因此，对白酒品质的鉴定，更多地是依靠感觉器官的品评来弥补其不足。

## 第一节 品评的意义和作用

品评，就是用人的感觉器官，按照各类白酒的质量标准来检测酒质优劣的方法。它既是判断酒质优劣的主要依据，又是决定勾兑与调味成败的关键。名酒要想改善和提高酒质，提高名酒比率，必须重视这一十分重要的生产环节。

品评还是行业主管部门监督产品质量，评选名优产品的手段。通过对行业同类产品的尝评，能掌握产品质量的动态，了解产品质量达到的水平，评选出名优酒，促进生产厂家提高质量水平。特别是在生产过程中，品评人员对新酒进行的初步尝评，有助于生产工人及时发现产品出现的质量问题，及时总结经验教训，为改革工艺、提高产品质量提供实践依据，同时又可以帮助生产工人确定产品香型、等级，使专职保管人员在基础酒的分类、分级、分库贮存的过程中，掌握新酒老熟规律，提高工作效率。

对酒的品评的意义和作用，主要有以下几点：

（1）品评是工厂和管理部门检验、鉴别产品质量优劣和把好产品出厂质量关的重要手段。每一批酒成品质量好坏，是否一致和稳定，代表着一个厂的生产水平和品评的技术水平。

（2）通过品评可以了解生产中的弊病，从而发现生产中的问题，指导生产，改进酿造工艺，推广运用新技术、新工艺。品评就像眼睛一样监视着酿酒生产的每一环节。

（3）品评是勾兑与调味的基础，通过品评，可以迅速有效地检查勾兑与调味的效果。

（4）通过品评，可与他厂、车间同类产品比较，找出差距，以便进一步提高产品质量，吸收先进技术，改进生产工艺。

（5）实践证明，同物理化学分析方法相比，白酒的品评不仅灵敏度较高，速度较快，费用节省，而且比较准确，即使微小的差异也能察觉。它仍然是当前国内外鉴定酒质优劣的普遍的、主要的方法和手段。

总的来说，品评在酒类行业中起着极为重要的作用。不仅基础产品的分类、分级需要通过品评来确定，甚至勾兑调味的效果、成品出库前的验收也要由品评来把关。因此，品评贯穿于名优白酒生产的各个环节，是衡量产品质量的标准，也是指导生产的重要手段。因而，常有把一个酒厂的品评技术水平视为这个酒厂产品质量水平的标志的惯例。

# 第二节　品　评　训　练

白酒品评是利用人的感觉器官，即视觉、嗅觉、味觉，鉴别白酒质量的一门技术。它不需经过样品处理，直接通过观色、品味、闻香来确定其质量与风格的优劣。我们还可以通过品评结果进行勾兑，使香味物质保持平衡，并保持自家风格。因其快速的特点，所以被所有厂家采用。即使在目前科学技术发达的时代，也难以用仪器来代替品评。然而，品评既是一门技术，又是一门艺术，所以要求评酒员在文化上、经验上都需要具备一定的水平。

## 一、建立一支评酒队伍

应尽量挑选青年人当评酒员，但不能选用"酒鬼"，因为喝酒与评酒是两码事。随着人的年龄增长，嗅觉、味觉器官逐渐退化，远不及年轻时敏感，所以评酒队伍应以青年人为主，搭配少数经验丰富的年长者为宜。

在评酒勾兑学习班上，多数学员尽管感官很灵敏，评酒工龄也很长，却不能掌握白酒的质量标准，不了解什么是好，什么是坏，而以个人爱好为标准，这样怎能把好质量关和提高产品质量呢？关键是由于他们不经常接触名酒，不了解名酒香味特点，更不了解市场上消费者喜爱的酒的香味。个别人甚至将异味当成香味。为了让评酒员练好基本功，酒厂领导要及时供应各类酒样，以资对照品评，多加练习，才能提高评酒员的鉴别水平。

领导要将政治上进步、诚实的青年培养选拔为评酒员。由于评酒员经常受感觉器官、身体条件及情绪的影响，存在个人差异，因此，要培养一支评酒队伍，首先要培养几名骨干，督促其苦练基本功；其次要保持队伍的相对稳定性；最后还要给予酒样等物质上的支持。

为了保证产品质量稳定与不断创新，名酒厂在评酒员中应组成相互促进且相互监督的三个部分：一组根据市场需要进行产品设计；二组根据设计要求进行产品勾兑；三组严把出厂关，对照产品与设计是否有出入。现在有的厂是勾兑人员又兼把守出厂关，这种自拉自唱、会计兼出纳的组织形式是极不合理的。

### （一）对评酒员的要求

**1. 大公无私**

对名牌酒、本厂酒与兄弟厂酒都要一视同仁，按酒说话，不能包藏私心。在这个问题上，领导首先要树立正确观念，对评酒员加强教育，不能有私心。

国家评酒员的责任是为国家选拔好酒，省市评酒员的责任是为省市选拔好酒，以此推动产品质量的提高与白酒事业的发展，对市场进行监督与检查，对国家及消费者负责，这是光荣的政治任务。片面地为本地区、本企业或个人谋求私利者，绝不是合格的评酒员。企业评酒要把好质量关，坚持质量第一原则，为企业树立良好信誉。

**2. 提高技术**

苦练基本功，掌握标准及典型风格，是把好质量关的关键所在。要识别风格，了解工艺，定期购进或交换样品，并督促评酒员认真训练。到大厂参观学习，广泛开展学术交流，以开阔评酒员眼界，不能只局限在本厂小圈子里。

**3. 熟悉生产**

评酒员应主动学习新鲜事物，掌握新知识，不能只当裁判员，应该成为提高质量的参谋。定期或有计划地参加生产劳动，与生产工人建立感情，树立威信。评酒员的工作不仅是把好质量关，更应通过评酒来指导生产，这才是评酒的真正目的。

**4. 坚持原则**

酒不成熟不勾兑，酒不合格不出厂。领导要给予支持，明确责任，不能因为自己有压力，就强迫评酒员提前勾兑出厂。只顾眼前利益，会酿成以后更大的隐患，这种教训是不少的。

产品质量是工厂的生命，在质量上领导要树立正确思想，而不是空洞的口号。要带动全厂职工树立"群众利益不可夺，企业信誉不可丢"的信念。

### （二）评酒员的基本功

评酒员苦练基本功只靠苦练也不行，还要拓宽知识领域，提高文化素质。否则，光靠一张嘴巴，在这突飞猛进的科学时代里是难以站住脚的。过去评酒是经验型的，现在已步入科学型，没有知识是不行的。评酒员应按下列内容循序渐进，这是必然过程，也是必须具备的条件。

**1. 检出力**

检出力是指对香及味有很灵敏的检出能力，换言之，即嗅觉和味觉都极为敏感。例如，在考核评酒员时，使用一些与白酒毫不相干的砂糖、味精、食盐、橘子汁等物质进行测验，其目的就在于检查评酒员的检出力，也是对灵敏度的检查，并防止有色盲及味盲者混入其中。检出力能体现出评酒员的素质，也是评酒员应具备的基础条件。但对评酒员来说，这尚是低级阶段，因为有的非评酒员也具有很好的检出力。所以说，检出力是天赋。

**2. 识别力**

要求对酒检出之后，要有识别能力。例如评酒员测验时，要求其对白酒典型体及化学物质作出判断，并对其特征、谐调与否、酒的优点、酒的问题等做出回答。又如，应对己酸乙酯、乳酸乙酯、乙酸、乳酸等简单物质有识别能力。

**3. 记忆力**

记忆力是评酒员基本功的重要一环，也是必备条件。要想提高记忆力，就需要勤学苦练，广泛接触酒，在评酒过程中注意锻炼自己的记忆力。接触多了就如对熟人格外熟悉一样，深深地记在脑子里。在品尝过程中，要专记其特点，并详细记录。对记录要经常翻阅，再次遇到该酒时，其特点应立即从记忆中反映出来，如同老友重逢一样。例如评酒员测验时，采用同种异号或在不同轮次中出现的酒样进行测试，以检验评酒员对重复性与再现性的反应能力，归根结底就是考察评酒员的记忆力。

**4. 表现力**

评酒员达到了成熟阶段，凭借着识别力、记忆力从中找出问题的所在，有所发挥与改进，并能将品尝结果拉开档次和数字化。这就要求评酒员熟悉本厂及外厂酒的特征，了解其工艺的特殊性，掌握主体香气成分及化学名称、特性。企业评酒员要熟悉本厂生产工艺的全过程，通过评酒提供生产工艺、贮存勾兑上的改进意见。若能如此运用自如，则已达到炉火纯青的地步，这样才能成为合格的评酒员。要达到如此境界也着实不易，但应作为评酒员的奋斗目标。

### （三）评酒员应知

**1. 了解生产工艺**

评酒员的任务是品评厂际之间、本厂车间及班组之间酒质量的优劣。实际上评酒员就等于酒的裁判员，所以必须了解生产工艺，这样才能大致推断出酒的优缺点是由何而来。

**2. 了解库存情况**

酒库不只是个产品周转场所，它还是生产工艺的一部分，因为酒在库里还会发生质的变化。作为评酒员，首先要把好入库关，同时要了解酒库贮量，尤其是不同贮存期的库存量。对于各种类型的酒，如酒头、酒尾、调香酒、基酒以及各种不同味道的奇异酒，都要心中有数。掌握这些，勾兑起来才能得心应手。如果不掌握库存，在销售旺季就可能断档或品种不全，如此难以保证质量。又如勾兑时只顾用好酒，好酒用光了以后怎么办？只有掌握库存量，做到心中有数，才能合理调配，这样才是优秀的评酒员。

**3. 了解市场需求**

在白酒市场竞争激烈的形势下，市场情况瞬息万变，品牌不断更换。作为评酒员，要顺应市场变化，不断地调整产品结构和组分，以满足市场需求。评酒员不能局限在小天地里只顾品评勾兑、千篇一律，不能只顾拉车而不抬头看路；而是要与销售人员密切配合，走出去调查市场，听取意见，这样才能够产销对路，有的放矢。

**4. 了解行业动态**

在加入世贸组织后，外国酒势必争夺市场，在酒业税率调整、各厂产品不断创新、工艺不断改革、新技术不断涌现的情况下，勾调工作应该如何进行，是很有学问的。评酒员应与时俱进，跟上形势，这样才能真正体现出评酒员的重要性。

评酒员是用嗅觉、味觉器官当作仪器来衡量酒的优劣，所以对嗅觉、味觉的组织结构和信息传达等都应该有所了解。虽然不需更高的要求，但也应具备这方面的常识，这是从事评酒工作必备的条件。这就要求评酒员要勤奋学习新知识，开阔眼界，不断地武装自己。

近 10 年来，我国评酒工作不论在理论上还是在实践上都取得了长足的进步，但我们也应该承认，与先进国家相比还有一定的差距。殷切希望青年人发奋图强，迎头赶上。现在评酒工作还存在两项亟待解决的问题：一是评酒必须与生产工艺相结合；二是评酒必须与化验分析相结合，这样才能充分发挥评酒的作用。

## 二、评酒员的训练

评酒员应学习有关感觉器官的生理知识，了解感觉器官组织结构和生理机能，正确地运用和保护它们；同时要阅读酒中各种微量成分的呈香显味特征与评酒用的术语。

**1. 色的感觉练习**

只要不是色盲，人是能正确区分各种颜色的。酒的颜色一般用眼直接观察、判别。我国白酒一般无色、透明，而有些酒类有自然物的颜色，如酱香型；其他香型白酒的色泽应允许微黄；黄酒有黄褐色、橙黄色并有光泽。同是一种颜色，明度（深浅程度）、纯度也会有不一样。评酒员应能区别各种色相（红、橙、黄、绿、青、蓝、紫）和差别微弱的色差。具备了这一基本功能，就能在评酒中找出各类酒在色泽上的差异。练习分组试料如下：

第一组：取黄血盐或高锰酸钾，配制成 0.1％、0.2％、0.25％、0.3％等不同浓度的水溶液，观察明度，反复比较。高锰酸钾要随用随配，可事先在杯底密码编号，以区分不同的浓度。盛液后自行将各杯次序混乱，然后通过目测法，将各杯按明度次序排好，可以看杯底的编号加以检验，看是否正确。开始各杯浓度级差间隔可以大些，逐步缩小级差间隔，不断提高准确性。

第二组：取陈酒大曲（贮存 2 年以上）、新酒、60°酒精和白酒（一般白酒），进行颜色比较。

第三组：选择浑浊、失光、沉淀和有悬浮物的样品，认真加以区别。

**2. 嗅觉训练**

人与人之间嗅觉差异较大，要使自己嗅觉达到较高的灵敏度，能够鉴别不同香气成分的差异，并且能够描述对香的感受，除具备一定生理条件外，还必须加以刻苦练习。作为评酒员应该熟识各种花、果芳香。这是评酒员嗅觉的基本功。嗅觉练习分组试料如下：

第一组：取香草、苦杏、菠萝、柑橘、柠檬、杨梅、薄荷、玫瑰、茉莉、桂花等各种香精、香料，分别配制成 1mg/L（百万分之一）浓度的水溶液，先明嗅，再进行密码编号，自我练习，闻、测区分是何种芳香（最好能区分其为天然物中萃取的或为人工化学合成物）。溶液浓度，可根据本人情况自行设计配成 2mg/L、3mg/L、4mg/L、5mg/L 不等。

第二组：取甲酸、乙酸、丙酸、丁酸、戊酸、己酸、庚酸、辛酸、乳酸、氨基酸、苯乙酸以及酒石酸等，分别配成 0.1% 的 54°酒精溶液或水溶液，进行明嗅，以了解各酸类物质在酒中所产生的气味，记下各自的特点，认真加以区别。

第三组：取甲酸乙酯、乙酸异戊酯、丙酸乙酯、丁酸乙酯、戊酸乙酯、己酸乙酯、庚酸乙酯、辛酸乙酯等，分别配成 0.01%～0.1% 的 54°酒精溶液，进行明嗅，以了解各种酯类在酒中所产生的气味，记下各自的特点，认真加以区别。

第四组：取乙醇、丙醇、正丁醇、异丁醇、戊醇、异戊醇、正己醇等，分别配成 0.02% 的 54°酒精溶液，进行明嗅，以了解各种醇类在酒中所产生的气味，记下各自的特点，认真加以区别。

第五组：取甲醛、乙醛、乙缩醛、糠醛、丁二酮等，分别配成 0.1～0.3% 的 54°酒精溶液，进行明嗅，以了解醛、酮类在酒中所产生的气味，记下各自的特点，认真加以区别。

第六组：取阿魏酸、香草醛、丁香酸等分别配成 0.001%～0.01% 的 54°酒精溶液，进行明嗅，以了解芳香族化合物在酒中所产生的气味。

第七组：取 60°酒精、液态法白酒，一般白酒、浓香型大曲酒、清香型大曲酒、米香型白酒、其他香型白酒等，进行明嗅，以了解上述酒型所产生的不同气味。

第八组：取黄水、酒头、酒尾、窖泥、霉糟、糠蒸馏液、各种曲药、木材、橡胶、软木塞、金属等进行明嗅，区分异常气味。有的物质也可用 54°酒精浸出液，澄清，取上层清液，分别嗅其气味，以辨别这些物质对酒类感染的气味。

**3. 味觉的练习**

练习的试料分组如下：

第一组：取乙酸、乳酸、丁酸、己酸、琥珀酸、酒石酸、苹果酸、柠檬酸等，每一种分别配成不同浓度（0.1%、0.05%、0.025%、0.0125%、0.00325%）的 54°酒精溶液，进行明尝，区别和记下它们之间和不同浓度之间的味道。

第二组：取乙酸乙酯、乳酸乙酯、丁酸乙酯、戊酸乙酯、己酸乙酯、庚酸乙酯、壬酸乙酯、月桂酸乙酯等，每一种分别配成不同浓度（0.1%、0.05%、0.025%、0.0125%、0.00625%）的54°酒精溶液，进行明尝，区别和记下它们之间和不同浓度之间的味道。

第三组：诸味的鉴别。取甜味的砂糖0.75%，咸味的食盐0.2%，酸味的柠檬酸0,015%，苦味的奎宁0.0005%，涩味的单宁0.03%，鲜味的味精（80%）0.1%，辣味的丙烯醛0.0015%，分别配成水溶液，并与无味的蒸馏水进行品尝鉴别。

第四组：异杂味的区别。取黄水、酒头、酒尾、窖泥液、糠蒸馏液、丢糟液、霉糟液、底锅水等，分别用54°酒精配成适当溶液，进行明尝，或再进行密码编号测试，区别和记下各种味道的特点。

第五组：酒度高低的鉴别。取同一酒基兑成65°、60°、50°、45°、40°、32°、18°、15°、12°等不同酒度的酒，品评区别其酒度的高低，并排列由低至高的顺序。

第六组：名酒香型的鉴别。取茅台、汾酒、泸州特曲、三花酒、董酒等进行评尝，写出其香型及标准评语。

第七组：对同一香型酒的鉴别。如浓香型中的五粮液、古井贡酒、洋河大曲、双沟大曲、泸州特曲、剑南春等，进行评尝，写出各酒相同和差异的情况。

第八组：各类酒的鉴别。取大曲酒、小曲酒、麸曲酒、串香酒、酒精统一兑成酒度54°，进行对比和品评，加以区别，记下特征。

**4. 在练习中注意的事项和步骤**

（1）各种试料选择的组别和组中的品种多少，可根据学习班和厂家的情况，灵活掌握，不必强求一致，一般一次不宜太多。按照一定的标准浓度分别配成水溶液或酒精溶液（掺兑用水，应是蒸馏水，酒度以54°为适宜，其纯度越高越好），然后由受训人员进行试看、试嗅、试尝，用明评或暗评，抑或两种都用，重复练习，对比辨别，直至达到对每种试液的特殊视觉、气味和口味都能记忆，即任取一种，便能敏捷地正确分辨为止。

（2）标准溶液和水量，有些试料可按几何级数逐渐加大，其浓度不小于"最小可知差异"。由受训人员反复练习，直至达到各种溶液的浓度接近阈值时，仍能正确地加以区别。

（3）任何一种试液，浓度由阈值开始，配成多种不同的浓度（随着练习次数的增加，浓度差应逐渐缩小），编成密码，随意取出数杯由受训人员品评出其浓度的顺序。

（4）对已知酒类成分的酒样，用同浓度的纯净酒精，配入主要成分数量不同的混匀溶液，放置数天后，进行嗅、尝，了解不同浓度的香气和口味的特点。

（5）对酒样进行品评，然后对照已知的成分分析数据，以对比准确性。开始用酒样品评时，可用已知的同类酒的高低档酒进行对比练习。

（6）为了解各类酒的特点，应广泛地对国内外名酒对比品评，以丰富经验和记忆不同酒类的风格及其优劣；同时在生活中若有与酒接触的机会，应先以评酒员的身份来品尝，然后以消费者的角度来饮酒，积累经验，丰富技能。

## 三、品评的生物学基础

### （一）嗅觉

气味是由人的嗅觉感应出来的。据研究，至今人能够辨别出的气味有 1.7 万余种。例如，在森林里或雨后，会感到空气新鲜；又如，长时间乘船，尚未着陆时就会嗅到陆地的气味。人在遇到好的气味时，就不自觉地深呼吸；遇到恶臭时，就不自觉地憋一口气；闻到食物的香味时，则出现肚子饥饿或食欲感；闻到恶臭时，就失去食欲感，甚至会呕吐。好的气味能使人血压下降，恶劣的气味会使人心绪烦躁。

在食品领域中有许多独特的香气成分，对人们日常生活以及食文化都有很大影响。近年来随着生理学、心理学、化验分析的进步，跨学科的综合研究，使新兴的"香味学"日臻完善。目前"芳香疗法"在社会上极为流行，从中也发现了许多香气成分的奇妙作用，有的起到兴奋作用，也有的起镇静作用，大多数愉快而浓郁的香气有兴奋作用，而淡雅的植物性香气有镇静作用。

动物分为视觉型和嗅觉型，而嗅觉型动物是由视觉型退化而来的。有人将人的视觉、听觉看作是理性的，是智力的反映，将嗅觉信号看作是人的本能，属于感情的反映。所以说嗅觉是食欲、情欲本能的信息来源。

动物对气味要比人敏感得多，甚至高出几万倍，因为气味对动物求偶、觅食、认亲、防卫都十分重要。但在个别气味上，也许反而不及人的嗅觉灵敏。人的嗅觉灵敏度很高，在空气中有 1/3000 万的麝香香气人就能闻到；乙硫醇的臭气只要有 $6.6 \times 10^3 \mathrm{mg/L}$，就能被人感知。众所周知，犬的嗅觉比人灵敏得多，但针对不同的化学成分上有着极大的差异。例如犬对醋酸的灵敏度比人高出 1 亿倍左右，而对丁酸臭只高出 100 万倍；但在个别成分上，犬对气味的灵敏度比人还低。

气相色谱仪有极高的灵敏度，是检验食品香味成分的重要仪器。但对于某些成分，人的嗅觉感知甚至比气相色谱仪的灵敏度还高。例如，用气相色谱仪测定丙酮，其灵敏度比人高出约 1.7 万倍；测定正己烷则高出 10 倍。但是人的嗅觉对丁醇、己醇、甲硫醇的灵敏度却高于气相色谱仪。另外，采用仪器分析通常需要进行样品处理，制备成衍生物，浓缩富集后才能分析到。在处理过程中，往往易致使其组分失真。重要的是，气相色谱仪只能测定单体成分，而对两种以上香味成分的复合体就无能为力了。

值得一提的是，臭气自然是令人厌恶的，但它也并非一无是处。食品腐败放出的臭味，是在警告人们，食物腐败了，不能吃了；当你处于臭气熏天的环境中，臭气则会警告你尽快离开。当你闻到煤气气味时，会立即警觉起来，采取措施以防煤气中毒。当你身上有汗臭时，则提醒你该洗澡换衣服了。

人对气味的感受并不是一成不变的，而是存在个人差异的，并会由于年龄、性别、习惯、民族、嗜好以及身体健康和精神状态等因素的影响而产生波动。如妊娠期、更年期、病后恢复期或过度疲劳时，容易对某种气味过于敏感，或对某种气味迟钝，甚至厌恶。味觉亦有此现象。

由于人的嗅觉极其敏感，所以在评酒时，嗅觉尤为重要。

**1. 香气**

挥发性香气是放香物质的分子在空气中扩散，并与嗅觉神经接触而产生的香感。而香味则是在口腔中溶解，刺激味蕾后产生的味感。食物入口后，常常是香气与香味两者的复合体。这里所谈及的香气与香味，是对感觉而言，并不完全是芳香的含义。况且我们经常遇到的香与臭，在不同时间、不同地点、不同环境对不同人来说，很难有明确界线。

香气物质多为脂溶性和醇溶性，不溶于水者居多。当香气物质分子挥发在空气中，并在空气中扩散，进入鼻腔并溶于鼻黏膜中的酯类中时，才能刺激嗅觉神经。所谓香（臭）气物质必须是挥发性的，如果没有挥发性，是不可能有香气的。在低温时香气大减，因此，不能在低温情况下评酒。

应该注意的是，挥发性大小与芳香强弱并不是完全成正相关。就酒中醇类而言，香气强度以其相对分子质量与戊醇相近者最大，1L 空气中有 1pg 即能被感知。挥发酸类则以丁酸为最强，1L 空气中有 $10\sim3$pg 就能嗅得出来。这说明醇类及挥发酸类在碳原子数为 $4\sim5$ 时，其呈香最为强烈。所以说，呈香强弱重在物质本身。

在香气物质中，呈香成分有特定的原子团，香气的原子团亦称香团或香基。其顺序如下：羟基（—OH），酮基（$R-CO-R'$），醛基（—CHO），羧基（—COOH），酯基（—COOR），苯基（$-C_6H_5$），硝基（$-NO_2$），亚硝基（—NO），内酯（$-RCOOR'$），硫氰基（—SCN）等。

有人将对气味的感知划分为 4 个阶段：

① 气味在有无之间，但又感到有气味；

② 是什么香气（味质）；

③ 气味的强度达到什么程度（强度）；

④ 气味是否爽快（快度）。

曾有人模仿视力、听力的检查方法来检查气味。要像分出基本颜色那样分出基本气味，是十分困难的。因为气味感觉界限不明显，又不能与外界交流，体会上千差万别，难以统一，若想确定标准着实不易。况且，不同的人对同一物质存在的香或臭常有截然不同的评价。

**2. 气味传导**

气味混入空气进入鼻孔内，刺激嗅觉器官，通过神经传递与整理信息，遂产生特有的感觉——香（臭）气，人就感觉到了气味。这主要是由于鼻腔上部的嗅细胞在起作用。

有香气物质混入空气中时，经鼻腔首先吸入肺部，再经鼻腔的甲介骨，形成复杂的流向，其中一部分到达嗅上皮。嗅上皮是由支持细胞、基底细胞、嗅细胞组成的。嗅细胞为杆状细胞，一端达到嗅上皮表面，浸于分泌在上皮表面的黏液中；另一端称为嗅球部分，与神经细胞相连，可以随时将刺激传导到脑部。

气味又是如何传导和被感觉到的呢？由于细胞表面带有一定的负电荷，分布在嗅上皮表面的黏液中，并按一定的方向排列着。当其上附着有气味时，表面的电荷则发生变化，产生电流，通过放电引起神经末梢兴奋。如此，可以解释为电子授能高的物质，其香气强，授能低的香气弱。

人对气味的捕捉与传导方式，现在被广泛采纳的学说认为，气体成分从空气中进入鼻腔，首先与嗅上皮（黏膜）接触，嗅细胞（受容细胞）受到刺激而发出电信号，进入第一中枢，然后又进入第二中枢，继而传达到脑部，遂产生了对气味的感觉。

**3. 气味感并不是鼻子的专利**

对气味的应答主要是靠鼻子嗅，但确切地说，气味感并不是鼻子的专利。例如，挥发性辛辣味的刺激，是由鼻腔中三叉神经受到刺激产生的感觉。又如，舌咽神经及喉头分布的迷走神经都对气味有一定的感应，只是极其微弱罢了。所以有人提出对气味感应，是由主、副两者复合作用的结果。

除经鼻腔嗅觉器官感应气味之外，还有不属于嗅觉的静脉嗅觉（感），即血行性嗅觉对气味的感应。在血液中的气味物质，如注射的有气味药物［例如阿里纳敏（译音）］进入血液后，随血液流动而进入嗅神经末梢，遂出现气味感。又如血液中的气味物质排出时，到达肺部转而进入鼻腔，使人感到阿里纳敏药物有类似大蒜的气味。其他还有许多有气味物质用生理盐水溶解后注射入静脉，也时常出现有气味的感觉。但也有人没有血行性气味感觉，称其为静脉性嗅盲。

**4. 嗅觉疲劳**

嗅觉容易疲劳。"芝兰之室，久而不辨其香。鱼盐之市，久而不辨其臭"，就是这个道理。学徒工第一次到面包房实习，刚进面包房会感到香气扑鼻，但工作一会儿就对面包不感兴趣了，到最后闻到面包气味还会产生厌恶。炊事员炒的菜很好吃，但他自己却不爱吃，这就是嗅觉疲劳造成的。

另外，因长期接触某种气味，对那种气味产生钝感。面包师、炊事员能照常工作；海滨海产冷库的三甲胺臭气熏天，而冷库工人十年如一日若无其事地工作着；吸烟者对烟味并不敏感，不吸烟人闻到烟的焦臭就很不舒服，都是这个道理。

生理学家将嗅觉疲劳划分为两种。因长期（长时间）接触某种气味，对气味感减弱而发生钝感的，称为顺应性疲劳；完全失去对该气味感觉的，则称为疲劳。有人用鼻闻水果香纸进行试验，10s后嗅觉疲劳者称为顺应性疲劳，150s后完全失去感应能力者称为疲劳。人在嗅觉感官上的顺应性疲劳，在视觉、听觉、味觉上都存在，只不过嗅觉更加明显而已。由此可见，在评酒时要特别注意休息，防止疲劳，否则会因嗅觉不灵而误判。

嗅觉疲劳有以下几种现象：

（1）相互性：对某种气味疲劳后，对同种气味亦出现连带疲劳现象。

（2）选择性：对某种气味疲劳后，另换一种气味物质时，其感应多数并不下降。

（3）浓度：气味稀薄或嗅闻时间短时，疲劳消除所需时间也短；气味浓烈或嗅闻时间长时，疲劳消除时间也长。

（4）单侧疲劳：一侧鼻孔疲劳时，另一侧鼻孔感应虽有减弱，但还有一定的感应能力。

嗅觉发生疲劳的原因，在于连续不断地将气味物质供给受体细胞，使它难以再继续接受，导致受体细胞脉冲电流受到抑制或减少，直至消除。因此在评酒时，应由淡至浓，吸入量不宜过多或过浓，嗅闻时间不宜过长，避免造成嗅觉疲劳。一轮过后，应立即在空气清净处休息消除疲劳，以利于下一轮品评。会不会休息嗅觉，是衡量评酒员是否有丰富经验的标志。

评酒员评酒时，必须边闻边尝边记录。如果自己感到嗅觉疲劳，应以第一次记录为标准。有人将评酒经验总结为：文章越改越好，评酒一改就错。

**5. 嗅盲**

嗅盲的人是不能作评酒员的，因其有先天的缺陷。所以在挑选评酒员时，必须进行测验，不合格的坚决不能录用。

测验是否嗅盲时，多采用异丁酸（脚臭）、异戊酸（汗臭）、$\beta$-苯乙醇（蔷薇花香）、三甲胺（粪臭）等极稀薄的溶液，可以很容易地从中发现嗅盲者。

有人将嗅觉障碍分为七类：①嗅觉过敏；②嗅觉减退；③嗅觉脱失；④嗅觉错误症；⑤嗅觉幻觉；⑥自觉恶嗅症；⑦后遗嗅感。

嗅觉错误症亦称异嗅症，对气味感应与正常人不同。嗅觉幻觉症是指本来不存在某气味物质，但他却感到有气味，这与耳鸣颇为相似。此外，疾病、受伤、妊娠、过度疲劳、精神状态恍惚等因素也会引起嗅觉出现异常，但这些情况都比较容易恢复。

嗅觉出现障碍的主要原因是疾病（特别是鼻炎）造成的，器官受伤和长期服药，会使嗅觉脱失或减退。

嗅觉障碍可分为三种，即全部的、部分的和特殊的。全部者是完全丧失感应；部分者是指对药物过敏或因过度疲劳所引起的；特殊减退者是因三叉神经麻痹或吸毒者鼻腔黏膜干燥等引起的。

**6. 影响嗅觉的因素**

（1）年龄　人体所有感官的敏感性都随年龄的增长而不断下降，其下降顺序为视觉、听觉、嗅觉、味觉、触觉。嗅觉在60岁以后下降尤为显著，病理学认为主要是嗅细胞变性和嗅神经萎缩所致。所以对评酒员的年龄必须加以限制。从嗅力及工作经验上判断，30～40岁是最佳年龄段。有许多老年人反映，现在粮食、蔬菜、水果等因为种植时使用化肥和农药，因此没有他年轻时候的好吃，但老年人却很少考虑到现在他的嗅觉和味觉已出现减退问题。

（2）性别　在不同人群之间，嗅觉的灵敏度有极大的差异。嗅觉测试结果为，即使是极灵敏的人，在识别各种香气时，也难以全部分辨出来。有的人对某种特定的香气感觉不出来，如对氰酸气味分辨不出的男性占20%，女性占5%；对汗臭的异戊酸分辨不出的人占2%；而分辨不出臭味极大的甲硫醇的人仅占0.1%。

有报告称，青年男女之间的嗅觉并没有明显区别，但经多次测试表明，女性稍优于男性。一般解释是女性先天优于男性，也有解释为女性接触化妆品，又常进厨房，对嗅觉锻炼的机会多于男性。但女性在经期或更年期对某种气味特敏感或特钝感的现象极为普遍。

（3）感冒病人与残疾人测试　伤风感冒时用鼻子呼吸困难，因为鼻腔中的黏液流出，以致嗅力也大为降低。有人测试得出结论，伤风感冒时嗅力下降1/4。吸烟及饮浓茶的人嗅觉及味觉下降尤为显著。盲人及聋哑人的嗅觉较正常人灵敏得多。

## （二）味觉

### 1. 味的种类

我国习惯将酸、甜、苦、辣、咸称为舌辨五味。中医曾有"酸入肝、辛入肺、甘入脾、苦入心、咸入肾"五行之说。然而按世界上的味科学来说，只承认甜、酸、咸、苦这4种基本味觉。因为这4种味是由味神经传达到脑部的，而辣不是由味神经传达的，它是由刺激产生的，即刺激三叉神经而感受的。

1985年10月，在美国夏威夷举行的国际食品研讨会上，美国、日本等十几个国家的学者发表了关于鲜味的研究成果，其中指出："鲜味是一种独立存在的味道。"从此，确定了一门新的科学——鲜味学。现在欧美对鲜味学的研究极为风行。因此要说舌辨五味，就应该是甜、酸、苦、咸和鲜了。谷氨酸钠（味精）、鸟苷酸（GMP）、肌苷酸（IMP）、琥珀酸等都属于鲜味成分。对人及动物味觉神经对鲜味及咸味试验表明，鲜味感在味觉神经中确实是独立存在的。

不论在人的味感上，还是味物质在味蕾细胞膜吸着面上所产生的膜电位测定上，都表明在谷氨酸钠中添加肌苷酸或鸟苷酸会起到增强鲜味的相乘作用，致使鲜味大幅度提高。

谷氨酸钠与肌苷酸钠的质量比为1∶1时，比味精的鲜味度高7.5倍。这表明了在味觉神经的生理反应上，呈味成分的混合物起到相乘作用。在谷氨酸钠中加入肌苷酸钠，不但增强鲜味感，而且对增强口中扩散感、鲜味持续感及遮蔽苦味都有明显效果。

以上所述五种味为基本味，将基本味按不同比例、浓度相互掺和，可呈现出千变万化且细腻复杂的味道。事实上，仅此五种基本味尚难以概括所有的食品味道，因为还有其他味道，如附属味的辣味、涩味以及腥味、金属味、泥土味。

### 2. 味在口腔中的分布

食物及饮料入口以后，味物质被舌上皮的味蕾所收容，经过味蕾才产生味感觉，并由感觉神经传达到脑部，再经脑部进行综合整理，于是才感到是鲜美还是粗糙，这样就构成了所谓的味感觉。这就是味觉从产生到传达的基本过程。在味觉感受中味蕾极为重要，因为它是最先接受味物质呈味的，也就是味感的第一关。

根据口腔生理学，舌表面上具有乳头，即呈蕈状、味状、轮状的乳头组织。用显微镜观察可以看到这些乳头是由许多纺锤状细胞所组成的味蕾，它颇似花苞状的细微组织，整齐地排列着。

被称为味觉器官的味蕾细胞群分布在口腔周围，大部分聚集于舌表面，在上腭、咽头、颊肉、喉头也有分布，但为数极少。舌的各个部位的灵敏度亦不相同，这是由于舌上味觉乳头的分布和形状不同所致。因此，舌上的不同位置对味觉的感受也各不相同。舌的中央及舌背面几乎没有味觉乳头，不能接受呈味物质刺激，因此没有辨别味的能力（但也不是完全空白），称无味区。然而舌中央及舌背面对冷与热、光滑与粗糙及是否发涩等都有知觉。

舌的前端即舌尖部位对甜味、咸味敏感，舌的两边对酸味极为敏感，舌的后端即舌根部位是呈苦味区。舌根部位接受慢，消失得也慢，所以苦味在口腔中的持续时间长。舌的中部是无味区。所以在评酒时，要充分利用舌尖、舌边缘及口腔各个部位，不断鼓舌，使呈味物质在口腔中散布均匀，从而对味作出正确判断。不能卷曲舌头，否则从无味区通过后下咽，就容易食而不知其味了。两颊、咽喉虽然并不是无味区，但乳头分布极少，远不及舌尖及舌边缘灵敏。

为了解味在舌上的分布，可以自己进行试验。将滤纸捻成棒状，在各种呈味物质的稀释液中蘸湿，点在舌的各个部位（一次一味，不能鼓舌），从而可以得知味在舌面上的分布，也增强记忆，然后可以制成舌面上味的分布图。此法也可用于味阈值的测定。对味的分辨与味蕾的乳头形状有关，更与其中的味神经组织有关。舌尖是蕈（蘑菇）状乳头，对甜味、咸味敏感；舌两边的是叶状乳头，对酸味敏感；舌根部为轮状乳头，对苦味敏感。

有的乳头里的味神经能接受两种味道，但多数只能接受一种味道。至于口味的分布界限并不明显，上面所说的味在舌上的分布，只是相对而言的。又有人提出，舌尖尝味最敏感，占尝味的60%左右；舌边缘占30%；舌根是钝感部位，所以只占10%。这也只是个概率统计，只能作为参考。从味传达到脑部的速度来看，咸、甜＞酸＞苦。正由于舌根感应苦味慢，消失得也慢，所以在评酒时，评语上总有后苦味，而没有前苦味，就是这个道理。

人的味蕾有9000～12000个，青少年时期达到高峰。味觉随着年龄增长而逐渐退化，是评酒员必须选用青年人的理由所在。对多名调香师进行测验，结果由于调香师在工作岗位上受到长期锻炼，其嗅觉比盲人及聋哑人还高得多。

总之，在人的感觉中，嗅觉、味觉都是由化学物质引起的，所以呈味物质的化学结构与香和味有密切关系。现在，国内外已经开始对食品及饮料的呈香呈味的风味化学进行研究。风味化学的研究人员与生理学家、心理学家一起进行深入的研究，跨学科共同明确化合物的风味及其与嗅觉的关系和对心理影响。如果能把这一规律的谜底揭开，人们就可以自由地控制食品的风味了。但食品毕竟是用于吃的，食品风味化学物质明确了之后，仍然需要品评。

### 3. 味的传导

现代分子生物学研究已经证实，颜色、光线及气味的感应，都属于外部感应，即第一信号（第一感）。经视觉感受细胞、嗅感细胞界面的，乃初级受体感受。随后信号被传导到细胞内部，并进行信息转换，于是产生第二信号（第二感）。最后神经细胞以信号的方式传导到大脑。

第一信号感受是通过七跨膜型接受体（一种呈锯齿形的立体结构蛋白质）产生的，并与 G 蛋白（gust 蛋白，即嗅觉蛋白）相偶联。G 蛋白原被认为是细胞信息传递的重要接受体。在一系列的磷酸化作用后，形成第二信号（第二感），同时还对第二信号的强弱起到调节作用。

第二信号激活相应的离子通道，然后由神经细胞以电信号的方式传递到大脑。传导信息的离子通道存在于细胞中，是在离子通过时，对膜电位变化有促进作用的一类蛋白质。这些过程与视觉、嗅觉细胞中的传导是相同的。

味觉受体七跨膜是由七跨膜型蛋白质组成的，但它并不单是视觉、嗅觉、味觉所独有的受体。它是一个家族，是人体中的激素、生长因子、神经传导物质以及其他重要的生理活性物质，同时也是信号的接受体。这个家族的分子结构很相似，不同点在于某些氨基酸的排列顺序上有一些差异，因而各自具有不同的功能。对结构详细分析后得知，味觉受体七跨膜是由 512 个氨基酸分子组成的七跨膜型蛋白质，以立体肽链所组成。

G 蛋白在味觉中，对味的强弱起重要的调节作用。七跨膜型接受体的另一个特征是，它与 G 蛋白偶联具有协同作用。G 蛋白有多种类型，故其作用也是多种多样的，既有对味的激活增强作用，同时也有抑制作用。在味觉刺激细胞反应过程中，G 蛋白通过不同效应以调节第二信号，在对味觉的增强与减弱上起到重要作用。

研究味蕾细胞免疫学反应时，在荧光显微镜下观察的结果表明，从味蕾细胞簇分离的各个单细胞中也并不都含有 G 蛋白，也有不含有 G 蛋白的。这充分表现了细胞内味觉传导的多样性与复杂性，也是食物呈味多样性、复杂性的根本原因。

味蕾细胞中有味觉特异分子，因而有味觉多样性的特点。分子生物学的研究使人们进一步了解味觉接受体与应答的关系。目前此项研究工作尚处于初级阶段，但国际上对此项研究蓬勃兴起，相信不久的将来，食品味特性在大脑中的记忆及味感的全过程将在分子水平被解释清楚。

味觉对酸味及咸味应答，是以离子形式表现的，通过味觉感受细胞膜上的离子通道而产生。酸味是由氢离子决定的，咸味是由钠离子决定的，甜味及苦味则是由相应的膜受体蛋白决定的。

嗅觉与味觉的分子机理大不相同。嗅觉的感受细胞与神经细胞结合成一个整体，即嗅觉细胞实质上就是一个神经细胞，前端为气味感受器，后端为神经传递和神经信号释放器。即，嗅觉是直传（达）的。味觉则不然，味觉细胞是一个独立的感受细胞，必须与一个神经细胞相连才能传递，也就是要经过 G 蛋白及七跨膜整理调节之后，方能传达到脑部，再由脑部来确认食品或饮料的香味及其浓淡、优劣。

值得注意的是，味觉常常是一种非常不稳定的感觉，容易受享用者的文化水平、饮食习惯、身体健康状况及周围环境的影响，特别是容易受心理因素的影响。例如改变餐具，往往使人对味道的感觉发生变化；即使是同一食品，也会因个人的好恶而不同；饱腹与空腹对食品的感受也大不一样。这是味觉的不足，所以评酒员对这些现象应有心理准备。

**4. 味是感觉上的综合反映**

人们在饮食过程中，由色、香、味组成的美味感，使人乐在其中。这是由眼、鼻、口三者，即视觉、嗅觉、味觉协同作用所产生的结果，三者产生的感觉传达到脑部，食品的香味及其浓淡、优劣才被认识到。这些感觉是由视觉、嗅觉、味觉三者配合产生的，而味觉尤为重要。

根据分子生物学研究，光线及气味物质的感应属于外部第一信号（第一感）；物质经收容之后，视细胞与嗅细胞在细胞内部进行信号交换，然后到达第二信号（第二感）；再经第二信号增减变化之后，以电信号的方式传达到脑神经。这说明，呈味是由视觉、嗅觉、味觉三者协同作用的结果。

过去人们从日常生活中总结出了对食品的评价方式，即色（视觉）、香（嗅觉）、味（味觉），这与分子生物学方面的研究是一致的。另一个不容忽视的问题是，它对人们心理作用的影响极大，这是因为嗅觉是直达大脑的。当食品进入口腔并下咽，必然有一部分气体蹿入鼻腔，从而刺激嗅觉，所以说呈味并不单纯是味觉感受，而是嗅觉与味觉两者的复合作用。

对酒的评价有许多指标，色、香、味是其重要基础。关于色、香、味的提法，并不是近年来创造的，而是古已有之。《两般秋雨巷随笔·品酒》中有："色香具美，味则淡如"，不仅分别提出了色、香、味，而且指出在口味上要淡雅才是好酒。

**5. 唾液**

不能忽视唾液对食物味感的重要作用。不论固体或液体食品，都需经唾液溶解之后方能下咽。唾液在口腔中，对牙齿组织和口腔黏膜起保护作用，还有发声、下咽等重要作用。中医对唾液十分重视，称之为"津液"，是衡量一个人健康与否的标志。

人的唾液由三大液腺分泌，即耳下腺、腭下腺、舌下腺。此外，口唇腺、颊腺、舌腺等口腔唾液腺都能分泌透明唾液。唾液对食用和品尝食品都起到重要作用。

（1）溶解作用 食物只有经唾液溶解之后，才能被味蕾及味神经所接受。唾液也是食物下咽的润滑剂，只有被唾液溶解之后方能下咽。

（2）酶的作用 唾液中的酶与味感有直接关系。例如：脱氢酶激活氢离子而产生酸味；甘油磷酸酶激活核糖核酸而产生苦味等。

唾液中含有多种酶，其中有极强的淀粉酶，即有极强的液化酶与糖化酶。淀粉酶可以使糊状食品迅速液化（解），如馒头咀嚼时间长会觉出其有甜味（淀粉生成麦芽糖）。《真腊风土记》中有"美人酒，于美人口中含而造之"的说法，日本古酒亦有"嚼酒"，都是这个道理。

（3）防止口腔干燥与清洗作用　唾液有利于说话，并在食物下咽时起到润喉作用。唾液呈微碱性，但长时间说话和唱歌后，唾液会逐渐变成酸性，且味感灵敏度急剧下降，甚至感到口干舌燥。病后也有此现象，并常常感到口酸。唾液中有丰富的蛋白质，口腔中则有残留物，它们在口腔中发酵生成乳酸和丁酸，腐蚀牙齿而出现蛀牙，丁酸还可引起口臭。所以评酒员要特别注意口腔卫生。

（4）杀菌作用　唾液有杀菌作用，确切地说有溶菌作用，同时还有凝固血液作用及排汞等功能。

### 6. 性别、年龄与味觉的关系

一般女性味觉比男性灵敏，这在许多文献上都有记载。在正常情况下，青年男女的味感并无明显差别；但在 50 岁以上时，男性味感较女性有显著衰退，有烟、酒、茶的嗜好者衰退尤为明显；60 岁以上，不论男女都会因味蕾变性，唾液分泌下降，以致味感相对迟钝，但女性稍优于男性。

因为年龄的不同，味感灵敏度及对味的爱好也不尽相同。一般情况下，有幼年爱甜、青年爱咸、中年爱酸、老年爱苦的倾向。有文献记载，味蕾的数量随着年龄的增长而变化，一般 10 个月的婴儿味觉神经就已经成熟了，能分辨出咸、酸、苦、甜；在 45 岁左右，味蕾已达到顶点，成年人舌上的味蕾有 10000 个左右，主要分布在舌尖和舌的两侧；舌乳头和轮廓乳头，到 70 多岁时，味蕾变化极大，一个轮廓乳头中由 208 个味蕾降到 88 个，因此老年人的味感极其钝化。

年老者对苦味尤为钝感，如果是烟、酒、茶的嗜好者，就更加明显了。因为怕酸倒牙，所以老年人对酸还算敏感。有人试验，儿童对 0.68％的稀薄糖液已能尝出来，而老年人能品尝出的浓度竟高出 2 倍多。

所以在选拔评酒员时，必须对年龄严加控制。

### 7. 味盲

选拔评酒员时，首先必须进行嗅盲、味盲的检测。

对评酒员进行测试的方法为采用几种香精和糖、盐、醋酸的稀薄液。有不少人不理解，认为这些东西与白酒毫不相干，但事实上这是测试评酒员是否是嗅盲或味盲及其灵敏度的。

某省的一次评酒员味觉测试中，在 21 人中有 17 人对 0.15％食盐水溶液尝出了咸味，但有 4 人尝不出来，食盐浓度提高到 0.2％，仍然没有尝出咸味。用苯硫脲（phenylthiocarbamide，PTC）测定时，有的回答无味，有的回答苦、酸，五花八门。因为人都不喝蒸馏水，由于接触少，当用蒸馏水测定味觉时，也出现了误判。

据文献报道，国外采用 PTC 检测味盲，多数人感到是苦味的，有极少数人认为是无味的。事实上，答为苦味是正常，而答无味的属于味盲。

有文献报道，美洲人味盲多，法国人味盲少，只有 3%，日本人味盲有 3%～15%；同时指出，味盲的地区性很强，有的地区味盲甚多，有的地区味盲很少。

## （三）阈值

白酒行业近 20 年来采用气相色谱方法测定其香味成分，对白酒生产、贮存、勾兑以及化验分析等都起到了推动作用，并从中解开了多年未解之谜，现在已成为白酒生产上的重要武器。历届评酒会及培训班，对于各厂品评勾兑水平的提高起到了推动作用。

当前在白酒行业存在的问题之一，即是化验与品评尚未能协调一致。通过测定阈值，求出单体成分的呈香单位，就可以得知各单体成分在酒中呈香的重要性，便可以分辨出不同物质的呈味的重要程度及其间的差距有多少。得知呈香单位后，对产品组分的呈香就心中有数了。这对制定产品标准、品评勾兑、工艺改革都有极大作用。

### 1. 阈值与呈香单位

食品中多种化学物质的呈香强弱并不一定受浓度大小所支配，含量多的成分，可能由于阈值高，不能在香味组分中处于支配地位；含量少但阈值低者，往往反而呈较强的香味。所以在食品中，某一成分的呈香强度是由浓度及阈值两者共同构成的"呈香单位"决定的。尽管测出了呈香单位，香味成分排列出来，但在品评工作上仍然不能放松。

香味物质浓度（$F$）与阈值（$T$）组成呈香单位（u），一般以 mg/kg 或 g/kg 表示。

### 2. 基础气味与嗅阈值测定

测定嗅阈值（嗅力）时，必须根据所测的物质不同而变化浓度，一般多采用 10 种气味物质为标准。检测时，首先将标准液稀释 10 倍，然后依次稀释，制成系列，装入瓶内，用金属套（盖）作为系列单体标样。测定时，用嗅纸条（将滤纸切成长 15cm，宽 7mm）插入约 1cm 深，取出后立即嗅闻，以确定检知阈值和认知阈值。

### 3. 阈值举例

各种物质呈不同的气味，而且呈香（臭）程度有很大的不同。例如：苦马林、硫化氢、乙硫醇等的嗅阈值相当低，所以它们的气味极强。

### 4. 测定注意事项

（1）标样 测定阈值时，必须用纯度最高的试剂作为标样。因为嗅觉及味觉相当灵敏，只要有极微小的夹杂物就会影响测定结果。标样稀释后应立即品评，防止挥发或变质而影响测定的准确性。

（2）溶剂 溶剂对阈值影响很大。例如，有的氨基酸溶于水中微甜，而溶于乙醇中则呈苦味；还有的氨基酸却相反，溶于水中呈苦味，而乙醇中微甜。有的呈香物质溶于不同溶液中，其呈香强度发生很大变化。某些香味成分在食品和酒中，与其他香味成分混合在一起，形成复合香时，常常是不可缺少的组分；但如果将其单体溶于水或酒精中，往往复合成异味。例如，L-脯氨酸、L-亮氨酸溶解于清酒中，它赋予清酒浓郁感，香气调和；如果将其溶于酒精中，却呈苦味。又如，4-乙基愈创木酚溶解于水、酒精、普通白酒、茅台酒及天津光荣牌优质酱油中都无效，但以低于 0.3mg/kg 的量溶于麸曲酱香型白酒或次酱油中，效果都极为显著，使质量大幅度提高。所以公布阈值测定结果时，必须注明所用的溶剂。

① 己酸乙酯含量只有在高于 3.04mg/L 时才能嗅出，但检出率不高。以水为溶剂的比以 30％酒精为溶剂的检出率高。嗅与味两者相比，嗅的灵敏度高于味的灵敏度。由此证明，己酸乙酯呈香作用大。

② 丁酸乙酯含量在 0.15mg/L 时，在水及 30％酒精溶液中都能品评出来。与己酸乙酯不同，丁酸乙酯在水溶液中的嗅阈值检出率低于味阈值检出率；而在30％酒精溶剂中，两值相同。由此证明，丁酸乙酯既呈香，又呈味。

③ 乙酸乙酯在 60mg/L 和乳酸乙酯在 100mg/L 时，其相应的嗅阈值和味阈值相同。但可以得知在酒中乙酸乙酯的呈香与呈味都显著高于乳酸乙酯。

④ 不同溶剂中相同阈值的检出率不同，甚至相差很大，这在阈值的表现上是极为普通的。以 30％酒精为溶剂的检出率低，主要是受酒精气味的影响，酒精浓度越高，气味越重，相应的检出率也就越低。

阈值测定试验是国内首次对阈值测定的尝试，初步提供了测定方法和条件，为进一步研究白酒香味成分奠定了基础。测定结果除丁酸乙酯阈值达到文献值外，己酸乙酯、乙酸乙酯、乳酸乙酯还有很大差距，这与试剂及测定方法等因素有关，还有待改进。

乙酸乙酯在水中的阈值低，在酒精中的阈值高，但在微量庚酸乙酯及葡萄酒复合香中，其阈值更高，单位灵敏度就差得多了。

综上所述，溶剂在阈值测定上起重要作用。据文献记载，测定酒类香味成分阈值时，以低度酒精溶液为溶剂效果好，并且符合实际情况。同时应与水溶剂相对照，必要时还需测定其母体和与其极性相同的溶剂作为参考。

通过测定阈值，可以其呈香单位计算出香味成分的呈香强度，经观察、统计、分析、认证之后，可从中找出主要成分在成品中所处的地位。按呈香单位将各种香味成分进行排列，如此便可了解香味成分间的平衡关系，制定出切实可行的产品标准，并有目的地改进工艺。同时还应将有效的品评与化验两者密切结合起来，充分发挥各自的作用。

介绍阈值时，必须注明溶剂等测定条件，还应特别注意周围环境，要防止在测定时受温度、异味、噪声等干扰。

目前阈值测定还局限于单体香味成分，而两种以上香味成分（即复合香）存在相乘作用或相杀作用，其阈值尚待进一步研究。

### 5. 嗅阈值与气相色谱

自气相色谱等灵敏度高的分析仪器应用以来，在酒的微量成分分析方面取得了很大进步。气相色谱不但对香气物质有极高灵敏度，并能分离、定量。气相色谱最小检出浓度与人的嗅阈值比较，在不同溶剂中，其感应程度极不相同。气相色谱仪器虽然能够将香味成分分离、定量，却不能准确而又直接地表示出气味成分的感官强度。况且香味（气）的呈味强度并不完全由量所决定，常常是量虽少而强度很强。以气相色谱测定的数据勾兑出来的酒，根本不是原酒味，而在气相色谱中将酒气化回收再来品尝，也不是原酒味，并且相差甚远。这是因为在气化中，由于温度高而可能使有的成分发生变化，甚至生成不属于酒中的成分。在气化过程中，有的成分被破坏，而有的成分是新生的，尽管其量很小，但对气（口）味的影响很大，所以不能复原。

现在许多科研人员在感官测定仪、化学分析上，研究与人的感觉器官相结合，并已取得了一些突破，不久将会有新的成果诞生。尽管气相色谱能够提供极其有用的情报，但用它完全代替人的味觉、嗅觉是根本不可能的，因为食品毕竟是供人食用的，机器是代替不了的。

测定阈值所用的试剂必须特别注意，因为合成试剂与天然萃取的试剂在成分上虽然相同，但在呈香呈味上有时却截然不同。由此可见，若试剂不准，则测定阈值时很容易得出错误的判断。同时，这也是添加香料的合成酒缺乏自然感的重要原因。

## （四）品评与化验

### 1. 品评

（1）温度　黄酒烫着喝才过瘾，啤酒冰镇喝才够味。这说明食品的享用与品尝都与温度有着密切关系。过去白酒也烫着喝，借以排出低沸点有害物质，这是很有道理的。现在白酒贮存期长，低沸点物质大量挥发，所以不习惯加热了。温度对不同的香气、味道有加强或削弱作用。呈味物质在不同温度下，其强度亦不同，口感也不一样。当温度高时，苦味、咸味比温度低时强；而温度低时，酸味、甜味反而强，所以清凉饮料冰镇后饮用是合理的。辣味刺激性强，温度越高辣味越重。温度与嗅觉关系也尤为密切，温度高时香（臭）味强，温度低时香味弱。这是因为，温度高时，气味分子大量散发；温度低时，气味分子散发困难。由此可知，温度决定着呈香呈味物质在强度上的变化，这在化验结果上是难以体现的。白酒品评时，须将试样调整到15～20℃。在寒冷的季节评酒时不调节酒样温度是不合理的。

（2）浓度　香与臭之间并没有明显的界限，况且每个人对香与臭的界定也不相同，常常是同一物质因其浓度不同而香臭各异。例如，香精过浓是臭的，但若将其稀释成香水，就成香的了；糖精在稀薄情况下是甜的，浓时却呈苦味。

许多呈香呈味物质在溶液或空气中，因其浓度不同，在呈香呈味上有极大的差异。因为浓度不同而在呈香呈味上大不相同的例子很多。例如，硫化氢是臭鸡蛋味，但在稀薄情况下，与其他香味成分共同组成松花蛋的香味；更稀薄时，与其他香味成分共同组成新稻米饭的香味；硫化氢也是葡萄酒的香气成分，并且是葡萄酒老熟的重要标志。谷氨酸钠在不同浓度下，呈味亦发生变化，在0.05%时，与相同浓度的蔗糖甜度相同；而在0.5%时，却与相同浓度的食盐一样咸。又如，$\beta$-苯乙醇，在40mg/kg时是蔷薇花的香气，在75mg/kg以上时则呈甜香（甜杏香），达到100mg/kg时就成为化妆品的香味了。这就说明有许多香味成分如果浓度超过了一定限量，就变成异味或怪味。

评酒员要认识到，即使是同一浓度的同一物质，在不同场合下，对其香臭还应有不同的评价。化验分析只能表示物质的名称及含量，对不同浓度的呈味变化是难以表述的。

（3）溶剂　某种香味单体成分与其他香味成分混合溶解于酒中，该成分常常是香味组分中不可缺少的物质。然而将该单体溶解于水中，却有可能成为不正常的邪味。例如，L-脯氨酸、L-亮氨酸溶于清酒中，赋予清酒醇厚感；但溶解于水，却是苦味。又如，4-乙基愈创木酚溶于酒精、普通白酒、茅台酒、优质酱油中，都不起作用；但溶解于麸曲酱香酒和低级酱油中，产品质量大幅度提高。许多呈味物质溶于不同溶剂中，呈味亦发生变化。例如，某些氨基酸溶于水中微甜，溶于酒精中却成为苦味。同一物质溶于不同溶剂中，其呈香强度可能相差几万倍。这种现象通过化验分析是无法表达的，同时也说明在阈值测定时，注明溶剂的重要性。

（4）易位　同一种物质在某种食品中可能是重要的香气，而在另一种食品中却可能成为令人厌恶的臭味；也有的原本是臭味，却可能成为某种食品中不可缺少的香味。例如，双乙酰是白酒以及其他蒸馏酒中的香味成分，又是奶酪的主体香气，也是卷烟及茶的重要香气，但它却是啤酒和黄酒的大敌。己酸乙酯是浓香型白酒的主体香气，清香型白酒中却很少。硫醇是以臭闻名的，但却是咸菜、酱菜的主体香气。三甲胺是鱼虾腐败臭之源，其臭使人闻之却步，但是如果虾酱中缺少了三甲胺，就反而不够香了。硫化氢具有臭鸡蛋味，却又是松花蛋、新稻米饭香气中不可缺少的成分。这种呈香呈味物质的易位关系，在化验分析中是无法表达的。

（5）易地　由于环境、习惯等因素的影响，对香与味的评价会有很大的不同。例如，西北地区的人说羊肉是香的，而江浙一带的人却说羊肉是膻的；沿海一带的人说海鱼是鲜的，不喜欢吃海鱼的人却说海鱼是腥的。中国人认为白酒中的酯是香的，而醇是臭的；外国人却恰恰相反，认为醇是香的，酯是臭的。体力劳动者在劳动时，周围有3°臭气，他毫不在乎继续劳动；但下班以后，洗完澡放松时，如果有3°臭气，就会受不了了。这些因环境、习惯影响而导致对香味不同的感受，通过化验是难以表达出来的。

（6）复合香　两种以上呈味物质相混合时，与单体的呈香呈味不同，并不按两者比例呈香呈味，而是呈现截然不同的变化。例如，香兰醛是点心、饼干味，$\beta$-苯乙醇则带有蔷薇花的香气，两者混合时，既不是饼干味，也不是蔷薇花香，而是变成了白兰地特有的香味。这种变化在食品中很多，300余种香味成分混于白酒中所形成的变化，化验分析是解答不了的。

（7）助香　天然萃取的丁香醛，呈浓郁的紫丁香香气，但是合成的丁香醛却是无味的。进一步深入研究发现，在对天然丁香醛进行气相色谱测定时，底线上有几个小点，说明它还不纯。经进一步精制，杂质除去了，天然丁香醛也没有香味了。这些杂质起到了助香作用。合成酒没有自然感，所以必须添加一部分发酵酒。此法就是利用发酵酒起到助香作用。

化验分析得出的香味成分，并不是都有呈香作用，也有香味甚弱，甚至是无味的。然而它却是不可缺少的，是起助香作用的成分。例如，研究者曾对泡盛酒成分进行过分析和测试。在测定出的 70 种成分中，与香气有关的有 39 种，与味有关的有 43 种，其中还有不呈香味的，但是它们在呈香呈味上却是不可缺少的重要成分。因其在众多香味成分间起到缓冲作用和助香作用，也就是起到使香味成分在口腔和鼻腔中具有扩散感、持续感、增强感的作用。如果单纯化验而不品尝，是难以了解其作用的。

**2. 化验**

近年来，随着科学的发展，白酒微量成分分析有了长足进步。自推广气相色谱技术以来，已分析出白酒中许多过去鲜为人知的香味成分，以及其呈香呈味和在白酒中所处的地位，与前体物质的演变过程，破解了许多谜团。白酒的香型结构及风味特征日趋明朗，新的香型不断涌现，风格表现更加突出。同时，化验也促进了品评、勾兑技术日益提高。当前品评与化验两者结合尚不够紧密，有待今后改进。

（1）名词化　品尝难以采用化学成分名词，只能用一大堆形容词来进行表达。只有化验才能得知确切的成分及其含量，才能将其添加于酒内以对照品尝，了解该成分的真实面貌，提供工艺改进的主攻方向，正确反映工艺改进后的效果和质量提高的程度，起到指导生产和稳定质量的作用。这一点仅凭品评是办不到的。

（2）数量化　品评难以数字化，尽管评酒时也打分，但打分的根据如何？准确率又如何？至于重复性、再现性如何，就更难说了。在这个问题上，化验数据有很大的优越性。由于品尝难以数字化，故而发生争论时，各执一词，很难平衡与确定。化验结果数字化，一是一，二是二，一目了然。只有化验数据才能说明哪种成分多、哪种成分少，如何调整以保持产品的平衡性，为提高产品质量、改进生产工艺提供确切依据。

（3）浓度影响　人的感官灵敏度是有范围的，超过这个范围或达不到，都难以被人感知。低于阈值人的嗅觉就闻不到了，但过浓也不行。当然，这个范围在各成分之间是有差别的。例如，蔗糖在低度时强度比例上升，当蔗糖含量在 25％ 以上时，再增加糖量，甜度也不可能按比例增加；肌苷酸、味精的鲜味增加也有限度，超过限量，鲜味也不会增加了。在评酒时，若香味浓度超过限量或过低，只凭感官是尝不出来的。

（4）环境及心理因素的影响　人对阈值的敏感性，除受自身条件（如年龄、习惯、情绪及健康等因素）影响之外，还受民族及地方性因素的影响，尤其是易受本身的饮食习惯（如葱、蒜、吸烟、嗜酒、浓味食品等）影响。除此之外，周围环境对评酒也有很大影响。据介绍，在国外，评酒员采用两杯法评啤酒时，在隔音、恒温、恒湿的评酒室中，准确率为 71.1％，而在噪声与震动条件下，其准确率仅有

55.9%。因此，评酒时应保持室内清洁，空气流通，湿度适宜，无香味及异味干扰，光线充足。事实上，即使在这样的条件下，准确率也只有70%左右，相比之下，化验的准确率更高。

人的嗅觉与味觉是最容易疲劳的，由于这种生理现象，因此远不及分析仪器。人在评酒时的心理因素也至关重要。化验则没有这种弊端。

综上所述，化验分析有品尝不可比拟的优越性。事实上，化验与品评两者各有所长，如能将两者密切结合起来，就更能正确表达香味成分的强度，对提高与稳定产品质量、改善工艺都是大有好处的。化验与品评结合的纽带是阈值，只有求出各成分的阈值，计算出呈香单位，才能制定出切实可行的质量标准。

### （五）白酒杂味

提高白酒质量的措施，就是"去杂增香"。如能除去酒中的杂味干扰，相对地也就提高了白酒的香味。在生产实践中的体会，经常是去杂要比增香困难得多。去杂、增香两者是统一的，既是技术问题，也是管理问题。相对而言，去杂，管理占的比重大；增香，技术占的比重大。在工艺上，原辅料应蒸透，要搞好清洁卫生工作，加强窖池管理，缓慢蒸馏，按质摘酒，做好酒库、包装管理，即生产全过程都不能马虎，否则就出现邪杂味而降低了产品质量。关于白酒中的杂味成分，现在能有效地检验出来的还不多，尚有许多工作要做。

香味与杂味之间并没有明显界限，某些单体成分原本是呈香的，但因其过浓，使组分间失去平衡，以致香味也变成了杂味；也有些本应属于杂味，但在微量情况下，可能还是不可缺少的成分。要防止邪杂味突出，除加强生产管理外，在勾调时还应注意如何利用相乘作用与相杀作用，掩盖杂味出头，使酒味纯净，这就要看勾调人员的水平了。但是若酒质基础太差，则杂味难以掩盖。

一般沸点低的杂味物质多聚积于酒头，因其多为挥发性物质，如乙醛、硫化氢、硫醇、丙烯醛、游离氢等。另有一部分高沸点物质则聚积于酒尾，如番薯酮、油性物质、乳酸、高级醇等。用蒸馏的方法可以除去一大部分杂味成分。古人提出"掐头去尾"的蒸馏摘酒方法是有道理的。酒头和酒尾中尚有大量香味成分混于其中，可以分别贮存用于勾调上，是有价值的。如果措施不当，就容易出现除杂的同时把香味也除掉的情况。

若白酒中杂味过分突出，想依靠长期贮存来消除，或用好酒掩盖，是相当困难的。低沸点成分在贮存过程中因挥发而减少或消除；高沸点物质也有的被分解或酯化而发生变化；但有些稳定的成分，例如糠醛，不但没有变化，反而由于乙醇被蒸发而被浓缩了。另外，糠味及浓香型不成熟窖泥带来的臭窖泥味等，在贮存过程中有增无减。

现将白酒中常见的杂味分述如下：

#### 1. 糠味

杂味中最常见的、最影响酒质的是糠腥味。在糠腥味中又经常夹带着尘土味或霉味，给人粗糙不快的感觉，并因其造成尾味不净，后味中糠腥味突出。究其原因，是不重视辅料造成的：收糠时不选购；进厂后未能很好地保管与精选；清蒸不透，糠腥味未除；更多的是用糠量过大所造成的。辅料中夹带泥沙、尘芥及发霉的不能采购。辅料进厂后加强保管极为重要。有的厂对辅料不入库保管，不择场地随意堆积，露天存放，以致风吹雨淋，其中杂有鼠屎、鸟粪，不但严重影响产品质量，还会造成经济损失。辅料浸入雨水，发生内燃火灾的教训不少，应特别注意。这种粗放型的不文明生产方式必须改正。

制酒时切忌用糠过多，既影响质量，又增加成本，还会降低酒糟作为饲料的质量而难以销售。许多厂谷壳清蒸时采取干蒸，使糠味难以有效排出。蒸糠不但可排出杂味，同时起杀菌作用。为了有效地蒸糠，应在糠中洒水，杂味随水蒸气而排出，还能有效地杀死杂菌。酒糟中的稻壳可回收再利用，既使酒中无糠味，又提高了酒糟质量。

**2. 臭味（气）**

酒中带有臭味（气），当然是不受欢迎的。但是白酒中都含有呈臭味成分，甚至许多食品也是如此。只是其极稀薄（在阈值之下）或被香味及刺激性所掩盖，所以臭味不突出罢了。尽管如此，新酒、次酒仍然有明显的臭味（气）。新酒的臭味主要来源于丁酸及丁酸乙酯等高级脂肪酸酯，还有醛类和硫化物。这些臭味物质在新酒中是不可避免的。蒸馏时采取提高流酒温度的方法，可以排出大部分杂味；余者在贮存过程中，也可以逐渐消失。但高沸点臭味成分（糠臭、糠醛臭、窖泥臭）却难以消失。

在浓香型次酒中，最常见的是窖泥臭，有时臭窖泥味并不突出，但却在后味中显露出来，也有越喝臭窖泥味越突出的。出现窖泥臭的原因主要是窖泥营养成分比例不合理（蛋白质过剩），窖泥发酵不成熟，酒醅酸度过大，出窖时混入窖泥等因素所造成的。

窖泥及酒醅发酵中，生成硫化物臭味的前体物质主要来自蛋白质，即蛋白质中的含硫氨基酸，其中半胱氨酸产硫化氢能力最为显著，胱氨酸次之；奇怪的是，含硫的蛋氨酸反而对硫化物生成的解硫作用有抑制。

梭状杆菌、芽孢杆菌、大肠杆菌、变形杆菌、枯草杆菌及酵母菌能水解半胱氨酸，并生成丙酮酸、氨及硫化氢。

在众多微生物中，生成硫化物的臭味能力最强的首推梭状杆菌。在我们日常生活中，食物（特别是鱼肉类）产生腐败臭，绝大多数是侵入梭状杆菌造成的。酵母菌对氨基酸的解硫作用也很强。这两种菌是培养窖泥的主力军。窖泥中添加豆饼粉和曲粉，氮源极为丰富，所以在窖泥培养过程中，必然产生硫化物臭，其中以硫化氢为主。硫化氢是己酸菌的营养成分，但培养基中有蛋白胨时，硫化氢就不起作用了。

各种菌类都有生成硫化氢的能力，但其强弱却大不相同。在同一培养基中，培养各种与酿酒有关的菌类，进行生成硫化氢能力的对比定性试验。

挥发性硫化物以臭味著称，其中硫化氢（－60℃）为臭鸡蛋、臭豆腐的臭味；乙硫醚（91℃）是盐酸水解化学酱油时产生的似海带的焦臭味；乙硫醇（36℃）是日光照射啤酒的日光臭，它也是"乳臭未干"的乳臭；丙烯醛则有刺激催泪的作用，还具有脂肪蜡烛燃烧不完全时冒出的臭气；而硫醇有韭菜、卷心菜、葱类的腐败臭。窖泥臭不可能只是硫化物臭，可能还有许多臭味成分共同存在。

当前对这一方面的科研工作尚未展开，仍有许多谜团有待揭开。对于硫化物及其臭味也需要正确对待。硫化物中有的成分在稀薄时，与其他香味相配合，是不可缺少的。

据文献载，发酵时，硫化物在温度、糖浓度、酸度大的情况下生成量大。酵母菌体自溶以后，其蛋白质也是生成含硫化合物的前体物质。

由于窖泥培养方法不同，窖泥中硫化物含量相差甚远。成品白酒中的硫化物含量受蒸馏（特别是流酒温度）和贮存期的影响，各品种酒间有极大差距。

**3. 油臭**

在 3 种形成乙酯的脂肪酸中，棕榈酸为饱和脂肪酸，油酸及亚油酸为不饱和脂肪酸。亚油酸乙酯极为活泼而不稳定，它是引起白酒浑浊、产生油臭的罪魁祸首。

烧酒在贮存过程中出现的油臭味，经分离鉴定，得知其主要成分是烧酒中的亚油酸乙酯被氧化分解而生成的壬二酸半乙醛乙酯（SAEA）。用各种来源的壬二酸半乙醛乙酯制备甲基壬二酸衍生物，证实了这一试验结果。壬二酸半乙醛乙酯在常温下是无色液体，熔点为 3℃，凝固点为－10℃。

谷物中的脂肪在其自身或微生物（特别是霉菌）中的脂肪酶的作用下，生成甲基酮，造成脂肪的不良油臭（油哈臭，哈喇味）。在长时间缓慢作用下，脂肪酸经酯化反应生成酯，又进一步氧化分解，便出现了油脂酸败的气味。含脂肪多的原料（如碎米、米糠、玉米）若不脱胚芽，长时间在高温多湿情况下贮存，最容易出现这种现象。窖池管理不善，烧包透气侵入大量霉菌，酒醅也容易发生。这些物质被蒸入酒中，即会出现油臭、苦味及霉味。酒精浓度越低，越容易产生油臭。酒精浓度在 30％以上时，随酒精浓度增加，油臭物质的溶解速度增大。油臭是被空气氧化造成的，因此，贮酒液面越大，产油臭物质越多。所以，贮存酒时，应尽量减少液面与空气相接触。日光照射能够促进壬二酸半乙醛乙酯的生成，所以，酒库应避免日光直射。

此外，尚有几项因素与油臭有关：

（1）为防止浑浊沉淀及酒臭的产生，日本泡盛烧酒入库高度酒时，应该提前处理油性物质。普遍认为，高度酒入库时进行预处理和过滤的效果比临出厂时稀释成低度酒再处理效果更好。

（2）过滤设备不同，其效果也大不一样，所以要对过滤机进行严格选择。

（3）烧酒在库内贮存 1 年左右最容易出现油臭，在库内继续贮存 2～3 年，不但油臭消失，而且壬二酸半乙醛乙酯进一步分解成为香味（陈味）。

**4. 其他杂味**

除糠味、窖泥臭、油臭外，现将白酒中常见的其他邪杂味列举如下：

（1）苦味　一般情况下，酒中苦味常伴有涩味。白酒中的苦味有的是由原料带来的，如发芽马铃薯中的龙葵碱、高粱和橡子中的单宁及其衍生物等。使用霉烂原辅料，则出现苦涩味，并带有油臭。五碳糖过多时，生成具焦苦的糠醛。蛋白质过多时，产生大量高级醇（杂醇油），其中丁醇、戊醇等皆呈苦味。用曲量过大或蛋白质过多时，大量酪氨酸发酵生成酪醇，酪醇的特点是香而奇苦，这就是"曲大酒苦"的症结所在。

白酒是开放式生产的，侵入杂菌在所难免，如果侵入大量杂菌，形成异常发酵，则其酒必苦。清洁卫生管理不善而侵入青霉菌时，酒就必然苦涩。在生产过程中应加强卫生管理，防止杂菌侵袭。

（2）霉味　酒中常见的杂味是霉味。霉味多来自原料及辅料的霉变（尤其是辅料保管不善）、窖池"烧包漏气"。酒中有霉味和苦涩味，会严重影响其质量，也浪费了大批粮食。停产期间在窖壁上长满青霉，则酒味必然出现霉苦。清洁卫生管理不善，酒醅内混入大量高温细菌，不但苦杂味重，还会导致出酒率下降，而且难以及时扭转。夏季停产过久，易发生此类现象。

酒库潮湿、通风不良，库内布满霉菌，会使酒出现霉味。这是因为白酒对杂味的吸收性极强，会将环境中霉吸于酒内。经长期贮存可以减轻霉味。

（3）腥味　白酒中有腥味会使人极为厌恶。出现腥味多因白酒接触铁锈所造成。接触铁锈，会使酒色发黄，浑浊沉淀，并出现鱼腥味。铁罐贮酒因涂料破损难以及时发现。管路、阀门为铁制，最容易出现此现象。用血料加石灰涂酒篓、酒箱、酒海长期存酒，血料中的铁溶于酒内，导致酒色发黄，并带有血腥味，还容易引起浑浊沉淀。用河水及池塘水酿酒，因其中有水草，必然出现鱼腥味。

（4）尘土味　尘土味主要是由于辅料不洁，其中夹杂大量尘土、草芥造成的，再加上清蒸不善，尘土味未被蒸出，蒸馏时蒸入酒内。此外，白酒对周边气味有极强的吸附力，若酒库卫生管理不善，容器上布满灰尘，尘土味会被吸入酒内。酒中的尘土味在贮存过程中会逐渐减轻，但很难完全消失。

（5）橡胶味　最令人难以忍受的是酒内有橡胶味。这一般是由于用于抽酒的橡胶管和瓶盖内的橡胶垫的橡胶成分被酒溶出所致。酒一旦出现橡胶味，根本无法清除。因此，在整个白酒生产及包装过程中，切勿与橡胶接触，以免造成不应有的损失。

## （六）味与味之间的相互关系

**1. 味的特征**

作为评酒员要了解各种味的特征，同时也要了解味与味之间的相互关系。这对食品及酒的品尝很有帮助，也可为白酒勾兑奠定基础。

（1）酸味　呈酸是氢离子的作用，酸味在舌的两边缘最为敏感。酒中的挥发酸，分子越小酸味越大。挥发酸随碳原子数的增加，腐败臭、不洁臭、汗臭变浓，辛酸以上则呈油臭。这些挥发酸经酵母菌酯化后，成为酒中主要香气成分。

酸味在食品中能给人以爽朗感，并可以解油腻及鱼腥味。酸在白酒中对后味起重要作用，白酒如果酸不足，则酒的后味短。近年来名酒厂对酸极为重视，严格控制酸、酯比例。新工艺白酒也重视调酸，使香味谐调，增加后味。

酸味能刺激人的眼睑神经收缩，一酸一闭眼，有诗云："弟兄相对闭眼尝"。酸味还刺激唾液腺分泌，使人见酸就流口水，甚至别人吃酸的食物，自己虽未吃，却在一旁流酸水。这些现象在呈味中是独有的。

酸在食品中有杀菌作用，尤其乙酸最为突出。白酒在生产中采取"以酸制酸"，其原因就在于此。

在相同 pH 条件下，酸味的强度顺序为：乙酸＞甲酸＞乳酸＞草酸＞盐酸，反式结构的富马酸比这些直链酸酸味更强。所以结构不同，呈酸强度也不相同，因而经常出现测定酸度小的酒酸味反而大的现象。

（2）苦味　人们对苦味通常是不欣赏的。

① 苦味感的味觉神经分布在舌根部位，苦味的应答传达到脑部较慢，在其他味散失之后才感觉出来，所以在评酒评语上都说有后苦，却没有说有前苦的。苦味中加酸，则苦味增长（相乘作用）；苦味中加糖，则苦味减少（相杀作用）。

② 苦味可分为两种：一种是瞬间性苦味；另一种是持续性苦味。瞬间性苦味入口后感到很苦，但转瞬间苦味就散失了，人们反而感到很舒服，如茶、啤酒、咖啡等就是如此。持续性苦味如汤药，苦得没完没了，使人不舒服。

③ 与苦味长期接触，则会出现对苦味钝感，久而久之，就不感到苦了。例如茶、啤酒、烟等的爱好者，开始接触时感到很苦，时间长了，反而不苦不过瘾了。

白酒中苦味成分很多，如酚类化合物、呋喃化合物、吡嗪化合物、高级醇等都呈苦味，同时也是不可缺少的香味成分，这就需要在勾兑上下一番功夫。白酒微苦是正常的，并不令人厌烦，如果属于持续性苦就不好了。

（3）甜味　甜味是很受欢迎的，但食品中甜味不宜过浓，浓则生腻。白酒更不该太甜，太甜就失去白酒固有的风味了。

呈甜味的化合物很多，日常生活中的甜味物质主要是糖。糖类由于构造不同，甜味强弱也大不一样。蔗糖甜度以 100 表示，则麦芽糖为 50，D-葡萄糖为 $50\sim60$，D-果糖为 150，D-乳糖仅有 33，D-木糖只有 40。这些糖的甜味感应在舌的前端，舒适感很好。

有许多氨基酸呈甜味，D-氨基酸中呈甜味者居多，如 D-色氨酸甜度是蔗糖的 35 倍；L-丙氨酸、L-羟脯氨酸也是甜的。由于溶剂不同，氨基酸在呈味上有极大的差异：有的氨基酸溶于水中是甜味，溶于酒精中却呈苦味；有的氨基酸在酒精中是甜味，而在水中是苦味。白酒中只有极微量的氨基酸，难以左右甜味与苦味，但在非蒸馏酒中就甚为重要了。

甘草素、糖精的甜度为蔗糖的 $450\sim500$ 倍，天门冬酰苯丙氨酸甲酯、甜叶菊的甜度更大。但这些甜味的舒适感与糖类相比，要差很多。

白酒里的甜味物质很多，但甜味都很低，其含量亦微。白酒中的甜味主要来自多元醇，甘醇比甘油甜，赤藓醇更甜，甘露醇也很甜，但环己六醇甜度极低。由于多元醇沸点高，因此在蒸馏酒中含量甚少。它们不仅呈甜味，更重要的是还起缓冲作用。

（4）辣味　辣味属于刺激性，不是由味觉神经传达到脑部，所以属于附属味。新酒及次白酒有辣味，主要来自刺激性。酒与葱、姜、蒜的辣味虽然都由刺激产生，但在化合物成分和味感上并不完全相同。葱、姜、蒜的辣味主要来自于硫化物亚砜类，酒的辣味主要是醛类、醇类的刺激性和酒液中分子缔合不完全所致。

白酒中有的成分（如硫化物、阿魏酸等）微辣，但含量很低，在酒中没有明显表现。乙醇是微甜的，但是与乙醛相混合即呈辣味，是白酒出现辣味的主要原因。在贮存过程中，乙醛大量挥发，并因酒中分子缔合作用，辣味大减或消失。

辣味最大的特点是刺激鼻腔及泪腺。在发酵不正常时，甘油被细菌分解，生成丙烯醛，其刺激性极强，以致辣味极为突出。白酒生产中一般不应出现这种不正常的情况。

（5）涩味　涩味主要是收敛性，由于与蛋白质结合而阻碍了味觉的通路。涩味一般都与苦味相伴而出现涩苦。未成熟的植物种子和果实的涩苦味是保护种子、防病虫害及动物攫取的重要手段，待种子成熟后，涩苦味就消失了。

食品及酒中的涩味，多是由于酸、甜、苦味三者不均衡，失去了合理比例所造成的。

白酒中涩味主要来自酚类、单宁、香兰素、丁香醛（酸、酯）、呋喃化合物（如糠醛和糠醇）等。其他有些氨基酸、吡嗪、高级醇也呈涩味。这些涩味成分多数在呈香呈味上有重要作用。白酒微涩无关大局，葡萄酒、啤酒中的涩味也是极其重要的。

咸味及鲜味与白酒关系极小。

**2. 味之间的相互关系**

在酒中起助香作用的化合物，其本身往往并不是很香的，或者是弱香，或者是无味甚至是臭的，但它却是酒里不可缺少的角色。例如，将几百种香精配成香水，其香味之间是不谐调的一盘散沙，但加入吲哚之后，香气就浑然一体了。其实吲哚不但不香，反而是臭的。

一般情况下，起助香作用的成分多是分子大而稍有黏稠性的物质，助香时用量极少。

**例1：**配制山楂（红果）酒时，山楂、酒精、蔗糖混合以后，三者各是各的味道，很不谐调。此时加入 0.05% 甘油，再品尝，基本上浑然一体了。甘油就是起到了助香作用。

若某种成分呈味或不呈味，加入另一物质则出现香味，或使香味增强，这也属于助香作用。

**例2：**合成清酒时，添加 50mg/L 高级醇（实际上这个量比酿造清酒少得多）

后立即感到有极强的杂醇油味，若向其中再加入 1mg/L 亮氨酸，则变成清酒的芳香，不但带有自然感，还使酒的香味明显提高。

**例3**：在合成清酒中添加辛酸乙酯，不但不产香，而且出现油臭；如再加入己酸乙酯 0.5g/L，则油味完全消失，酒味变成糟香。

合成酒中可添加助香成分，酿造酒就没有这个必要，白酒就更不需要多此一举了。因为在发酵及蒸馏过程中，香味成分之间的比例关系已很接近，贮存与勾兑后即可。

在白酒众多的香味成分中，哪些是呈味的，哪些是起助香作用的，研究得尚不够深入。目前认为，白酒中高级脂肪酸乙酯、多元醇等成分起到助香作用，这也只是推论。今后除对白酒香味成分进行解析外，香味成分间的相互关系以及助香作用等都是重要的科研课题。

### （七）各种香型白酒的特征性成分

白酒香味成分复杂是众所周知的，它们种类繁多、含量微少，而且各种微量香味成分之间通过相互复合、平衡和缓冲作用，构成了不同香型白酒的典型风格。这些典型风格取决于香味成分及其量比关系。在白酒香味成分中，起主导作用的称为主体香味成分。

关于白酒的主体香味成分，1964 年首次确认己酸乙酯为浓香型白酒的主体香味成分，乙酸乙酯为清香型白酒的主体香味成分。此后，白酒界及科研单位、大专院校都曾试图通过对白酒香味成分的剖析研究，寻找出各种香型白酒的主体香味成分。但历经多年，尽管采用了先进的高效分离分析手段，都未能找到除浓香型和清香型以外的任何一种主体香味成分。

从已测定的数据推论，乳酸乙酯、乙酸乙酯及 $\beta$-苯乙醇是以桂林三花酒为代表的米香型白酒的特征性成分。乳酸乙酯含量占总酯的 73% 左右，$\beta$-苯乙醇含量也较高（3.32mg/L）。米香型白酒具有 $\beta$-苯乙醇的蜜香和清雅香气，落口有绵甜、清爽之感。

酱香型白酒的香味成分极为复杂。1964 年茅台试点以后，贵州省轻工研究所继续对以茅台酒为代表的酱香型白酒进行了研究，还有一些科研单位在进行其他香型名白酒的特征性成分剖析研究中，也认为茅台酒的有些香味成分是在烘烧新桶时生成的，这些成分不仅呈香，也呈味。

特别要指出的是，从 1991~1994 年以来，原轻工业部食品发酵科学研究所先后与湖北省白云边酒厂、山东省景芝酒厂及江西省四特酒厂共同合作，进行科研攻关，开展了"其他香型名白酒特征香味组分的剖析研究"和"四特酒特征香味组分的研究"，取得了引人瞩目的研究成果。这些研究成果表明，所剖析出的特征性成分都与不同香型白酒的风格特征有相关性和特异性，为区分香型和确立新香型提供了科学的依据。同时认为，决定白酒风格的是诸多香味成分的综合反映。

解放初期，白酒质量良莠不齐，十分混乱。为了适应质量管理与品评对比，第三届评酒会上开始划分香型。划分香型对于提高白酒质量起到催化剂的作用，但近年来，新香型、新品种不断涌现，原有的香型划分已难以适应实际情况。因此，划分香型是进步，将来打破香型的束缚应该是更大的进步。

### （八）白酒风格

在不同香型白酒中，不同的厂生产的白酒有各自独特的风格及个性（典型性）。例如，茅台、五粮液、剑南春酒，都有自己独特的风格。在白酒市场竞争激烈的环境里，茅台、五粮液、剑南春一直立于不败之地，其中因素很多，而保持稳定的风格是其中的关键。

在白酒行业中，"风格""典型性"这类词用得最多。"色、香、味共同组成具有独特典型（体）的酒，就是它的自家风格"。

产品需要有自己的独特风格，并为广大消费者所认识、接受，才能在市场上立于不败之地。在不同香型白酒中，还须具有各自不同的风格，但这个风格并不是短期所能形成的，需要在市场上经多年的培养与考验。许多名酒除因具有自家风格外，还因其历史悠久，在市场上长期与消费者接触，使消费者习惯并迷恋其风格，才能长盛不衰，这就是风格的魅力所在。保持质量稳定、巩固自家风格，其难度远远超过风格的创立。

随着科学的发展，人民文化素质的提高，单纯用过去经验性的品评勾兑方法难以保持酒的固有风格。只有运用现代的科学手段，微机操作与品评勾兑相结合，才能确保其风格不变。

有位科学家要研究合成威士忌，收集了 60 多种威士忌进行分析，其中有世界有名的，也有质量最差的，结果令人大吃一惊。最好的酒与最差的酒其香味成分种类基本相同，但其间比例关系有很大的差异。由此便发现香味成分间的比例关系——平衡性。

白酒也是如此，其香味成分基本上差不多，但清香型与浓香型在口味上有天壤之别，就是由于香味成分的比例关系不同所造成的。因此，在品评勾兑中主要就是找香味成分之间的平衡关系。

评酒员在每次品评过程中都是一次锻炼机会，必须珍惜。品评时不但要评其色、香、味，同时也要注意其风格，记住并掌握其风格特点。

酒的风格一旦形成，必须下功夫保持长期不变。在这一点上，茅台酒、五粮液酒等名酒是值得我们学习的。企业应根据自家产品风格，用一两句话高度概括，精辟地提出产品特点，这在生产及销售上都是很有用的。

# 第三节　白酒品评方法与技巧

## 一、评酒前的准备

### 1. 酒样的类别

集体评酒的目的，是为了对比评定品质。因此，一组的几个酒样必须要有可比性，酒的类别或香型要相同。分类应根据评委会所属地区产酒的品种而定，不必强求一样。

**2. 取酒样**

品评酒的类别、组别确定后，工作人员即可将酒样取好，进行编组、编号，酒样号与酒杯号要相符。开瓶时要轻取轻开，减少酒的震荡，防止瓶口的包装物掉入酒中。倒酒时要徐徐注入。

**3. 酒样的杯量**

每一个评酒杯中倒入酒的数量多少，因酒而异，可根据酒样的成分、酒度适量增减。注入杯中的酒量应为空杯总容积的 1/3～3/5，使杯中留有足够的空间，以便保持其酒的香气和品评时转动酒杯。同时注意每杯酒注入的数量必须相同。

**4. 酒样温度**

温度对嗅觉影响很大，温度上升，香味物质挥发量大，气味增强，刺激性加强。例如清酒中的戊酸乙酯，低温时呈甜味，高温时则有辛味。一般说来，低于 10℃会引起舌头凉爽麻痹的感觉，高于 28℃则易于引起炎热迟钝的感觉。评酒时，酒样温度偏高还会增加酒的异味，偏低则会减弱酒的正常香味。各种酒类的最适宜的品评温度，因品种不同而有区别。我国白酒类一般采用 20℃为适宜。

为了使供品评的一组酒样都能达到同一的最适宜的温度，调温的方法是在评酒前，先将一个较大的容器装好清洁的水，调到要求的温度，然后把酒瓶或酒缸放入水中，慢慢提高温度。如系降温，可以在调温水中徐徐加冰。冬天在可能的条件下，评酒室温应保持 15～18℃为宜。品评同一组、同一轮次的酒样温度必须相同。

## 二、评酒方法

评酒有不同的目的，如：评选名优产品，评找最佳量比配方，对产品中存在的质量问题的检查，遴选出口酒，找典型代表性以及练习等。其评酒的方法各不相同。

**1. 一杯品评法**

先取出一杯酒 A，让评酒员充分记忆其特性，将 A 样取走，然后再拿出一杯酒样 B，要求评酒员评出 A、B 两样是否相同、差异何在。本法最适于出厂酒样的检查，如取一杯标准酒样品尝后，取走，另取一杯出厂酒样，尝评决定出厂与否。

**2. 二杯品评法**

一次取出两杯酒，一杯是标准酒，一杯是酒样，要求品评两者有无差异，说出异同大小等。有时两者也可为同一酒样。本法便于品评对比变更酒度的两酒样，即所谓解析法，按顺序选其特性；也可进行嗜好试验，选择 A、B 两样品比较对其的偏好。

**3. 三杯品评法**（也称三角法）

一次取出三杯酒，其中两杯为相同的酒，品评出哪两杯酒相同，不同的一杯与相同的两杯酒之间的差异，以及差异程度的大小。此法可以考察评酒员的重复性和准确性，使用此方法品尝次数较多，容易使人疲劳，一次以三组酒样为适宜。

### 4. 一杯至二杯品评法

先取出一杯标准酒，例如 A，评完取走；然后再拿出两杯酒，其中一杯是标准酒（与 A 同），另一杯是酒样，例如 A′、B。要求品评出两种酒有无差异，若有差异则判断其大小。酒厂生产的新酒与原有的典型酒（标准酒）作对比时，或出厂勾兑的酒样与原有标样对比，都采用此法。如品评结果分辨不出两种不同酒的差异，说明新勾兑的酒与原酒质量一致，可以出厂；反之，需要重新勾兑。

以上四种品评法，国外常采用，统称"差异品评法"，常用于对比两个品质相近的酒。为了得出较正确的结论，可依实际情况，组织数人至数十人参加，然后根据人次，以统计数为结论。

### 5. 顺位品评法

将几种酒样分别倒入已编好号的酒杯中，让评酒员按酒度高低、质量优劣顺序排列，分出名次。勾兑调味时，常用此法作比较。

多样顺位法：要求将酒样 A、B、C……按特性强弱或嗜好，顺序排列，每次品评的样品数量 4～6 个为宜，超过此数，容易疲劳，影响评酒的精确度，尤其是香型较浓的样品更是如此。

多样对比法：在品评样品 A、B、C……时，将 A 与 B、A 与 C、B 与 C……分别和全部几个样品两个组合一起进行对比，然后按特性强弱或嗜好进行排列。这个方法，比顺位法排列效果优越，但相互组合后品评酒样的数目增多。

关于评酒的程序，采用淘汰制评选，其程序分为：

初评：评选出具备参加全国名酒、优质酒评比资格的产品。

复评：评选出全国名酒、优质酒的产品。

总评：评选出全国名酒的产品。

## 三、评酒顺序与效应

### 1. 评酒顺序

以同一类酒的酒样，应按下列因素进行排列，评酒：

（1）酒度　先低后高。

（2）香气　先淡后浓。

（3）酒色　无色、白色、红色。如为同一酒色而色泽有深浅之分，应先浅后深。

（4）酒的新老　先新后老。

感官尝评在同一类别中，酒样的编组必须按上述顺序，因同一组的酒样必须在质量上相似或接近的情况下，才能进行对比，否则达不到品评的目的。不同类型的酒，最好不要用同一组人员在同一时间内进行尝评。

### 2. 评酒的效应

感官评酒是由人的感官作为测定仪器，所以往往会因测试条件不同而造成品评误差。评酒的顺序，也可能出现生理和心理的效应，从而影响正确的结论。这有以下几种情况：

（1）顺效应　人的嗅觉和味觉经过较长时间的不断刺激兴奋，就会逐渐降低灵敏度而迟钝，甚至感觉麻木。显然最后评的一两个酒样，就会受到影响，这就是顺效应。以排列顺序来讲，也能产生顺序效应。顺序效应有两种情况：如评 A、B、C 三样酒，先品评 A 酒，再品评 B 酒，后评 C 酒，发生偏爱 A 酒的心理现象，这称为"正的顺序效应"；有时则相反，偏爱 C 酒，称为"负的顺序效应"。

（2）后效应　品评两种以上的酒时，品评了前一种酒，往往会影响后一种酒的品评的正确性，例如评了一种酸涩味很重的酒，再评一种酸涩较轻的酒，就会感到没有酸涩味或很轻；如用 0.5% 硫酸或氯化锰水溶液漱口后，再含清水，口中有甜味感。这称为后效应。

为了避免发生这些现象，每次品评的酒样不宜安排过多，每品评一种样品后，应稍事休息，评完一组酒后，要有适当的间歇，用清温水漱口，或食用少量的中性面包，以消除感觉的疲劳。评酒时，应先按 1、2、3、4、5 的顺序品评，再按 5、4、3、2、1 的顺序品评，如此反复几次。

同时也要注意在品评的实践中，了解自己有无各种效应的发生及其轻重程度，再体会感受，作出正确的结论。

## 四、评酒操作

酒的感官质量，主要包括色，香、味、风格四部分，由于酒类不同，尝评的指标有所侧重。评酒的操作，是以眼观其色，鼻闻其香，口尝其味，并综合色、香、味三方面的情况，确定其风格，来完成感官尝评全过程。

### 1. 眼观其色

用手指夹住酒杯的杯柱，举杯于适宜的光线下，用肉眼直观和侧视，观察酒液的色泽，是否正色（果酒要求具有原果的真色泽），有无光泽（发暗还是透明，清还是浑），有无悬浮物、沉淀物等。如光照不清，可用白纸作底以增强反光，或借助于遮光罩，使光束透过杯中酒液，便能看出极小的悬浮物（如尘埃、细纤维、小结晶等）。此外，如有必要还可以观察沉淀、含气现象及流动状态等。有些酒类也可试用"色板对照法"，即选出色泽最优到最低合格色泽的样品酒几种进行原色摄影。制成从浅到深的颜色对比于白色硬板上，检查时用此对照，可获较准确的结论。酒的组成甚为复杂，随着工艺条件的不同，如发酵期和贮存期长，常会使白酒带有极微的黄色，这是允许的；如果酒色发暗或色泽过深，失光浑浊或有夹杂物、浮游沉淀物等，都应视为酒的缺点而扣分。最后作记录和记分，开始闻香。

### 2. 鼻闻其香

评气味时，执酒杯于鼻下 6.6 厘米处，头略低，轻嗅其气味，这是第一感应。

应该注意，嗅一杯，立刻记下香气情况，避免各杯互相混淆，并可借此使嗅觉稍事间歇，此举为佳；也可几杯嗅味一轮次后，记下各杯香气情况，稍作休息，再进行第二轮嗅香。酒杯可以接近鼻孔嗅闻，然后转动酒杯，短促呼吸（呼气不对酒，吸气要对酒），用心辨别气味。此时，对酒液的气味优劣应已得出基本概念，再用手捧酒杯（可起加温作用）轻轻摇荡，慢嗅以判其细微的香韵优劣。

经过三次嗅闻，即可根据自己的感受，将一组酒按香气的淡、浓或劣优的次序进行排列。如有困难或者样品较多，可以按 1、2、3、4、5 再 5、4、3、2、1 的顺序反复几次嗅闻。排列时可先选出香气最淡和最浓的，或最劣和最优的作为首尾，然后对气味相近的，细心比较排出中间的次序。可以反复多次，加以修正。同时对每杯酒样作出记录，说明特点，不要等待排定次序后再作记录，只能对原始记录改正，记出分数。

对某种（杯）酒要作细致的辨别，难以确定名次的极细微差异时，可以采取特殊的嗅香方法，其法有四：

（1）用一条吸水性强、无味的纸条，浸入酒杯中吸一定量的酒样，嗅纸条上散发的气味，然后将纸条放置 10min 左右（或更长）再嗅闻一次。这次可以判别酒液放香的浓淡和时间的长短，同时也易于辨别出酒液有无邪杂气味及气味的大小。这种方法用于酒质相近的白酒效果最好。

（2）在手心中滴入几滴酒样，再把手握成拳头，紧贴鼻子，从大拇指和食指间的缝隙中嗅其气味。此法用以检验所判断的香气是否正确，有明显效果。

（3）在手心中或手背上滴上几滴酒样，然后两手相搓，借体温使酒挥发，及时嗅其气味。此法除用于辨别酒香浓淡外，对于辨别酿造果酒中掺兑酒精的多少、是否与原果汁液（酿造原液）溶混为一体最为灵敏。

（4）酒样评完后，将酒倒出，留出空杯，放置一段时间，或放置过夜，以检查留香。此法对酱香型酒的品评有显著效果。

品评酒的气味，应注意嗅闻每杯酒时杯与鼻的距离、吸气时间、间歇、吸收酒气量要尽可能一致，不可忽远忽近、忽长忽短、忽多忽少，这些都是造成误差的因素。评完气味后，要休息片刻，再评口味。

**3. 口尝其味**

品尝时，可按嗅闻阶段已定的顺序，照"评酒顺序"常规进行，即从香味淡的开始，逐渐至最浓郁的。尝酒入口中时注意要慢而稳，使酒液先接触舌尖，次为两侧，再至舌根部，然后鼓动舌头打卷，使酒液铺展到舌的全面，进行味觉的全面判断。

除了体验味的基本情况外，还要注意味的谐调、刺激的强烈或柔和、有无杂味、是否有愉快的感觉等，尝味后也可用舌使酒气随呼吸从鼻孔排出，检查酒性是否刺鼻，香气浓淡和舌头品尝酒的滋味谐调与否。最后，将酒吐出或咽下少量，可分析酒在口腔中的香味变化，培养判断不同的酒酒质优劣的能力。评定酒是否绵软、余香、尾净、回味长短等优点，有无暴辣、后苦、酸涩和邪杂味等缺点。可按上述嗅闻阶段已排的顺序进行调整，或重新排列，并按此顺序和倒顺反复2～3次，酒的优劣就比较明确了。在每尝完一轮酒或自觉口感不佳或刺激较大时，用温度与人体温基本相同的水漱口，最好休息片刻。要一边评一边对感受情况作记录，最后得出分数。

（1）注意同一轮次的各酒样，饮入口中的量要基本相等，不同轮次的饮酒量，可适当增减。这样不仅可以避免发生偏差，也有利于保持品评结果的稳定。不同酒类的饮入具体数量，可视酒度高低而有所区别。根据实践，高度酒一次入口量2～4毫升，低度酒、果酒4～6毫升。当然这与评酒员的习惯和酒量有关。总之，一次饮酒应不少于铺开舌面125.8mm²的面积的饮量，而以能尝评酒样的各种滋味为适量。

（2）酒液在口中停留的时间一般为3～6s便可辨出各种味道。如停留过久，酒液与唾液混合会发生缓冲作用，而影响味的判断效果，同时还会加速评酒员的疲劳感。

（3）把异香酒和暴香酒留到最后评，以防止产生口腔干扰。

**4. 评风格**

各种酒类、香型都有自己独特的风格，这是由于酒中各种物质互相联系，互相影响，而呈现出综合的特殊感觉。换句话说，就是综合色、香、味三个方面的印象，加以抽象判断，确定其典型性，并有一种与众不同的风格，这种风格已为广大消费者所熟悉和喜爱。所以酒的风格，特别是在名优酒中占有重要地位，因此，品评酒的优劣将风格也列为很重要的项目之一。判断一种酒是否有典型性与它的优劣，主要靠平时广泛地接触各类酒，从而积累丰富的经验。也就是说，评酒员必须了解所评酒类的类型、香型和风格特点，否则就无从评起。

评酒员评完一组酒，记录了分数，在写总结的评语时，如果对个别酒样感到不够细致明确，对色、香、味、风格中某一项不明显，还可以补评一次。

以上评酒操作是对一组酒，按规定的指标——色、香、味、风格等，分别进行评比，然后对每种酒加以综合，形成对该酒总的品质鉴定。这种操作法是分项对比的，优缺点比较明显，因而被广泛采用。

另外也有人采取对一种酒样的各项指标都评完作了记录再评第二种的方法，理由是香与味是互相影响和协调的，难以把它们分开。评完一种酒样，经漱口，即评第二种，对该酒的情况印象比较鲜明，这是此法的优点。总的说来，此法不如前法好，因为它是按每个指标分别评分的。

# 第四节  白酒品评人员生理与环境条件的要求

## 一、评酒员的基本条件

评酒员必须具备下列条件才能胜任评酒工作：

**1. 身体健康**

评酒员必须身体健康，具有正常的视觉、嗅觉和味觉，无色盲、鼻炎以及肠胃病。感官器官有缺欠的（一般人群中占 $3\%\sim5\%$）不能作评酒员，主要是指色盲、嗅盲和味盲。色盲就是不能分辨某些颜色。嗅盲（经鼻孔性嗅盲）并不是嗅而不知其臭，而是对某些气味无感觉或错觉，或对单体气味能正确感受，但对复杂的气味分辨不清。味盲也不是食而不知其味，对甜、酸等单纯的味觉与正常人相同，而对双重（或多重）呈味物质，复杂细腻的滋味分辨不清。有的嗅盲、味盲连本人也不易觉察。所以在选评酒员时，对感官的能力应经过多种方式的测验。

（1）正常嗅觉的测验：一个人如果对醋酸、酪酸、玫瑰、石炭酸的气味感觉与多数人的平均阈值相接近，能判断正确，即表明嗅觉正常。

（2）正常味觉的测验：分别配好蔗糖、柠檬酸、食盐、咖啡碱的阈值溶液，尝试后能正常判断其滋味——甜、酸、咸、苦，即为味觉正常。

**2. 年龄与性别**

人的嗅觉和味觉一般是孩童时期最敏锐。随着年龄的增长，灵敏度也日益钝化，60 岁以后的人味蕾加速萎缩，阈值上升。年长的人灵敏度总的说来不及青壮年人，但对不同的味也有所不同，对苦味的感觉最为迟钝，有喜好烟、茶、酒习惯的人尤为显著，对酸味则比较敏感。故培训评酒员应选择年纪较轻的为好。而评酒会议的评酒员则不必对年龄作规定，年长者具有丰富的评酒经验和表达力，更能考虑全面一些。

在青壮年期间，男女之间嗅觉和味觉没有什么差别，因此性别不必作为评酒员的条件来考虑。

必须指出，喝酒和评酒是两回事，并不是能喝酒的人就能评酒，饮酒量大的和嗜酒成性的人，他们的评酒准确性不一定很高，有时反而很低。

为了把好产品质量关，评酒委员和勾兑人员必须全部经过考核合格后才能录用。评酒委员平时一定要保护好感觉器官，尽量少吃或不吃刺激性强的食品，工作时间以外一般应少喝酒或不喝酒，更不能每天喝得酩酊大醉。同时要注意锻炼身体，加强记忆能力的训练，使自己的感觉器官经常保持较高的灵敏度。

**3. 健康情况与思想情绪**

人的身体健康与否和思想情绪好坏，同样会影响评酒结果。因为人一生病或产生情绪波动以后，会使感觉器官功能失调，从而造成无法进行准确判断的后果。对于这一点，凡参加过评酒的人员都有不同程度的体会。

## 二、环境条件的要求

**1. 评酒室的环境**

对酒的鉴定若要准确可靠，除评酒委员应具有灵敏的感觉器官和精湛的评酒技巧以外，还需要有良好的评酒环境。据国外试验，两杯法品评啤酒，在隔音、恒温、恒湿的评酒室内，正确率为 $71.1\%$，而在噪声和震动条件下进行尝评，正确率仅 55.9％。这说明评酒环境对感官检查也是不能忽视的一个重要因素。据测定，评酒室的环境噪声通常在 40dB 以下，温度为 20～25℃，湿度约为 60％较适宜。一般对评酒室的要求是应避免过大的震动或噪声干扰，室内保持清洁卫生，没有香气和邪杂异味。烟雾、异味对评酒有极大的干扰，一般要求评酒室应该空气流通，但在评酒时应为无风状态。国外多采用过滤空气，室内墙壁、地板和天花板都有适当的光亮，常涂有单调的颜色，一般为中灰色，反射率为 40％～50％。室内可利用阳光和照明两种光照，一般用白色光线，以散射光为宜。光线应充足而柔和，不宜让阳光直接射入室内，可安设窗帘以调节阳光。阴雨天气，阳光不足，可用照明增强亮度，但光源不应太高，灯的高度最好与评酒员坐下或站立时的视线平行；应有灯罩，使光线不直射评酒员的眼部；评酒桌（台）上铺有白色台布，照明度均匀一致，用照度计测量时，以 500lx 的照度为宜。保证恒温和恒湿条件尚有一定困难，因此我国评酒一般安排在春季进行，以弥补这一缺陷，也同样收到良好的效果。评酒室内还应有专用水管、水池和痰盂等。目前，各酿酒厂家至少要努力创造一个比较好的评酒环境条件，使评酒人员进入现场既感到一种严肃认真的评酒气氛，又有一个优雅、清静、使人心情舒畅的环境。

目前，凡名优酒厂几乎都修建了条件较好的评酒室和勾兑调味室，为保证名优产品的质量起到了积极作用。环境条件差，特别是评酒室内的空气中有异臭气味，对评酒效果的影响是最大的。例如，某酒类生产综合厂家，主要生产浓香型曲酒，同时也生产酒精和其他酒类。该厂每次拿出来的酒样经专家尝评均认为存在生产酒精的原辅料气味而不受欢迎，该厂专职尝评、勾兑、调味人员却体会不到这些气味。究其原因，是因为该厂生产酒精的原辅料的臭气充斥全厂。后来经过环境整改，收到了显著成效。

评酒时的房间大小，可以根据需要而定，但面积要适当宽畅，不可过于狭小，也不可过大而显得室内空旷。在国外的不少专用评酒室是每人一个单间，我国将来也应该达到这一要求。

**2. 评酒室的设备**

评酒室内的陈设应尽可能简单些，无关的用具不应放入。评酒员不需用的其他设备，应附设专用的准备室存放。

集体评酒室应为每个评酒员准备一个评酒桌（圆形转动桌最好），台面铺白色桌布，有的桌布（如红色、棕色、绿色等）的色光反射对酒的色泽是有影响的。桌与桌之间应有 1m 以上的距离，以免气味互相影响；评酒员的坐椅应高低适合，坐着舒适，可以减少疲劳。评酒桌上放一杯清水，桌旁应有一水盂，供吐酒、漱口用。评酒专用准备室应有上、下水道和洗手池，冬天应有温水供应，为评酒作准备用。

**3. 评酒容器**

评酒容器主要是酒杯，它的质量对酒样的色、香、味有着直接影响。因此，为了保证品评的准确性，对评酒杯应有较严格的要求。评酒容器的大小、形状、质量和盛酒量的多少等特殊因素，也会影响尝评结果。为了有利于观察、嗅闻、尝味，应特别强调评酒器应采用无色透明、无花纹的脚高、肚大、口小、杯体光洁、厚薄均匀、容量约为 60mL 的玻璃杯（也称为蛋形杯）。注入杯口的酒量一般为酒杯总容量的 2/3，这样既可确保有充分的杯空间以储存供嗅闻的香气，同时也有适当的酒量满足尝评的需要。注意每轮和每组的对比酒样装放量都要相同。

### 4. 评酒时间

什么时候最适宜进行感官查检、尝评酒类？目前，对这个问题的看法尚不一致。据国外研究认为，以每周二为最好，周五次之，其余几天较差。在一天中，则以午前 11:00～12:30 和午后 1:00～2:30 时感觉最为敏锐。我国一般认为评酒的时间上午 8:30～11:30、下午 3:00～5:00 为宜，其余时间都不宜考虑和安排评酒。剑南春酒厂的评委们评酒一般安排在周二以后的上午，评委们在评酒期间，每天上午 8:30 必须到场。

### 5. 酒样温度

酒样的温度不同，香与味的感觉区别较大。温度高，香大，刺激性强，有辣味，会使人的嗅觉和味觉发生疲劳，而且容易掩盖其他气味；温度过低，舌的感觉也会随温度降低而麻痹。据大多数人的体会和实践，认为酒样温度以 21～30℃ 为宜。所以，我国评酒会几乎都选择在春、秋两个季节举行。

# 附录一　食品安全国家标准
# 蒸馏酒及其配制酒

## （GB 2757—2012）

### 1　范围
本标准适用于蒸馏酒及其配制酒。
### 2　术语和定义
#### 2.1　蒸馏酒
以粮谷、薯类、水果、乳类等为主要原料，经发酵、蒸馏、勾兑而成的饮料酒。
#### 2.2　蒸馏酒的配制酒
以蒸馏酒和（或）食用酒精为酒基，加入可食用的辅料或食品添加剂，进行调配、混合或再加工制成的，已改变了其原酒基风格的饮料酒。
### 3　技术要求
#### 3.1　原料要求
应符合相应的标准和有关规定。
#### 3.2　感官要求
应符合相应产品标准的有关规定。
#### 3.3　理化指标
理化指标应符合表1的规定。

表 1　理化指标

| 项　　目 | 指　　标 | | 检验方法 |
| --- | --- | --- | --- |
| | 粮谷类 | 其他 | |
| 甲醇①/(g/L)　　　　≤ | 0.6 | 2.0 | GB/T 5009.48 |
| 氰化物①(以 HCN 计)/(mg/L)　≤ | 8.0 | | GB/T 5009.48 |

①甲醇、氰化物指标均按100％酒精度折算。

#### 3.4　污染物和真菌毒素限量
3.4.1　污染物限量应符合 GB 2762 的规定。
3.4.2　真菌毒素限量应符合 GB 2761 的规定。
#### 3.5　食品添加剂
食品添加剂的使用应符合 GB 2760 的规定。

**4  标签**

4.1  蒸馏酒及其配制酒标签除酒精度、警示语和保质期的标识外，应符合GB 7718的规定。

4.2  应以"％vol"为单位标示酒精度。

4.3  应标示"过量饮酒有害健康"，可同时标示其他警示语。

4.4  酒精度大于等于10％vol的饮料酒可免于标示保质期。

# 附录二 白酒分析方法

## (GB/T 10345—2007)

**1 范围**

本标准规定了白酒分析的总则、基本要求和详细分析步骤。

本标准适用于各种香型白酒的分析。

**2 规范性引用文件**

下列文件中的条款通过本标准的引用而成为本标准的条款。凡是注日期的引用文件，其随后所有的修改单（不包括勘误的内容）或修订版均不适用于本标准，然而，鼓励根据本标准达成协议的各方研究是否可使用这些文件的最新版本。凡是不注日期的引用文件，其最新版本适用于本标准。

GB/T 601 化学试剂 标准滴定溶液的制备

GB/T 603 化学试剂 试验方法中所用制剂及制品的制备 （GB/T 603—2002，ISO 6353-1：1982，NEQ）

GB/T 6682—1992 分析试验室用水规格和试验方法 （neq ISO 3696：1987）

**3 总则**

3.1 本标准中所采用的名词术语、计量单位应符合国家相关标准的规定。

3.2 本标准中所用的分析天平、酸度计、分光光度计和气相色谱仪要按时检定；所用的酒精计、温度计、微量注射器、移液管、滴定管、容量瓶等玻璃计量器具应按有关检定规程进行校正。

3.3 本标准中的"仪器"，为分析中所必需的仪器，一般实验室仪器不再列入。

3.4 本标准中所用的水，在未注明其他要求时，应符合GB/T 6682—1992中三级以上（含三级）水的规格。所用试剂，在未注明其他规格时，均指分析纯（AR）。

3.5 本标准中的"溶液"，除另有说明外，均指水溶液，"稀释至刻度"是指用水定容。

3.6 同一检测项目，有两个或两个以上分析方法时，各实验室可根据各自条件选用，但以第一法为仲裁法。

**4 基本要求**

4.1 测定样品，应做平行试验。以实测数据报告其分析结果，不需要按酒精度折算，有效数字要与技术要求相一致。

4.2 分析中所用玻璃器皿，用前应以铬酸洗涤液浸泡，用自来水冲洗，再用蒸馏水洗干净。测定金属离子（如：铅、锰）时，应用15％的硝酸浸泡，然后，直接用去离子水冲洗干净。

4.3 分析方法中的有效数字，表示吸取或称量时要求达到的精密度。

4.4 恒重系指样品经干燥，前后两次称量值之差在2mg以下。

4.5 色谱分析时，微量注射器应清洗干净。通常，使用前后要用乙醚抽洗50次～100次。连续进样时，也可用酒样直接抽洗干净。

## 5 感官评定

### 5.1 原理

感官评定是指评酒者通过眼、鼻、口等感觉器官，对白酒样品的色泽、香气、口味及风格特征的分析评价。

### 5.2 品酒环境

品酒室要求光线充足、柔和、适宜，温度为20℃～25℃，湿度约为60％。恒温恒湿，空气新鲜，无香气及邪杂气味。

### 5.3 评酒要求

5.3.1 评酒员要求感觉器官灵敏，经过专门训练与考核，符合感官分析要求，熟悉白酒的感官品评用语，掌握相关香型白酒的特征。

5.3.2 评语要公正、科学、准确。

5.3.3 品酒杯外形及尺寸见图1。

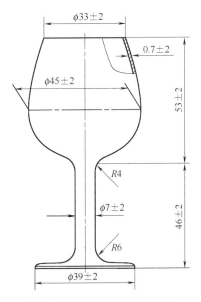

图1 品酒杯（单位为毫米）

### 5.4 品评

5.4.1 样品的准备

将样品放置于 20℃±2℃ 环境下平衡 24h（或 20℃±2℃ 水浴中保温 1h）后，采取密码标记后进行感官品评。

### 5.4.2 色泽

将样品注入洁净、干燥的品酒杯中（注入量为品酒杯的 1/2～2/3），在明亮处观察，记录其色泽、清亮程度、沉淀及悬浮物情况。

### 5.4.3 香气

将样品注入洁净、干燥的品酒杯中（注入量为品酒杯的 1/2～2/3），先轻轻摇动酒杯，然后用鼻进行嗅闻，记录其香气特征。

### 5.4.4 口味

将样品注入洁净、干燥的酒杯中（注入量为品酒杯的 1/2～2/3），喝入少量样品（约 2mL）于口中，以味觉器官仔细品尝，记下口味特征。

### 5.4.5 风格

通过品评样品的香气、口味并综合分析，判断是否具有该产品的风格特点，并记录其典型性程度。

## 6 酒精度

### 6.1 密度瓶法

#### 6.1.1 原理

以蒸馏法去除样品中的不挥发性物质，用密度瓶法测出试样（酒精水溶液）20℃ 时的密度，查附录 A 不同温度下酒精溶液相对密度与酒精度对照表（略），求得在 20℃ 时乙醇含量的体积分数，即为酒精度。

#### 6.1.2 仪器

6.1.2.1 全玻璃蒸馏器：500mL。

6.1.2.2 恒温水浴：控温精度 ±0.1℃。

6.1.2.3 附温度计密度瓶：25mL 或 50mL。

#### 6.1.3 试样液的制备

用一洁净、干燥的 100mL 容量瓶，准确量取样品（液温 20℃）100mL 于 500mL 蒸馏瓶中，用 50mL 水分三次冲洗容量瓶，洗液并入蒸馏瓶中，加几颗沸石（或玻璃珠），连接蛇形冷凝管，以取样用的原容量瓶作接收器（外加冰浴），开启冷却水（冷却水温度宜低于 15℃），缓慢加热蒸馏（沸腾后蒸馏时间应控制在 30min～40min 内完成），收集馏出液，当接近刻度时，取下容量瓶，盖塞，于 20℃ 水浴中保温 30min，再补加水至刻度，混匀，备用。

#### 6.1.4 分析步骤

将密度瓶洗净，反复烘干、称量，直至恒重（$m$）。

取下带温度计的瓶塞，将煮沸冷却至 15℃ 的水注满已恒重的密度瓶中，插上带温度计的瓶塞（瓶中不得有气泡），立即浸入 20.0℃±0.1℃ 的恒温水浴中，待内容物温度达 20℃ 并保持 20min 不变后，用滤纸快速吸去溢出侧管的液体，立即盖好侧支上的小罩，取出密度瓶，用滤纸擦干瓶外壁上的水液，立即称量（$m_1$）。

将水倒出，先用无水乙醇，再用乙醚冲洗密度瓶，吹干（或于烘箱中烘干），用试样液（6.1.3）反复冲洗密度瓶 3 次～5 次，然后装满。重复上述操作，称量（$m_2$）。

6.1.5　结果计算

试样液（20℃）的相对密度按式（1）计算。

$$d_{20}^{20} = \frac{m_2 - m}{m_1 - m} \tag{1}$$

式中　$d_{20}^{20}$——试样液（20℃）的相对密度；

$m_2$——密度瓶和试样液的质量，g；

$m$——密度瓶的质量，g；

$m_1$——密度瓶和水的质量，g。

根据试样液的相对密度式 $d_{20}^{20}$，查附录 A 不同温度下酒精溶液相对密度与酒精度对照表（略），求得 20℃时样品的酒精度。

所得结果应表示至一位小数。

6.1.6　精密度

在重复性条件下获得的两次独立测定结果的绝对差值，不应超过平均值的 0.5%。

6.2　酒精计法

6.2.1　原理

用精密酒精计读取酒精体积分数示值，按附录 B 温度 20℃时酒精计浓度与温度换算表（略）进行温度校正，求得在 20℃时乙醇含量的体积分数，即为酒精度。

6.2.2　仪器

精密酒精计：分度值为 0.1%vol。

6.2.3　分析步骤

将试样液（6.1.3）注入洁净、干燥的 100mL 量筒中，静置数分钟，待酒中气泡消失后，放入洁净、擦干的酒精计，再轻轻按一下，不应接触量筒壁，同时插入温度计，平衡约 5min，水平观测，读取与弯月面相切处的刻度示值，同时记录温度。根据测得的酒精计示值和温度，查附录 B 温度 20℃时酒精计浓度与温度换算表（略），换算成 20℃时样品的酒精度。

所得结果应表示至一位小数。

6.2.4　精密度

在重复性条件下获得的两次独立测定结果的绝对差值，不应超过平均值的 0.5%。

**7　总酸**

7.1　指示剂法

7.1.1　原理

白酒中的有机酸，以酚酞为指示剂，采用氢氧化钠溶液进行中和滴定，以消耗氢氧化钠标准滴定溶液的量计算总酸的含量。

7.1.2 试剂和溶液

7.1.2.1 酚酞指示剂（10g/L）：按 GB/T 603 配制。

7.1.2.2 氢氧化钠标准滴定溶液 $[c(\text{NaOH})=0.1\text{mol/L}]$：按 GB/T 601 配制与标定。

7.1.3 分析步骤

吸取样品 50.0mL 于 250mL 锥形瓶中，加入酚酞指示剂（7.1.2.1）2 滴；以氢氧化钠标准滴定溶液（7.1.2.2）滴定至微红色，即为其终点。

7.1.4 结果计算

样品中的总酸含量按式（2）计算。

$$X = \frac{c \times V \times 60}{50.0} \tag{2}$$

式中 $X$——样品中总酸的质量浓度（以乙酸计），g/L；

$\quad c$——氢氧化钠标准滴定溶液的实际浓度，mol/L；

$\quad V$——测定时消耗氢氧化钠标准滴定溶液的体积，mL；

$\quad 60$——乙酸的摩尔质量的数值，g/mol $[M(\text{CH}_3\text{COOH})=60]$；

$50.0$——吸取样品的体积，mL。

所得结果应表示至两位小数。

7.1.5 精密度

在重复性条件下获得的两次独立测定结果的绝对差值，不应超过平均值的 2%。

7.2 电位滴定法

7.2.1 原理

白酒中的有机酸，以酚酞为指示剂，采用氢氧化钠溶液进行中和滴定，当滴定接近等当点时，利用 pH 变化指示终点。

7.2.2 试剂和溶液

同 7.1.2。

7.2.3 仪器

电位滴定仪（或酸度计）：精度为 2mV。

7.2.4 分析步骤

按使用说明书安装调试仪器，根据液温进行校正定位。

吸取样品 50.0mL（若用复合电极可酌情增加取样量）于 100mL 烧杯中，插入电极，放入一枚转子，置于电磁搅拌器上，开始搅拌，初始阶段可快速滴加氢氧化钠标准滴定溶液（7.1.2.2），当样液 pH＝8.00 后，放慢滴定速度，每次滴加半滴溶液，直至 pH＝9.00 为其终点，记录消耗氢氧化钠标准滴定溶液的体积。

7.2.5 结果计算

同 7.1.4。

7.2.6 精密度

同 7.1.5。

## 8 总酯

8.1 指示剂法

8.1.1 原理

用碱中和样品中的游离酸，再准确加入一定量的碱，加热回流使酯类皂化。通过消耗碱的量计算出总酯的含量。

8.1.2 仪器

8.1.2.1 全玻璃蒸馏器：500mL；

8.1.2.2 全玻璃回流装置：回流瓶 1000mL、250mL（冷凝管不短于 45cm）；

8.1.2.3 碱式滴定管：25mL 或 50mL；

8.1.2.4 酸式滴定管：25mL 或 50mL。

8.1.3 试剂和溶液

8.1.3.1 氢氧化钠标准滴定溶液 $[c(NaOH)=0.1mol/L]$：按 GB/T601 配制与标定。

8.1.3.2 氢氧化钠标准溶液 $[c(NaOH)=3.5mol/L]$：按 GB/T 601 配制。

8.1.3.3 硫酸标准滴定溶液 $[c(1/2H_2SO_4)=0.1mol/L]$：按 GB/T 601 配制与标定。

8.1.3.4 乙醇（无酯）溶液 $[40\%$（体积分数）]：量取 95% 乙醇 600mL 于 1000mL 回流瓶（8.1.2.2）中，加氢氧化钠标准溶液（8.1.3.2）5mL，加热回流皂化 1h。然后移入蒸馏器中重蒸，再配成 40%（体积分数）乙醇溶液。

8.1.3.5 酚酞指示剂（10g/L）：按 GB/T 603 配制。

8.1.4 分析步骤

吸取样品 50.0mL 于 250mL 回流瓶中，加 2 滴酚酞指示剂（8.1.3.5），以氢氧化钠标准滴定溶液（8.1.3.1）滴定至粉红色（切勿过量），记录消耗氢氧化钠标准滴定溶液的毫升数（也可作为总酸含量计算）。再准确加入氢氧化钠标准滴定溶液（8.1.3.1）25.00mL（若样品总酯含量高时，可加入 50.00mL），摇匀，放入几颗沸石或玻璃珠，装上冷凝管（冷却水温度宜低于 15℃），于沸水浴上回流 30min，取下，冷却。然后，用硫酸标准滴定溶液（8.1.3.3）进行滴定，使微红色刚好完全消失为其终点，记录消耗硫酸标准滴定溶液的体积。同时吸取乙醇（无酯）溶液（8.1.3.4）50mL，按上述方法同样操作做空白试验，记录消耗硫酸标准滴定溶液的体积。

8.1.5 结果计算

样品中的总酯含量按式（3）计算。

$$X=\frac{c\times(V_0-V_1)\times 88}{50.0} \tag{3}$$

式中 $X$——样品中总酯的质量浓度（以乙酸乙酯计），g/L；

$c$——硫酸标准滴定溶液的实际浓度，mol/L；

　　$V_0$——空白试验样品消耗硫酸标准滴定溶液的体积，mL；

　　$V_1$——样品消耗硫酸标准滴定溶液的体积，mL；

　　88——乙酸乙酯的摩尔质量的数值，g/mol $[M(CH_3COOC_2H_5)=88]$；

50.0——吸取样品的体积，mL。

所得结果应表示至两位小数。

### 8.1.6　精密度

在重复性条件下获得的两次独立测定结果的绝对差值，不应超过平均值的 2%。

## 8.2　电位滴定法

### 8.2.1　原理

用碱中和样品中的游离酸，再加入一定量的碱，回流皂化。用硫酸溶液进行中和滴定，当滴定接近等当点时，利用 pH 变化指示终点。

### 8.2.2　仪器

8.2.2.1　同 8.1.2.1；

8.2.2.2　同 8.1.2.2；

8.2.2.3　同 8.1.2.3；

8.2.2.4　同 8.1.2.4；

8.2.2.5　电位滴定仪（或酸度计）：精度为 2mV。

### 8.2.3　试剂和溶液

同 8.1.3。

### 8.2.4　分析步骤

按使用说明书安装调试仪器，根据液温进行校正定位。

吸取样品 50.0mL 于 250mL 回流瓶中，加两滴酚酞指示剂（8.1.3.5），以氢氧化钠标准滴定溶液（8.1.3.1）滴定至粉红色（切勿过量），记录消耗氢氧化钠标准滴定溶液的毫升数（也可作为总酸含量计算）。再准确加入氢氧化钠标准滴定溶液（8.1.3.1）25.00mL（若样品总酯含量高时，可加入 50.00mL），摇匀，放入几颗沸石或玻璃珠，装上冷凝管（冷却水温度宜低于 15℃），于沸水浴上回流 30min，取下，冷却。将样液移入 100mL 小烧杯中，用 10mL 水分次冲洗回流瓶，洗液并入小烧杯。插入电极，放入一枚转子，置于电磁搅拌器上，开始搅拌，初始阶段可快速滴加硫酸标准滴定溶液（8.1.3.3），当样液 pH=9.00 后，放慢滴定速度，每次滴加半滴溶液，直至 pH=8.70 为其终点，记录消耗硫酸标准滴定溶液的体积。同时吸取乙醇（无酯）溶液（8.1.3.4）50.00mL，按上述方法同样操作做空白试验，记录消耗硫酸标准滴定溶液的体积。

### 8.2.5　结果计算

同 8.1.5。

### 8.2.6　精密度

同 8.1.6。

## 9　固形物

9.1　原理

白酒经蒸发、烘干后，不挥发性物质残留于皿中，用称量法测定。

9.2　仪器

9.2.1　电热干燥箱：控温精度±2℃。

9.2.2　分析天平：感量 0.1mg。

9.2.3　瓷蒸发皿：100mL。

9.2.4　干燥器：用变色硅胶作干燥剂。

9.3　分析步骤

吸取样品 50.0mL，注入已烘干至恒重的 100mL 瓷蒸发皿内，置于沸水浴上，蒸发至干，然后将蒸发皿放入 103℃±2℃ 电热干燥箱内，烘 2h，取出，置于干燥器内 30min，称量。再放入 103℃±2℃ 电热干燥箱内，烘 1h，取出，置于干燥器内 30min，称量。重复上述操作，直至恒重。

9.4　结果计算

样品中的固形物含量按式（4）计算。

$$X = \frac{m - m_1}{50.0} \times 1000 \tag{4}$$

式中　$X$——样品中固形物的质量浓度，g/L；

$m$——固形物和蒸发皿的质量，g；

$m_1$——蒸发皿的质量，g；

50.0——吸取样品的体积，mL。

所得结果应表示至两位小数。

9.5　精密度

在重复性条件下获得的两次独立测定结果的绝对差值，不应超过平均值的 2%。

## 10　乙酸乙酯

10.1　原理

样品被气化后，随同载气进入色谱柱，利用被测定的各组分在气液两相中具有不同的分配系数，在柱内形成迁移速度的差异而得到分离。分离后的组分先后流出色谱柱，进入氢火焰离子化检测器，根据色谱图上各组分峰的保留值与标样相对照进行定性；利用峰面积（或峰高），以内标法定量。

10.2　仪器和材料

10.2.1　气相色谱仪

备有氢火焰离子化检测器（FID）。

10.2.2　色谱柱

10.2.2.1　毛细管柱：LZP-930 白酒分析专用柱（柱长 18m，内径 0.53mm）

或 FFAP 毛细管色谱柱（柱长 35m～50m，内径 0.25mm，涂层 0.2μm），或其他具有同等分析效果的毛细管色谱柱。

10.2.2.2　填充柱：柱长不短于 2m。

10.2.2.2.1　载体：ChromosorbW（AW）或白色担体 102（酸洗，硅烷化）。80 目～100 目。

10.2.2.2.2　固定液：20％DNP（邻苯二甲酸二壬酯）加 7％吐温 80，或 10％PEG（聚乙二醇）1500 或 PEG20M。

10.2.3　微量注射器

10μL、1μL。

10.3　试剂和溶液

10.3.1　乙醇溶液［60％（体积分数）］：用乙醇（色谱纯）加水配制。

10.3.2　乙酸乙酯溶液［2％（体积分数）］：作标样用。吸取乙酸乙酯（色谱纯）2mL，用乙醇溶液（10.3.1）定容至 100mL。

10.3.3　乙酸正戊酯溶液［2％（体积分数）］：使用毛细管柱时作内标用。吸取乙酸正戊酯（色谱纯）2mL，用乙醇溶液（10.3.1）定容至 100mL。

10.3.4　乙酸正丁酯溶液［2％（体积分数）］：使用填充柱时作内标用。吸取乙酸正丁酯（色谱纯）2mL，用乙醇溶液（10.3.1）定容至 100mL。

10.4　分析步骤

10.4.1　色谱参考条件

10.4.1.1　毛细管柱

载气：高纯氮。流速为 0.5mL/min～1.0mL/min。分流比：约 37∶1。尾吹约 20mL/min～30mL/min。

氢气：流速为 40mL/min。

空气：流速为 400mL/min。

检测器温度（$T_D$）：220℃。

注样器温度（$T_J$）：220℃。

柱温（$T_C$）：起始温度 60℃，恒温 3min，以 3.5℃/min 程序升温至 180℃，继续恒温 10min。

10.4.1.2　填充柱

载气（高纯氮）：流速为 150mL/min。

氢气：流速为 40mL/min。

空气：流速为 400mL/min。

检测器温度（$T_D$）：150℃。

注样器温度（$T_J$）：150℃。

柱温（$T_C$）：90℃，等温。

载气、氢气、空气的流速等色谱条件随仪器而异，应通过试验选择最佳操作条件，以内标峰与样品中其他组分峰获得完全分离为准。

10.4.2 校正因子（$f$ 值）的测定

吸取乙酸乙酯溶液（10.3.2）1.00mL，移入 100mL 容量瓶中，加入内标溶液（10.3.3 或 10.3.4）1.00mL，用乙醇溶液（10.3.1）稀释至刻度。上述溶液中乙酸乙酯和内标的浓度均为 0.02%（体积分数）。待色谱仪基线稳定后，用微量注射器进样，进样量随仪器的灵敏度而定。记录乙酸乙酯和内标峰的保留时间及其峰面积（或峰高），用其比值计算出乙酸乙酯的相对校正因子。

校正因子按式（5）计算。

$$f = \frac{A_1}{A_2} \times \frac{d_2}{d_1} \qquad (5)$$

式中　$f$——乙酸乙酯的相对校正因子；

　　$A_1$——标样 $f$ 值测定时内标的峰面积（或峰高）；

　　$A_2$——标样 $f$ 值测定时乙酸乙酯的峰面积（或峰高）；

　　$d_2$——乙酸乙酯的相对密度；

　　$d_1$——内标物的相对密度。

10.4.3 样品测定

吸取样品 10.0mL 于 10mL 容量瓶中，加入内标溶液（10.3.3 或 10.3.4）0.10mL，混匀后，在与 $f$ 值测定相同的条件下进样，根据保留时间确定乙酸乙酯峰的位置，并测定乙酸乙酯与内标峰面积（或峰高），求出峰面积（或峰高）之比，计算出样品中乙酸乙酯的含量。

10.5 结果计算

样品中的乙酸乙酯含量按式（6）计算。

$$X_1 = f \times \frac{A_3}{A_4} \times I \times 10^{-3} \qquad (6)$$

式中　$X_1$——样品中乙酸乙酯的质量浓度，g/L；

　　　$f$——乙酸乙酯的相对校正因子；

　　　$A_3$——样品中乙酸乙酯的峰面积（或峰高）；

　　　$A_4$——添加于酒样中内标的峰面积（或峰高）；

　　　$I$——内标物的质量浓度（添加在酒样中），mg/L。

所得结果应表示至两位小数。

10.6 精密度

在重复性条件下获得的两次独立测定结果的绝对差值，不应超过平均值的 5%。

**11 己酸乙酯**

11.1 原理

同 10.1。

11.2 仪器和材料

11.2.1 气相色谱仪

备有氢火焰离子化检测器（FID）。

11.2.2　色谱柱

11.2.2.1　毛细管柱：LZP-930 白酒分析专用柱（柱长 18m，内径 0.53mm）或 PEG 20M 毛细管色谱柱（柱长 35m～50m，内径 0.25mm，涂层 0.2μm），或其他具有同等分析效果的毛细管色谱柱。

11.2.2.2　填充柱：柱长不短于 2m。

11.2.2.2.1　载体：Chromosorb W（AW）或白色担体 102（酸洗，硅烷化）。80 目～100 目。

11.2.2.2.2　固定液：20％DNP（邻苯二甲酸二壬酯）加 7％吐温 80，或 10％PEG（聚乙二醇）1500 或 PEG 20M。

11.2.3　微量注射器

10μL、1μL。

11.3　试剂和溶液

11.3.1　乙醇溶液［60％（体积分数）］：用乙醇（色谱纯）加水配制。

11.3.2　己酸乙酯溶液［2％（体积分数）］：作标样用。吸取己酸乙酯（色谱纯）2mL，用乙醇溶液（11.3.1）定容至 100mL。

11.3.3　乙酸正戊酯溶液［2％（体积分数）］：使用毛细管柱时作内标用。吸取乙酸正戊酯（色谱纯）2mL，用乙醇溶液（11.3.1）定容至 100mL。

11.3.4　乙酸正丁酯溶液［2％（体积分数）］：使用填充柱时作内标用。吸取乙酸正丁酯（色谱纯）2mL，用乙醇溶液（11.3.1）定容至 100mL。

11.4　分析步骤

除标样改为己酸乙酯溶液（11.3.2）外，其他操作同 10.4。

11.5　结果计算

同 10.5。

11.6　精密度

同 10.6。

## 12　乳酸乙酯

12.1　原理

同 10.1。

12.2　仪器和材料

12.2.1　气相色谱仪

备有氢火焰离子化检测器（FID）。

12.2.2　色谱柱

12.2.2.1　毛细管柱：LZP-930 白酒分析专用柱（柱长 18m，内径 0.53mm）或 PEG 20M 毛细管色谱柱（柱长 35m～50m，内径 0.25mm，涂层 0.2μm），或其他具有同等分析效果的毛细管色谱柱。

12.2.2.2　填充柱：柱长不短于 2m。

12.2.2.2.1 载体：Chromosorb W(AW) 或白色担体 102（酸洗，硅烷化）。80 目～100 目。

12.2.2.2.2 固定液：20%DNP（邻苯二甲酸二壬酯）加 7%吐温 80，或 10%PEG（聚乙二醇）1500 或 PEG 20M。

12.2.3 微量注射器

10μL、1μL。

12.3 试剂和溶液

12.3.1 乙醇溶液［60%（体积分数）］：用乙醇（色谱纯）加水配制。

12.3.2 乳酸乙酯溶液［2%（体积分数）］：作标样用。吸取乳酸乙酯（色谱纯）2mL，用乙醇溶液（12.3.1）定容至 100mL。

12.3.3 乙酸正戊酯溶液［2%（体积分数）］：使用毛细管柱时作内标用。吸取乙酸正戊酯（色谱纯）2mL，用乙醇溶液（12.3.1）定容至 100mL。

12.3.4 乙酸正丁酯溶液［2%（体积分数）］：使用填充柱时作内标用。吸取乙酸正丁酯（色谱纯）2mL，用乙醇溶液（12.3.1）定容至 100mL。

12.4 分析步骤

除标样改为乳酸乙酯溶液（12.3.2）外，其他操作同 10.4。

12.5 结果计算

同 10.5。

12.6 精密度

同 10.6。

## 13 丁酸乙酯

13.1 原理

同 10.1。

13.2 仪器和材料

13.2.1 气相色谱仪

备有氢火焰离子化检测器（FID）。

13.2.2 色谱柱

13.2.2.1 毛细管柱：LZP-930 白酒分析专用柱（柱长 18m，内径 0.53mm）或 PEG 20M 毛细管色谱柱（柱长 35m～50m，内径 0.25mm，涂层 0.2μm），或其他具有同等分析效果的毛细管色谱柱。

13.2.2.2 填充柱：柱长不短于 2m。

13.2.2.2.1 载体：Chromosorb W(AW) 或白色担体 102（酸洗，硅烷化）。80 目～100 目。

13.2.2.2.2 固定液：20%DNP（邻苯二甲酸二壬酯）加 7%吐温 80，或 10%PEG（聚乙二醇）1500 或 PEG 20M。

13.2.3 微量注射器

10μL、1μL。

13.3 试剂和溶液

13.3.1 乙醇溶液［60％（体积分数）］：用乙醇（色谱纯）加水配制。

13.3.2 丁酸乙酯溶液［2％（体积分数）］：作标样用。吸取丁酸乙酯（色谱纯）2mL，用乙醇溶液（13.3.1）定容至100mL。

13.3.3 乙酸正戊酯溶液［2％（体积分数）］：使用毛细管柱时作内标用。吸取乙酸正戊酯（色谱纯）2mL，用乙醇溶液（13.3.1）定容至100mL。

13.3.4 乙酸正丁酯溶液［2％（体积分数）］：使用填充柱时作内标用。吸取乙酸正丁酯（色谱纯）2mL，用乙醇溶液（13.3.1）定容至100mL。

13.4 分析步骤

除标样改为丁酸乙酯溶液（13.3.2）外，其他操作同10.4。

13.5 结果计算

同10.5。

13.6 精密度

同10.6。

**14 丙酸乙酯**

14.1 原理

样品被气化后，随同载气进入色谱柱，利用被测定的各组分在气液两相中具有不同的分配系数，在柱内形成迁移速度的差异而得到分离。分离后的组分先后流出色谱柱，进入氢火焰离子化检测器，根据色谱图上各组分峰的保留值与标样相对照进行定性；利用峰面积（或峰高），以内标法定量。

当采用邻苯二甲酸二壬酯＋吐温80混合柱测定时，丙酸乙酯与乙缩醛完全重叠，为此，要先将酒样加酸水解，使其中的乙缩醛分解，该组分峰的剩余部分即为丙酸乙酯，再按常规法加以测定。

14.2 仪器和材料

14.2.1 气相色谱仪

备有氢火焰离子化检测器（FID）。

14.2.2 色谱柱

14.2.2.1 毛细管柱，LZP-930白酒分析专用柱（柱长18m，内径0.53mm），或其他具有同等分析效果的毛细管色谱柱。

14.2.2.2 填充柱：柱长不短于2m。

14.2.2.2.1 载体：Chromosorb W（AW）或白色担体102（酸洗，硅烷化）。80目～100目。

14.2.2.2.2 固定液：20％DNP（邻苯二甲酸二壬酯）加7％吐温80，或10％PEG（聚乙二醇）1500或PEG 20M。

14.2.3 微量注射器

10μL、1μL。

14.3 试剂和溶液

14.3.1　乙醇溶液［60％（体积分数）］：用乙醇（色谱纯）加水配制。

14.3.2　丙酸乙酯溶液［2％（体积分数）］：作标样用。吸取丙酸乙酯（色谱纯）2mL，用乙醇溶液（14.3.1）定容至100mL。

14.3.3　乙酸正戊酯溶液［2％（体积分数）］：使用毛细管柱时作内标用。吸取乙酸正戊酯（色谱纯）2mL，用乙醇溶液（14.3.1）定容至100mL。

14.3.4　乙酸正丁酯溶液［2％（体积分数）］：使用填充柱时作内标用。吸取乙酸正丁酯（色谱纯）2mL，用乙醇溶液（14.3.1）定容至100mL。

14.3.5　盐酸溶液［10％（体积分数）］。

14.4　分析步骤

14.4.1　色谱参考条件

14.4.1.1　毛细管柱

载气：高纯氮。流速为0.5mL/min～1.0mL/min。分流比：约37∶1。尾吹约20mL/min～30mL/min。

氢气：流速为40mL/min。

空气：流速为400mL/min。

检测器温度（$T_D$）：220℃。

注样器温度（$T_J$）：220℃。

柱温（$T_C$）：起始温度60℃；恒温3min，以3.5℃/min程序升温至180℃，继续恒温10min。

14.4.1.2　填充柱

载气（高纯氮）：流速为150mL/min。

氢气：流速为40mL/min。

空气：流速为400mL/min。

检测器温度（$T_D$）：150℃。

注样器温度（$T_J$）：150℃。

柱温（$T_C$）：90℃，等温。

载气、氢气、空气的流速等色谱条件随仪器而异，应通过试验选择最佳操作条件，以内标峰与酒样中其他组分峰获得完全分离为准。

14.4.2　校正因子（$f$值）的测定

吸取丙酸乙酯溶液（14.3.2）1.00mL，移入100mL容量瓶中，加入内标溶液（14.3.3或14.3.4）1.00mL，用乙醇溶液（14.3.1）稀释至刻度。上述溶液中丙酸乙酯和内标的浓度均为0.02％（体积分数）。待色谱仪基线稳定后，用微量注射器进样，进样量随仪器的灵敏度而定。记录丙酸乙酯和内标峰的保留时间及其峰面积（或峰高），用其比值计算出丙酸乙酯的相对校正因子。

校正因子按式（7）计算。

$$f \times \frac{A_1}{A_2} \times \frac{d_2}{d_1} \tag{7}$$

式中 $f$——丙酸乙酯的相对校正因子；

$A_1$——标样 $f$ 值测定时内标的峰面积（或峰高）；

$A_2$——标样 $f$ 值测定时丙酸乙酯的峰面积（或峰高）；

$d_2$——丙酸乙酯的相对密度；

$d_1$——内标物的相对密度。

14.4.3 样品的测定

吸取样品 10.0mL 于 10mL 容量瓶中［如使用填充柱，吸取样品 3mL 于 10mL 容量瓶中，加入盐酸溶液（14.3.5）2 滴，用水定容至刻度，在室温下放置 1h］，加入内标溶液（14.3.3 或 14.3.4）0.10mL，混匀后，在与 $f$ 值测定相同的条件下进样，根据保留时间确定丙酸乙酯峰的位置，并测定丙酸乙酯与内标峰面积（或峰高），求出峰面积（或峰高）之比，计算出样品中丙酸乙酯的含量。

14.5 结果计算

样品中的丙酸乙酯含量按式（8）计算。

$$X_1 = f \times \frac{A_3}{A_4} \times I \times 10^{-3} \tag{8}$$

式中 $X_1$——样品中丙酸乙酯的质量浓度，g/L；

$f$——丙酸乙酯的相对校正因子；

$A_3$——样品中丙酸乙酯的峰面积（或峰高）；

$A_4$——添加于酒样中内标的峰面积（或峰高）；

$I$——内标物的质量浓度（添加在酒样中），mg/L。

所得结果应表示至两位小数。

14.6 精密度

在重复性条件下获得的两次独立测定结果的绝对差值，不应超过平均值的 5%。

**15 正丙醇**

15.1 原理

同 10.1。

15.2 仪器和材料

15.2.1 气相色谱仪

备有氢火焰离子化检测器（FID）。

15.2.2 色谱柱

15.2.2.1 毛细管柱：LZP-930 白酒分析专用柱（柱长 18m，内径 0.53mm）或 PEG 20M 毛细管色谱柱（柱长 35m～50m，内径 0.25mm，涂层 0.2μm），或其他具有同等分析效果的毛细管色谱柱。

15.2.2.2 填充柱：柱长不短于 2m。

15.2.2.2.1 载体：Chromosorb W（AW）或白色担体 102（酸洗，硅烷化）。80 目～100 目。

15.2.2.2.2　固定液：20％DNP（邻苯二甲酸二壬酯）＋7％吐温80，或1.0％PEG（聚乙二醇）1500或PEG 20M。

15.2.3　微量注射器

10μL、1μL。

15.3　试剂和溶液

15.3.1　乙醇溶液［60％（体积分数）］：用乙醇（色谱纯）加水配制。

15.3.2　正丙醇溶液［2％（体积分数）］：作标样用。吸取正丙醇（色谱纯）2mL，用乙醇溶液（15.3.1）定容至100mL。

15.3.3　乙酸正戊酯溶液［2％（体积分数）］：使用毛细管柱时作内标用。吸取乙酸正戊酯（色谱纯）2mL，用乙醇溶液（15.3.1）定容至100mL。

15.3.4　乙酸正丁酯溶液［2％（体积分数）］：使用填充柱时作内标用。吸取乙酸正丁酯（色谱纯）2mL，用乙醇溶液（15.3.1）定容至100mL。

15.4　分析步骤

除标样改为正丙醇溶液（15.3.2）外，其他操作同10.4。

15.5　结果计算

同10.5。

15.6　精密度

同10.6。

## 16　$\beta$-苯乙醇

16.1　原理

同10.1。

16.2　仪器和材料

16.2.1　气相色谱仪：备有氢火焰离子化检测器（FID）。

16.2.2　色谱柱：LZP-930白酒分析专用柱（柱长18m，内径0.53mm）或PEG 20M毛细管色谱柱（柱长35m～50m，内径0.25mm，涂层0.2μm），或其他具有同等分析效果的毛细管色谱柱。

16.2.3　微量注射器：10μL、1μL。

16.3　试剂和溶液

16.3.1　乙醇溶液［60％（体积分数）］：用乙醇（色谱纯）加水配制。

16.3.2　$\beta$-苯乙醇溶液［2％（体积分数）］：作标样用。吸取$\beta$-苯乙醇（色谱纯）2mL，用乙醇溶液（16.3.1）定容至100mL。

16.3.3　乙酸正戊酯溶液［2％（体积分数）］：使用毛细管柱时作内标用。吸取乙酸正戊酯（色谱纯）2mL，用乙醇溶液（16.3.1）定容至100mL。

16.4　分析步骤

除标样改为$\beta$-苯乙醇溶液（16.3.2）外，其他操作同10.4。

16.5　结果计算

同10.5。

16.6 精密度

同 10.6。

**17 3-甲硫基丙醇**

17.1 原理

同 10.1。

17.2 仪器和材料

17.2.1 气相色谱仪：备有氢火焰离子化检测器（FID）。

17.2.2 色谱柱：FFAP、PEG 20M 毛细管色谱柱（柱长 35m～50m，内径 0.25mm，涂层 0.2μm）或 LZP-930 白酒分析专用柱（柱长 18m，内径 0.53mm），或其他具有同等分析效果的毛细管色谱柱。

17.2.3 微量注射器：10μL、1μL。

17.3 试剂和溶液

17.3.1 乙醇溶液 [60%（体积分数）]：用乙醇（色谱纯）加水配制。

17.3.2 3-甲硫基丙醇溶液 [2%（体积分数）]：作标样用。吸取 3-甲硫基丙醇（色谱纯）2mL，用乙醇溶液（17.3.1）定容至 100mL。

17.3.3 乙酸正戊酯溶液 [2%（体积分数）]：使用毛细管柱时作内标用。吸取乙酸正戊酯（色谱纯）2mL，用乙醇溶液（17.3.1）定容至 100mL。

17.4 分析步骤

17.4.1 色谱参考条件

载气：高纯氮。流速为 0.5mL/min～1.0mL/min。分流比：约 37∶1。尾吹约 20mL/min～30mL/min。

氢气：流速为 40mL/min。

空气：流速为 400mL/min。

检测器温度（$T_D$）：220℃。

注样器温度（$T_J$）：220℃。

柱温（$T_C$）：PEG 20M 柱起始温度 60℃，恒温 2min，以 3.5℃/min 程序升温至 180℃，继续恒温 15min。

FFAP 柱起始温度 50℃，恒温 2min，以 3.5℃/min 程序升温至 70℃，再以 6℃/min 程序升温至 100℃，然后以 15℃/min 程序升温至 210℃，再继续恒温 10min。

载气、氢气、空气的流速等色谱条件随仪器而异，应通过试验选择最佳操作条件，以内标峰与酒样中其他组分峰获得完全分离为准。

17.4.2 校正因子（$f$ 值）和样品的测定

除标样改为 3-甲硫基丙醇溶液（17.3.2）外，其他操作同 10.4.2 和 10.4.3。

17.5 结果计算

同 10.5。

17.6 精密度

同 10.6。

## 18 二元酸（庚二酸、辛二酸、壬二酸）二乙酯

### 18.1 原理

同 10.1。

### 18.2 仪器和材料

18.2.1 气相色谱仪：备有氢火焰离子化检测器（FID）。

18.2.2 色谱柱：FFAP 毛细管色谱柱（柱长 35m～50m，内径 0.25mm，涂层 0.2μm）或其他具有同等分析效果的毛细管色谱柱。

18.2.3 微量注射器：10μL、1μL。

### 18.3 试剂和溶液

18.3.1 乙醇溶液 [60%（体积分数）]：用乙醇（色谱纯）加水配制。

18.3.2 庚二酸二乙酯、辛二酸二乙酯、壬二酸二乙酯混合标准溶液 [1%（体积分数）]：作标样用。吸取庚二酸二乙酯、辛二酸二乙酯、壬二酸二乙酯（色谱纯）各 1mL，用乙醇溶液（18.3.1）定容至 100mL。

18.3.3 乙酸正戊酯溶液 [2%（体积分数）]：使用毛细管柱时作内标用。吸取乙酸正戊酯（色谱纯）2mL，用乙醇溶液（18.3.1）定容至 100mL。

### 18.4 分析步骤

18.4.1 色谱参考条件

载气：高纯氮。流速为 0.5mL/min～1.0mL/min。分流比：约 37：1。尾吹约 20mL/min～30mL/min。

氢气：流速为 40mL/min。

空气：流速为 400mL/min。

检测器温度（$T_D$）：220℃。

注样器温度（$T_J$）：220℃。

柱温（$T_C$）：起始温度 120℃，恒温 1min，以 20℃/min 程序升温至 220℃，继续恒温 10min。

载气、氢气、空气的流速等色谱条件随仪器而异，应通过试验选择最佳操作条件，以内标峰与酒样中其他组分峰获得完全分离为准。

18.4.2 校正因子（$f$ 值）的测定

吸取庚二酸二乙酯、辛二酸二乙酯、壬二酸二乙酯混合标准溶液（18.3.2）1.00mL，移入 100mL 容量瓶中，加入内标溶液（18.3.3）1.00mL，用 60% 乙醇溶液稀释至刻度。上述溶液中庚二酸二乙酯、辛二酸二乙酯、壬二酸二乙酯和内标的浓度均为 0.01%（体积分数）。待色谱仪基线稳定后，用微量注射器进样，进样量随仪器的灵敏度而定。记录庚二酸二乙酯、辛二酸二乙酯、壬二酸二乙酯和内标峰的保留时间及其峰面积（或峰高），用其比值计算出庚二酸二乙酯、辛二酸二乙酯、壬二酸二乙酯的相对校正因子。

校正因子按式（9）计算。

$$f = \frac{A_1}{A_2} \times \frac{d_2}{d_1} \qquad (9)$$

式中  $f$——庚二酸二乙酯、辛二酸二乙酯、壬二酸二乙酯的相对校正因子；

$A_1$——标样 $f$ 值测定时内标的峰面积（或峰高）；

$A_2$——标样 $f$ 值测定时庚二酸二乙酯、辛二酸二乙酯、壬二酸二乙酯的峰面积（或峰高）；

$d_2$——庚二酸二乙酯、辛二酸二乙酯、壬二酸二乙酯的相对密度；

$d_1$——内标物的相对密度。

18.4.3  样品的测定

吸取样品 10.0mL 于 10mL 容量瓶中，加入内标溶液（18.3.3）0.20mL，混匀后，在与 $f$ 值测定相同的条件下进样，根据保留时间确定庚二酸二乙酯、辛二酸二乙酯、壬二酸二乙酯峰的位置，并测定庚二酸二乙酯、辛二酸二乙酯、壬二酸二乙酯与内标峰面积（或峰高），求出峰面积（或峰高）之比，计算出样品中庚二酸二乙酯、辛二酸二乙酯、壬二酸二乙酯的含量。

18.5  结果计算

18.5.1  样品中的庚二酸二乙酯、辛二酸二乙酯、壬二酸二乙酯含量按式（10）计算。

$$X_1 = f \times \frac{A_3}{A_4} \times I \times 10^{-3} \qquad (10)$$

式中  $X_1$——样品中庚二酸二乙酯、辛二酸二乙酯、壬二酸二乙酯的质量浓度 g/L；

$f$——庚二酸二乙酯、辛二酸二乙酯、壬二酸二乙酯的相对校正因子；

$A_3$——样品中庚二酸二乙酯、辛二酸二乙酯、壬二酸二乙酯的峰面积（或峰高）；

$A_4$——添加于酒样中内标的峰面积（或峰高）；

$I$——内标物的质量浓度（添加在酒样中），mg/L。

18.5.2  样品中的二元酸（庚二酸、辛二酸、壬二酸）二乙酯含量按式（11）计算。

$$X = X_庚 + X_辛 + X_壬 \qquad (11)$$

式中  $X$——样品中二元酸（庚二酸、辛二酸、壬二酸）二乙酯的质量浓度，mg/L；

$X_庚$——庚二酸二乙酯的质量浓度，mg/L；

$X_辛$——辛二酸二乙酯的质量浓度，mg/L；

$X_壬$——壬二酸二乙酯的质量浓度，mg/L。

所得结果应表示至两位小数。

18.6  精密度

在重复性条件下获得的两次独立测定结果的绝对差值，不应超过平均值的 5%。

# 参 考 文 献

[1] 周恒刚，徐占成．白酒生产指南．北京：中国轻工业出版社，2000.
[2] 梁雅轩，廖鸿生．酒的勾兑与调味．北京：中国食品出版社，1989.
[3] 李大和．新型白酒生产与勾调技术问答．北京：中国轻工业出版社，2001.
[4] 钱松，薛惠茹．白酒风味化学．北京：中国轻工业出版社，1997.
[5] 赵元森．低度白酒工艺．北京：中国商业出版社，1989.
[6] 黄平，张吉焕．凤型白酒生产技术．北京：中国轻工业出版社，2003.
[7] 李大和．白酒勾兑调味技术的关键．酿酒科技．2003，(3)：29-33.
[8] 曾黄麟，曾谦，张良，张宿义．计算机白酒勾兑与调味辅助系统．四川轻化工学院学报，2000，13
(3)：1-5.
[9] 胡晓娜．浅谈计算机在白酒勾兑技术中的应用．酿酒科技，1999，(2)：41-42.
[10] 康明官．白酒工业手册．北京：中国轻工业出版社，1991.
[11] 徐劲松，汪东平，董为云等．白酒勾兑成型计算机集散控制系统．酿酒，1997，(6)：48-49.
[12] 唐淑梅，郭玉环．白酒计算机勾兑调味技术的应用．酿酒，1997，24 (1)：47-48.
[13] 刘志民，商静，庄德艳．计算机勾兑调味白酒技术的应用．酿酒，1997，(3)：47-48.
[14] 李家明．应用模糊数学理论创建蒸馏酒勾兑新方法．酿酒科技，2000，(4)：19-21.
[15] 谢光耀，孙晓明．搞好调味工作，提高白酒质量．酿酒科技，1997，(4)：45.
[16] 冯英志，佟晓芳，孙晓明．气相色谱分析不同轮次茅曲酒的化学组成物．酿酒，1997，(4)：26-27.
[17] 毕丽君，顾振宇．固相萃取-反相 HPLC 分析色酒中有机酸．理化检验-化学分册，2000，36 (4)：
163-165.
[18] 徐超一，王威．气相色谱分析酒中醇、醛、酯类化合物．现代仪器，2001，(2)：8-10.
[19] 刘荣进．优质白酒电脑自动勾兑调味系统．酿酒．1996，(5)：26.
[20] 吴天祥，王利平、刘杨岷．气质联用分析茅台王子酒的香气成分．酿酒.2002，29 (4).
[21] 吴天祥．关于白酒酒度的换算和勾兑的计算方法．酿酒科技，1998，(4)：37-38.
[22] 朱金炎，侯镜德，冯建跃．气相色谱-计算机在白酒勾兑中的应用．分析测试技术与仪器，1997，3
(3)：135-141.
[23] 谭忠辉，尹昌树．新型白酒生产技术．成都：四川科学技术出版社，2001.
[24] 华南工学院，江南大学等．酒精与白酒工艺学．北京：中国轻工业出版社，2000.
[25] 李大和．白酒勾兑技术问答．北京：中国轻工业出版社，2002.
[26] 徐占成．白酒风味设计学．北京：中国轻工业出版社，2002.

# 欢迎订购本社相关图书

- **专业书目**

| 书名 | 书号 | 定价 |
|---|---|---|
| 白酒生产技术(第二版) | 16851 | 48.00 |
| 配制酒生产技术(第二版) | 16852 | 48.00 |
| 啤酒生产技术(第二版) | 07645 | 48.00 |
| 葡萄酒生产技术(第二版) | 13645 | 49.00 |
| 酿酒分析与检测(第二版) | 13377 | 48.00 |
| 白酒厂建厂指南(第二版) | 16993 | 38.00 |
| 啤酒生产有害微生物检验与控制 | 06911 | 35.00 |
| 白酒生产实用技术 | 14642 | 49.00 |
| 果酒生产技术 | 06871 | 45.00 |
| 营养型低度发酵酒300例 | 13825 | 45.00 |
| 酒精工业分析 | 14626 | 48.00 |
| 酒类生产一本通 | 16517 | 18.00 |

如需以上图书的内容简介、详细目录以及更多的科技图书信息，请登录 www.cip.com.cn。

邮购地址：(100011) 北京市东城区青年湖南街13号　化学工业出版社

服务电话：010-64518888，64518800 (销售中心)

如要出版新著，请与编辑联系。联系方法：010-64519438　zy@cip.com.cn